深入理解LLVM
代码生成

彭成寒 李灵 戴贤泽 王志磊 俞佳嘉 著

机械工业出版社
CHINA MACHINE PRESS

图书在版编目（CIP）数据

深入理解 LLVM：代码生成 / 彭成寒等著 . –– 北京：

机械工业出版社，2024. 9（2025.1 重印）. –– ISBN 978–7–111–76415–1

Ⅰ. TP314

中国国家版本馆 CIP 数据核字第 2024RD8810 号

机械工业出版社（北京市百万庄大街 22 号　邮政编码 100037）

策划编辑：杨福川　　　　　　　责任编辑：杨福川

责任校对：肖　琳　　梁　静　　责任印制：李　昂

河北宝昌佳彩印刷有限公司印刷

2025 年 1 月第 1 版第 2 次印刷

186mm × 240mm · 27 印张 · 583 字

标准书号：ISBN 978-7-111-76415-1

定价：109.00 元

电话服务　　　　　　　　　　网络服务

客服电话：010-88361066　　　机 工 官 网：www.cmpbook.com

　　　　　010-88379833　　　机 工 官 博：weibo.com/cmp1952

　　　　　010-68326294　　　金 书 网：www.golden-book.com

封底无防伪标均为盗版　　机工教育服务网：www.cmpedu.com

为何写作本书

编译器一端连接着高级编程语言，另一端连接着硬件，近年来这两端的发展都极为迅猛，例如涌现不少新型编程语言（如 Rust、Swift 等高级语言），所以经常需要实现特定的编译器。另外，由于摩尔定律失效，为了追求性能，领域专用的处理器也越来越流行，新型硬件也需要编译器支持。

成熟的编译器可能是最为复杂的软件系统之一，例如最为流行的 GCC、LLVM、JVM 等产品的发展都超过了 20 年，它们的代码量都达到了几百万甚至上千万行。除了工程实现的复杂性，编译器中涉及的数学理论、优化算法、代码生成等知识的复杂性也是其他软件系统无法比拟的。读者熟知的很多高级算法都能在编译器中找到。这些都导致开发和学习编译器非常困难。

近年来，LLVM 编译器因有良好的结构（模块化设计）、卓越的性能（和 GCC 相比，在一些场景中性能更高）和完善的功能（包含编译、调试、运行时库、链接等），应用越来越广泛。不仅传统的编译器可以基于 LLVM 实现，而且由于 LLVM 提供了 MLIR（多层中间表示），这使得它在 AI 编译器等新型编译器中的使用也越来越广泛。因此，越来越多的从业人员正在使用 LLVM 或者期望使用 LLVM 进行编译器相关工作。

由于 LLVM 被业界广泛应用于编译器开发，因此其发展迭代极为迅速，目前 LLVM 的代码量极为庞大，其后端代码量已超过 200 万行。LLVM 的代码复杂度也极高，最新版本已经开始使用 C++ 17 语法，想要学习、用好 LLVM 必须对 C++ 相关语法比较熟悉。这也导致编译器初学者在刚开始接触 LLVM 的时候会遇到不少困难，笔者希望通过本书帮助相关人员快速掌握和使用 LLVM。

本书是《深入理解 LLVM》系列图书中的第一本，后续还会写另外两本，分别对 MLIR 和编译优化进行介绍。

本书内容安排说明

本书以 LLVM 15 为例进行介绍，不同的 LLVM 版本对应算法的实现、提供的命令等都可能略有差异，读者在试验时应注意选择正确的版本，否则得到的结果可能和本书中介绍的不一致。为了保证读者和笔者使用相同的源码，笔者维护了一个 LLVM 代码仓的镜像：https://github.com/inside-compiler/llvm-project，读者可以从该代码仓下载、编译 LLVM 的代码。同时，因为 LLVM 是用 C++ 开发的，且使用了较多 C++ 17 语法，所以如果读者对 C++ 比较陌生，应先阅读相关书籍，本书不对 C++ 进行介绍。

LLVM 代码生成的输入为 LLVM IR（Intermediate Representation，中间表示），输出为机器码，所以 LLVM IR 是基础知识。不熟悉 LLVM IR 的读者建议先了解这部分内容，你可以写一个简单的 C/C++ 代码，使用 Clang 或者本书介绍的 Compiler Explorer 在线工具将其转化为 LLVM IR，通过与 C/C++ 源码对比来快速认识和了解 LLVM IR。本书在附录 A 中也对 LLVM IR 进行了介绍，但这里更多关注的是 LLVM IR 的设计与演化发展，并没有详细介绍每一条 LLVM IR 的具体用法，关于如何使用 LLVM IR，读者可以参考官方文档 https://llvm.org/docs/LangRef.html。

TableGen 贯穿整个 LLVM 代码生成过程，在学习 LLVM 代码生成时需要对 TableGen 有所了解。限于篇幅，本书并没有介绍 TableGen 中的一些高级语法，例如 foreach、defvar 等，读者可以参考官方文档（https://llvm.org/docs/TableGen/ProgRef.html）进行学习。

本书在介绍代码生成时主要以 BPF 后端为例。BPF 是一套虚拟指令集，指令数非常少，BPF 后端代码也较少，很多编译优化工作都不涉及 BPF，所以读者只需要关注指令选择、寄存器分配过程，这样更容易把握代码生成的脉络，具体可参见附录 B。

本书主要基于 Debug 版本的 LLVM 介绍算法详细执行过程，并使用 GDB/LLDB 以调试的方式获取中间结果，之后对中间结果进行解释。限于篇幅，书中并没有直接给出中间结果，而是对中间结果重新进行描述。在阅读时，建议读者根据第 1 章介绍的方法构建自己的调试版本，并使用 GDB/LLDB 对相关代码进行调试。如果仅依赖 Compiler Explorer 在线学习工具，读者仅能得到最终的结果，很多中间步骤都将被忽略，这可能对算法的理解不利。

另外，本书提供了不少示例代码，涉及 C/C++ 代码、LLVM IR、DAG IR、MIR、MC 等。我们按照如下规则对这些代码进行命名：以章节开头，以"–"为分隔符，后面依次为不同的用例编号，同时为同一用例不同的 IR 表示书中会使用不同的后缀。例如，第 1 章中第一个代码片段会被命名为代码清单 1-1，如果它是 C 代码，则会命名为"1-1.c"，以此类推。为了便于读者验证，相关代码和命令都上传至代码仓 https://github.com/inside-compiler/Inside-LLVM-Code-Gen。

如何阅读本书

本书包括 13 章和 3 个附录。

第一部分（第 1～6 章）为"基础知识"，介绍与体系结构无关的编译基础知识及 TableGen 工具，以帮助读者更好地理解 LLVM 项目。

第 1 章主要对 LLVM 项目进行简单介绍，同时介绍了如何使用 Compiler Explorer 在线工具学习 LLVM 的各种功能。

第 2 章主要介绍常见的 IR，重点介绍了 SSA（Static Single Assignment，静态单赋值）形式的相关知识，包括 SSA 构造、析构等。

第 3 章主要介绍数据流分析的理论基础、数据流方程。通过学习本章，读者可以了解学习编译优化所需的基础数据流知识。

第 4 章主要介绍支配、逆支配、支配树、逆支配树等基础知识。在编译优化中通过支配、逆支配等获取控制流信息，并完成相关优化。

第 5 章主要介绍循环、循环优化（即循环规范化）等基础知识。循环优化是编译优化中最为重要的优化，在代码生成中主要涉及循环不变量外提等，除了针对循环自身的优化外，在一些优化中也需要使用循环信息来生成最优代码。

第 6 章主要介绍目标描述语言的基本语法、工具的基本功能。LLVM 作为通用的编译器需要支持多种后端，虽然不同的后端设计各有不同，但是都会包含寄存器、指令等公共信息，通过设计目标描述语言统一描述后端信息，并通过辅助工具将描述信息生成代码，配合 LLVM 代码生成框架以供使用（完成指令选择、调度和寄存器分配等工作），从而使得 LLVM 可以更加优雅地支持多种后端。

第二部分（第 7～13 章）为"代码生成"，介绍与编译器代码生成相关的知识，帮助读者了解编译器后端所必备的处理环节。

第 7 章主要介绍 LLVM 中实现的 3 种指令选择算法，分别是 SelectionDAGISel、快速指令选择和全局指令选择。SelectionDAGISel 算法演示了基于 LLVM IR 构造 SDNode 的过程，以及基于 SDNode 进行指令选择和生成 MIR 的过程；全局指令选择算法演示了从 LLVM IR 到 GMIR，再到 MIR 指令选择的过程。

第 8 章主要介绍 LLVM 中实现的两类指令调度：局部调度和循环调度。局部调度是当前使用最广泛的调度，本章详细介绍了其中的 Linearize、Fast、BURR List 等调度器，并通过示例演示不同算法如何构造调度依赖图，以及指令调度实现时的关注点和调度过程；最后介绍了循环调度。

第 9 章主要介绍 LLVM 代码生成过程中基于 SSA 形式的编译优化，涵盖前期尾代码重复、栈槽分配、If-Conversion、代码下沉等多种优化算法。

第 10 章主要介绍 LLVM 中实现的 4 种寄存器分配算法——Fast、Basic、Greedy 和 PBQP。本章以 Basic 算法为例介绍了寄存器分配依赖的 Pass，并介绍 Fast、Basic、Greedy

和 PBQP 的原理和实现，还通过示例演示了每种寄存器分配的过程。

第 11 章主要介绍在 LLVM 代码生成过程中，函数栈帧生成以及基于非 SSA 形式的编译优化。

第 12 章主要介绍 LLVM 机器码生成过程，并简单介绍了 MC 和机器码生成。

第 13 章主要以 BPF 为例介绍如何为 LLVM 添加一个新后端，让读者了解在添加新后端时哪些工作是必需的。

附录部分主要介绍阅读本书需要了解的一些背景知识。

附录 A 主要介绍 LLVM 的中间表示，如 LLVM IR、DAG、MIR 和 MC。

附录 B 主要介绍 BPF 指令集和在 Linux 系统上如何运行 BPF 应用。

附录 C 主要介绍在 LLVM 中如何设计和实现 Pass、PassManager，以在分析、变换过程中保证编译过程性能最优。

作者贡献说明

本书由彭成寒、李灵、戴贤泽、王志磊和俞佳嘉共同完成。第 5 章由戴贤泽负责，第 6 章由李灵负责，第 7 章由戴贤泽、李灵共同负责，第 8 章由俞佳嘉负责，第 9 章由所有作者合著，第 12 章和第 13 章由王志磊负责，第 1～4 章、第 10 章、第 11 章以及附录部分由彭成寒负责，全书由彭成寒审读定稿。

勘误与支持

由于笔者水平有限，书中难免存在一些疏漏，恳请读者批评指正。大家可以通过 https://github.com/inside-compiler/Inside-LLVM-Code-Gen/issues 提交 issue。期待能够得到读者朋友们的诚挚反馈，在技术道路上与大家互勉共进。

由于本书篇幅有限，很多内容都未能囊括，为此笔者维护了网站：https://inside-compiler.github.io/，书中没有讨论到的内容将通过该网站呈现。

致谢

首先非常感谢本书其他作者的倾情付出，在过去一年多的时间里，所有作者每个周末都会花费半天时间在线分析和讨论问题、分享源码或相关论文阅读的情况，大家花费了大量的业余时间撰写相关内容，并不断地修改和完善。

另外在写作过程中，得到了很多朋友及同事的帮助和支持，彭成晓博士帮助笔者理解 Hopfield 网络中能量函数的物理意义和求解方法，杨磊博士帮助笔者证明了 Hopfield 网络能量函数的收敛。

　　还要感谢谷祖兴博士、李坚松博士、董如振博士、王篁博士、王亚东、韦清福等，他们对本书提出了很多意见和建议。

　　最后还要感谢家人对笔者的理解和支持，让笔者有更多时间和精力完成写作。

彭成寒

目　录 *Contents*

第一部分

基础知识

编译器代码生成的理论基础涉及 IR 设计、数据流分析、支配和循环等与体系结构无关的知识，同时还涉及与具体体系结构相关的知识。第一部分主要介绍与体系结构无关的知识，与体系结构相关的知识将在附录 B 中介绍。此外，本书以 LLVM 为例介绍代码生成，在 LLVM 代码生成的实现中使用了辅助描述语言（TableGen）和辅助工具集（如 llvm-tblgen 等），这些工具可帮助开发者快速实现一款新的编译器后端，所以本部分也会介绍 TableGen 的相关知识。

绪　　论

在现代计算机系统中，编译器是必不可少的基础软件。程序员使用高级语言进行编程完成业务需求，编译器则负责将高级语言转换为底层硬件可以执行的机器指令。

编译器是计算机科学发展史中最为悠久的学科之一。现代公认的第一款编译器是 IBM 于 1957 年发布的 Fortran 编译器；读者所熟知的 GCC 早在 1987 年就发布了第一个版本，距今快 40 年了；而本书讨论的 LLVM 于 2003 年正式开源，也有 20 多年的历史了。

早期编译器研究聚焦于从高级语言到机器码的转换以及优化程序满足对时间和空间的需求。随着时代的发展，应用程序执行性能和多硬件支持逐步成为编译器的主要需求，在编译器领域产生了大量的有关程序分析与转换、代码自动生成以及运行时等新知识。与早期的编译器实现相比，今天的编译算法明显更为复杂。例如，早期的编译器采用简单直观的技术对程序进行词法分析，而现代的编译器词法分析技术都是基于形式语言和自动机理论实现的，这使得编译器前端的开发更为系统化；再例如，早期编译器优化技术更多采用简单直观的技术进行依赖分析和循环变换，而现代编译器可以采用更为复杂的算法，例如多面体理论、线性规划等。

本书讨论的 LLVM 是过去 20 多年最成功的编译项目之一，它不仅被广泛用于 C/C++ 等传统语言的编译，更被很多新型语言作为开发基础。为什么 LLVM 能取得这么大的成就？根本原因在于 LLVM 良好的设计与实现。LLVM 为编译项目开发提供基础，程序被前端编译到 LLVM IR，再由 LLVM 后端编译至任意平台（指 LLVM 所支持的大多数主流平台），不同目标架构可以重用内置的编译优化，这极大地简化了针对某一编程语言开发编译器的过程。此外，LLVM 还提供了完备的编译相关的工具链。

本章主要探讨 LLVM 的设计思路、发展现状，以及 LLVM 构建和在线学习工具 Compiler Explorer，方便读者在学习后续章节。

1.1　LLVM 设计思路分析

LLVM 项目起源于伊利诺伊大学香槟分校的研究型项目，在 2000 年由 Chris Lattner 和其导师 Vikram Adve 发起，并于 2003 年正式开源并发布 1.0 版本。2002 年，Lattner 在其硕士论文 "LLVM: AN INFRASTRUCTURE FOR MULTI-STAGE OPTIMIZATION" 中详细介绍了 LLVM 的设计思路，本节将简单总结这一思路。

LLVM 的愿景是实现一个编译器的基础设施，能适配现代编程语言、硬件架构发展，它有 3 个目标。

1）具备多阶段优化能力（如过程内优化、过程间优化、配置文件驱动的优化），保证程序执行性能足够高。

2）提供基础机制，方便进行编译器研发。

3）兼容标准系统编译器的行为。

为了达到这些目标，LLVM 设计了一套虚拟指令集，称为 LLVM IR。虽然 LLVM IR 是低级的中间表示，但是它携带了程序的类型信息，这样的 IR 设计既方便了静态编译优化，又允许在链接时进行优化。Lattner 设想在链接优化完成后生成的二进制文件中，既可以包含可执行代码，又可以包含 IR，其中 IR 可以用于后续的 JIT 优化⊖。Lattner 还设想在 LLVM 中提供运行时优化，通过监控程序的执行过程来收集反馈信息（profile information）并用于指导程序优化⊖。

LLVM 编译器整体架构图如图 1-1 所示。

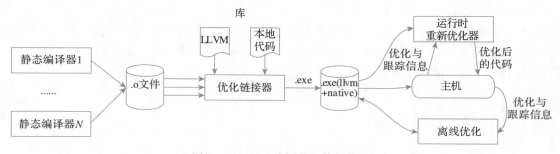

图 1-1　LLVM 编译器整体架构图

从图 1-1 中可以看到，LLVM 编译优化策略和程序的"编译 – 链接 – 执行"模式完全匹配，在编译期、链接期、执行期都可以进行优化。和其他编译器不同的是：LLVM 借助了 LLVM IR，大量的优化工作都是围绕 LLVM IR 展开的，不同的优化都由独立的模块完成。

⊖ 通常静态编译器仅包含可执行代码，和操作系统的可执行文件格式兼容，但是一些特殊应用使用胖二进制（fat binary）文件，可同时包含多种输出。

⊖ 程序优化可以在线执行也可以离线执行，在线执行需要消耗额外的运行时资源，在一些动态语言（如 JavaScript、Java 等）虚拟机中会使用在线编译优化，而静态语言则更多使用离线优化。

1）编译时优化：各个语言的编译器前端将代码翻译成 LLVM IR，LLVM 优化器针对 LLVM IR 做尽可能多的优化。编译期优化大多数属于局部优化（少量优化是过程间优化），通常包含架构无关优化和架构相关优化。

2）链接时优化：编译器在编译时为函数提供过程间摘要信息，并附加到 LLVM IR 中，在连接时使用这些信息完成优化。

3）运行时和离线优化：基于收集的程序执行信息，再次对应用进行优化。

在这些优化工作中，LLVM IR 是整个编译系统设计的关键，具有如下特点。

1）LLVM 使用 LLVM IR 描述一个虚拟架构并捕获常规处理器的关键操作，同时消除了特定机器架构限制，如物理寄存器、流水线、调用约定、陷阱等方面的限制。

2）LLVM IR 提供无限数量的类型化虚拟寄存器，并用这些寄存器来存储基础类型（如整型、浮点型、指针类型）的值。LLVM IR 采用 SSA 形式，从而更便于进行编译优化。

3）在 LLVM IR 中提供了特有的指令，显式描述异常控制流信息。

4）LLVM IR 约定虚拟寄存器和内存之间，仅靠 load 和 store 指令进行数据交换，交换数据时需要约定数据类型。内存被划分为全局区域、栈、堆（过程被视为全局对象），其中栈、堆上的对象分别使用 alloca 指令⊖和 malloc 指令操作分配空间，并通过这两个函数返回的指针值来访问相应的空间，栈对象在当前函数的栈帧中分配，控制流（线程）离开函数时自动释放栈对象，堆对象必须使用 free 指令进行显式释放。

5）LLVM IR 集成了运行时和系统函数，如 I/O、内存管理、信号量等的相关函数，这些函数由运行时库提供，可以被程序链接使用。同时 LLVM IR 提供文本、二进制、内存 3 种文件格式，以方便开发、存储和运行。

LLVM IR 提供了各种分析和变换的 Pass（Pass 是指对编译对象进行一次处理，详细内容可以参考附录 C），以及配套的工具集，如汇编、反汇编、解释器、优化器、编译器、测试套等相关工具，能帮助开发者快速入门和使用 LLVM。

1.2　LLVM 主要子项目

经过 20 多年的发展，LLVM 已经成为编译器领域最成功的项目之一，其使用范围非常广泛，现代新型语言、工具等基本上都是基于 LLVM 实现的。LLVM 不仅是一款编译器，还是编译器和工具链的集合，其主要子项目如下。

1）LLVM 核心库（即平常大家提到的 LLVM）：提供了编译优化器、各种后端的代码生成，其输入为 LLVM IR，输出为编译器处理后的目标架构代码。

2）Clang：LLVM 原生支持的 C/C++/Object-C 编译器，其中编译优化器和代码生成模块直接使用 LLVM 核心库。Clang 主要负责从 C/C++/Object-C 到 LLVM IR 的转换、LLVM 核心库的调用，同时提供多样化的前端处理工具，例如针对代码分析的静态分析器、针对

⊖　LLVM 2.7 中将 malloc、free 指令移除，堆内存管理会调用库函数 malloc、free。

代码静态检查的工具（clang-tidy）、针对代码风格的自动格式化工具（clang-format）等。

3）LLDB：基于 LLVM 核心库及 Clang 构建的调试器。

4）libc：C 标准库的实现，支持 C17 和后续的 C2x、POSIX 标准。

5）libcxx：一种 C++ 标准库的实现，包括 iostreams 和 STL 等库的实现，支持 C++11、C++14 等更高版本。

6）libunwind：提供基于 DWARF 标准的堆栈展开的辅助函数，通常用于实现 C++ 等语言的异常处理。在使用 libunwind 替代 glibc 中堆栈展开的功能时，有可能还需要其他的库（例如在 Linux 中还需要 llvm-libgcc 库）的配合。

7）libcxxabi：在 libunwind 之上实现的 C++ 异常处理功能，提供标准的 C++ 异常函数。

8）libclc：OpenCL 标准库的实现。

9）OpenMP：一种 OpenMP 运行时的实现，OpenMP 有助于多线程编程，提供并行化处理。

10）compiler-rt：提供独立于编程语言的支持库。compiler-rt 包含通用函数（如 32 位 i386 后端的 64 位除法）、各种杀毒程序工具（sanitizers）、fuzzing 库、profling 库、插桩库 XRay 等。

11）LLD：一种链接器的实现。

12）Flang：LLVM 原生支持的 Fortran 编译器前端。

13）pstl：并行 STL 的实现。

14）POLLY：多面体编译器的实现，主要实现了自动并行、矢量化等优化。

15）MLIR：通过定义多级 IR 框架，允许用户自定义 IR 并重用基础编译器框架。目前有许多编译器项目通过 MLIR 实现，例如 AI 编译器、Circt（EDA 编译器）等。

16）BOLT：链接后的优化器，对链接后的二进制代码进行优化，例如通过收集运行时信息，对代码进行重新布局，从而提高执行效率。

1.3　LLVM 构建与调试

本书涉及的后端架构、Pass 和算法都是以 LLVM 15 为基础的，具体代码可以从 github.com/llvm-project 处直接下载，笔者维护了镜像 https://github.com/inside-compiler/llvm-project，读者也可以直接通过该镜像获得源码。

LLVM 构建比较简单，读者可以参考官方项目中的构建说明进行操作，构建完成后就可以使用 GDB 或者 LLDB 进行调试，这里仅做一个简单的介绍。下面以笔者使用的 macOS 环境为例介绍构建和调试工作。

1）环境准备：在 macOS 上构建 LLVM 需要安装开发套件 CMake、git 等。

2）下载代码：通过 git clone，从 https://github.com/inside-compiler/llvm-project 镜像下载代码。该项目分支会默认切换到 LLVM 15，读者无须再次切换。

3）构建代码：按照构建说明进行构建。本书主要以 BPF 后端为例进行说明，为了加快构建速度，可以通过命令行参数 LLVM_TARGETS_TO_BUILD 仅构建 BPF 后端。构建 LLVM 工程使用的命令如代码清单 1-1 所示。

代码清单 1-1　构建 LLVM 工程使用的命令

```
cd llvm-project  // 进入当前代码仓
mkdir build      // 创建 build 目录
cd build         // 进入 build 目录，构建过程中的中间文件和结果都放在该目录中
cmake -G "Unix Makefiles" -DCMAKE_BUILD_TYPE=Debug -DLLVM_TARGETS_TO_BUILD=BPF
-DLLVM_ENABLE_PROJECTS="clang" ../llvm    // 生成 makefile 文件
make -j 32   //使用32线程进行并行构建
```

4）验证：构建完成后，相应的可执行文件位于 build/bin 目录下。以 llc 命令为例，执行 llc --version 可以得到如代码清单 1-2 所示的结果。

代码清单 1-2　验证结果

```
LLVM (http://llvm.org/):
    LLVM version 15.0.1
    DEBUG build with assertions.
    Default target: arm64-apple-darwin22.5.0
    Host CPU: cyclone

    Registered Targets:
        bpf    - BPF (host endian)
        bpfeb  - BPF (big endian)
        bpfel  - BPF (little endian)
```

5）调试：开发者可以使用 LLDB 调试 llc，设置断点并运行测试。例如，为了验证尾代码合并的功能，通过 b TailDuplicateBase::runOnMachineFunction 命令为函数设置断点，同时设置 LLDB 运行参数 settings set -- target.run-args -debug -tail-dup-size=10 test.ll[⊖]，然后执行 run 命令即可。关于 LLDB 更多使用方法可以参考 LLDB 使用文档。LLDB 调试命令示例如代码清单 1-3 所示：

代码清单 1-3　LLDB 调试命令示例

```
(lldb) target create "../llvm-project/build/bin/llc"
Current executable set to
    '/Users/ryanpeng/Project/llvm-project/build/bin/llc' (arm64).
(lldb) b TailDuplicateBase::runOnMachineFunction
Breakpoint 1: where = llc`(anonymous namespace)::TailDuplicateBase::runOnMachin
    eFunction(llvm::MachineFunction&) + 28 at TailDuplication.cpp:84:20, address =
    0x00000001011c9114
(lldb) settings set -- target.run-args -debug -tail-dup-size=10 test.ll
(lldb) run
```

⊖　这里的 test.ll 可以参考代码清单 9-3。

1.4　LLVM 在线工具

如果读者不想构建 LLVM，也可以使用在线工具 Complier Explorer（https://godbolt.org）学习 LLVM 各种功能和代码变化。该在线工具可以直观地比较优化前后的代码变化情况，支持多种语言作为输入，也支持 LLVM IR、LLVM MIR（Machine IR）作为输入，该工具可以选择不同的编译器进行编译。

1）Compiler Explorer 初始界面如图 1-2 所示，可以选择不同的编程语言。

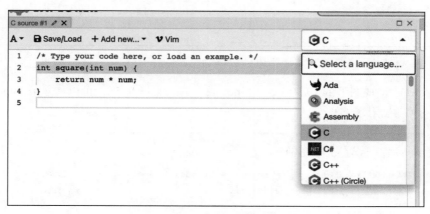

图 1-2　输入代码并选择编程语言

2）选择不同的编译器，并为编译器添加不同的编译选项，例如选择 Clang 版本，添加命令行参数 -emit-llvm -S 用于生成 LLVM IR，如图 1-3 所示。

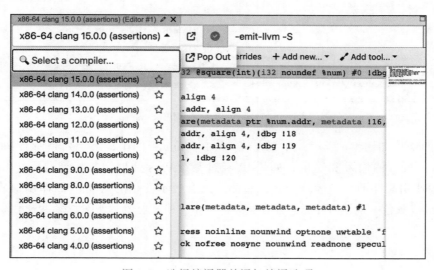

图 1-3　选择编译器并添加编译选项

3）本书主要关注代码生成，对应的命令行入口是 llc。llc 使用 LLVM IR 作为输入，如果要生成 BPF 后端代码，可以在编译选项中填入 -march=bpf，如图 1-4 所示。

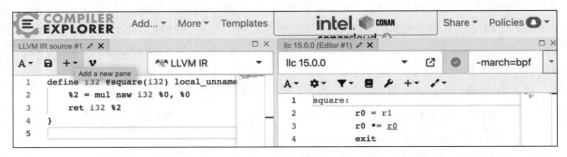

图 1-4　配置编译选项

选择 Add new 视图下的 LLVM Opt Pipeline 选项（见图 1-5），可以展示 Clang 编译过程使用的 Pass（参见附录 C）。

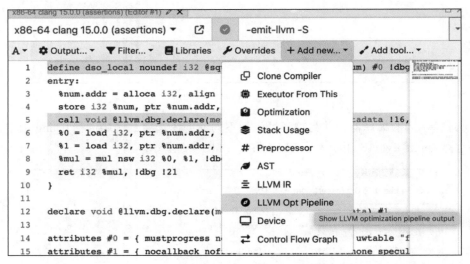

图 1-5　选择 LLVM Opt Pipeline

得到的结果如图 1-6 所示，在 LLVM Opt Pipeline 视图中，第一列是所有 Pass，右侧两列是某一 Pass 的输入和输出。如果 IR 经过某个 Pass 处理后发生变化，在 LLVM Opt Pipeline 中使用高亮的绿色表示变化，右侧两列会提示变化的情况。（因印刷缘故，绿色、粉色都变成浅灰色，请读者注意。而在实际网页中，粉底色表示删除、绿色表示添加。）

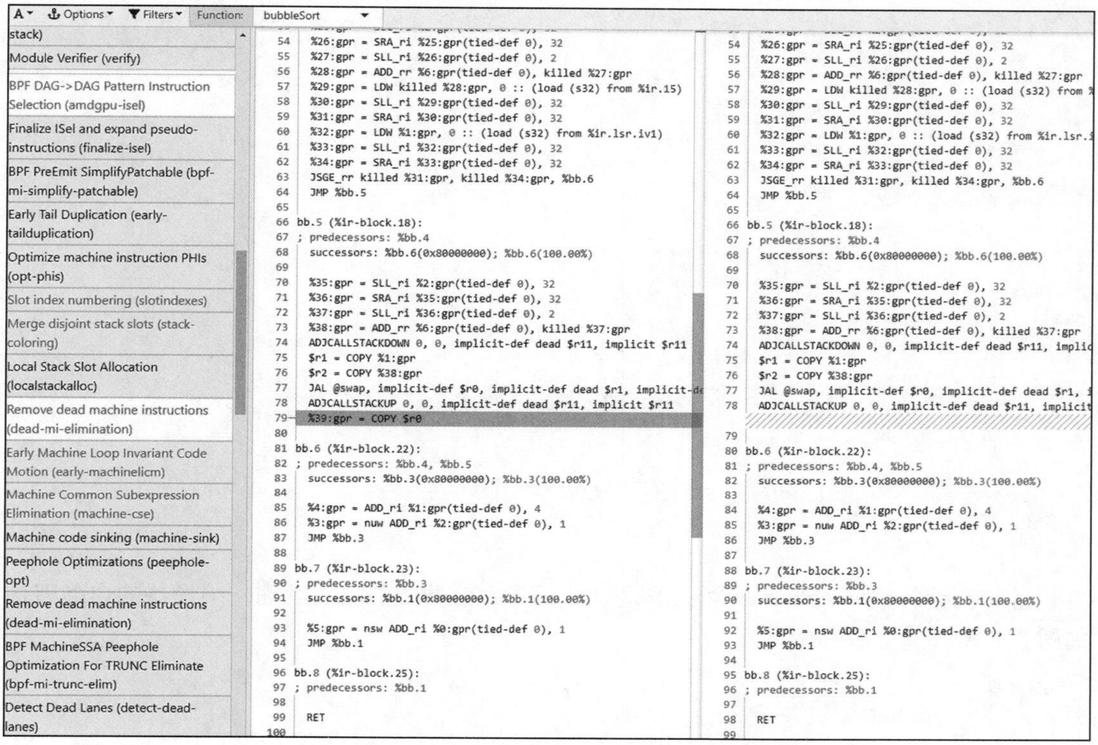

图 1-6 输出所有涉及的 Pass

1.5 本章小结

本章简单介绍了 LLVM 的设计思路、发展现状，以及在 macOS 平台如何构建、调试 LLVM，最后演示了如何通过在线工具 Compiler Explorer 学习 LLVM。

第 2 章

IR 基础知识

目前流行的编译器通常采用三段式设计，分为前端、中端和后端，编译器的典型架构如图 2-1 所示。

图 2-1　编译器架构示意图

前端：对程序进行解析，确保程序符合语言规定的词法、语法、语义规则。前端完成后通常将程序变换成另一种表示，这种新的表示一般更便于进行编译优化或者目标代码生成。

中端：目的是对程序进行优化。为了便于进行优化，通常使用 IR 来描述程序，不同的语言可以翻译成统一的 IR，这样针对 IR 进行的优化可以做到语言无关。中端常见的优化有常量传播（Constant Propagation，CP）、死代码消除（Dead Code Elimination，DCE）、循环不变代码外提（Loop Invariant Code Motion，LICM）、循环展开（Loop Unrolling，LU）等。

后端：目的是将程序翻译成目标机器可以识别的机器码。后端的工作通常包括指令选择、指令调度、寄存器分配和机器码生成。

注意　通常我们提到的优化都是指语言无关、架构无关的编译优化，但现实中也存在一些语言相关、架构相关的优化技术，这些优化技术都是对特定问题的分析和解决，不在本书的讨论范围内。

IR 是编译优化的基础，本章将主要讨论 IR 相关知识。

2.1　IR 分类

在编译器的实现中，不同的阶段会根据不同的目的使用不同的 IR 表示，常见的 IR 分类如下。

2.1.1　树 IR

最典型的树 IR 就是 AST（Abstract Syntax Tree，抽象语法树）。AST 通常在编译器前端实现中使用，主要原因是高级语言的语法通常都使用上下文无关的文法。使用 AST 不但可以简单、直接地表达源程序的语法，还可以使用属性文法对原程序进行翻译，以生成供中端使用的 IR。例如 Clang 中就是使用 AST 对源程序进行分析，以代码清单 2-1 中的 add 源码（整型加法）为例来看看 Clang 生成的 AST。

代码清单 2-1　源码 add（2-1.c）

```
int add(int a, int b) {
    return a + b;
}
```

使用 Clang[⊖]进行编译，编译命令为 clang -cc1 -ast-dump 2-1.c，获得的 AST 如图 2-2 所示。

在 图 2-2 中，整 个 函 数 是 一 个 复 合 节 点（CompoundStmt），该节点包含了 return 语句的节点（ReturnStmt）。而 return 节点又是由一个二元操作节点构成（add 是二元操作的一种类型）的，二元操作节点包含了两个表达式（都是 DeclRefExpr）。AST 形式是非常自然的表达形式，它可以通过文法解析得到。

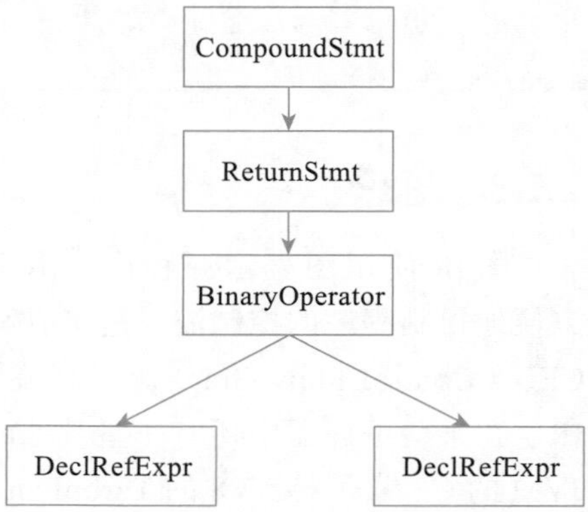

图 2-2　AST 示例

2.1.2　线性 IR

线性 IR 使用如三元组、四元组或者自定义的 IR 描述。

LLVM 中端使用的 LLVM IR 是一种线性 IR，编译优化都是基于 LLVM IR 的。使用 Clang 编译代码清单 2-1 可以获得线性 IR，编译命令为 clang -S -emit-llvm 2-1.c -o 2-2.ll，对应的 IR 如代码清单 2-2 所示。

⊖　如果没有特殊说明，本书使用的编译工具（如 opt、LLDB 等）都基于 LLVM 15，另外 Clang 也会采用对应的配套版本。

代码清单 2-2　代码清单 2-1 对应的 IR（2-2.ll）

```
define i32 @add(i32 %0, i32 %1) {
    %3 = alloca i32, align 4
    %4 = alloca i32, align 4
    store i32 %0, i32* %3, align 4
    store i32 %1, i32* %4, align 4
    %5 = load i32, i32* %3, align 4
    %6 = load i32, i32* %4, align 4
    %7 = add nsw i32 %5, %6
    ret i32 %7
}
```

线性 IR 的表达能力非常完备，每一条 IR 语句都完成一个简单的功能，例如对上述 IR 功能的解析如代码清单 2-3 所示。

代码清单 2-3　代码清单 2-1 对应的 IR 解析

```
define i32 @add(i32 %0, i32 %1) {
    %3 = alloca i32, align 4;分配一个栈变量，类型是i32，4字节对齐，用虚拟寄存器%3表示变量地址
    %4 = alloca i32, align 4;分配一个栈变量，类型是i32，4字节对齐，用虚拟寄存器%4表示变量地址
    store i32 %0, i32* %3, align 4;将参数%0存放在%3的栈变量中
    store i32 %1, i32* %4, align 4;将参数%1存放在%4的栈变量中
    %5 = load i32, i32* %3, align 4;将%3的栈变量加载到虚拟寄存器%5中
    %6 = load i32, i32* %4, align 4;将%4的栈变量加载到虚拟寄存器%6中
    %7 = add nsw i32 %5, %6;将两个虚拟寄存器%5、%6进行相加，结果放在虚拟寄存器%7中
    ret i32 %7;返回%7
}
```

2.1.3　图 IR

图 IR 使用图表示源程序，由于通过图可以较为方便地得到程序的控制流，这将有利于编译优化过程。CFG（Control Flow Graph，控制流图）就是典型的图 IR。在某些编译器中还有一些其他的图 IR 表示，例如 JVM 的 C2 编译器、V8 的 TurboFan 编译器都采用 sea-of-node 的图 IR。图 2-3 展示了一个 while 循环对应的 CFG。

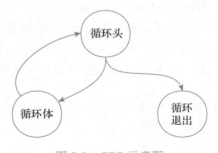

图 2-3　CFG 示意图

假设有一个示例函数 factor，用于计算 n 的阶乘，其源码如代码清单 2-4 所示。

代码清单 2-4　阶乘运算示例源码 factor

```
1 int factor(int n) {
2     int ret= 1;
3     while (n > 1) {
```

```
4          ret*= n;
5          n--;
6      }
7      return ret;
8 }
```

利用 Clang 生成 LLVM IR，然后利用 opt[⊖]工具生成 CFG。其对应的 CFG 示意图和对应的基本块（基本块将在 2.2.1 节介绍）如图 2-4 所示。

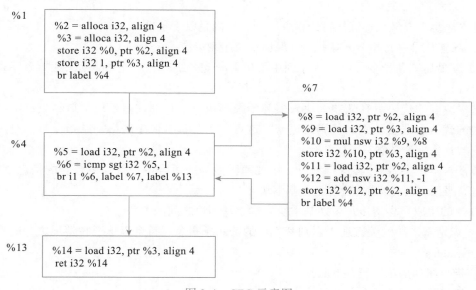

图 2-4　CFG 示意图

> 注意　LLVM 项目中主要使用线性 IR 和图 IR。LLVM 的中端主要基于线性 IR 实现语义的表达，优化过程中很多优化会基于 CFG 进行。LLVM 的后端使用图 IR 和线性 IR，例如在指令选择时使用图 IR，而在寄存器分配、代码生成时会将图 IR 变换成线性 IR，相关内容将在后续章节进一步介绍。

同一类型的 IR 在实现时也存在不同的实现方式，例如对线性 IR 采用静态单赋值形式能大大简化编译器的实现。现代主流的编译器基本上都是基于 CFG 和静态单赋值。2.2 节和 2.3 节将分别介绍 CFG 和静态单赋值的相关概念。

> 注意　为什么存在这么多 IR？主要原因是不同 IR 的抽象程度不同，而且实现不同，同时 IR 对优化算法的实现有很大的影响。所以在实际使用中会根据不同的需求选择不同的 IR。

⊖ 可以使用 opt -dot-cfg factor.ll 直接生成 dot 文件，再将 dot 文件可视化就可以得到 CFG。例如将 dot 文件通过在线工具 GraphvizOnline（https://dreampuf.github.io/GraphvizOnline/）进行可视化处理，可以直接得到 CFG。

2.2 CFG 的基本块与构建

CFG 使用图的方式来描述程序的执行，为了简化描述，CFG 引入了基本块（Basic Block，BB）的概念。首先把代码划分成基本块，基本块作为 CFG 的节点，CFG 中的边描述了基本块之间的执行顺序。

2.2.1 基本块

基本块是一段最长连续执行的指令序列，且满足以下条件。

1）只能从第一行指令开始执行（保证指令序列只有一个入口）。

2）除最后一条指令外，指令序列中不包含分支、跳转、终止指令（保证指令序列只有一个出口）。

基本块内的代码总是从基本块入口开始顺序执行，直到在基本块出口结束，中间不会跳到别的代码段或者从别的代码跳进来。这意味着，基本块中的第一条指令被执行后，基本块中的其余指令必然按顺序执行一次。

通常基本块会基于 IR 进行划分，主要原因是高级语言中一行代码包含的信息比较多，需要将高级语言转化为 IR 后再划分基本块。

CFG 的生成包含两步：识别基本块、建立基本块之间的关联。

1）识别基本块的关键在于识别基本块的 leader 指令，符合以下三种情况之一的指令可以成为 leader。

① 指令序列的第一行是 leader。

② 任何条件或者非条件跳转指令的目标行指令是 leader。

③ 任意条件或者非条件跳指令的下一行指令是 leader。

2）定义基本块边界。定义基本块边界的规则如下。

① leader 是基本块的一部分。

② leader 到下一个 leader 之间的指令序列构成基本块。

基本块之间的关联非常简单，反映了基本块之间的执行顺序。当一个基本块跳转到另一个基本块时，即这两个基本块之间存在关联。

根据基本块的定义，当遇到以下指令时会产生一个新的基本块。

1）过程和函数入口点。

2）跳转或分支的目标指令。

3）条件分支之后的"直通"（fallthrough）指令。

4）引发异常的指令之后的指令。

5）异常处理程序的起始指令。

而一个基本块的结束指令可能是：

1）直接和间接的无条件和条件分支指令。

2）可能引发异常的指令。

3）返回指令（return）。

4）如果函数调用不能返回，用于抛出异常的函数或特殊调用指令，如 C 中的 longjmp 和 exit。

> 注意　调用指令本身不是基本块的开始或者结束指令，它应该包含在基本块中。调用指令执行结束后会继续执行下一条指令，通常认为它并不改变控制流，所以认为它不是基本块的边界指令。

2.2.2　构建 CFG

当确定基本块之后，再构造 CFG 就显得容易多了。CFG 是一个有向图：它以基本块作为节点，如果一个基本块 A 执行完之后，可以跳转到另一个基本块 B，则图中包含从 A 节点到 B 节点的有向边，CFG 图描述了程序控制流的所有可能执行路径，具体的构建方法如下。

1）如果当前基本块以分支指令结尾，则在当前基本块与所跳转到的目标基本块之间加入一条有向边。

2）如果当前基本块以条件分支指令结尾，则在当前基本块以及跳转条件成立、不成立的目标基本块之间分别加入一条有向边（共两条边）。

3）如果当前基本块以返回指令结尾，则不需要加入新的边。

4）如果当前基本块不是以跳转指令结束，则在当前基本块和相邻的后继基本块之间加入一条有向边。

在所有的基本块都扫描完毕后，CFG 就建立完成了。

2.3　静态单赋值

SSA（Static Single Assignment，静态单赋值）是三位研究员在 1988 年提出的一种 IR[一]，它是目前编译优化中使用最广泛的技术，在 LLVM 代码生成中经过指令选择后的 IR 为 SSA 形式，基于 SSA 有不少相关的编译优化，在寄存器分配时先析构 SSA 再完成寄存器分配。正如 SSA 的名字所示，它有以下特点。

1）静态：对代码进行静态分析，不需要考虑代码动态的执行情况。

2）单赋值：每个变量名只被赋值一次。

一　参见 Barry Rosen、Mark N. Wegman、F. Kenneth Zadeck 于 1988 年撰写的"Global value numbers and redundant computations"。

2.3.1　基本概念

首先来探讨单赋值这个概念，代码清单 2-5 所示是一段 C 代码，为了描述方便，在每一条语句之前增加了编号，形如"1:"表示语句 1。

代码清单 2-5　单赋值示例代码

```
1: x = 1;
2: y = x +1;
3: x = 2;
4: z = x +1;
```

在这个代码片段中，变量 x 被定义 / 赋值两次（语句 1 和语句 3），不符合变量单次赋值的要求。为了让代码的形式满足 SSA 形式，需要引入变换，对多次赋值的变量进行重命名，例如在语句 3 中引入一个新的变量 t，后续所有使用 x 的语句都修改为使用变量 t。在 SSA 的变换中，为了更形象地描述 x 和 t 之间是变量重命名的关系，通常是为变量引入版本信息（通过下标来描述版本），例如语句 1 和语句 2 中的 x 替换为 x_1，语句 3 和语句 4 中的 x 替换为 x_2，以保证语义的正确性（为什么引入版本信息，而不是使用完全无关的变量，主要是方便 SSA 构造，参见 2.3.2 节），对应的 SSA 形式如代码清单 2-6 所示。

代码清单 2-6　SSA 示例代码

```
x₁ = 1;
y = x₁ +1;
x₂ = 2;
z = x₂ +1;
```

SSA 的形式看起来比较简单，但是引入了重命名的变量会带来新的问题，主要是变量汇聚问题。下面通过代码清单 2-7 所示的示例来介绍变量汇聚问题。

代码清单 2-7　带变量汇聚的单赋值示例代码

```
1: y = 0;
2: if (x > 42) then {
3:     y = 1;
4: } else {
5:     y = x +2;
6: }
7: print(y);
```

在这个代码片段中，变量 y 在语句 1、语句 3 和语句 5 中共被赋值 3 次，按照变量重命名的规则，使用 3 个变量 y_1、y_2 和 y_3 对这 3 次赋值进行替换，可得到代码清单 2-8 所示的代码：

代码清单 2-8　带变量汇聚的 SSA 示例代码

```
1: y₁ = 0;
```

```
2: if (x > 42) then {
3:     y₂ = 1;
4: } else {
5:     y₃ = x +2;
6: }
7: print(y); //这里是汇聚点
```

但是语句 7 则有新的问题，此处 y 的值既可能是 y_2 也可能是 y_3（取决于分支的执行路径），所以需要引入一个新的表达方式将 y_2 和 y_3 重新汇聚为一个变量——这个方式就是引入 φ（Phi）函数。φ 函数本质上是一个选择操作，指从不同的执行路径中选择执行结果，例如当 if 语句执行时 φ 函数的结果为 y_2，当 else 语句执行时 φ 函数的结果为 y_3。语句 7 的 φ 函数表示如代码清单 2-9 所示。

代码清单 2-9　φ 函数表示

```
y₄ = φ(if:y₃, else:y₂);
```

这里定义一个新的变量 y_4 表示 φ 函数的结果，那么语句 7 中的 y 则可以替换为 y_4，结果如代码清单 2-10 所示。

代码清单 2-10　使用 y_4 表示 φ 函数结果

```
1: y₁ = 0;
2: if (x > 42) then {
3:     y₂ = 1;
4: } else {
5:     y₃ = x +2;
6: }
7: y₄ = φ(if:y₃,else:y₂);
8: print(y₄);
```

实际上，汇聚信息通过 CFG 更容易被描述，CFG 中的交叉点就是汇聚点。例如，代码清单 2-10 对应的 CFG 如图 2-5 所示，在图中汇聚点可引入 φ 函数。

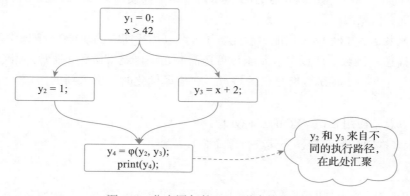

图 2-5　分支语句的 SSA 形式的 CFG

下面讨论 SSA 中的静态含义，例如循环中定义的变量也只考虑一次赋值，而不考虑循环的动态执行情况。考虑一个 C 代码片段，如代码清单 2-11 所示。

代码清单 2-11　静态 SSA 示例源码

```
1: x = 0;
2: y = 0;
3: do {
4:    y = y + x;
5:    x = x +1;
6: } while (x < 10);
7: print(y);
```

在代码清单 2-11 中，变量 x 在语句 1 和语句 5 中一共被赋值两次，变量 y 在语句 2 和语句 4 中一共被赋值两次，所以需要对变量 x 和变量 y 进行重命名。但是根据该例中的循环条件，语句 4 和语句 5 在循环内部，两个语句会被执行 10 次，但是在 SSA 的表达中并不考虑循环实际执行的次数，只需要考虑程序的静态结构并确定重命名变量。因为该程序片段也存在汇聚点，所以需要插入 φ 函数。代码清单 2-11 插入 φ 函数后的 SSA 形式 CFG 描述示意如图 2-6 所示。

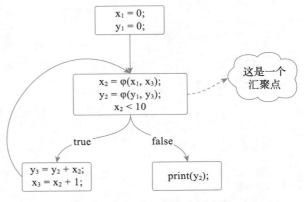

图 2-6　循环 SSA 形式示意图

引入 SSA 形式的目的在于简化编译器的实现，每个变量名只对应一次赋值操作，在变量使用的地方要查看变量定义信息，可以直接通过 IR 得到。这意味着变量的 Use-Def（使用–定义）⊖关系在 IR 中是显式提供的，不需要额外的 IR 结构来表示这一关系。这种形式使得 IR 结构变简单，将有利于编译器的实现。（特别是需要使用 Use-Def 关系的场景，将可以直接获取到这一信息。）

引入 φ 函数后，SSA 的表达能力就完备了（可以描述所有的功能），但通常硬件并没有相应的指令描述 φ 函数，所以引入 φ 函数后还需要在编译结束阶段（通常是指令生成阶段）将 φ 函数消除。另外，φ 函数有自己的特点，在编译优化时会引入新的问题，2.3.3 节将会进一步讨论。

由此可以总结使用 SSA 涉及的三种处理。

1）识别多次定义的变量，将其进行重命名。

⊖　Use-Def 信息是编译优化中非常重要的信息，很多编译优化算法都会使用 Use-Def 信息。本书后续内容介绍的相关算法会展示如何使用 Use-Def 信息。

2）在汇聚点插入 φ 函数。

3）在指令生成阶段将 φ 函数消除。

前两种处理用于构造 SSA，后一种处理是析构 SSA，2.3.2 节和 2.3.3 节将分别讨论相关内容。

2.3.2　SSA 构造

SSA 的构造涉及两步：变量重命名和插入 φ 函数。在代码清单 2-10 所示的例子中可以发现，插入 φ 函数后会增加新的变量定义（见图 2-5，在插入 φ 函数后引入变量 y，用于保存 φ 函数的结果），所以插入 φ 函数后需要执行变量重命名（如将 y 重命名为 y_4），因此 SSA 构造算法可以调整为先插入 φ 函数再执行变量重命名。

而插入 φ 函数需要找到变量的汇聚点，典型方法是通过支配边界来计算。因为支配边界指的是变量的汇聚点，所以只需要在支配边界处插入 φ 函数即可（具体参见第 4 章）。由此 SSA 构造算法可以分解为 4 步。

1）遍历程序构造 CFG（参见 2.2.2 节）。

2）计算支配边界。

3）根据每一个基本块（记为 b）的支配边界（记为 DF(b)）确定 φ 函数的位置。DF(b) 是基本块 b 所定义变量的汇聚点集合，对于基本块 b 定义的每一个变量在 DF(b) 中都放置着一个 φ 函数。注意，因为 φ 函数对变量进行了一次新的定义，所以在插入 φ 函数后可能会出现因引入了新的变量定义，而需要插入额外 φ 函数的情况。

4）变量重命名，并将后续使用原变量的地方修改为使用新的变量，通常可以采用栈的方式来更新后续变量的引用。

> **注意**　在上述 SSA 构造算法中，为了保证放置 φ 函数的代价最小，需要计算支配树和支配边界，根据支配边界放置 φ 函数，然后对变量进行重命名（如果要避免死 φ 函数，需要执行活性分析或者死代码消除），因此执行成本比较高。Braun 等人优化了 SSA 构造算法，在 2013 年提出了快速、高效构造 SSA 的算法。本质上，前面介绍的算法是沿着 CFG 前向进行操作的，即算法首先收集变量所有的定义，然后计算放置 φ 函数的位置。而 Braun 等提出的算法认为可以对 CFG 进行逆向操作，只有在使用变量时才去处理所有涉及的定义点，更多内容参考具体论文"Simple and Efficient Construction of Static Single Assignment Form" [⊖]。

2.3.3　SSA 析构

SSA 析构是指将 SSA 中的 φ 函数消除。从直觉上讲，SSA 析构似乎比较简单，以

⊖　参见 https://pp.info.uni-karlsruhe.de/uploads/publikationen/braun13cc.pdf。

图 2-7a 为例，通过赋值进行 φ 函数消除。

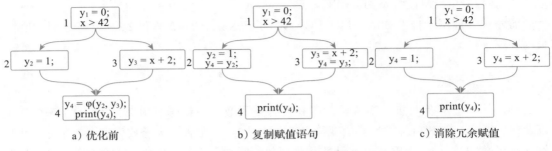

a) 优化前　　　　　　　　b) 复制赋值语句　　　　　　　c) 消除冗余赋值

图 2-7　简单 SSA 析构示意图

本质上，消除 φ 函数的思路是将 φ 函数上移到前驱基本块中，并直接使用赋值语句消除 φ 函数。该方法也称为朴素（naive）算法。例如，将图 2-7a 中基本块 4 的 φ 函数 $y_4 = \varphi(y_2, y_3)$ 分别复制到基本块 2 和基本块 3 的最后，同时分别使用赋值语句更新 y_4 的值：在基本块 2 中使用 y_2 更新 y_4，在基本块 3 中使用 y_3 更新 y_4，如图 2-7b 所示。然后，通过复制传播优化消除冗余赋值，可以得到图 2-7c 所示的结果。但是这样的消除方法在某些场景是不正确的，可能会引入 Lost Copy 问题和 Swap 问题。

1. Lost Copy 问题及解决方法

接下来以代码清单 2-12 为例说明 Lost Copy 问题。

代码清单 2-12　Lost Copy 问题示例代码

```
1: i = 0;
2: do {
3:     t = i;
4:     i = i + 1;
5: } while (i < 10);
6: y = t + 1;
```

图 2-8a 是针对上述代码构建的 CFG 图。对图 2-8a 进行复制传播优化，可以发现：基本块 2 中的 $t = i_2$ 是冗余指令，是可以被删除的，得到优化后的 CFG 如图 2-8b 所示。按照消除 φ 函数的方法，分别将 $i_2 = \varphi(i_1, i_3)$ 分别复制到基本块 1 和基本块 2 的最后，同时分别使用赋值语句更新 i_2 的值，在基本块 1 中使用 i_1 更新 i_2，在基本块 2 中使用 i_3 更新 i_2，此时得到的析构图如图 2-8c 所示。

但是此时程序的正确性发生了变化，计算得到 y 的结果和原始程序不同：原来程序 y 的值为 10，消除 φ 函数后 y 的值为 11。导致这一结果的主要原因是变量的作用域发生了变化。在原始的 CFG 中变量 i_1 的作用域为基本块 1，变量 i_2 的作用域为基本块 2、3，在消除 φ 函数后 i_2 的作用域为基本块 1、2、3。

该问题称为 Lost Copy 问题，解决的方法有两种：一种是引入关键边的概念，通过对关键边的拆分来解决该问题；另一种是通过变量冲突[⊖]解决该问题。首先来看如何通过关键边的拆分解决该问题。SSA 析构 Lost Copy 问题的思路的示意如图 2-9 所示。

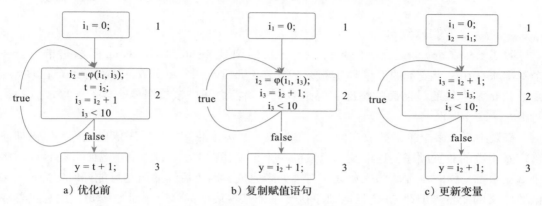

图 2-8　代码清单 2-12 SSA 析构示意图

先来介绍关键边的概念。关键边指的是 CFG 中边的源节点有多个后继节点，边的目的节点有多个前驱节点。例如，图 2-9a 中基本块 2 的 true 边对应的源节点是基本块 2。基本块 2 有两个后继节点：基本块 2 和基本块 3。true 边的目的节点仍然是基本块 2，基本块 2 有两个前驱节点：基本块 1 和基本块 2。所以 true 边是关键边，解决这个问题的方法是拆分关键边，即引入一个新的基本块，这样就不存在关键边，如图 2-9b 所示。

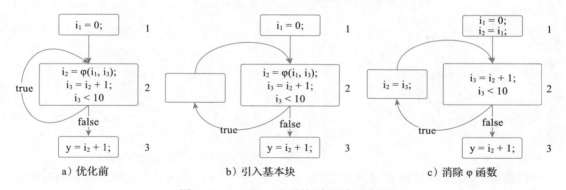

图 2-9　Lost Copy 问题解决思路示意图

引入关键边后再消除 φ 函数，可以得到如图 2-9c 所示的结果，该结果是正确的。

> 📝注意　关键边的作用除了在 SSA 析构中使用外，在部分冗余消除中也有使用。根本原因是消除部分冗余后，也可能会扩大变量（或者表达式）的作用域，而通过关键边的

⊖　因为该问题的本质是变量的作用域发生了变化，从而引起变量活跃区间的冲突（参见本节后续介绍），所以需要解决变量活跃区间冲突。一般的方法是先识别冲突变量，然后引入新的变量打破变量活跃区间的冲突，通过对新变量赋值，以保证语义正确。

拆分可以解决这一问题[一]。关于部分冗余消除的知识可以参考其他编译优化相关的书籍。

2. Swap 问题及解决方法

除了 Lost Copy 问题外，SSA 析构时还可能出现 Swap 问题。Swap 问题是指，当一个基本块存在多个变量的汇聚时，需要为每个变量插入一个 φ 函数，从而导致存在多个 φ 函数位于基本块的最前面的情况。但是多个 φ 函数之间应该按照什么样的顺序放置和执行呢？

直观上看，多个 φ 函数放在同一个基本块中，会按照其放置顺序依次执行。但该如何确定 φ 函数的放置顺序？这涉及 φ 函数的一个重要特性：φ 函数本身蕴含了并行性，即多个 φ 函数都应该在基本块的入口处同时被处理完成，因为后续的语句可能同时访问所有 φ 函数定义的变量。但是 CPU 只能顺序执行一个基本块中的多个 φ 函数语句，这意味着在编译时需要将并行执行的 φ 函数串行化，同时保证并行化的语义，否则将导致正确性出现问题。例如，当多个 φ 函数定义的变量有依赖时（如两个 φ 函数定义的变量相互引用），并行 φ 函数的执行结果并不依赖于 φ 函数定义的顺序，但串行执行时 φ 函数定义的顺序将影响结果，因此串行执行 SSA 析构时会带来正确性的问题。下面给出一个简单的示例以说明 Swap 问题，如代码清单 2-13 所示。

代码清单 2-13　Swap 问题示例代码[二]

```
int swap_problem(int n) {
    int x = 1;
    int y = 2;
    do {
        int temp =x;
        x = y;
        y = temp;
    } while (n > 10);
    return x/y;
}
```

对应的 CFG 图和 SSA 形式如图 2-10a 和图 2-10b 所示。在图 2-10b 中可以看到有两个 φ 函数定义：x_1 和 y_1。

由于代码可能存在复制传播的优化[三]，假设进行复制传播优化后的 SSA 形式如图 2-10c 所示，其中 x_1 依赖于 x_0 和 y_1，y_1 依赖于 y_0 和 x_1，因此 x_1 和 y_1 相互依赖。

[一] 引入关键边以后，插入新的基本块，然后将赋值操作放入新的基本块中，本质上就是将其作用域限制在原有路径中，而不会引入赋值指令使其作用域扩大。

[二] 注意该用例构造得不够完美，存在死循环。但使用该用例不影响读者理解 Swap 问题。

[三] 复制传播可以这么简单地理解：假设存在形如 temp0 = x1 这样的语句，如果 temp0 没有被重新赋值，则可以使用 x1 替代 temp0。

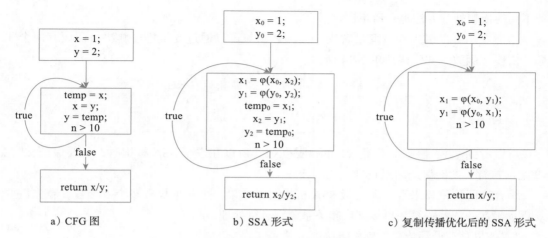

a) CFG 图　　　　　　　b) SSA 形式　　　　　c) 复制传播优化后的 SSA 形式

图 2-10　SSA 析构 Swap 问题示意图

现在对图 2-10c 进行 SSA 析构。因为图 2-10c 中存在的关键边，在析构 SSA 时可以先对关键边进行拆分，然后进行析构。当然也可以不拆分关键边，但关键边拆分后示例会更加简单，所以这里进行了关键边拆分。拆分关键边后以及进行析构 SSA 后的图分别如图 2-11a 和图 2-11b 所示。

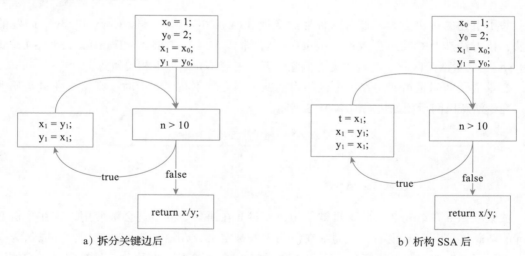

a) 拆分关键边后　　　　　　　　　　　b) 析构 SSA 后

图 2-11　关键边拆分示意图

经过 SSA 析构后，程序逻辑发生了变化：图 2-10a 中循环是交换两个变量，但是图 2-11b 并不会交换变量，两个变量指向同一个值，这就是"交换问题"。该问题的处理方法是，如果 φ 函数有依赖，则插入临时变量。

在析构循环体中的指令时，引入临时变量可以保证正确性（x_1 和 y_1 在相互赋值之前通过临时变量交换）。实际上，φ 函数依赖还可以进一步分为循环依赖和非循环依赖。对这两种不同的依赖处理方法也有所不同。

循环依赖可以引入临时变量解决，非循环依赖可以通过变量排序解决。假设有两个非循环依赖 φ 函数，如代码清单 2-14 所示。

代码清单 2-14　非循环依赖 φ 函数代码示例

```
x2 = φ(x0, x1);
y2 = φ(y0, x2);
```

可以看到 y2 依赖 x2，但是 x2 并不依赖 y2，所以在进行 SSA 析构时，只要保证 x2 在 y2 之前执行，就能保证结果正确。

综合这两种依赖来看，在进行 SSA 析构时，如果一个基本块有多个 φ 函数，首先需要判断 φ 函数的依赖关系，再根据依赖关系分别进行处理：

1）如果存在循环依赖，则引入临时变量。

2）如果是非循环依赖，则对 φ 函数进行排序，保证被依赖者先于依赖者进行析构。

3）如果不存在依赖，则进行复制析构（这种复制析构也称为朴素析构）。

在一些编译器或者虚拟机的实现中就是采用上述解决方案（例如 JVM 的 C1 编译器）来解决 Lost Copy 和 Swap 问题的。

3. SSA 形式变换

除了上述的解决方案，还有一种通过变换 SSA 形式来解决 Lost Copy 和 Swap 问题的方法，该方法涉及 C-SSA（Conventional SSA，常规 SSA）、T-SSA（Transformed SSA，变换 SSA）、变量活跃区间、变量冲突等概念，下面先简单介绍一下相关概念。

变量活跃区间是指变量在一个区间内活跃，当变量不在区间中时，则认为变量是死亡的。变量活跃区间示例如代码清单 2-15 所示。

代码清单 2-15　变量活跃区间示例

```
1: a = 1;
2: b = a + 1;
...b...; //b被使用，说明b是活跃的
```

假设变量 a 在语句 2 以后不再被使用，变量 b 在语句 2 以后还会被使用，现在分析变量 a 的活跃区间。直观上看，变量 a 在语句 1 处被定义，在语句 2 处被使用，可以认为变量 a 在区间 [1, 2] 活跃（区间包含语句 1 和语句 2）；而变量 b 在语句 2 处被定义，它的活跃区间是 [2, ...]。再对变量 a 和变量 b 进一步分析可以发现：虽然变量 a 和变量 b 都在语句 2 处活跃，但活跃区间有所不同。变量 a 在语句 2 中最后一次被使用，即这里是其活跃区间的终点；而变量 b 在语句 2 中是第一次使用，这里是其活跃区间的起点，故而实际上变量 a 和变量 b 的活跃区间并不重叠（即可以把变量 a、b 分配到同一个寄存器中）。所以对变量活跃区间进一步优化，可以将变量 a 的活跃区间变成 [1, 2)，而变量 b 的活跃区间变为 [2, ...)。变量冲突指的是变量的活跃区间重叠，如果变量之间的活跃区间不重叠，则说明变量不

冲突。

　　C-SSA 和 T-SSA 可以简单地认为是对 SSA 的分类，它们是析构算法中非常重要的概念，其中 C-SSA 指的是可以通过朴素算法直接析构的 SSA 形式，而 T-SSA 不能直接采用朴素算法进行 φ 函数的析构，故而只要将 T-SSA 转换成 C-SSA，则所有 SSA 都可以通过朴素算法进行析构。那么 C-SSA 和 T-SSA 的根本区别是什么？下面通过一个例子来直观地认识这些区别，如图 2-12 所示。

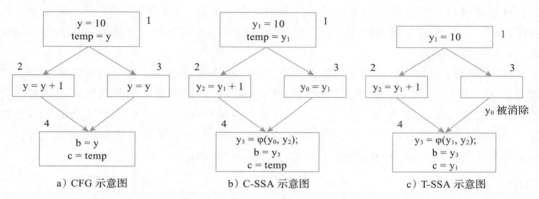

图 2-12　C-SSA 和 T-SSA 的区别

　　在图 2-12 中，T-SSA 和 C-SSA 相比，由于优化（如复制传播）的缘故而将冗余代码删除。在分支中 $y_0 = y_1$，将 y_0 传播到 φ 函数中，φ 函数变成 $y_3 = φ(y_1, y_2)$，经过编译优化后的 SSA 在满足一些特性后就被称为 T-SSA。在 C-SSA 中，φ 函数中引用的变量的活跃区间不冲突；而在 T-SSA 中，φ 函数引用的变量活跃区间发生了冲突。例如在图 2-12c 中，y_1 和 y_2 在基本块 2 存在活跃区间冲突；在图 2-12b 中，y_1 和 y_2 在基本块 2 并不存在活跃区间冲突。所以，SSA 消除算法的核心就是将 T-SSA 变换为 C-SSA，通过变换解决 T-SSA 中 φ 函数引用参数的变量冲突问题。

　　注意　这里提到变量的活跃区间冲突并不准确，更为准确的说法是 web（网）的冲突。

　　在寄存器分配中有一个 web，一些寄存器分配算法的粒度是 web，而不是变量。web 是 Def-Use（简写为 du）链中每一个 Def 或者 Use 的最大并集，即如果 du 链能关联 Use 或者 Def，则 Use 和 Def 都在 du 链中，web 的具体计算方法如下。

　　1）计算每个变量的 du 链。

　　2）du 链中有公共 Def 或者 Use，说明不同的 du 链有相交的部分，求并集，则构成了 web。

　　此处引入 φ-web（指 φ 函数中右侧使用的变量构成的 web），如果 φ 函数中的 φ-web 之间有冲突，则其 SSA 就是 T-SSA，需要将其变换为 C-SSA。实现这一转换有两种典型的算法，分别是 Briggs 算法和 Sreedhar 算法，其算法思想如下。

1）Briggs 算法：在 φ 函数中插入一条额外的 COPY 指令后再删除 φ 函数。首先在 φ 函数的前驱节点中直接插入 COPY 指令，然后在 φ 函数定义的变量位置引入一个新的变量并插入一条 COPY 指令（而不直接重用原来 φ 函数定义的变量），通过引入新的变量解决变量活跃区间冲突。当然在插入变量时需要考虑顺序。

2）Sreedhar 算法：完全不同于 Briggs 算法，Sreedhar 算法先考察 φ 函数中使用的变量是否存在冲突：如果变量之间存在冲突，则引入新的变量，并使用 COPY 指令缩短变量的活跃区间；如果变量之间不存在冲突，则直接使用 φ 函数定义的变量替换 φ 函数使用的变量，最后删除 φ 函数。

其中 Briggs 算法非常简单（和朴素算法类似，区别在于引入了额外的变量用于缩短变量的活跃区间），但该算法最大的问题是插入过多的 COPY 指令，当然后续可以通过寄存器合并，以减少 COPY 指令。但研究证明，该算法析构 SSA 后仍有不少冗余的 COPY 指令。Sreedhar 算法稍微复杂$^\ominus$，此处不展开介绍。下面通过例子来比较一下 Briggs 算法和 Sreedhar 算法，原始 SSA 的代码优化示意图如图 2-13a 所示。

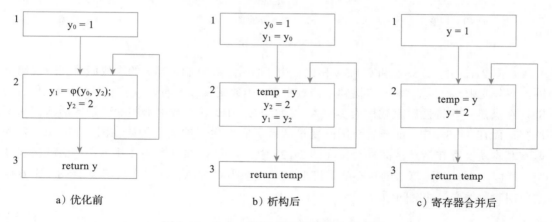

图 2-13　Briggs 算法析构以及优化示意图

按照 Briggs 算法对图 2-13a 中的 φ 函数进行析构。因为 φ 函数定义的变量为 y_1，所以在基本块 1 中引入 $y_1 = y_0$ 的 COPY 指令，在基本块 2 中引入一个新的临时变量 temp，同时引入类似 temp = y_1 的 COPY 指令，之后在基本块 2 的尾部引入类似 $y_1 = y_2$ 的 COPY 指令，这样就完成了 SSA 析构，得到如图 2-13b 所示的结果。由于 SSA 析构引入了大量的 COPY 指令（共计 3 条 COPY 指令），可以执行寄存器合并的操作，得到如图 2-13c 所示的结果。

根据 Sreedhar 算法对图 2-13a 中的 φ 函数进行析构。首先计算变量的冲突情况，如图 2-14a 所示，可以看到：基本块 2 中 y_1 和 y_2 冲突（如图中蓝色框所示），所以在基本块 2 中

直接引入新的变量 y_1'，并将语句变成 $y_1' = \varphi(y_0, y_2)$ 和 $y_1 = y_1'$，如图 2-14b 所示。在图 2-14b 基本块 1 中变量没有冲突，所以可以直接用 y 替换 y_0，此时就可以删除基本块 2 中的 φ 函数。得到析构结果如图 2-14c 所示。

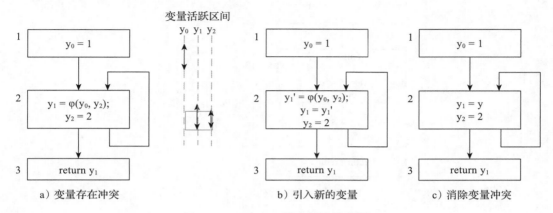

a）变量存在冲突　　　　　　b）引入新的变量　　　　　c）消除变量冲突

图 2-14　Sreedhar 算法析构示意图

在 Sreedhar 算法中，对基本块 2 的目的变量进行了重写，即引入替换 y_1 的新目的变量 y_1'，并且增加语句 $y_1 = y_1'$。在实现时也可以对源变量进行重写，例如对 y_2 进行重写，此时 $y_1 = \varphi(y_0, y_2')$，并且插入新的 COPY 指令 $y_2' = y_2$。

从图 2-13 中可以看到，Briggs 和 Sreedhar 算法得到的结果一致。但研究证明，对复杂的代码来说，使用 Briggs 算法产生的 COPY 指令明显比 Sreedhar 算法更多。来看另一个例子，原始 SSA 如图 2-15 所示。

为了分析寄存器合并的可能性，同时分析变量的活跃区间，使用 Briggs 算法对图 2-15 所示的代码进行 SSA 析构，结果如图 2-16 所示。

在图 2-16 中可以看到，y_1、y_2、temp 活跃区间冲突，因此不能合并。

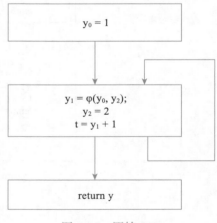

图 2-15　原始 SSA

采用 Sreedhar 算法对图 2-15 所示的代码进行 SSA 析构，同时分析变量的活跃区间，结果如图 2-17 所示。

从图 2-17 中可以看出，y_2 和 temp 的活跃区间不重叠，所以可以合并。由此可以看出，Sreedhar 算法效果会更好（还可以通过复制传播进一步优化，上述例子并没有体现复制传播优化的结果）。

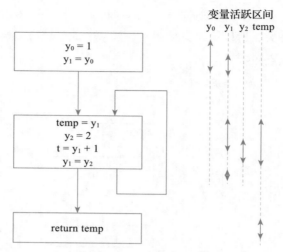

图 2-16 Briggs 算法析构以及变量活跃区间

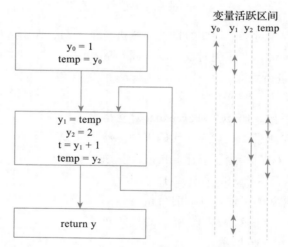

图 2-17 Sreedhar 算法析构以及变量活跃区间

2.3.4 SSA 分类

根据变量的活跃情况不同，SSA 常见的分类有最小 SSA、剪枝 SSA、严格 SSA，其定义如下。

1）最小 SSA（minimal SSA）：它的特点是，在同一原始变量的两个不同定义的路径汇合处插入一个 φ 函数，这样得到的 SSA 就是拥有最少 φ 函数数量的 SSA 形式。这里的最小不包含一些优化（比如消除死代码中可消除的 φ 函数）后的结果。

2）剪枝 SSA（pruned SSA）：指的是如果变量在基本块的入口处不是活跃（live）的，

就不必插入 φ 函数。通常有两种方法：第一种方法是在插入 φ 函数的时候进行活跃变量分析，只对活跃变量插入 φ 函数；第二种剪枝方法是在最小 SSA 上进行死代码消除，删掉多余的 φ 函数。需要注意的是，获得剪枝 SSA 的成本比较高，所以可以采用一些折中的方法，例如插入 φ 函数前先去掉仅位于同一个基本块的变量，这样既减少了变量个数也减少了计算活跃变量集的开销。

3）严格 SSA（strictly SSA）：如果一个 SSA 中，每个 Use 被其 Define 支配（如果从程序入口到一个节点 A 的所有路径都先经过节点 B，则称 A 被 B 支配，具体参见第 4 章），那么该 SSA 称为严格 SSA[⊖]。

不同分类的 SSA 在后续的优化中处理会略有不同。2.3.2 节通过支配边界计算得到插入 φ 函数的位置，从而构造出来的 SSA，所有 φ 函数都是必需的，故该 SSA 就是最小 SSA。

> 注意　在一些编译优化过程中，由于程序的变换会导致代码不再符合 SSA 形式，因此要使用 SSA 的特性，就必须重新构造或者重命名变量，以保持 SSA 形式。

2.3.5　基本块参数和 Phi 节点

在构造 SSA 形式时，目前业界主要在汇聚点使用 φ 函数表示来自不同路径的同一个变量。最近几年，学者在一些编译器（例如 MLIR、Swift 等）中使用基本块参数（basic block argument）替代 φ 函数，主要是因为 φ 函数使用比较困难，主要表现如下。

1）φ 函数必须位于基本块的头部。

2）本质上 φ 函数是并行执行的，所以在析构时要防止产生 Swap 问题。

3）如果基本块前驱基本块过多，会插入很多 φ 函数，而在插入 φ 函数时并无顺序要求，但在编译优化中需要将这些 φ 函数顺序化处理（还要保证并行化语义），较为耗时。

基本块参数和 φ 函数本质上并无差别，只是在表现形式上略有不同。仍然以代码清单 2-11 为例，对应的基本块参数表示如代码清单 2-16 所示。

代码清单 2-16　代码清单 2-11 对应的基本块参数表示

```
entry:
    x1 = 0;
    y1 = 0;
jump loop(x1, y1)

loop(x2,  y2):
    y3 = y2 + x2;
    x3 = x2 + 1;
    v1 = cmp le x3, 10
    branch v1, loop(x3, y3), exit
```

⊖　一般而言，这种情况在强类型语言（如 C/C++）中比较少见，不允许没有定义就使用；但是一些动态类型语言允许没有定义就使用，所以可能会产生非严格的 SSA。

```
exit:
    return
```

基本块 loop 有两个参数 x2 和 y2，用于接收基本块 entry 和 loop 在进入 loop 时的变量。相比 φ 函数，基本块参数只是将 φ 函数变成基本块的参数，所以两者本质上并无太大差别。但是基本块参数能够克服 φ 函数在使用中的问题，对算法实现更为友好。当然使用基本块参数也需要处理一些特殊情况，例如同一条指令多次使用同一个基本块，示例如代码清单 2-17 所示。

代码清单 2-17　同一条指令多次使用同一个基本块的示例

```
entry:
    branch v12, block(v3), block(v4)

block(v20):
    ......
```

同一条分支指令的不同目的基本块都指向了同一个基本块。例如，entry 中有两个分支：block(v3) 和 block(v4)，两个分支需要同时进入一个基本块 block，并分别将变量 v3 和 v4 传递给目的基本块 block，作为入参 v20，此时需要对这样的形式进行处理，否则可能会导致逻辑错误（CFG 发生了变化）。当然也可以要求前端不生成这样的 IR 形式，或者可以对这样的 IR 进行变换，可通过添加一个新的基本块来解决这一问题。

2.4　本章小结

本章主要介绍 IR 基础知识，涵盖 IR 的分类、控制流和基本块、SSA 相关知识（含义、构造、析构）。因为 LLVM 代码生成以及使用的 IR 主要是 SSA 形式，并且指令选择后的 IR 也是 SSA 形式，所以编译器基于 SSA 会进行一系列编译优化，在寄存器分配时是先析构 SSA 再完成寄存器分配，所以本章详细讨论了 SSA。最后，本章还简单讨论了不同形式的 SSA 的实现思路，即 φ 函数和基本块参数。

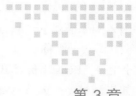

数据流分析基础知识

数据流分析是编译优化、代码生成中重要的理论基础之一，最早由 Jack Dennis 和他的学生在 1960 年左右引入。数据流分析的数学基础是离散数学中的半格（Semi-Lattices）、格。离散数学中一个研究重点是集合上定义的关系，这些关系有一些良好的数学特性。例如，如果找到满足一定条件的集合关系，则可以证明通过这些关系进行的仿射变换一定有解。本章探讨的半格、格就是这样的一些集合和关系组成的二元组。半格、格等不仅仅是编译优化、代码生成的重要理论基础，也是程序分析、验证、自动化测试等系统理论的基础。本章首先介绍半格、格与不动点相关理论，然后介绍数据流分析，最后通过例子演示如何构造和使用数据流方程。

3.1　半格、格与不动点

本节介绍半格、格和不动点的相关定义、性质和定理。

3.1.1　半格和偏序集

1. 半格

半格是一个二元组记为 $<S, \cap>$。其中，S 表示集合，$\cap$ 表示集合 S 上的一个二元关系，并且满足以下特性。

1）幂等性：对集合 S 中任意的元素 x，有 $x \cap x = x$。

2）交换性：对集合 S 中任意的元素 x 和 y，有 $x \cap y = y \cap x$。

3）结合性：对集合 S 中任意的元素 x、y 和 z，有 $x \cap (y \cap z) = (x \cap y) \cap z$。

半格中最大下界（Greatest Lower Bound，GLB）：假设有半格 <S, ∪>，且集合 S 中存在元素 x、y 和 g，如果满足 $g < x$，$g < y$，则称 g 为 x 和 y 的一个下界。如果对于 x 和 y 的任意下界 z，都有 $z < g$，则称 g 为 x 和 y 的最大下界。

半格中最小上界（Least Upper Bound，LUB）：假设有半格 <S, ∪>，且集合 S 中存在元素 x、y 和 g，如果满足 $x < g$，$y < g$，则称 g 为 x 和 y 的一个上界。如果对于 x 和 y 的任意上界 z，都有 $g < z$，则称 g 为 x 和 y 的最小上界。

对于半格 <S, ∩>，$x ∩ y$ 是 x 和 y 的唯一最大下界。对于半格 <S, ∪>，$x ∪ y$ 是 x 和 y 的唯一最小上界。进一步，假如半格 <S, ∩> 有上界元素 ⊤（最大元素）或者下界元素 ⊥（最小元素），则有以下结论：

1）对于集合 S 中任意元素 x，有 ⊤ ∩ $x = x$。

2）对于集合 S 中任意元素 x，有 ⊥ ∩ $x = $ ⊥。

2. 偏序集

集合论中"偏序集"也是一个非常有用的概念，它具有一些良好的数学特性。偏序集对应的二元组记为 <S, ≼>，其中 S 表示集合、≼ 是集合 S 上的一个偏序关系对，满足以下性质：

1）自反性：对于集合 S 中任意的元素 x，有 $x ≼ x$。

2）反对称性：对于集合 S 中任意的元素 x 和 y，有 $x ≼ y$ 和 $y ≼ x$，则 $x = y$。

3）传递性：对于集合 S 中任意的元素 x、y 和 z，有 $x ≼ y$ 和 $y ≼ z$，则 $x ≼ z$。

假设 <S, ≼> 是一个偏序集，对于任意子集 X 属于 S：如果集合 X 存在最小上界（记为 ⊔X），则 ⊔X 是唯一的；如果集合 X 存在最大下界（记为 ⊓X），则 ⊓X 是唯一的。

偏序集由于其传递性特征，能充分表达集合 S 中元素的前后关系。根据定义可以知道，半格和偏序集都有自己的约束，那么对于一个已知的半格，能否在这个半格定义的集合 S 中，寻找一个二元关系，使得这个二元关系构成半格中集合 S 上的一个偏序关系？这样就可以先定义半格，然后对半格定义一个二元关系，使得半格可以通过二元关系定义元素的前后关系。经研究发现通过以下定理即可满足诉求。

定理：半格 <S, ∩> 定义一个二元关系 ≼，对于集合 S 中所有的元素 x 和 y，如果 $x ≼ y$，当且仅当 $x ∩ y = x$ 时，则关系 ≼ 是一个偏序关系。

证明如下：半格上的二元关系满足自反性、反对称性和传递性。

1）自反性：因为 $x ∩ x = x$，所以 $x ≼ x$。

2）反对称性：$x ≼ y$，则意味着 $x ∩ y = x$；$y ≼ x$，则意味着 $y ∩ x = y$。由 ∩ 的交换性可以得到 $x = x ∩ y = y ∩ x = y$。

3）传递性：由 $x ≼ y$、$y ≼ z$，有 $x ∩ y = x$，$y ∩ z = y$。由 ∩ 的结合律可以得到 $x ∩ z = (x ∩ y) ∩ z = x ∩ (y ∩ z) = x ∩ y = x$，因此有 $x ∩ z = x$，所以 $x ≼ z$。

3.1.2　格

格 <S, ∩, ∪> 是一个三元组，其中 S 表示集合、∩ 和∪是集合 S 上的两个二元关系，对于集合 S 中的任意 x、y 和 z，有以下性质：

1）交换律：$x \cap y = y \cap x$，$x \cup y = y \cup x$。

2）结合律：$x \cap (y \cap z) = (x \cap y) \cap z$，$x \cup (y \cup z) = (x \cup y) \cup z$。

3）吸收律：$x \cup (x \cap y) = x$，$x \cap (x \cup y) = x$。

同样，偏序关系 ≼ 可以扩展到格中。对于格 <S, ∩, ∪>，如果集合 S 中任意的 x 和 y，有 $x \preccurlyeq y$ 且 $x \cap y = x$、$x \cup y = y$，则 ≼ 构成格中的一个偏序关系。

格 <S, ∩, ∪> 中的 ∩ 和∪运算对确定的偏序关系 ≼ 来说是单调的，即对于集合 S 任意的 x_1、y_1、x_2 和 y_2，如果 $x_1 \preccurlyeq x_2$，$y_1 \preccurlyeq y_2$，则有 $(x_1 \cap y_1) \preccurlyeq (x_2 \cap y_2)$，$(x_1 \cup y_1) \preccurlyeq (x_2 \cup y_2)$。

在实际工作更为常见的一个概念是完备格。当且仅当集合 S 中的任何一个子集都有最小上界和最大下界时，格 <S, ∩, ∪> 称为完备格（英文为 complete lattice，也称完全格）。可以证明：

有限个元素的格都是完备格。（可以通过数学归纳法证明，此处省略。）

该结论最大的用处在于，通过完备格定义一个偏序关系，则该偏序关系一定可以收敛，并收敛于最大下界或者最小上界处。

另外，格或者半格还有一些运算属性，例如两个格或者半格在满足一定条件的情况下，通过加、乘后仍然是格或者半格；格或者半格通过函数映射后仍然是格或者半格。这些方法在实际工作中非常有用，比如可以通过它们的运算属性有效地提高程序分析的精度。

假设有一个集合 S 包含三个元素：$s1$、$s2$、$s3$。在该集合上定义一个幂关系，生成的结果称为幂集（英文是 power set，是由集合中所有元素构成的子集），那么该幂集包含的元素有 {}, {$s1$}, {$s2$}, {$s3$}, {$s1$, $s2$}, {$s1$, $s3$}, {$s2$, $s3$}, {$s1$, $s2$, $s3$}，将 {} 记为 ⊥、{$s1$, $s2$, $s3$} 记为 ⊤。在幂集上再定义一个关系：包含关系（即一个元素包含另外一个元素，例如元素 {$s1$, $s3$} 包含 $s1$ 和 $s3$），它是一个偏序关系（满足偏序关系所有条件），那么该幂集和包含关系构成一个完备格。假设幂集记为 Ps，包含关系记为 ⊆，则三元关系 <Ps, ∩, ∪> 和偏序关系 ⊆ 构成一个完备格，记为 <Ps, ⊆>。Ps 中任意的 x、y，对于包含关系都满足交换律、结合律和吸收律，同时 Ps 中任何一个子集都存在最小上界和最大下界，因此它是一个完备格。该完备格的示意图如图 3-1 所示。

图 3-1 也称为 Hasse 图（哈斯图），满足完

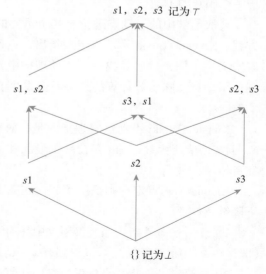

图 3-1　完备格示意图

备格的所有特性，其中的箭头方向表示被包含关系。

3.1.3　不动点

假设函数 f 是从定义域 X 到值域 X 的一个映射（f 可以简单表示为 $f(x_i) = x_j$），由于定义域和值域集合相同，都使用 X 表示。如果 X 中存在一个元素 x，满足方程 $f(x) = x$，则称 x 是函数 f 的不动点。泛函分析和拓扑学研究的主要方向之一就是不动点理论，其主要研究为：是否存在不动点？如果函数存在不动点，不动点的个数、性质是什么以及如何求解？

函数可以有 0、1 或者多个不动点。从直观上理解，函数的不动点就是那些函数映射到自身的点。从图形上看，可以认为函数和直线 $y = x$ 的交点就是不动点。

当函数有多个不动点时，可能存在最大不动点和最小不动点。假设 $<S, \preccurlyeq>$ 是一个偏序集，f 是 S 上的一个函数，且有 $f(S) = S$ 以及 x 是 f 的一个不动点，如果对于任意的 y，有 $f(y) = y$，且 $x \preccurlyeq y$，则 x 是 f 的最小不动点。同样假设 $<S, \preccurlyeq>$ 是一个偏序集，f 是 S 上的一个函数，且有 $f(S) = S$，假设 x 是 f 的一个不动点，如果对于任意的 y，有 $f(y) = y$，且 $x \succcurlyeq y$，则 x 是 f 的最大不动点。

对于函数 $f(S) = S$，某个 x 属于 S，则对 $f(x)$ 再应用 f 得到的结果为 $f(f(x))$，称为对 x 的迭代操作，记为 $f_2(x)$。依此类推，则有以下记法。

1）$f_{n+1} = f(f_n(x)) = f_n * f$

2）$f_{n+m} = f_n * f_m$

3）$f(f_n)_m = f_{n*m}$

有些函数可以通过迭代求解不动点。给定一个函数 f，以及一个初值 x_0，通过反复迭代计算 $f(x_0)$，$f(f(x_0))$，$f(f(f(x_0)))$，…，如果函数最终收敛（函数迭代的值不再变化），必定收敛于一个函数的不动点。

离散数学中的不动点理论有几个重要的应用，其中一个就是在编译优化中求解数据流方程。Knaster-Tarski 不动点定理指出，完备格上的任何单调函数都有一个不动点。这意味着定义一个格，然后寻找一个可处理格中元素的单调函数 f，就可以到达函数 f 的不动点。到达不动点意味函数计算的结果不会发生变化，即计算可以终止，此时的解就是一个稳定的解。

Knaster-Tarski 不动点定理指的是，对于一个完备格 $<S, \cap, \cup, \top, \bot>$，满足函数 $f(S) = S$，且 f 是单调函数，则 f 存在一个最大和最小不动点，同时 f 的所有不动点集合构成一个完备格。

Kleene 不动点定理则证明了如何在完备格中求解不动点。该定理引入了上升链条件和下降链条件。

1）上升链条件指，当且仅当 S 中任何无穷序列 $x_0 \preccurlyeq x_1 \preccurlyeq \cdots \preccurlyeq x_n \preccurlyeq \cdots$ 都不是严格递增（即存在 $k > 0$，对于任意 $j > k$，都有 $x_k = x_j$）时，$<S, \preccurlyeq>$ 是一个满足上升链的偏序集。

2）下降链条件指，当且仅当 S 中任何无穷序列 $x_0 \succcurlyeq x_1 \succcurlyeq \cdots \succcurlyeq x_n \succcurlyeq \cdots$ 都不是严格递减

（即存在 $k > 0$，对于任意 $j > k$，都有 $x_k = x_j$）时，$<S, \preccurlyeq>$ 是一个满足下降链条件的偏序集。

Kleene 不动点定理是指，对于一个完备格 $<S, \cap, \cup, \top, \bot>$，如果有二元组 $<S, \preccurlyeq>$ 满足上升链条件，且 $f(S) = S$ 是 S 上的单调函数，则 f 存在一个唯一的最小不动点。如果二元组 $<S, \preccurlyeq>$ 满足下降链条件，且 $f(S) = S$ 是 S 上的单调函数，则 f 存在一个唯一的最大不动点。

Knaster-Tarski 不动点定理证明了单调函数在完备格上至少存在一个最大和最小不动点。Kleene 不动点定理给出了求解单调函数在满足上升链或者下降链的完备格中最小或者最大不动点，即从 $\top$ 或者 $\bot$ 出发，可通过不断迭代收敛到不动点。

3.2　数据流分析原理及描述

数据流分析是一种基于格和不动点理论的技术，该技术能获取目标数据沿着程序执行路径流动后的最终数据。数据流分析获得的数据可以用在后续的编译优化等工作中。例如，某一个赋值语句的结果在任何后续的执行路径中都没有被使用，则可以把这个赋值语句当作死代码消除。而分析赋值语句是否被使用则可以通过数据流分析完成，数据流分析的第一项工作则是建立数据流方程。

程序的执行可以看作对程序状态的一系列转换。程序状态由程序中所有变量的值组成，同时包括运行时栈顶之下的各个帧栈的相关值⊖。程序中每一条语句的执行都会把一个输入状态转换成一个输出状态，并且这个输出是下一条执行语句的一个输入状态。一般来说，语句关联的输入状态和处于该语句之前的程序点输出相关，而语句的输出状态和该语句之后的程序点输入相关。

当分析一个程序的行为时，首先将行为转化为程序执行过程中某一个状态的变化序列，这个变化序列可以通过程序语句执行过程中的输入、输出信息描述；其次要考虑程序执行时所有可能的执行序列（也称为路径），通常路径可以通过程序的 CFG 分析得到（执行路径可以看作程序点的集合），并根据所有可能执行路径迭代更新程序语句的输入 / 输出信息，最后得到一个稳定的结果。这个过程称为数据流分析，其步骤可以总结为：

1）基于 CFG 建立数据流方程（包含节点的输入 / 输出和转移函数），并根据分析目标来构造一个高度有限的格。

2）迭代计算每个节点的值，直到达到格的一个不动点（只有格才能保证程序在迭代过程中实现终止）。

> **注意**　数据流分析是一种流敏感、路径不敏感的分析技术。流敏感指的是，分析时考虑程序中的语句顺序；路径不敏感指的是，分析时不考虑路径实际的执行情况，认为路径都可以执行。在 LLVM 中除了传统的数据流分析外，还有流敏感、路径敏感的分析方法。

⊖　此处提到的栈帧是程序运行时保存局部变量、寄存器溢出等所使用的空间。

下面以程序的执行为例对转移函数进行说明。程序的执行本质上是由变量的输入值以及执行的路径决定的输出，故程序的执行可以抽象为程序状态的一系列转换过程，即一条执行语句把程序从一个状态转换到另一个状态。那么可以把程序的语句看作程序状态的转移函数，其输入状态和该语句之前（即程序点）的程序关联，输出状态和该语句后的程序关联。

但是程序的执行路径是不确定的，可能存在很多条执行路径，而且路径的长度也是不固定的，可能是无穷大的。数据流分析过程不可能覆盖所有路径以及所有路径长度，所以实际操作是以 CFG 节点的所有可能出现的状态信息作为基础进行静态分析，以避免路径爆炸问题。这样的分析过程也意味着信息可能是冗余的（例如动态执行时并不会真正执行某些节点），导致计算结果不够精确（会导致本来可以进行的优化操作无法被执行）。但是和路径爆炸问题相比，计算结果精度稍差是比较容易被接受的。

把所有 CFG 节点中出现的状态信息构成的集合称为域，域通常是一个格。根据格的理论，只要设计单调的转移函数，经过迭代就一定能保证到达一个不动点，这就意味着经过迭代后，数据流分析一定是可以终止的。

3.2.1 数据流方程形式化描述

在所有的数据流分析应用中，会把每个程序点和一个数据流值（data-flow value）关联起来。数据流值是在程序点可能观察到的所有程序状态的集合的抽象表示。所有可能的数据流值的集合称为这个数据流应用的域。

把每个语句（记为 s）执行之前和之后的数据流值分别记为 In[s] 和 Out[s]。把整个程序语句都转换为数据流值，并且根据语句执行的可能性建立约束。约束分为两种，具体如下。

1）基于语句语义（转移函数）的约束：一条语句执行前后的数据流值受该语句的语义约束。假设语句 s 对应的输入状态信息使用 In[s] 表示、对应的输出状态信息使用 Out[s] 表示。数据流分析就是基于 In[s] 或 Out[s] 使用转移函数对语句求解，并更新 Out[s] 或 In[s]，转移函数是根据输入对语句的信息进行求解获得输出。举一个简单的例子，假设分析目标是收集程序中变量所有可能的值。那么对语句 $x = 10$ 来说，转移函数就是将值 10 添加到变量 x 的可能输出中。

2）基于控制流的约束：因为 CFG 中存在顺序、分支和汇聚节点，所以转移函数还需要考虑不同类型的节点是如何处理转换的。

然后对这些约束求解（这组约束限定了所有语句 s 的 In[s] 和 Out[s] 间的关系），得到的结果就是数据流问题的解。

实际上数据流分析过程是有方向的，也就是说转移函数根据求解目标的不同可以沿着控制流的方向前向传播，也可以沿着数据流逆向传播，分别称为前向分析（或者正向传播）和后向分析（或者逆向传播）。

对于前向分析，转移函数的输入是 In[s]，输出是 Out[s]，故有 Out[s] = f(In[s])。还是以收集变量所有可能值为例，这是一个典型的前向分析，从程序的入口开始执行，对每个变量的可能值进行收集，依次处理程序的语句，直到收集完变量所有可能的值，收集过程是沿着 CFG 方向的。假设收集过程执行到语句 x = 10 时，In[s] 中已经包含了 x 的一个初始值（比如 1），那么执行完 x = 10 后，Out[s] 中应该只会包含 x 的重定义的值 10。对于后向分析，转移函数的输入是 Out[s]，输出是 In[s]，故有 In[s] = f(Out[s])。

后向分析一般是程序的出口有明确的信息，然后沿着 CFG 逆向依次计算得到最终的结果，例如计算程序中的活跃变量就是典型的后向分析。原因是程序中最终活跃的变量只有在程序的出口才能确定，只有语句中使用了变量，才能说明变量是活跃的[⊖]。所以从最后一条语句开始，根据变量的引用关系逆向分析计算得到最后的结果。3.3.1 节会详细讨论活跃变量分析的问题。

CFG 中存在三种结构，如图 3-2 所示。

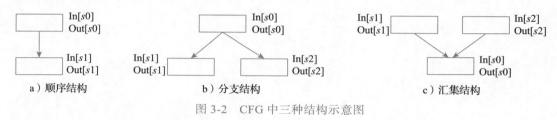

　　a）顺序结构　　　　　　　　　b）分支结构　　　　　　　　　c）汇集结构

图 3-2　CFG 中三种结构示意图

根据 CFG 控制流的结构，不同节点之间数据可以相互影响。在前向分析中，前驱节点的输出影响后继节点的输入；在后向分析中，后续节点的输入影响前驱节点的输出。这种因控制结构导致数据间的影响也称为控制流约束。控制流的 3 种结构对应的前向分析和后向分析的控制流约束如表 3-1 所示。

表 3-1　三种 CFG 结构的前向分析和后向分析的控制流约束

结构	前向分析	后向分析
顺序	In[s1] = Out[s0]	Out[s0] = In[s1]
分支	In[s1] = Out[s0] In[s2] = Out[s0]	Out[s0] = In[s1] ∩ In[s2]
汇集	In[s0] = Out[s1] ∩ Out[s2]	Out[s1] = In[s0] Out[s2] = In[s0]

控制流约束主要描述的是控制结构对数据流的影响，而转移函数描述的是单个语句对数据流的影响，把转移函数和控制流约束统一后就是数据流方程，如表 3-2 所示。

<hr />

⊖　这里是传统的活跃变量分析，更为激进的活跃变量分析还可以辅以控制流分析，只有真正执行的语句中使用的变量才是活跃变量，例如 LLVM 的中端优化 ADCE。

表 3-2 前向分析和后向分析对应的数据流方程

结构	前向分析	后向分析
数据流方程	$Out[s] = f(In[s])$ $In[s] = \bigcap\limits_{i \in pred\ s} Our[s_i]$	$In[s] = f(Out[s])$ $Out[s] = \bigcap\limits_{i \in succ\ s} In[s_i]$

根据不动点理论和格理论，最大不动点和最小不动点可以通过迭代计算得到。假设 F 表示转移函数集合，在计算最小不动点时，数据流方程流动的方向是向上（见图 3-1）的，所以初值设置为 ⊥（表示格中最底部的元素），通过迭代计算最小不动点。在计算最大不动点时，数据流方程流动的方向是向下的，所以初值设置为 ⊤（表示格中最顶部的元素），通过迭代计算得到最大不动点。最小不动点伪代码如代码清单 3-1 所示。

代码清单 3-1 最小不动点伪代码

```
v = ( ⊥ , ⊥ , ... , ⊥ , ..., ⊥ , ..., ⊥ ) //设置初值
bool change = false;
do { //迭代计算
    temp = v;
    v = F(v)
    if (temp == v) {
        change = false;
    } else {
        change = true;
    }
} while (change)
```

最大不动点的计算方式和最小不动点方式相同，唯一的区别就是其初始值设置为 $v =$ (⊤ , ⊤ , ..., ⊤ , ..., ⊤ , ..., ⊤)。

接下来的一个问题是，上述迭代算法是否正确？算法能否终止？本质上算法的正确性和终止是由数据流方程决定的，那么什么样的数据流方程能保证算法正确且能被终止？

根据格的理论，只要保证迭代算法按照格定义的 Hasse 图沿着一个方向传播，则理论上就存在最大和最小不动点。沿着一个方向传播意味着转移函数是单调的，所以只要设计一个单调的转移函数就存在最大和最小不动点。

然而理论上的最大和最小不动点是否能够通过迭代得到，还需要另一个约束，那就是格的高度是有限的。如果格的高度无限，意味着虽然存在理论上的 MFP（Maximal/Minimal Fixed Point，最大 / 最小不动点），但循环无法终止（因为需要无限的计算）。所以循环能终止，格的高度必须是有限的。

仍然以求整数变量可能取值为例，来看看如何设计格。示例如代码清单 3-2 所示。

代码清单 3-2 格示例源码

```
int x = 0;
while (condition) {
    x++;
```

```
}
print(x);
```

如代码清单 3-2 所示，变量 x 的取值范围为 [0, 1, ... , +∞]，一个自然的想法是，把所有的整数都作为格的元组，然后再通过两两组合构成第二层格元组，再由三个元素构造第三层格元组，依此类推，直到最后一层，得到一个包含了所有整数（包含正数和负数）的元组，格对应的 Hasse 图如图 3-3 所示。

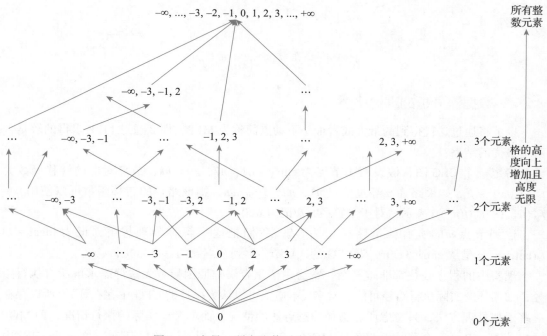

图 3-3 变量 x 所有取值对应的 Hasse 示意图

这样一个格可以得到整数变量 x 的所有可能取值，但是这个格高度无限，所以迭代无法终止。那如何构造一个高度有限的格？一种常见的处理思路是将格中的集合元素进行合并。例如可以按元素数进行元组划分，格中元组分别是 0 个元素、1 个元素和任意一个元素。用 ⊥ 表示 0 个元素的元组，用 ⊤ 表示任意一个元素的元组，此时格对应的 Hasse 图如图 3-4 所示。

这个格的高度为 3，所以迭代一定会终止。但是这个方程求解的结果不够精确，仅仅能分析该整数变量 x 是否为空（通常是指变量未初始化），结果为一个确定的值（仅被赋值一次，或者被赋值多次但是多次赋值的结果相同）或者为不确定的值（被赋值多次，且多次产生的输出不同）。

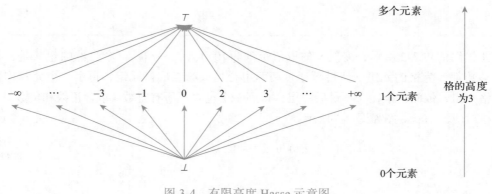

图 3-4 有限高度 Hasse 示意图

3.2.2　数据流分析的理论描述

以下将通过迭代得到的最大或者最小不动点简称为 MFP。那么通过 MFP 求得的解是否就是最优的结果？

给定一个 CFG 图，假设图中节点为 entry，$n1$，$n2$，$\cdots$，nk，节点对应的转移函数为 f_1，f_2，$\cdots$，f_k。如果路径 p 经过节点 $n1$，$n2$，$\cdots$，nm，则该路径的转移函数可以使用 $f_p = f_{nm}(f_{nm-1}(\cdots f_{n2}(f(n1)))$ 表示；对于空路径，f_p 记为 null。

达到节点 n 的所有执行路径记为 $\cap f_p$，我们把这个解称为理想解，记为 Ideal = $\cap$ f_p(entry)。p 是从 entry（entry 是 CFG 的入口节点）到节点 n 的一个可执行路径。

现实中的程序往往都非常复杂，常会由于组合爆炸原因导致无法静态求解所有执行路径，如循环的实际执行路径可能非常多（本质上可以认为循环的 CFG 中存在环）。所以存在一些近似处理方法，只考虑所有路径静态可达的情况，而不考虑实际的执行情况，即 MOP（Meet Over Path，全路径汇合解），MOP = $\cap f_p$(entry)，p 是从 entry 到节点 n 的一条 CFG 中的静态路径。

> **注意**　在计算 MOP 时仍然要处理循环这样的路径，只不过处理方法与动态执行不同，通常是放松循环执行的边界，认为路径都会被执行。

因为 MOP 只考虑静态可达路径，所以 MOP 获得实际执行路径可能比 Ideal 路径要多，即 MOP 包含了一部分实际不会执行的路径，记为 MOP = Ideal $\cap$ Unexecuted Paths（注意：这里 $\cap$ 表示路径组合，不是数学中的交操作）。在精度上来看，MOP 的精度低于 Ideal，同时 MOP 更为保守，它没有丢失任何应该包含的解，所以 MOP 是安全的。

下面通过一段代码演示理想解、MOP 的区别，示例如代码清单 3-3 所示。

代码清单 3-3　数据流分析示意源码

```
int t = 10;
```

```
if (sqr(t) ≥ 0) {
    x = 0;
} else {
    x = 1;
}
```

该代码片段执行时，因为只有 if 分支可以执行，else 分支不会执行，所以 x 的值只能为 0，这就是理想解。

对于 MOP 来说，暂时先不考虑实际执行路径，在代码片段执行结束时 if 分支和 else 分支都可以到达结束点，所以 x 的值可能是 0 或者 1。这个例子也直观地说明 MOP 的精度更差。

而迭代算法求解的方程（以前向分析为例）为：

$$Out[s] = f(In[s])$$

$$In[s] = \bigcap_{i \in pred(s)} Out[s_i]$$

其解是最大不动点或者最小不动点，都记为 MFP。和 MOP 相比，MFP 会考虑在每一个聚合点都对路径进行聚合，而 MOP 只在路径的终点才对路径进行聚合。以图 3-5 为例进行说明。

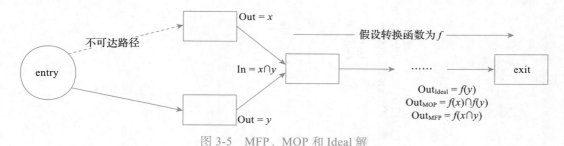

图 3-5　MFP、MOP 和 Ideal 解

图 3-5 中存在一条不可达路径，所以理想解 Ideal 仅仅为 $f(y)$，记为 Out_{Ideal}；MOP 在所有路径的末端进行聚合，所以解为 $f(x) \cap f(y)$，记为 Out_{MOP}；而 MFP 在所有的汇聚点都进行聚合操作，所以解为 $f(x \cap y)$，记为 Out_{MFP}。

因为我们设计数据域是格（或者半格），同时选择了单调转移函数 f，所以 $f(x) \cap f(y) \preccurlyeq f(y)$（$\cap$ 操作导致更多的路径并和，所以后者是前者的子集，用 $\preccurlyeq$ 表示这个关系），即 MOP $\preccurlyeq$ Ideal。

根据格的性质，$x \cap y \preccurlyeq y$，f 单调，所以 $f(x \cap y) \preccurlyeq f(x)$，$f(x \cap y) \preccurlyeq f(y)$，且 $f(x \cap y) \cap f(x \cap y) \preccurlyeq f(x) \cap f(y)$，即 $f(x \cap y) \preccurlyeq f(x) \cap f(y)$，也就是说 MFP $\preccurlyeq$ MOP。

当转移函数 f 满足分配律时，$f(x \cap y) = f(x) \cap f(y)$。此时 MFP = MOP。但是实际工作中一些优化设计的转移函数并不满足分配律，例如常量传播。常量传播的 CFG 如图 3-6a 所示。

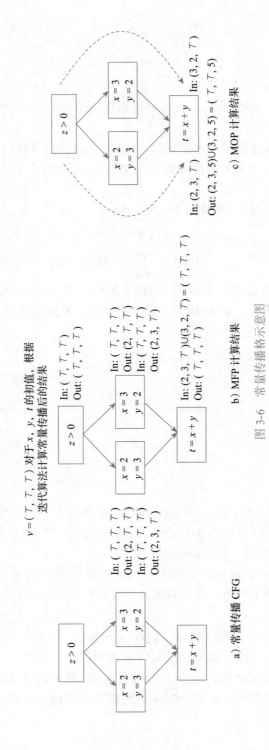

a) 常量传播 CFG

b) MFP 计算结果

c) MOP 计算结果

图 3-6 常量传播示意图

MFP 计算得到的结果为（$\top,\top,\top$），如图 3-6b 所示；而 MOP 在最后才聚合，得到的结果为（$\top,\top,5$），如图 3-6c 所示。常量传播的数据流方程以及求解计算过程将在 3.3 节详细介绍。

> 注意　由于理想解中需要判断所有可以执行的路径，因此实际上无法求解。那么为什么不使用 MOP 的方式来计算解？MOP 通常也是不可计算的，因为 MOP 的计算方法蕴含了 MPCP（Modified Post Correspondence Problem，修改后的邮局通信问题），而 MPCP 是不可判定的，所以 MOP 也是不可计算的。关于 MOP 的不可计算问题可以参考相关论文。因为 Ideal 和 MOP 都不可计算，而 MFP 总是可以计算的（因为格的特性），所以使用 MFP 进行计算。

最后看一下 MFP 算法的复杂度。由前可知，迭代算法是单调递增或者递减的，并最终可以终止。假设 CFG 中基本块的个数为 n，则迭代算法每次计算一个基本块后最多传播 $n-1$ 个基本块，那么最坏的情况是每个基本块都需要传播 $n-1$ 次，因此时间复杂度为 $O(n^2)$。

3.3　数据流方程示例

本节通过 3 个例子演示如何使用数据流解决实际问题：活跃变量、到达定值（reaching definition）、常量传播。

3.3.1　活跃变量

活跃变量指的是一个变量从定义点到使用点之间的区间都是活跃的。假设有一个代码片段中定义了变量 x，并给出 x 的活跃信息，如代码清单 3-4 所示。

代码清单 3-4　活跃变量示意源码

```
int x = 0; // 定义点，x在此处活跃
……
do {
    x++;   // x的重定义点和使用点，x在此处活跃
} while (x < 10); //x的使用点，x在此处活跃

//如果x从此以后不再被使用，则可以认为x不再活跃
```

活跃变量信息是编译优化、代码生成中最为基础的信息。例如寄存器分配时，只有活跃变量才真正需要被分配寄存器，当变量不再活跃后，意味着已经分配给该变量的寄存器可以重用，从而大大提高寄存器分配效率。

求解程序的活跃变量采用后向分析更为合适，从后向前依次分析每一条语句，得到使用的变量，然后向上找到定义点，从定义点到最后的使用点之间就是变量活跃区间。求解程序活跃变量问题是一个典型的数据流分析问题，下面以基本块为粒度计算每个基本块的

活跃变量。先来了解 4 种与基本块相关的变量集合。

1）Def 集合：是指基本块内所有被定值（definition）的变量。所谓的定值可以理解为给变量定义或者赋值，例如加法语句给目标变量定值（store 语句不给任何变量定值，load 语句则会给对应目标变量定值）。

2）LiveUse 集合：是指基本块中所有在定值前就被引用过的变量，包括在这个基本块中被引用到但是没有被定值的变量。

3）LiveIn 集合：在进入基本块入口之前是活跃的变量。

4）LiveOut 集合：在离开基本块出口的时候是活跃的变量。

其中 Def 和 LiveUse 集合依赖于基本块中的指令，基本块从后往前遍历指令便可以求出。

有了这 4 个基本块集合的概念，每个基本块中活跃变量的数据流方程如下。

$$\begin{cases} \text{LiveOut}(B) = \bigcup_{B_i \in \text{Succ}(B)} \text{LiveIn}(B_i) \\ \text{LiveIn}(B) = \text{LiveUse}(B) \cup (\text{LiveOut}(B) - \text{Def}(B)) \end{cases}$$

该方程的含义是，一个基本块 B 的 LiveOut 集合是其所有后继基本块 B_i 的 LiveIn 集合的并集，而且 B 的 LiveIn 集合是 B 的 LiveUse 集合与去掉 Def 集合后的 LiveOut 集合的并集。

下面通过一个例子简单演示如何求解活跃变量。假设程序对应的 CFG 如图 3-7 所示。

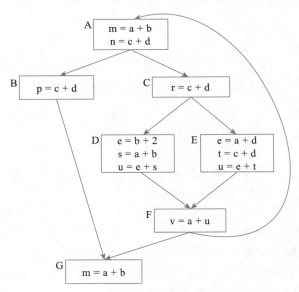

图 3-7　求解活跃变量的 CFG 示意图

因为计算活跃变量是后向分析，所以是从下往上分析，先计算图 3-7 中最下面基本块 G 对应的 LiveIn 和 LiveOut，然后沿着 CFG 向上传播，分别计算 LiveOut 和 LiveIn，最后计算基本块 A 的 LiveOut 和 LiveIn。因为 CFG 存在循环，所以需要重复计算直到所有基本块的 LiveOut 和 LiveIn 都不再变化，经过迭代三次后发现，第三次迭代和第二次迭代结果一致，可以停止计算。计算结果如表 3-3 所示（第三次迭代结果和第二次相同，在表中忽略）。

表 3-3　迭代计算活跃变量示例

基本块	使用的变量 LiveUse	定义的变量 Def	初始状态		第一次迭代		第二次迭代	
			LiveOut	LiveIn	LiveOut	LiveIn	LiveOut	LiveIn
基本块 G	a, b	m	∅	∅	∅	a, b	∅	a, b
基本块 F	a, u	v	∅	∅	a, b	a, b, u	a, b, c, d	a, b, c, d, u
基本块 E	a, c, d, e, t	e, t, u	∅	∅	a, b, u	a, b, c, d	a, b, c, d, u	a, b, c, d
基本块 D	a, b, e, s	e, s, u	∅	∅	a, b, u	a, b	a, b, c, d, u	a, b, c, d
基本块 C	c, d	r	∅	∅	a, b, c, d	a, b, c, d	a, b, c, d	a, b, c, d
基本块 B	c, d	p	∅	∅	a, b	a, b	a, b	a, b
基本块 A	a, b, c, d	m, n	∅	∅	a, b, c, d	a, b, c, d	a, b, c, d	a, b, c, d

> **注意**　迭代计算过程需要从下往上计算，为了阅读方便，表 3-3 中基本块顺序也是自下向上的顺序。最终每个基本块的 LiveOut 就是基本块的活跃变量。

3.3.2　到达定值

到达定值分析是指为程序中使用的变量寻找其定义点（即查找使用的变量是在哪里定义的）。假设示例代码片段如代码清单 3-5 所示。

代码清单 3-5　到达定值分析示例 1

```
s1 : y := 3
s2 : x := y
```

对 s2 而言，s1 是 y 的到达定值。再看一个例子，如代码清单 3-6 所示。

代码清单 3-6　到达定值分析示例 2

```
s1 : y := 3
s2 : y := 4
s3 : x := y
```

对 s3 而言，s1 不是到达定值，因为 s2 "杀死"了 y：在 s1 中定义的值无法到达 s3。

在 SSA 形式的 IR 中包含了 Def-Use 和 Use-Def 信息，所以不需要额外的到达定值分析，但是在非 SSA 形式的 IR 中，到达定值分析可以用在很多编译优化工作中。例如在 LLVM 进行寄存器分配后可以再次进行指令调度，在调度过程中需要分析指令依赖，并消除假依赖，在分析指令依赖过程中就要用到达定值分析，具体可以参考 BreakFalseDeps 和

ReachingDefAnalysis 算法。

求解到达定值变量采用前向分析更为合适，从前向后依次分析每一条语句，先得到定义的变量，然后向下找到使用点。对应的数据流方程如下所示：

$$\begin{cases} \text{In}(B) = \bigcup_{B_i \in \text{Pred}(B)} \text{Out}(B_i) \\ \text{Out}(B) = \text{Gen}(B) \cup (\text{In}(B) - \text{Kill}(B)) \end{cases}$$

其中 Gen(B) 指的是基本块 B 中新定义的变量（包含定义、重定义和赋值操作产生的变量）；而 Kill(B) 指的是基本块 B 因为重定义而"杀死"原来的变量；In 和 Out 分别指基本块 B 入口、出口到达定值的变量。

下面通过一个例子计算每个基本块中到达定值的变量，假设程序片段对应的 CFG 如图 3-8 所示。

因为计算到达定值是前向分析，所以是从上往下分析。先计算图 3-8 中最上面基本块 A 对应的 In 和 Out，然后沿着 CFG 向下传播，分别计算 In 和 Out，最后计算基本块 E 的 In 和 Out。因为 CFG 存在循环，所以需要重复计算直到所有基本块的 In 和 Out 都不再变化。经过迭代三次后发现，第三次迭代和第二次迭代结果一致，可以停止计算，计算结果如表 3-4 所示（第三次迭代结果和第二次相同，在表 3-4 中忽略）。

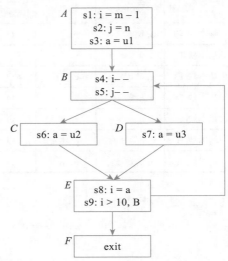

图 3-8　计算到达定值的 CFG 示意图

表 3-4　迭代计算达到定值示例

基本块	Gen	Kill	初始状态		第一次迭代		第二次迭代	
			In	Out	In	Out	In	Out
基本块 A	s1, s2, s3	s4, s5, s6, s7, s8	∅	∅	∅	s1, s2, s3	∅	s1, s2, s3
基本块 B	s4, s5	s1, s2, s8	∅	∅	s1, s2, s3	s4, s5	s1, s2, s3, s5, s6, s7, s8	s3, s4, s5, s6, s7
基本块 C	s6	s3, s7	∅	∅	s4, s5	s4, s5, s6	s3, s4, s5, s6, s7	s4, s5, s6
基本块 D	s7	s3, s6	∅	∅	s4, s5	s4, s5, s7	s3, s4, s5, s6, s7	s4, s5, s7
基本块 E	s8	s1, s4	∅	∅	s4, s5, s6, s7	s5, s6, s7, s8	s4, s5, s6, s7	s5, s6, s7, s8

最后得到每个基本块的 Out 信息就是所求结果。

3.3.3　常量传播

常量传播是一种最为基础的编译优化手段，它涉及识别并处理形如 int x = 5 这样的变量定义，在后续代码中又以 x 指代该常量值的情况，正如代码清单 3-7 所示的那样。

代码清单 3-7 常量传播示例 1

```
int x = 5;
int y = x + 10;
```

在编译阶段需要为 x、y 分配内存或者寄存器，而 x、y 在编译器处理时就可以确定它们是常量（分别是 5、15），如果遍历整个代码，将 x、y 直接替换为常量，则不再需要为它们分配内存或者寄存器。在代码清单 3-7 中，将 x 等于 5 这样的事实传播到其他表达式中（本例为 y = x + 10），从而减少执行的指令、分配的内存或者寄存器，达到程序优化的效果，这一过程称为常量传播。

首先可以判断常量传播是前向数据流分析，因为常量或者变量总是先定义后使用，即定义在前，使用在后。根据变量的定义可以确定其常量值从前向后传播，所以这是一个前向数据流分析。

变量取值可能有三种，分别是常量（用 C 表示）、非常量（用 $\bot$ 表示）、不确定量（用 $\top$ 表示），其中不确定状态也称为未初始化状态，一般是变量的初始状态，例如变量的初始状态为 T，当它被赋值一个常量后，它的状态就变成了常量。定义格作为常量传播的值域，假设定义了偏序关系 $\bot \preccurlyeq C \cap C \preccurlyeq \top$，其 Hasse 图如图 3-4 所示。

由于常量传播是前向数据流分析，可以对顺序语句和分支转移函数进行如下定义：

1）如果用常量对变量赋值，如 x = C，则把常数 C 添加到 x 的值中，有 Gen = {x, C}。

2）如果用变量对变量赋值，如 x = y，则把变量 y 对应的常量添加到 x 的值中，有 Gen = {x, {y}}。

3）如果用表达式为 x 赋值，如 x = y op z，有：

① 对于可计算的数学运算，如果 y、z 都是常量，则将 y 和 z 运算的结果添加到 x 的值中，有 Gen = {x, {y op z}}；如果 y 和 z 有一个是 $\bot$，则 x 也是 $\bot$；否则 x 是 $\top$。

② 对于不可计算的表达式，则 x 是 $\bot$。

交汇语句转移函数的定义如下：

1）如果两个基本块末尾处都是常量，且两个常量值相等，则交汇结果为这个常量。

2）如果一个基本块末尾处是常量，另一个基本块结尾处是 $\top$，则交汇结果为这个常量。

3）如果两个基本块末尾处都是 $\top$，则交汇结果为 $\top$；否则，交汇结果为 $\bot$。

假设有如代码清单 3-8 所示的常量传播示例。

代码清单 3-8 常量传播示例 2

```
int i = 1;
int flag = 0;
while (i > 0 && !flag) {
    if (i == 1) {
```

```
        flag = 1;
    } else {
        i++;
    }
}
```

针对代码清单 3-8 计算程序中变量的常量传播情况如下。

首先根据程序得到 CFG 图如图 3-9 所示，为了简单，图中用 $S1$、$S2$、…、$S7$ 表示每一条语句。

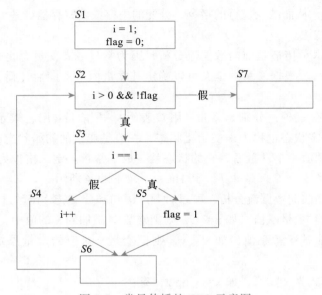

图 3-9　常量传播的 CFG 示意图

在本例中，根据活跃变量分析，变量 i、flag 都是活跃的，使用二元组（$C1$, $C2$）表示 i 和 flag 的常量状态。针对每一条语句 $S1$、$S2$、…、$S7$，需要先计算 Gen 和 Kill。因为常量传播并不会"重新定义"任何常量，所以 Kill 全部为空。而分支语句并不会生成常量，所以变量的 Gen 都是 T，而 $S4$ 针对变量 i 进行了自增，所以 i 不可能是常量，因此 i 是非常量，记为 $\bot$。

根据上述转移函数，并根据前向数据流分析公式，迭代计算每一次迭代语句的输入、输出，得到常量传播结果如表 3-5 所示。

经过三次迭代后，除了 $S1$ 外所有语句的 In、Out 都认为 i 和 flag 是 $\bot$（非常量），在第三次迭代时结果不会发生变化，迭代终止。

表 3-5　迭代计算的常量传播结果

节点	Gen	Kill	第一次迭代		第二次迭代	
			In	Out	In	Out
$S1$	$(1, 0)$		$(\top, \top)$	$(1, 0)$	$(\top, \top)$	$(1, 0)$
$S2$	$(\top, \top)$		$(1, 0)$、$(\top, \top)$	$(1, 0)$	$(1, 0)$、$(\bot, \bot)$	$(\bot, \bot)$
$S3$	$(\top, \top)$		$(1, 0)$	$(1, 0)$	$(\bot, \bot)$	$(\bot, \bot)$
$S4$	$(\bot, \top)$		$(1, 0)$	$(\bot, 0)$	$(\bot, \bot)$	$(\bot, \bot)$
$S5$	$(\top, 1)$		$(1, 0)$	$(1, 1)$	$(\bot, \bot)$	$(\bot, \bot)$
$S6$	$(\top, \top)$		$(\bot, 0)$、$(1, 1)$	$(\bot, \bot)$	$(\bot, \bot)$、$(\bot, \bot)$	$(\bot, \bot)$
$S7$	$(\top, \top)$		$(1, 0)$	$(1, 0)$	$(\bot, \bot)$	$(\bot, \bot)$

> **注意**　该数据流分析还可以进一步优化。对语句 $S3$ 来说，因为输入 i 等于 1，不会执行假分支，即不会执行 $S4$，所以 i 的值永远不会改变。如果基于条件执行复制传播优化，可以发现 flag 在 $S5$、$S6$ 的值都是 1（而非像表 3-5 中那样都是非常量的结果）。

3.4　扩展阅读：数据流的遍历性能分析

由于数据流方程在求解过程中需要遍历 CFG，而数据流方程又分为前向数据流和后向数据流，在求解数据流方程时如何遍历 CFG 才能让数据流快速达到不动点？

首先研究一下图的遍历以及不同遍历顺序的特点。图的遍历通常有深度优先搜索（Depth-First-Search，DFS）和广度优先搜索（Breadth-First-Search，BFS）两种方法。相比广度优先搜索，深度优先搜索通常消耗的内存更少、性能更高，所以此处仅讨论深度优先搜索。深度优先搜索指的是沿着图的深度遍历节点，尽可能深地搜索分支。当节点所在边都已被搜索过，将回溯节点的上一层节点，直到所有节点搜索完毕。

在搜索的过程中，按照不同的顺序访问（操作）节点，由此又产生了不同的遍历顺序，常见的有两种。

1）前序遍历（pre-order）：在搜索过程，当节点第一次被搜索时，就访问（或操作）节点，构成的节点访问序列就是前序遍历。

2）后序遍历（post-order）：在搜索过程，当节点第一次被搜索时，不访问节点，而是先继续遍历节点的子节点，当所有子节点遍历完成后，回溯节点时再访问（或操作）节点，构成的节点访问序列就是后序遍历。

假定一个待遍历示意图，如图 3-10 所示。

按照不同的遍历算法可以得到不同的访问顺序。前序遍历得到的访问顺序为：A、B、C、

D、E、F；后序遍历得到的访问顺序为：C、B、E、F、D、A。而在实际工作中有一个常用的顺序：逆后序遍历（Reverse Post-order）。按照该顺序，图 3-10 中逆后序遍历的顺序为：A、D、F、E、B、C。

逆后序遍历有一个非常好的特性是，它能保证在访问节点时，对前驱节点的访问都已完成。例如在图 3-10 中，访问节点 E 时，已访问完节点 D、F；访问节点 B 时，已访问完节点 E 和 A（而前序遍历没有这样的约束，在前序遍历中 B 节点访问在 E 节点访问之前）。在很多编译器优化实现中，都会要求访问节点时已经访问完其前驱节点，此时只能使用逆后序遍历的顺序来访问节点。

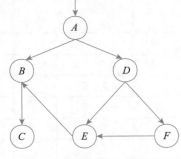

图 3-10 待遍历示意图

> 💬 注意 因逆后序遍历特性关系，它常用在拓扑排序（第 8 章介绍指令调度时会详细介绍）中。

在前向数据流分析中，如果采用逆后序遍历，可以加速不动点的求解速度。原因是在前序数据流分析中，后续节点的信息来自前驱节点，如果前驱节点已经访问完毕（信息已经计算完成），那么后续节点可以直接使用，从而减少循环迭代次数。更进一步可以得到以下结论：

1）对 DAG（有向无环图）来说，其实逆后序遍历就是拓扑排序。如果一个有向图没有环的话，也就是一个 DAG，以拓扑排序或者逆后序遍历顺序遍历只需要一次迭代便可以收敛，从而得到不动点。

2）对 CFG 来说，不存在拓扑排序结果，但是深度优先排序这种类似拓扑排序依然能够减少有环图的迭代次数，因为大多数节点的访问都先于其后继节点。

由于 RPO 存在良好的拓扑排序属性，因此在前向数据流分析中有更好的效果。那么是否可以推广一下，尝试使用逆前序遍历（Reverse Pre-order）来处理后向数据流分析？遗憾的是，逆前序遍历天然存在一些缺点，它并不能保证访问后续节点时前驱节点都已访问完成，读者可自行证明。

3.5 本章小结

本章主要介绍数据流分析相关的基础知识，包括数据流分析的理论基础、数据流方程以及通过数据流方程求解活跃变量、到达定值、常量传播的简单应用。数据流分析是编译优化最为基础的知识，例如涉及第 9 章介绍的编译优化、第 10 章介绍的寄存器分配等。

第 4 章 *Chapter 4*

支配分析

支配关系在编译优化中非常重要，在 LLVM 中有众多分析和变换依赖于支配分析。例如中端优化 ADCE（Aggressive Dead Code Elimination，激进的死代码消除）、SimplifyCFG、BasicAliasAnalysis、LoopPass 等。本章将介绍支配相关的概念和算法。

4.1 支配和逆支配

本节首先介绍支配、逆支配等相关定义，然后分析支配和逆支配的具体含义。

4.1.1 支配和逆支配相关定义

给定有向图 $G = <V, E, r>$，其中 V 表示图的顶点集合，E 表示图的边集合，r 表示图的起始节点集合（或者称为根节点集合、入口节点集合），如果在 G 中存在一条从 r 到节点 v 的路径，则称 v 是可达的；反之，如果不存在任何一条从 r 到 v 的路径，则称 v 是不可达的。基于可达或者不可达可以计算图中节点的支配和逆支配关系。

1. 支配

支配（dominance）：如果从 r 出发到达节点 w 的每一条路径都经过节点 v，则称节点 v 支配节点 w。我们使用符号 Dom(w) 来表示所有能支配节点 w 的节点所组成的集合。

根据支配关系的定义，对于一个可达的节点 w，根集合 r 和节点 w 一定存在支配节点 w，即 Dom(w) $\supseteq \{r, w\}$。以可达节点 w 为例，在支配关系中，支配节点 r 和 w 一般称为无价值支配节点（trivial dominator），而 Dom(w) $-w$ 构成的节点集合称为节点 w 的完美支配节点（proper dominator）或者严格支配节点（Strictly Dominators，SDom）。因为在支配中还有半支配节点的概念,其缩写也为 SDom,所以本书不使用严格支配节点的概念,统一使用完美支配节点)。如果存在节点 w 的支配节点 v,满足 $v \neq w$ 且 v 被 $\{\mathrm{Dom}(w) - w\}$ 中所有的节点支配,则称节点 v 为节点 w 的 IDom(Immediate Dominator,直接支配节点)。

使用直接支配节点构造一棵树,称为 DT(Dominator Tree,支配树),其中节点表示有向图中的节点,边表示父节点直接支配子节点,当计算得到 IDom 时就可以轻易构造出支配树。支配树用于各种优化,例如优化循环、重新排序基本块、调度指令、构建控制流等都会涉及支配树的使用。

支配关系中另一个非常重要的概念是 DF(Dominance Frontier,支配边界)。在 SSA 的构造过程中使用支配边界确定 φ 函数的位置,在 ADCE 中使用逆支配边界来确定控制依赖,从而确定活跃变量。

当且仅当 X 支配 Y 的一个前驱节点,且 X 并不完美支配 Y 时,称 Y 是 X 的一个支配边界。通常 X 的支配边界包含多个节点,是节点构成的集合。

从支配边界的定义可以看出,对于节点 X 的支配边界 Y,一定存在别的路径可以不经过 X 达到 Y(否则 X 就支配 Y),这对 X 来说就意味着,支配边界 Y 一定是汇聚节点(join point)。根据支配边界的这一特性可以得到一个重要的结论:如果节点 X 中的活跃变量在支配边界 Y 包含的节点中也活跃,那么该活跃变量可能来自其他路径,即 Y 中的这些节点是该活跃变量的汇聚节点。在 SSA 的构造过程中,需要为汇聚节点插入额外的 φ 函数。因此在 SSA 的构造过程中,首先计算节点的支配边界,然后根据支配边界

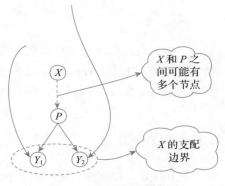

图 4-1 支配边界示意图

插入 φ 函数。假设 X 支配 P,但 X 不支配 Y_1 和 Y_2,则 Y_1 和 Y_2 都是 X 的支配边界,如图 4-1 所示。

图 4-2 为 CFG 及其对应的支配树,该图直观地演示了支配边界的概念。下面使用一个例子来演示如何计算支配关系。

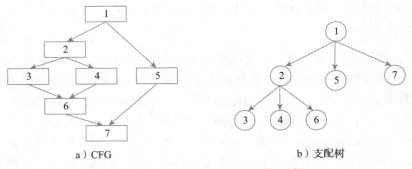

a)CFG   b)支配树

图 4-2 CFG 和其对应的支配树示例

图 4-2a 中 CFG 的入口节点是 1，入口节点支配所有节点；节点 2 支配节点 2、节点 3、节点 4 和节点 6，但是节点 2 并不支配节点 7，因为节点 7 可以通过路径 $1 \rightarrow 5 \rightarrow 7$ 到达；节点 3、节点 4、节点 5、节点 6 以及节点 7 都只支配自己。基于上述描述，可以得到每个节点的支配、直接支配、支配边界集合结果，如表 4-1 所示。

表 4-1　每个节点的支配、直接支配、支配边界集合结果

节点序号	Dom 支配结果	IDom 支配结果	DF 支配结果
1	1	∅	∅
2	1、2	1	7
3	1、2、3	2	6
4	1、2、4	2	6
5	1、5	1	7
6	1、2、6	2	7
7	1、7	1	∅

基于表 4-1 可以非常容易地构造支配树，如图 4-2b 所示。

2. 逆支配

逆支配（post-dominance，也称为后支配）的定义是，如果从节点 w 出发到达每一个 CFG 出口（CFG 可能有多个出口）的每一条路径都经过节点 v，则称节点 v 逆支配节点 w。使用符号 Post-Dom(w) 表示所有逆支配节点 w 的节点组成的集合。

仍然以图 4-2a 为例，基本块 7 逆支配基本块 6、5、1，基本块 6 逆支配基本块 2、3、4。得到逆支配树如图 4-3 所示。

逆支配树的计算方式和支配树的计算方式非常类似，通常是将 CFG 进行反转，但因为 CFG 可能存在多个出口，所以一般会引入一个虚拟的出口节点。虚拟出口节点连接原来所有的出口节点，这样构造的逆 CFG 就有一个唯一的出口，进而可以使用计算支配树的算法来计算逆支配树。

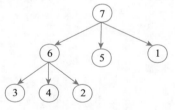

图 4-3　逆支配树示意图

4.1.2　支配和逆支配含义解析

支配和逆支配在编译技术中是非常重要的概念，但是仅仅知道定义是不够的。下面通过简单的例子来进一步解析其作用。以图 4-2a 中的基本块 2、3、4、6 为例，在表 4-1 中可以看到基本块 2 支配基本块 2、3、4、6，但是基本块 3、4 并不支配基本块 6；在逆支配树中，基本块 6 逆支配基本块 2、3、4、6，但是基本块 3、4 并不逆支配基本块 6。结合图 4-2b 和图 4-3 可以得到基本块 2 支配基本块 6、基本块 6 逆支配基本块 2，说明到达基本块 6 的所有路径都经过基本块 2。

　　假设有这样一个编译优化需求，将基本块 2 中的指令往下移动（假设往下移动后程序的语义逻辑仍然正确），因为基本块 2 有两条执行路径，所以为了保证程序逻辑的正确性，需要将基本块 2 的指令同时下移到基本块 3 和基本块 4。但是这样指令下移后会导致代码量（code size）变多（基本块 3、4 包含了重复指令），所以在有些场景下并不符合优化预期。但是如果将指令下移到基本块 6（而不是重复放置在基本块 3、4），这样的下移则并不会增加代码量。基本块 6 的位置就可以通过支配和逆支配快速计算得到。

　　根据支配信息可以计算支配边界，因为支配边界是汇聚点，所以在汇聚点处插入 φ 函数。根据逆支配信息同样可以得到逆支配边界，逆支配边界是分叉点（逆支配信息是基于逆 CFG 计算得到），通常也称逆支配边界控制依赖节点。根据图 4-2b 所示的支配树得到节点 3、4 的支配边界为节点 6，所以节点 6 便是插入 φ 函数的位置，如图 4-4a 所示。根据图 4-3 所示的逆支配树得到节点 3、4 的逆支配边界为节点 2（说明节点 2 是分叉点），也称节点 3、4 控制依赖节点 2，如图 4-4b 所示。

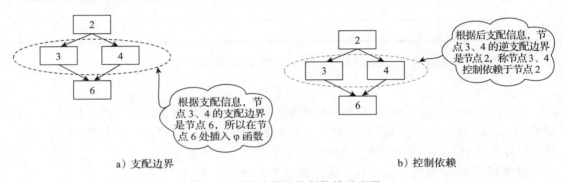

a）支配边界　　　　　　　　　　　　　　　　　　　　　　b）控制依赖

图 4-4　支配边界和控制依赖示意图

> **注意**　控制依赖研究的是一个基本块的执行是否依赖于另一个基本块的执行。例如两个基本块 A 和 B，基本块 A 能否控制基本块 B 的执行？如果基本块 A 支配基本块 B，那么基本块 A 执行一定会导致基本块 B 也执行（根据支配定义，所有经过基本块 A 的路径都经过基本块 B），所以基本块 A 不控制基本块 B。但是如果基本块 A 有路径到达出口，而不用经过基本块 B，则说明基本块 B 控制依赖基本块 A，因此基本块 A 一定存在多个后继节点。基本块 B 只是其中一个后继节点（基本块 A 相当于一个控制是否执行基本块 B 的开关），并且基本块 B 不能逆支配基本块 A（即从基本块 A 出发有其他路径达到出口），同时基本块 A 还应该是距离基本块 B 最近的节点。（应该将那些较远的节点视为控制基本块 A 的执行，而不应该视为控制基本块 B 的执行。）综合这些发现，逆支配边界信息刚好就是控制依赖信息。

4.2　支配树和支配边界的实现

LLVM 中支配树的实现经历过 2 个版本，在 LLVM 8.0 以前是基于 SLT（Simple Lengauer-Tarjan）算法，在 2017 年重新将 SLT 算法实现为 Semi-NCA（SemiDominator-Nearest Common Ancestor）算法。其主要原因如下。

1）在静态构建 DT 时，在统计意义上，Semi-NCA 较 SLT 算法有优势（有时会出现 Semi-NCA 时间复杂度更高的极端场景）。Google 测试数据显示，如果在 LTO（Link Time Optimization）场景中较多使用了 DT，则性能提升会在 2%～20%。

2）在动态增量构建 DT 时，Semi-NCA 算法可以通过批操作合并多次插入和删除边的操作，以 $O(m * \min\{k, n\} + k * n)$ 的时间复杂度完成 DT 的构建（其中 m 是边的个数，n 是顶点个数，k 表示插入 / 删除边的次数）。

> 🛈 **注意** Semi-NCA 算法在 2004 年由 Loukas Georgiadis 等人提出（参见论文"Finding dominators revisited"）。增量构建 DT 是在 2012 年提出，并在 2016 年更新了该算法（参见论文"An Experimental Study of Dynamic Dominators"）。2017 年，谷歌的工程师实现了该算法，并用其替换了 SLT 算法。
>
> 为什么增量构建 DT 如此重要？首先，在 LLVM 中有众多 Pass 都依赖 DT，同时很多优化会修改 CFG，这意味着 DT 发生了变化，所以必须在优化后重新构建 DT 或者增量构建 DT。Google 工程师在使用 LTO 针对一些基准测试（如 Clang、SQLite 等）验证时发现，重构 DT 耗时占比达到 3%。而增量构建 DT 在过去数十年又一直是难点，传统的增量构建算法在插入一条边或者删除一条边时，重新构造支配树的复杂度为 $O(n)$，由此可见 m 次修改的时间复杂度为 $O(mn)$。而 Georgiadis 等人基于 Semi-NCA 算法，证明了 k 次边操作只需要 $O(m * \min\{k, n\} + k * n)$ 的时间复杂度完成 DT 的增量构建，这对编译器来说非常具有吸引力。在论文中，增量构建 DT 依赖于 DT 的两个特性：父特性（parent property）和兄弟特性（sibling property）。其中父特性指的是 DT 中所有从一个可达顶点 v 出发的边，记为 (v, w)，$t(w)$ 是 v 的祖先，其中 $t(w)$ 是指 w 的父节点；兄弟特征指的是如果节点 v 和节点 w 是兄弟，则节点 v 不支配节点 w。同时满足父特性和兄弟特性的树是 DT。（相关证明可以参考论文"Dominator tree certification and divergent spanning trees"。）通过观察和证明，可以得出结论：边插入只会影响父特性的变化、边删除只会影响兄弟特性的变化，由此可知边插入和删除时哪些节点会受到影响，只需要在 DT 中更新这些受到影响的节点即可。增量更新依赖节点 DFS 遍历时的深度，而 Semi-NCA 天然会保存其深度，所以使用 NCA 可以快速计算得出受影响的节点以及更新后的支配关系。
>
> 另外，增量构建 DT 是批处理算法，当多次更新 CFG 时，每一次更新都是先更新 CFG 后更新 DT，如果不想每次更新 CFG，可以将多次 DT 的更新合并成批量进行（基

于最初的 CFG）。另外，谷歌的工程师还增强了原始论文中并未提及的逆支配树（Post Domianter Tree，PDT）的增量更新，原因是逆支配树中可能会遇到无限循环，需要对无限循环进行特殊处理，以便准确计算 PDT，更多详细信息可以参考相关资料⊖。

本节主要关注 SLT 算法和 Semi-NCA 算法，关于支配树的其他构造算法以及性能比较可以参考 4.3 节扩展阅读的相关内容。

SLT 算法和 Semi-NCA 算法都使用了半支配节点概念，但两个算法在构造 IDom 时有所不同。

4.2.1 半支配节点及相关概念

给定一个 CFG，对图采用深度优先遍历，从而构成一个深度优先生成树（Depth-First-Spanning-Tree，DFST 或 DFS）。在遍历每一个节点时记录 DFS 遍历节点的序号，记为 df_{num}。对 df_{num} 进行分析，并做以下定义。

1）前向边（forwarding edge）：在 DFS 中有一条从根节点出发的路径，且路径能从节点 v 到达节点 w。如果 $df_{num}(v) < df_{num}(w)$，并且节点 w 是 v 的后继节点，则称 v 到 w 有一个前向边。

2）后向边（back edge）：在 DFS 中有一条从根节点出发的路径，且路径可从节点 v 到达节点 w，如果 $df_{num}(v) > df_{num}(w)$，并且节点 w 是 v 的祖先，则称 v 到 w 有一个后向边。

3）树枝或交叉边（cross edge）：在 DFS 中有一条从节点 v 到节点 w 的路径，如果 $df_{num}(v) > df_{num}(w)$，并且 w 既不是 v 的后继节点也不是 v 的祖先节点，则称 v 到 w 有一个树枝（此时 v 和 w 位于 DFS 的不同子树中）。

对于一个节点 U，若存在节点 V 能够通过一些节点 V_i（不包含 V 和 U）到达节点 U，且对于任意节点 V_i 都有 $df_{num}(V_i) > df_{num}(V)$，在所有满足条件的 V 中，能使 $df_{num}(V)$ 最小的 V 称为 U 的半支配节点，记为 sdom[U] = V。半支配节点的形式化描述为：

sdom(v) = min{v_0 | 存在路径 v_0, v_1, ..., $v_k = v$，使得 $df_{num}(v_i) > df_{num}(v)$，当 $0 < i < k$ 时成立 }

在 CFG 的 DFS 访问中，如果有一个边 (t, w)，并且 $df_{num}(t) > df_{num}(w)$，说明边 (t, w) 不是前向边，这意味着 w 是一个汇聚点（除了前向边外，还有一个交叉边同时达到节点 w），也意味着在由前向边构成的路径（从更早遍历的节点 s 到 w）中一定有一个分叉点 u，使得从分叉点 u 起，有一条路径到达节点 w，此时称 u 为 w 的半支配节点，如图 4-5 所示。

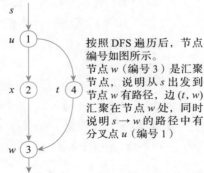

按照 DFS 遍历后，节点编号如图所示。
节点 w（编号 3）是汇聚节点，说明从 s 出发到节点 w 有路径，边 (t, w) 汇聚在节点 w 处，同时说明 $s \rightarrow w$ 的路径中有分叉点 u（编号 1）

图 4-5 半支配节点示意图

⊖ 请参见 https://llvm.org/devmtg/2017-10/slides/Kuderski-Dominator_Trees.pdf。

> **注意** s 到 w 路径中的分叉点 u 可能并不支配 w（即并不属于 $\mathrm{Dom}(w)$），所以称 u 为 w 的半支配节点。例如图 4-6a 为 CFG 图，图 4-6b 中蓝色路径是 DFS 的边。

在图 4-6a 中，节点 0、1、2、3、5 的 sdom 节点和 IDom 节点相同，分别是 0、0、1、0、0，可以通过 sdom 公式计算得到。而对节点 4 来说，从图 4-6b 中很容易找到对应的 sdom(4) = 1（节点 1 有分叉节点 4，它满足半支配节点定义），但是节点 1 并<u>不支配</u>节点 4（从节点 5 可以达到节点 3 再到节点 4，所以节点 1 并不支配节点 5）。

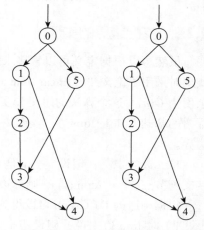

图 4-6　分叉点不支配后续节点示意图

　　小结：半支配节点隐含了 sdom(n) = u，表示 u 位于前向边构成的一条路径中，而 n 的直接支配节点也一定存在于前向边构成的路径中。但是 u 可能不支配 n，所以 u 是 IDom(n) 的候选节点，如果 u 不是 IDom(n)，说明在 u 之上可能还有分叉路径，所以只需要找到分叉点即可（这是一个递归过程）。

a）CFG示意图　　b）DFS遍历示意图

4.2.2　LT 算法和 Semi-NCA 的差异

现在寻找支配分叉点 u（u 是 w 的半支配节点，记为 sdom）的一个节点 n，n 是 Dom(w) 中 $\mathrm{df_{num}}$ 最大的节点。因为 n 支配节点 w，所以 n 是 Dom(w) 中的一个元素，并且 $\mathrm{df_{num}}$ 最大，说明节点 n 距离节点 w 最近，那么 n 就是 w 的直接支配节点。又因为 IDom(w) 此时也是未知的，所以需要进一步根据以下规则计算。（LT 和 Semi-NCA 区别就是计算 IDom 的方法不同。）

　　对 LT 算法来说：$\mathrm{IDom}(w) = \begin{cases} \mathrm{sdom}(w)，如果\,\mathrm{sdom}(w)\,等于\,\mathrm{sdom}(u) \\ \mathrm{IDom}(u)，如果\,\mathrm{sdom}(n)\,不等于\,\mathrm{sdom}(u) \end{cases}$。

在 LT 算法中，如果 sdom(w) 等于 sdom(u)，则说明此时 u 就是 n 的直接支配节点，即 sdom(w) 等于 u，故有 IDom(w) 等于 sdom(w)；如果 sdom(w) 不等于 sdom(u)，则说明还需要进一步向上递归查找，查找 sdom(u)、sdom(w) 中 $\mathrm{df_{num}}$ 小的节点的直接支配节点，即 w 的直接支配节点，在递归实现中一般将 w 更新为 sdom(w)，u 更新为 sdom(u) 即可。

　　对 Semi-NCA 算法来说：$\mathrm{IDom}(v) = \mathrm{NCA}(\mathrm{parent}(v), \mathrm{sdom}(w))$，其中 NCA 是指两个节点的公共节点，parent(v) 是 v 的父节点。

　　在 Semi-NCA 算法中，假设 w 的父节点为 v，只需要找到 v 和 sdom(w) 的一个公共节点，这个公共节点就是 w 的直接支配节点。

　　仍然以图 4-6b 的节点 4 为例，求节点 4 的直接支配节点，此时 LT 和 Semi-NCA 区别在于：

1）LT 算法：比较 sdom(1) 和 sdom(4) 是否相同，如果不相同则继续比较，最后得到节点 0 是节点 4 的直接支配节点。

2）Semi-NCA 算法：寻找节点 3 和 sdom(4) 的公共节点，即节点 0。

4.2.3　支配边界的实现

虽然可以根据定义可以直接求解支配边界，但是算法的复杂度比较高，所以 LLVM 在实现时采用了论文 "A linear time algorithm for placing φ-nodes" [⊖] 的算法，该算法的时间复杂度为 $O(n)$。这个算法的思想和实现都不复杂，它是以支配树为基础构造 DJ-Graph（在支配树的基础上加上 Join 边，支配树中的边称为 D-edge），然后基于 DJ-Grapch 直接计算支配边界。

Join 边的定义：假设 $x \rightarrow y$ 是 CFG 上的一条边（这里是指直接边），如果 x 不是 y 的直接支配节点（$x \neq idom(y)$），则称边 $x \rightarrow y$ 是一条 Join 边。

根据构造的 DJ-Graph 可以得到以下信息。

1）对 Join 边来说，假设边 $x \rightarrow y$，则 y 是 x 的支配边界集合元素，同时 y 也是 x 祖先的支配边界集合元素。

2）如果 y 是 x 的支配边界，可以发现 y 在支配树的层次小于等于 x 的层次（支配树的根节点层次为 0，可以参考图 4-2b）。

3）如果 y 是 x 的支配边界，当且仅当 x 存在一个子树 subTree(x) 记为 z，则 $z \rightarrow y$ 是 Join 边，且 y 的层次小于等于 x 的层次。

由此可得到支配边界的计算方法，如代码清单 4-1 所示：

代码清单 4-1　支配边界计算方法

```
DomFronter(x) {
    DFx =
    foreach z ∈ subTree(x) do
        if ( z→y == Jion-edge) && (y.level <= x.level)
            DFx = DFx U y
}
```

4.3　扩展阅读：支配树相关小课堂

支配树在编译优化中使用非常广泛，其研究历史也非常久远，本节首先对求解支配树的不同算法进行介绍和比较，然后介绍如何快速判断两个节点是否存在支配关系。

⊖　具体请参考论文 https://dl.acm.org/doi/pdf/10.1145/199448.199464。

4.3.1　支配树构造算法及比较

本节内容主要来自 Henrik 于 2016 年的论文 "Algorithms for Finding Dominators in Directed Graphs"，更多详情可以参考原始论文[○]。

1. 定义法

根据支配树的定义，对于图 G，如果从 s 到 w 的任意一条路径都经过节点 v，则 v 支配 w，那么可以得到结论：如果从图中删除节点 v，s 不能到达节点 w，那么节点 v 支配节点 w。由此可以得到算法步骤如下。

1）依次删除图中的顶点 v_i。

2）遍历更新后的图，如果从 s 出发无法到达顶点的集合记为 $\{w_1, w_2, ..., w_k\}$，则 v_i 支配 $\{w_1, w_2, ..., w_k\}$。

3）根据支配关系构造支配树。

2. 数据流分析法

根据 CFG 建立的数据流方程，迭代求解每个节点的支配节点。假定 IN[B] 为基本块 B 入口处的支配节点集合，OUT[B] 为基本块 B 出口处的支配节点集合，则支配节点的数据流方程的定义如下：

1）OUT[Entry] = {Entry}

2）OUT[B] = IN[B] ∪ {B}，$B \neq$ Entry

3）$In(B) = \bigcap\limits_{P \in \text{Pred}(B)} Out(P)$，$B \neq$ Entry

这是一个前向数据流方程。因为数据流方程是单调的，所以通过迭代可以得到不动点。根据数据流方程的定义得出：OUT[B] 中的节点都支配 B，即 OUT[B] 就是 Dom(B)。

该迭代算法需要存储每个顶点 Dom，若顶点个数为 n，则每轮迭代计算所有节点交集的总时间为 $O(mn)$。由于算法最多迭代 $n - 1$ 次，故而总的迭代时间复杂度是 $O(mn^2)$，空间复杂度为 $O(n^2)$。

除了上述的数据流方程外，还有其他研究者构建了不同的数据流方程，不断优化基础数据流方程。例如可以直接基于 IDom 来构建，即 Dom(v) = {v} ∪ IDom(v) ∪ IDom(IDom(v)) ∪ IDom(IDom...(v))。其中 IDom 可以通过 NCA 算法来计算，总的迭代时间复杂度是 $O(mn^2)$，空间复杂度为 $O(m + n)$。虽然时间复杂度不变，但是实际效率更高。

3. 支配树小结

加上 4.2 节中介绍的 SLT 算法和 Semi-NCA 算法，共有 4 种计算支配树的算法，它们的时间和空间复杂度如表 4-2 所示，表中 m 表示边的数目，n 表示顶点个数。

○ 该论文是 Henrik Knakkegaard Christensen 于 2016 年发表的硕士论文，其中详细介绍了各种构造支配树的方法以及方法的性能，具体可以参考链接：https://users-cs.au.dk/gerth/advising/thesis/henrik-knakkegaard-christensen.pdf。

表 4-2 求解支配树不同算法的时间和空间复杂度

算法类别	时间复杂度	空间复杂度
定义法	$O(mn)$	$O(m+n)$
数据流分析法	$O(mn^2)$	$O(m+n)$
SLT	$O(mlogn)$	$O(m+n)$
Semi-NCA	$O(n^2)$	$O(m+n)$

当然支配算法还有很多可以挖掘的细节，但是 Semi-NCA 算法看起来是当前比较稳定的最优选择算法。

4.3.2 如何快速判断任意两个节点的支配关系

假设已知控制流图的 DT，如何快速判断任意两个节点 x 和 y 是否存在支配关系？

判断节点之间是否存在支配关系在整个编译优化中的常见操作。在 LLVM 的实现中有两种判断方法供读者参考。

1. 第一种方法

由于已知支配树，故而可以通过遍历支配树进行判断。为支配树的每一层设置一个高度，根节点的高度为 0，叶子节点高度最大。根据支配的特性，可得到以下事实。

1）如果节点 x 支配节点 y，那么 x 的高度一定小于等于 y 的高度。

2）如果 x 的高度等于 y 的高度，且节点 x 等于节点 y，则 x 支配 y。

3）如果 x 的高度小于 y 的高度，且节点 x 等于节点 y 的 IDom，则 x 支配 y。

由上述事实可以得到第一种快速判断任意两个节点支配关系的算法，步骤如下。

1）计算节点 x 和 y 的高度，高度小的节点可能会支配另一个节点。假设 x 的高度小（高度记为 h_x），节点 y 的高度大。

2）从 DT 中遍历节点 y 的 IDom，直到 IDom 的高度小于或等于 h_x。

3）判断 IDom 和 x 是否相等，如果相等则说明 x 支配 y，否则 x 不支配 y。

2. 第二种方法

第一种方法总是需要遍历 IDom，然后访问高度数据，最后再判断。对高性能场景来说效率略低，故而 LLVM 设计了第二种方法，具体如下：首先对 DT 重新进行 DFS 遍历，同时为每个节点增加 2 个属性，分别为 DFSNumIn 和 DFSNumOut，其中 DFSNumIn 记录的是对 DT 进行 DFS 遍历时第一次被访问节点的序号，而 DFSNumOut 记录的是对 DT 进行 DFS 遍历时最后一次被访问节点的序号，可以得到如下结论。

1）父节点的 DFSNumIn 一定小于子节点的 DFSNumIn（DFS 遍历时总是先到达父节点，然后才能访问子节点）。

2）左边兄弟节点的 DFSNumIn 一定小于右边兄弟节点的 DFSNumIn（DFS 遍历时总是

先达到左边的节点）。

3）子节点的 DFSNumOut 一定小于父节点的 DFSNumOut（DFS 遍历时总是要求先处理完子节点，再处理父节点）。

4）左边兄弟节点的 DFSNumOut 一定小于右边兄弟节点的 DFSNumOut（DFS 遍历时总是先完成左边节点的处理）。

综合这 4 个条件可以快速判断 x 是否支配 y，如果同时有：① x.DFSNumIn 小于等于 y.DFSNumIn；② x.DFSNumOut 大于等于 y.DFSNumOut。则 x 支配 y。假设有 CFG 如图 4-7a 所示，经过 DFS 遍历后每个节点的 DFSNumIn 和 DFSNumOut 如图 4-7b 所示。

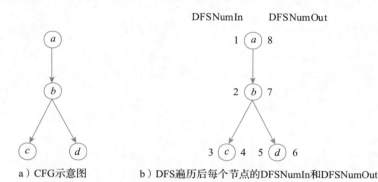

a）CFG 示意图　　　　　　b）DFS 遍历后每个节点的 DFSNumIn 和 DFSNumOut

图 4-7　通过 DFSNumIn 和 DFSNumOut 判断支配关系

通过上述规则可以快速判断 4 个节点的支配关系。例如节点 a 的 DFSNumIn（为 1）小于节点 b、c、d 的 DFSNumIn（分别为 2、3、5），同时 a 的 DFSNumOut（为 8）大于节点 b、c、d 的 DFSNumOut（分别为 7、4、6），则节点 a 支配节点 b、c、d。根据这一方法，可以得到节点之间的支配关系如表 4-3 所示。表中每个格子表示每行节点是否支配每列节点，如果行节点支配列节点用√表示；表中节点用类似 a(DFSNumIn, DFSNumOut) 的方式表示，例如 a(1, 8) 表示节点 a 的 DFSNumIn 是 1，DFSNumOut 是 8。

表 4-3　图 4-7 对应的节点之间的支配关系

被支配节点	支配节点			
	a(1, 8)	b(2, 7)	c(3, 4)	d(5, 6)
a(1, 8)	√	√	√	√
b(2, 7)		√	√	√
c(3, 4)			√	
d(5, 6)				√

4.4 本章小结

本章主要介绍支配分析相关内容。介绍了支配、支配树、逆支配、逆支配树等基础知识，简单探讨了 LLVM 中支配树和支配边界的演化历程。4.3 节比较了 4 种求解支配树算法的差异。本章最后对 LLVM 如何快速判断两个节点的支配关系进行了介绍。

第 5 章 *Chapter 3*

循环基本知识

循环一般指程序中重复执行的指令序列，从程序的控制流图看，循环是 CFG 中的一个强连通分量子图。强连通指的是有向图中两个顶点存在有向边，可以相互到达；强连通分量子图是有向图中的"极大"强连通子图。"极大"的含义是指把图划分为若干强连通分量后，强连通分量之间不可以相互到达。

根据循环优化的便利性将循环分为两类：可归约循环和不可归约循环。两者的正式定义区分可以参见论文⊖，本章简单地根据循环是否具有多个入口节点进行区分。有多个入口节点的是不可归约循环，如图 5-1a 所示；只有一个入口节点的循环是可归约循环，如图 5-1b 所示。

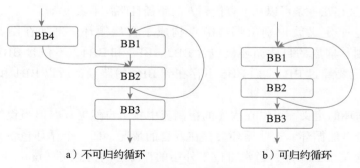

a）不可归约循环   b）可归约循环

图 5-1 不可归约和可归约循环示意

单入口可归约循环又称为自然循环，LLVM 编译器里实现的循环就特指自然循环，其他的现代编译器（如 GCC 等）基本上也只支持自然循环。主要的原因是大部分循环优化方

⊖ 请参考论文"Characterization of Reducible Flow Graphs"（M.S. Hecht, 1974）。

法仅适用于自然循环，不适用于不可归约循环（通常对不可归约循环不做优化）。本章主要介绍 LLVM 实现的循环，只会涉及自然循环的相关内容，因此在没有特别说明的情况下，本章会按照 LLVM 的习惯把自然循环简称为循环。下面首先介绍自然循环的性质，然后介绍 LLVM 实现的循环形态和特性，最后会对本章进行简单总结。

5.1 自然循环

自然循环的定义有许多的描述方式，直观地描述是"只有单入口、内部基本块可以构成环的子图"。下面采用支配关系（参考第 4 章）来给出自然循环的正式定义。首先我们需要用支配关系定义回边（Back Edge）。

回边：如果控制流图中存在边的目的节点支配其源节点的情况，则将这条边称为回边。

我们以图 5-2 为例进行说明：假设存在一条从节点 BB2 到节点 BB1 的边，同时节点 BB1 支配节点 BB2，则这条边是回边；假设存在一条节点 BB5 到节点 BB3 的边，但节点 BB3 不支配节点 BB5（因为存在从节点 BB4 到节点 BB5 的路径），所以这条边不是回边。

根据回边的含义，可以定义自然循环为：假设一条从节点 b 到节点 h 的回边（记为 $b \rightarrow h$），其中 h 支配 b，则可以形成一个可归约循环；如果节点 x 属于这个自然循环，则

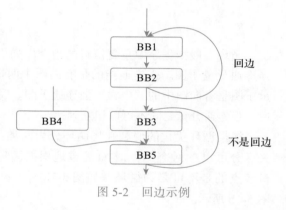

图 5-2　回边示例

满足 h 支配 x，且存在一条可以从 x 直接到 b 的路径且路径不经过 h。

我们根据这个定义就识别出哪些节点构成了自然循环。例如在图 5-3 中存在回边 BB4 → BB2，则其构成的自然循环只包含 BB2、BB3 和 BB4，不包含 BB1 和 BB5。因为 BB1 到 BB4 必定要经过 BB2，而 BB5 不存在到 BB4 的路径，所以 BB1 和 BB5 不属于这个循环。

通过自然循环的定义，可以在程序的控制流中找出自然循环。但当程序较为复杂的时候，会出现多个自然循环，这些循环会存在嵌套的情况，即一个循环包含另一个循环。为了区分这种包含关系的循环，通常将位于外层的循环称为外循环（outer loop），位于内层的循环称为内循环（inner loop）。如图 5-4 所示，BB3 和 BB4 组成的循环是 BB2、BB3 和 BB4 组成的循环的内循环，而 BB2、BB3 和 BB4 组成的循环是 BB3 和 BB4 组成的循环的外循环。

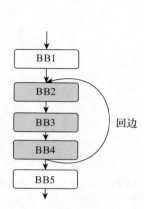

图 5-3　自然循环识别示例

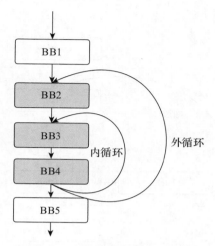

图 5-4　外循环和内循环示例

5.2　LLVM 的循环实现

LLVM 中实现的循环数据结构和循环相关的优化都是基于自然循环，不可规约的循环被当成基本的控制流处理（一般不会被优化）。为了便于后续分析和变换，会根据节点相对循环回边的位置，对一些特定位置节点用特定的术语来命名。主要有：

- ❑ header（循环头）节点：回边的目的节点。
- ❑ latch（闩）节点：回边的源节点。
- ❑ exiting（待退出）节点：可以跳出循环的节点，即它有不在循环里的后继节点。

相关节点示例如图 5-5 所示。

为了便于优化，在循环外面也定义两种特殊的节点。

- ❑ entering（待进入）节点：header 节点在循环之外的前驱称为 entering 节点。
- ❑ exit（退出）节点：entering 节点在循环外的后继节点。

循环相关的 entering、exit 节点示例如图 5-6 所示。

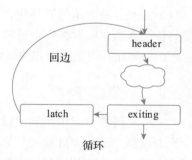

图 5-5　header、latch、exiting
节点标记

📷 注意　在上述示例图中，这些特殊节点都只画了一个。除了 header 节点外，循环中的特殊节点可能会有多个，而且还存在一个节点可以表示多个特殊节点的情况。例如，在如图 5-7 所示的循环中，它的 3 个特殊节点都是同一个节点。

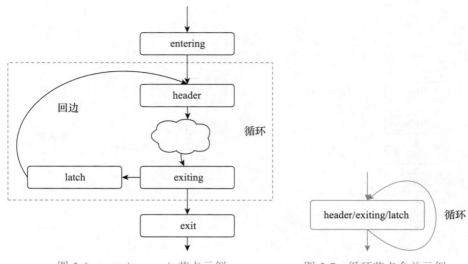

图 5-6　entering、exit 节点示例　　　　图 5-7　循环节点合并示例

此外，如果循环的待进入节点只有一个的话，也可以将其称为 preheader 节点（前置头）。

因为 LLVM IR（包括后端 IR）本身不保存循环信息，所以 LLVM 将从控制流中获取循环信息的功能作为一个公共分析 Pass（记为循环识别 Pass），当其他 Pass 需要循环信息的时候，只要调用循环识别 Pass 即可获得。因此大部分循环优化 Pass 都可以抽象成两步，即先调用循环识别 Pass 获取循环信息，然后对获得的循环进行优化。

因为 LLVM 支持多种高级语言循环语法，会产生多种不同的 LLVM IR 循环形式，这不利于实现各种通用的循环优化，所以 LLVM 提供了 3 种规范化的循环形式，并实现了相应的转换算法，可以将符合要求的循环转为规范化的循环形式。下面简单介绍 LLVM 里的循环识别和循环规范化的相关概念。

5.2.1　循环识别

从代码控制流中识别出循环有许多种算法，一种朴素的算法思想是通过深度遍历控制流来识别。而 LLVM 需要识别出来的循环都是自然循环，所以它使用了基于支配树的算法。这个算法首先找到循环的回边，然后利用回边找到循环包含的基本块，从而构造循环。在这个过程中，还会构建出循环之间的层级关系。整个实现的详细步骤是，逆序遍历待分析的控制流对应的支配树，并对支配树中的每个节点 N 进行以下操作。

1）识别出所有 N 构成的回边，即遍历 N 的所有前驱节点。如果 N 支配了某个前驱节点 P，则 N 和 P 构成一条回边。

2）如果 N 有一到多条回边，则以 N 为 header 节点构建循环，并将所有回边的 header 节点放入一个工作链表（worklist，是一个数据结构）中。之后遍历这个工作链表的节点，判断节点是否属于某个循环，并分为如下两种情况处理。

① 如果节点不属于某个循环，则设定它属于节点 N 的循环。接着判断它是否为 N，如果不是，则将节点所有的前驱节点加入工作链表；反之，则不需要处理（因为已经到达循环头）。

② 如果节点已经属于一个循环 L，则找到它所在的最外层循环，如果最外层循环是 N 的循环，则不需要进一步处理；反之，则将节点所在的最外层循环作为循环 N 的子循环，并将所有不在循环 L 里的前驱节点加入工作链表。

当整个支配树遍历完成之后，就找到了控制流中的所有循环，后续主要是填充各个基本块和循环间的映射信息。

5.2.2 循环规范化

自然循环的形式也是多样的，如可能会没有 Preheader，或者有多条回边等情况。如果循环具有不同形态，则后续循环相关的优化要分别适配这些形态，才能保证优化效果，这会增加循环优化算法实现的复杂度。因此，LLVM 实现了 3 种规范化循环形式：循环化简（Loop Simplify）形式、循环旋转（Loop Rotation）形式和循环封闭 SSA（Loop-Closed SSA，LCSSA）形式。将各种类型的循环尽可能转换为统一的循环形式，便于后续的循环优化。

1. 循环化简形式

循环化简后，循环的形式具有以下 3 个性质。

1）有循环前置节点，即有且只有一个 preheader 节点。

2）循环有且只有一条回边。

3）循环专用的 exit 节点可以被循环的 header 节点支配，所有 exit 节点的前驱节点都是循环内的节点。

循环化简形式示意图如图 5-8 所示，符合上述 3 个性质。

图 5-9 的 3 个循环都不是循环化简形式，图 5-9a 没有循环前置节点，因为它有多个待进入节点；图 5-9b 有多条回边；图 5-9c 的 exit 节点有循环外的节点（BB2 节点）。因此 3 个循环都不符合循环化简的形式。

循环化简形式比较方便于做一些循环优化，如循环不变量外提（可以直接外提到循环前置节点里）和代码下沉（将代码下沉到 exit 节点里）等。为了将一些不符合循环化简形式的循环尽可能地进行化简，LLVM 还专门实现了一个 Pass。这个 Pass 针对循环化简形式的性质设置了下面 3 个主要功能。每个功能点都是先判断循环是否符合对应的性质，如果不符合则执行相应的变换，并尝试让其符合。

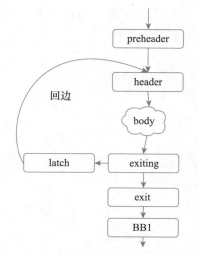

图 5-8 循环化简形式示意图

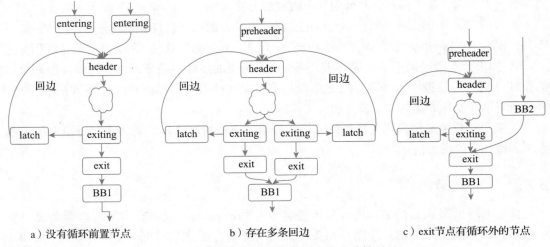

a）没有循环前置节点   b）存在多条回边   c）exit节点有循环外的节点

图 5-9 不符合循环化简形式的 3 种情况

1）添加循环前置节点。

2）添加专用的循环退出节点。

3）拆分多回边共用头节点的循环。

此外，该 Pass 还具有删除循环中所有不可达基本块等功能，这主要也是为简化循环服务的。更具体的内容读者可以参阅代码了解，这里不再赘述。例如，将图 5-9a 进行循环化简，如图 5-10 所示。

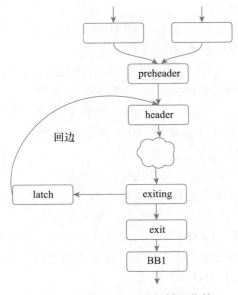

图 5-10 将图 5-9a 进行循环化简

2. 循环旋转形式

循环旋转形式指的是循环的 latch 节点同时是一个 exiting 节点（即 do-while 形式的循环），其示意图如图 5-11 所示。

因为循环旋转形式比循环化简形式更加规范化，所以它也满足循环化简形式。循环旋转形式擅长外提循环中的"load 指令"，同时它也擅长进行循环向量化。LLVM 提供了一个 Pass 尝试将循环化简形式变换成循环旋转形式。该 Pass 迭代地旋转循环中的指令位置，直到将循环变成 do-while 形式，或者无法再进行位置旋转为止。（这也是循环旋转形式的由来。）此外，为了保证与原始循环语义相同（例如循环体一次都没有执行的情况），会添加一个用于判定循环执行次数的节点，称为 guard（守卫）节点。

循环旋转示例如代码清单 5-1 所示。该示例中有一个循环，该循环执行一条乘法和加法的语句。

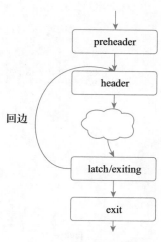

图 5-11　循环旋转示意图

代码清单 5-1　循环旋转示例代码

```
int test(int n) {
    int a = 1;
    for (int i = 0; i < n; ++i)
        a += a * i;
    return a;
}
```

图 5-12 展示了对代码清单 5-1 中的循环进行旋转变换的状态变化。其中，图 5-12a 是循环旋转前的示意图，循环是从循环头退出，所以不是 do-while 的形式；图 5-12b 是经过旋转之后的循环，从循环尾部退出，变成了 do-while 的形式；图 5-12c 是添加了 guard 节点后的最终形式。

3. 循环封闭 SSA

如果 LLVM IR 中存在循环，则为循环增加额外的约束：循环中定义的值只在循环中使用，如果循环中定义的值逃逸到循环外，则在循环出口处的基本块中插入 φ 函数。满足这种约束的 LLVM IR 称为循环封闭 SSA（即 LCSSA）。本节示例来自 LLVM 官网[⊖]。

循环封闭 SSA 示例如代码清单 5-2 所示。

代码清单 5-2　循环封闭 SSA 示例代码

```
c = …;
for (…) {
    if (c)
```

⊖　请参见 https://llvm.org/docs/LoopTerminology.html。

```
        X1 = …
    else
        X2 = …
    X3 = phi(X1, X2);  // X3 在循环内定义
}

… = X3 + 4; // X3在循环外被使用
```

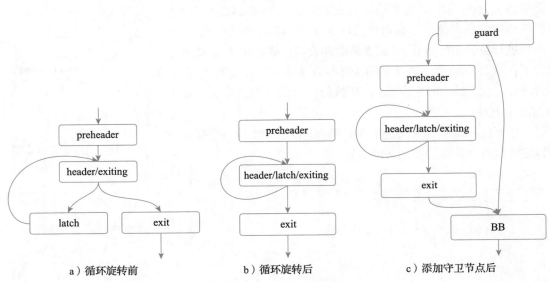

a）循环旋转前　　　　　　　　b）循环旋转后　　　　　　　c）添加守卫节点后

图 5-12　循环旋转变换示意图

在代码清单 5-2 中，X3 在循环外被使用，所以不符合循环封闭 SSA 的形式。为了满足循环封闭 SSA 的形式，在循环出口处插入 φ 函数。因为本例中的循环出口刚好和 X3 的使用点位于同一基本块，所以插入 φ 函数后得到的结果如代码清单 5-3 所示。

代码清单 5-3　在循环出口处插入 φ 函数

```
c = …;
for (…) {
    if (c)
        X1 = …
    else
        X2 = …
    X3 = phi(X1, X2);
}

X4 = phi(X3);  // 为 X3 增加 phi 函数

… = X4 + 4;
```

虽然这个 φ 函数是冗余节点，但是完全不影响程序的正确性，而且这些冗余节点可以在后续的优化中删除，但是额外引入的 φ 函数让许多循环优化更加简单。

例如，一些优化（如值范围分析）需要分析出在循环中定义而在循环外使用的值，刚好就是为了满足 LCSSA 而创建的 φ 函数，所以就不用分析和关注循环了，只需要关注循环出口基本块的 φ 函数即可。读者可以参考 LLVM 官网中关于 LCSSA 的一些案例（例如有关规约变量、循环变量替代等），获得更多内容。

LLVM 的实现中有一个 Pass（rewrite into loop closed SSA）用来将 SSA 形式的 IR 重写为 LCSSA 形式，还有一个 Pass（verify loop closed SSA）是用来检查 LCSSA 的循环不变性。读者也可以自行验证，此处不再赘述。

5.3　本章小结

现代程序越来越复杂，其中针对循环的优化是提高编译器性能的关键。LLVM 不仅提供了循环相关的公共分析 Pass，涉及循环表示、循环识别和循环规范化，同时提供了许多的循环优化 Pass，如循环不变量外提、代码下沉、软流水和硬件循环等。本章主要介绍循环的基本概念和循环标准形式变换，而循环优化相关的介绍读者可以参阅本书第 9 章、第 11 章的内容和相关资料。

TableGen 介绍

编译器最为基础的功能之一是将高级语言转换成可以在硬件上执行的机器码，为了支持尽可能多的硬件，通用编译器需要为每一款硬件都实现这一转换。为了更好地生成高质量的目标机器码，编译器后端开发者需要了解目标机器的指令集信息（包括具体支持哪些指令、指令有什么属性、应该使用什么寄存器、指令间存在什么样的依赖）。虽然每一款不同的硬件指令集都不相同，但都包含指令、寄存器、调用约定等信息，所以可以将这些信息进行抽象。这样编译器后端实现时就可以分为两层：具体硬件信息和与硬件无关的编译框架。不同的目标硬件都包含了丰富的指令、寄存器信息等，直接描述这些信息将会非常冗杂，并且很难做到格式统一，所以很有必要设计一种通用的后端信息描述语言，这就是目标描述语言 TableGen。

因为 TableGen 和代码生成过程密切相关，所以本章简单介绍 TableGen 的词法、语法，并且演示如何从目标描述语言转换为 C++ 代码，从而和编译器的代码生成框架结合起来。本章最后将以指令匹配为例介绍如何写 TD 文件。

6.1 目标描述语言

下面分别从 TableGen 的词法和语法展开介绍。

6.1.1 词法

TableGen 作为一门 DSL（Domain Specific Language，领域描述语言）语言，提供了关键字、标识符、特殊运算符等信息，在词法分析阶段对 TD 文件进行分析可以得到对应的 token（单词符号）。

1）数值字面量：表示 TD 文件直接给出的数值，只支持整数字面量，可以定义十进制、十六进制和二进制，其文法如代码清单 6-1 所示。

代码清单 6-1　数值字面量文法

```
TokInteger       ::=  DecimalInteger | HexInteger | BinInteger
DecimalInteger ::=  ["+" | "-"] ("0"..."9")+
HexInteger       ::=  "0x" ("0"..."9" | "a"..."f" | "A"..."F")+
BinInteger       ::=  "0b" ("0" | "1")+
```

上述文法含义：TokInteger 表示整数，可以是十进制整数、十六进制整数或二进制整数；其中十进制整数以"+"或"-"符号开头（"+"可以省略），后面是一个或多个 0~9 的数字；十六进制整数以"0x"开头，后面是一个或多个 0~9 的数字或 a~f 的字母；二进制整数以"0b"开头，后面是一个或多个数字 0 或者数字 1。

2）字符串字面量：表示 TD 文件中的字符串常量，其文法如代码清单 6-2 所示。

代码清单 6-2　字符串字面量文法

```
TokString ::= '"' (non-'"' characters and escapes) '"'
TokCode ::= "[{" (shortest text not containing "}]") "}]"
```

上述文法含义：TokString 表示单行的字符串字面量，以双引号""作为开头和结尾，中间可以是非双引号的""字符和转义字符"\"；TokCode，表示跨行的字符串字面量，以"[{"开头、以"}]"结尾，中间可以是非"}]"的字符串。

3）关键字：TableGen 定义了一些关键字，这些关键字都有特殊的含义。目前的关键字有 assert、bit、bits、class、code、dag、def、dump、else、false、foreach、defm、defset、defvar、field、if、include、int、let、list、multiclass、string、then、true。这些关键字分别描述类型、语法结构等信息，6.1.2 节将对部分重要关键字进行介绍。

4）标识符：定义了变量，其文法如代码清单 6-3 所示。

代码清单 6-3　标识符文法

```
ualpha ::= "a"..."z" | "A"..."Z" | "_"
TokIdentifier ::= ("0"..."9")* ualpha (ualpha | "0"..."9")*
TokVarName ::= "$" ualpha (ualpha | "0"..."9")*
```

上述文法含义：TokIdentifier 表示标识符，以 0 个或多个 0~9 的数字开头，中间是字母或者下划线，后面是 0 个或多个字母、下划线或者数字；TokVarName 表示别名，以 $ 开头，中间是字母或者下划线，后面是 0 个或多个字母、下划线或者数字。其中标识符是大小写敏感的。另外，标识符也可以是数字开头，如果标识符只有数字，则 TableGen 会将它解释为整数字面量。

 注意　TokVarName 仅仅适用于 DAG 中。

5）特殊运算符：TableGen 还提供了"!"运算符，以"!"开头，后跟一些运算。例如，!add 表示对多个操作数进行求和计算，"!"运算符可以认为是 TableGen 内置的处理方式。关于"!"运算符的更多介绍可以参见官网[⊖]。

6）基本分隔符：TableGen 还提供了一些基础符号（参见 6.1.2 节），例如 –、+、[、]、{、}、(、)、<、>、:、;、.、…、=、?、# 等，这些符号作为分界符通常要配合语法来使用，例如 <> 用于定义模板参数，[] 用于定义列表数据。

7）其他词法：TableGen 提供了 include 语法，可以在本文件中引入其他的 TD 文件，并提供了预处理的功能，详细内容可以参考官网。

6.1.2 语法

TableGen 提供的语法比较丰富，限于篇幅无法展开介绍，本节仅介绍类型（type）、值（value）和记录（record）相关的内容，其他内容请参考官网。

1. 类型

TableGen 定义了如下数据类型。

1）bit：表示布尔类型，可以取值 0 或 1。

2）int：表示 64 位的整数。

3）string：表示任意长度的字符串。

4）dag：表示可嵌套的 DAG。DAG 的节点由一个运算符、0 个或多个参数（即操作数）组成，节点中的运算符必须是一个实例化的记录。DAG 的大小等于参数的数量。

5）bits<n>：表示大小为 n 的位数组（数组中的每个元素占用一位）。

6）list<type>：表示元素的数据类型为类型的列表。列表元素的下标从 0 开始。

> 注意　位数组 bits<n> 中的索引值是从右往左递增的，即索引为 0 的元素位于最右侧。比如 bits<2> val = {1, 0}，表示十进制整数 2。

注意，在 TableGen 中，一个无环图可以使用 dag 数据类型直接表示。DAG 节点由一个运算符和 0 个或多个参数组成，每个参数可以是任何类型，例如使用其他 DAG 节点作为参数可以构建基于 DAG 节点的任意图。

DAG 节点的语法是 (operator argument1, argument2, …, argument$n$)，其中 operator 为操作数，必须显式定义，且必须是一个记录，其后可以有零个或多个参数，参数之间用逗号分隔。参数可以有 3 种格式：value（参数值类型）、value:name（参数值类型和相关名字）、name（未设置值类型的参数名字）。

2. 值

TableGen 中的值可以通过如代码清单 6-4 所示的文法进行描述。

⊖　具体可参见 https://llvm.org/docs/TableGen/ProgRef.html。

代码清单 6-4　值的文法

```
Value          ::=   SimpleValue ValueSuffix* | Value "#" [Value]
ValueSuffix    ::=   "{" RangeList "}" | "[" SliceElements "]" | "." TokIdentifier
RangeList      ::=   RangePiece ("," RangePiece)*
RangePiece     ::=   TokInteger | TokInteger "..." TokInteger | TokInteger "-"
                     TokInteger| TokInteger TokInteger
SliceElements  ::=   (SliceElement ",")* SliceElement ","?
SliceElement   ::=   Value | Value "..." Value | Value "-" Value | Value TokInteger
```

值可以分为 3 类，分别是简单值、后缀值以及复合值。其中：

1）简单值（SimpleValue）可以是整数、字符串或者代码。例如" int a = 1;"表示变量 a 的赋值为 1。

2）后缀值（ValueSuffix*）是在简单值后面增加约束。例如" let a{1-3} = 0b110;"表示 a 的赋值为二进制值"0b0110"。

3）复合值（Value" #"[Value]）表示将多个值通过连接符" #"进行组合。例如" let str = "12" # "ab";"表示将两个字符串连接形成一个新的值。

3. 记录

TableGen 最主要的目的之一是生成记录，然后后端基于记录进行分析得到最终结果。记录可以被看作是有名字、有类型、具有特定属性的结构体。TableGen 分别通过 def 和 class 定义记录，并在此基础上提供批量定义记录的高级语法 mutliclass、defm。

1）用 def 定义一个具体的记录：非常类似于 C 语言中用 struct 定义的结构体，包含了名字、类型和属性，def 示例如代码清单 6-5 所示。

代码清单 6-5　def 示例

```
def record_example {
    int a=1;
    string b="def example";
}
```

代码清单 6-5 定义了一个记录，名字为 record_example，它包含了两个字段：a 和 b。其中，a 的类型为整型，值为 1；b 的类型为字符型，值为 def example。

2）用 class 定义一个记录类：该记录类可以被实例化为记录，它非常类似于 C++ 中的 class。来看一个 class 的应用示例，示例首先用 class 定义一个记录类，然后通过 def 来实例化记录，如代码清单 6-6 所示。

代码清单 6-6　使用 class 定义记录类，使用 def 实例化记录示例

```
class TestInst {
    string asmname;
    bits<32> encoding;
}
def ADD: TestInst {
```

```
        let asmname="add";
        let encoding{31-26}=1;
    }
def MUL: TestInst {
    let asmname="mul";
    let encoding{31-26}=2;
}
```

代码清单 6-6 首先通过 class 定义记录类 TestInst，然后通过 def 实例化两个记录——ADD 和 MUL。在实例化的过程中，要用 let 关键字对 class 中定义的字段进行赋值，例如 class 中定义了 asmname，在 ADD 中通过 let asmname="add" 对 asmname 进行赋值。

我们还可以定义 class 层次，并通过继承的方式来使用（所以它非常类似于 C++ 中的 class）。使用 class 可以大大简化记录的定义，将公共的信息通过 class 定义，然后通过 def 进行实例化。

3）用 multiclass 和 defm 定义一组记录。虽然可以通过 class 对记录进行抽象，然后通过 def 实例化。但是在实际工作中会遇到这样的问题：很多记录类也比较类似，例如在后端中存在 add 指令，add 指令接收两个操作数，第一种合法的指令是两个操作数都是寄存器；第二种合法的指令是一个操作数是寄存器，另一个操作数是立即数。此时需要利用两个 class 对 add 指令进行抽象。因为这两个 class 非常类似，只有一个操作数不相同而已，所以 TableGen 引入 multiclass 来一次定义多个 class。multiclass 定义的多个类可以通过 defm 进行实例化，使用 multiclass 和 defm 同时定义多个记录的示例如代码清单 6-7 所示。

代码清单 6-7　使用 multiclass 和 defm 同时定义多个记录示例

```
class Instr<bits<4> op, string desc> {
    bits<4> opcode = op;
    string name = desc;
}
multiclass RegInstr {
    def rr : Instr<0b1111,"rr">;
    def rm : Instr<0b0000,"rm">;
}

defm MyBackend_:RegInstr;
```

multiclass 比较抽象，上面的例子相当于使用 multiclass 定义了两个记录类，分别为 rr 和 rm，伪代码如代码清单 6-8 所示。

代码清单 6-8　用 multiclass 分别定义 rr 和 rm 的伪代码

```
class rr {
    bits<4> opcode = 0b1111;
    string nameDes = "rr";
}
class rm {
```

```
    bits<4> opcode = 0b0000;
    string nameDes = "rm";
}
```

然后通过 def 进行实例化，实例化对象分别是 MyBackend_rm 和 MyBackend_rr。可以直接使用 llvm-tblgen 编译代码清单 6-7，生成的 MyBackend_rm 和 MyBackend_rr 记录如代码清单 6-9 所示。

代码清单 6-9　生成的 MyBackend_rm 和 MyBackend_rr 记录示例

```
------------ Classes ----------------
class Instr<bits<4> Instr:op = { ?, ?, ?, ? }, string Instr:desc = ?> {
    bits<4> opcode = { Instr:op{3}, Instr:op{2}, Instr:op{1}, Instr:op{0} };
    string name = Instr:desc;
}
------------ Defs -----------------
def MyBackend_rm {      // RegInstr
    bits<4> opcode = { 0, 0, 0, 0 };
    string nameDes = "rm";
}
def MyBackend_rr {      // RegInstr
    bits<4> opcode = { 1, 1, 1, 1 };
    string nameDes = "rr";
}
```

注意 llvm-tblgen 在输出记录时并没有显式地展开（即未拆分）multiclass。

本节仅简单示范了 def、class、multiclass、defm 的使用，并未介绍更高级的语法的应用。希望通过本节的介绍，读者能够读懂 TD 文件，知道如何从 TD 文件生成对应的记录。关于 TableGen 还有很多内容，限于篇幅无法在本书中展开介绍，如文法的定义、使用方式等，以及一些高级功能（如 foreach、defvar、defset、assert 等语法），读者可参考官网深入了解 TableGen。

6.2　TableGen 工具链

LLVM 提供的工具 llvm-tblgen 可将 TD 文件转换成和 LLVM 框架配合的 C++ 代码，整个转换过程实际分成两步。

1）将 TD 文件转换成记录，llvm-tblgen 处理该过程的部分也称为工具链前端。

2）对记录中的信息进行抓取、分析和组合以生成 inc 头文件，通常和 LLVM 框架配合使用。llvm-tblgen 处理该过程的部分也称为工具链后端。需要注意的是，后端的选型完全是领域相关的，用什么后端完全由开发者定义。目前常见的后端可以分为以下 3 种。

① LLVM 后端：解析记录以生成与架构相关的一些信息，如描述架构寄存器和指令信息的头文件，或用于指导代码生成、指令选择的代码片段。

② Clang 后端：解析记录以生成与架构无关的一些信息，如语法树的信息、诊断信息、类属性等。

③ 通用后端：该后端对记录进行简单的处理，而不对记录中的具体内容进行解析，比如打印条目信息、可搜索表信息（如 AArch64 架构生成的系统寄存器表）。

llvm-tblgen 工具链工作流程示意图如图 6-1 所示。

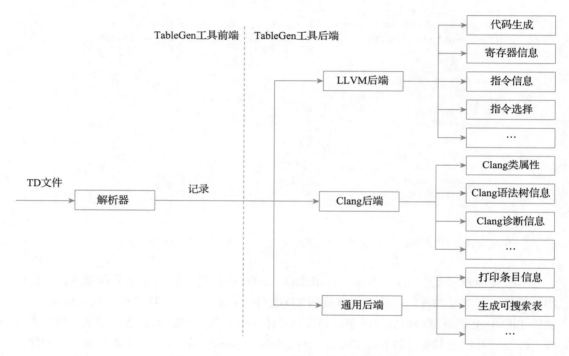

图 6-1 llvm-tblgen 工具链工作流程示意图

实际上现在 TD 的使用场景已经不局限于上面介绍的 3 种后端，其适用范围越来越广，比如 MLIR 也是基于 TD 文件设计方言（dialect）、算子（operator）等关键信息，当然 MLIR 也需要实现自己的后端，以生成自己所需要的内容。

下面以 BPF 后端为例介绍如何通过 TD 文件生成和 LLVM 框架匹配的代码。

6.2.1 从 TD 定义到记录

如前所述，TableGen 前端解析 TD 文件后就可以得到记录。因为 LLVM 支持多种后端，所以在设计 TD 文件的记录类时又进行了抽象，将记录类分成：适用于所有后端的基类记录类、适用于某一后端的派生记录类。下面以加法指令 add 的定义为例进行介绍。首先定义指令基类，然后定义指令的派生类，最后定义具体的指令，如代码清单 6-10 所示。

代码清单 6-10　BPF 中 add 指令相关的 TD 描述

```
// 基类记录类，适用于所有后端。该类的目的是设计指令的编码方式，比如指令占用多少位
class InstructionEncoding {
    int Size;

    ......
}
// 指令派生类，适用于所有后端。该记录类定义了指令公共属性，比如对应的操作数、操作码、对应的汇编信息等
// 该基类还有一些扩展信息，主要用于和编译器后端配合，比如说明指令是否属于"伪指令"、是否可以交换
// 操作数（用于优化）、是否允许使用快速指令选择算法等信息
class Instruction : InstructionEncoding {
    string Namespace = "";
    string AsmString = "";

    ......
}
// BPF 后端指令基类，该记录类定义了 BPF 后端指令的公共信息，比如指令为 64 位，64 位指令的划分等
class InstBPF<dag outs, dag ins, string asmstr, list<dag> pattern>
    : Instruction {
    field bits<64> Inst;

    ......
}
// BPFALU、JMP 指令基类在 BPF 后端的指令为 64 位，而 64 位的最低 8 位可以标记指令的类型，
// 按照 BPF 后端约定，ALU 和 JMP 指令同属于一个类型，具体参考附录 B
class TYPE_ALU_JMP<bits<4> op, bits<1> srctype,
                   dag outs, dag ins, string asmstr, list<dag> pattern>
    : InstBPF<outs, ins, asmstr, pattern> {

    let Inst{63-60} = op;
    let Inst{59} = srctype;
}
// 定义 ALU 操作基类：一个操作数为寄存器（R），另一个操作数为立即数（I）
class ALU_RI<BPFOpClass Class, BPFArithOp Opc,
            dag outs, dag ins, string asmstr, list<dag> pattern>
    : TYPE_ALU_JMP<Opc.Value, BPF_K.Value, outs, ins, asmstr, pattern> {
    bits<4> dst;
    bits<32> imm;

    let Inst{51-48} = dst;
    let Inst{31-0} = imm;
    let BPFClass = Class;
}
// 定义 ALU 操作基类：一个操作数为寄存器（R），另一个操作数为立即数（R）
class ALU_RR<BPFOpClass Class, BPFArithOp Opc,
            dag outs, dag ins, string asmstr, list<dag> pattern>
    : TYPE_ALU_JMP<Opc.Value, BPF_X.Value, outs, ins, asmstr, pattern> {
    ......
```

```
}
// 使用 multiclass 定义一组 ALU 操作记录类，该类包含了 32 位和 64 位的记录以及两个操作数
// (分别使用寄存器、立即数)，即共定义了 4 个记录类 _rr、_ri_32、_ri、_32_ri
multiclass ALU<BPFArithOp Opc, string OpcodeStr, SDNode OpNode> {
    def _rr : ALU_RR<BPF_ALU64, Opc,
                        (outs GPR:$dst),
                        (ins GPR:$src2, GPR:$src),
                        "$dst "#OpcodeStr#" $src",
                        [(set GPR:$dst, (OpNode i64:$src2, i64:$src))]>;
      def _ri : ALU_RI<BPF_ALU64, Opc,
                        (outs GPR:$dst),
                        (ins GPR:$src2, i64imm:$imm),
                        "$dst "#OpcodeStr#" $imm",
                        [(set GPR:$dst, (OpNode GPR:$src2, i64immSExt32:$imm))]>;
    def _rr_32 : ALU_RR<BPF_ALU, Opc,
                        (outs GPR32:$dst),
                        (ins GPR32:$src2, GPR32:$src),
                        "$dst "#OpcodeStr#" $src",
                        [(set GPR32:$dst, (OpNode i32:$src2, i32:$src))]>;
    def _ri_32 : ALU_RI<BPF_ALU, Opc,
                        (outs GPR32:$dst),
                        (ins GPR32:$src2, i32imm:$imm),
                        "$dst "#OpcodeStr#" $imm",
                        [(set GPR32:$dst, (OpNode GPR32:$src2, i32immSExt32:$imm))]>;
}
// 使用 defm 实例化 ALU 操作，例如实例化 ADD 操作，相当于生成了 4 个记录
// 这里使用了 let 操作符，Constraints 表示 ADD 指令允许交换两个操作数，IsAsCheapAsAMove 表示
// 指令成本比 Move 指令低。这两个属性用于后端代码优化，例如第 10 章会使用 Constraints 属性
let Constraints = "$dst = $src2" in {
let isAsCheapAsAMove = 1 in {
    defm ADD : ALU<BPF_ADD, "+=", add>;
    ...
}
```

使用 llvm-tblgen 命令可以将上述相关 TD 文件转换成记录，BPF 相关信息定义在 BPF.
td 文件中，相关命令如代码清单 6-11 所示（其中，your_dir 需要替换为你自己的目录名）。

代码清单 6-11　使用 llvm-tblgen 命令将 TD 文件转换为记录

```
llvm-tblgen -I your_dir/llvm-project/llvm/include/ -I your_dir/llvm-project/llvm/
lib/Target/BPF --print-records your_dir/llvm-project/llvm/lib/Target/BPF/BPF.td
```

下面以 ADD_rr 为例展示生成的记录的部分片段，如代码清单 6-12 所示。

代码清单 6-12　生成 ADD_rr 记录的代码片段

```
def ADD_rr {
    field bits<64> Inst = ...;
    int Size = 8;
    string DecoderNamespace = "BPF";
    list<Predicate> Predicates = [];
```

```
        string DecoderMethod = "";
        bit hasCompleteDecoder = 1;
        string Namespace = "BPF";
        dag OutOperandList = (outs GPR:$dst);
        dag InOperandList = (ins GPR:$src2, GPR:$src);
        string AsmString = "$dst += $src";
        EncodingByHwMode EncodingInfos = ?;
        list<dag> Pattern = [(set GPR:$dst, (add i64:$src2, i64:$src))];
        list<Register> Uses = [];
        list<Register> Defs = [];
        int CodeSize = 0;
        int AddedComplexity = 0;
        ......
    }

    def ADD_rr_32 {
        ......
    }

    def ADD_ri {
        ......
    }

    def ADD_ri_32 {
        ......
    }
```

可以看到 ADD_rr 定义了加法指令，它包含指令匹配模式（InOperandList）、指令匹配后的输出序列（OutOperandList）、指令匹配规则模板（Pattern）、对应的汇编代码（AsmString）等信息。

6.2.2　从记录到 C++ 代码

接下来需要对记录进一步处理，根据后端功能需要提取不同的信息。图 6-1 所示的后端功能非常多，不同功能需要的信息有所不同，这里以指令匹配为例介绍如何从记录提取指令匹配所需要的信息。

仍然以 BPF 后端为例，在使用 llvm-tblgen 工具时传入 -gen-dag-isel 参数，就可以生成指令选择相关信息。一般会生成专门的头文件来保存相关信息，例如 BPF 指令选择对应的头文件为 BPFGenDAGISel.inc。BPFGenDAGISel.inc 文件中最为重要的一部分内容是指令匹配表（MatcherTable），它描述了将 LLVM IR 匹配到特定后端架构指令的过程。指令匹配表中 ADD_rr 指令对应的指令匹配片段如代码清单 6-13 所示。

代码清单 6-13　ADD_rr 指令对应的匹配片段

```
2449*/ /*SwitchOpcode*/ 83, TARGET_VAL(ISD::ADD),// ->2535
......
```

```
/* 2473*/        OPC_MoveChild1,
/* 2474*/        OPC_CheckOpcode, TARGET_VAL(ISD::Constant),
......
/* 2481*/        OPC_MoveParent,
/* 2482*/        OPC_CheckType, MVT::i64,
......
/* 2497*/        OPC_MoveParent,
/* 2498*/        OPC_CheckType, MVT::i32,
......
```

第 7 章会介绍如何使用指令匹配表，这里暂不展开。我们先简单看一下如何从记录中提取指令匹配信息。实际上这个过程的逻辑并不复杂，可以简单地总结为先从 ADD_rr 的记录中提取 Pattern 字段（list<dag> Pattern = [(set GPR:$dst, (add i64:$src2, i64:$src))];），然后对 Pattern 字段进行解析。根据该字段内容生成对应的匹配信息。例如，以上述 Pattern 字段中的 (add i64:$src2, i64:$src) 作为源模板，表示待匹配的中间表达式需要带有两个 64 位寄存器作为操作数的 ISD::ADD 节点（ISD::ADD 节点包含在 add 指令的定义中）。如果待匹配的中间表达式为 i64:$temp = (add i64:$src2, i64:$src)，则 (set GPR:$dst, i64:$temp) 为相应的匹配结果，表示将 i64 类型的 $temp 结果存放到 GPR 类型的寄存器中。相应地，该待匹配中间表达式可以被映射为 ADD_rr 指令，其输出为 $dst，输入为 $src2 和 $src。匹配过程示意图如图 6-2 所示。

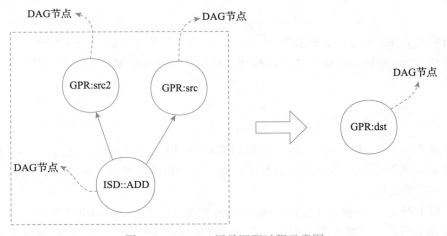

图 6-2 ADD_rr 记录匹配过程示意图

TableGen 工具链根据对上述 Pattern 的解释来生成对应的匹配规则信息，在生成匹配信息时还需要对操作符、操作数的类型进行约束，只有类型相同才能匹配（如 OPC_CheckType, MVT::i64 描述的就是类型的约束），最后得到如代码清单 6-13 所示的匹配表。

虽然生成指令匹配表的逻辑比较简单，但是匹配表的细节非常多，不仅需要考虑匹配能否成功，还需要考虑匹配性能（如何布局不同匹配路径的顺序、当前匹配失败后如何快速跳转到下一条匹配路径等），这个过程非常琐碎，我们不再介绍。如果读者感兴趣，可以参考相关源码。这里读者只需要了解从记录的相关字段生成匹配表的过程即可。

6.3　扩展阅读：如何在 TD 文件中定义匹配

　　6.2 节通过 ADD_rr 指令演示了在定义记录时指定指令的匹配规则，进而生成匹配表的过程。但是实际情况往往会更为复杂。例如在需要了解输入参数情况才能进行指令匹配的场景，就无法使用上述方案。在 LLVM 的 TD 文件中也可以看到有很多关于匹配的实现，比如 Pat、ComplexPattern、PatLeaf、PatFrag 等定义记录类，这些匹配记录类和指令中的直接匹配规则一起构成了指令选择中的匹配规则。在这 4 个记录类中，Pat 和 ComplexPattern 会直接生成匹配规则，而 PatLeaf 和 PatFrag 主要用于在 TD 文件中快速写匹配规则。下面简单介绍通过 Pat 实现的隐式定义匹配模块，通过 ComplexPattern 定义的复杂匹配模板以及匹配规则支撑类。

6.3.1　隐式定义匹配模板

　　在 BPF 后端的指令选择阶段，LLVM IR 中的 call 指令首先被转换为 BPFcall 节点（BPFcall 是一个特殊的 SNDode，转换细节参见第 7 章）。指令选择就是指从 BPFcall 节点转换到 JAX 和 JAXL 的过程，该过程通常是通过匹配规则实现的。鉴于 call 指令需要转换为两条不同的后端指令，常见的做法是定义两条匹配规则，分别生成相应的后端指令。匹配规则中只有参数类型不同，其他信息都是一致的。为此 LLVM 社区提供了可以提取公共的匹配规则（即将要介绍的 Pat 记录类）的方法，以将存在差异的部分抽象出来，从而简化了指令的匹配定义的过程。BPFcall 节点匹配模板定义如代码清单 6-14 所示。

代码清单 6-14　BPFcall 节点匹配模板定义

```
def : Pat<(BPFcall imm:$dst), (JAL imm:$dst)>;
def : Pat<(BPFcall GPR:$dst), (JALX GPR:$dst)>;
```

　　代码清单 6-14 定义了针对 BPFcall 节点的匹配规则，当 BPFcall 的目的地址为立即数时，将其匹配为 JAL 指令；当 BPFcall 的目的地址为通用寄存器类型（GPR）时，将其匹配为 JALX 指令。其中，Pat 是匹配记录，它的定义非常简单，如代码清单 6-15 所示。

代码清单 6-15　Pat 定义

```
class Pattern<dag patternToMatch, list<dag> resultInstrs> {
    dag PatternToMatch = patternToMatch;
    list<dag> ResultInstrs = resultInstrs;
    list<Predicate> Predicates = [];
    int AddedComplexity = 0;
}
```

```
class Pat<dag pattern, dag result> : Pattern<pattern, [result]>;
```

从 Pat 的定义来看，它接收两个参数：第一个参数（输入）表示待匹配的形式；第二个参数（输出）表示匹配后的指令形式。

那如何生成匹配表？实际上也非常简单，TableGen 工具链在遇到使用 def：Pat 定义的记录时，会生成一个匿名的记录，其中 PatternToMatch 字段是待匹配信息，ResultInstrs 是输出信息，然后工具链后端从记录中抓取相关信息，从而生成匹配信息。例如在代码清单 6-14 中，两个 def：Pat 定义的记录实际会生成两个匿名类。隐式模板如代码清单 6-16 所示。

代码清单 6-16　隐式模板

```
def anonymous_3928 {
    dag PatternToMatch = (BPFcall imm:$dst);
    list<dag> ResultInstrs = [(JAL imm:$dst)];
    list<Predicate> Predicates = [];
    int AddedComplexity = 0;
}
def anonymous_3929 {
    dag PatternToMatch = (BPFcall GPR:$dst);
    list<dag> ResultInstrs = [(JALX GPR:$dst)];
    list<Predicate> Predicates = [];
    int AddedComplexity = 0;
}
```

它们都有一个字段 PatternTomatch 用于匹配信息的生成（imm 表示立即数，GPR 表示通用寄存器），而 TableGen 后端处理则和 6.2.2 节内容相同。

6.3.2　复杂匹配模板

TableGen 的语言描述能力不是万能的，比如它无法区分数值和地址。当遇到一些访存相关的 LLVM IR 时，就无法正确进行指令匹配，所以 TableGen 提供了一种方法，允许开发者在 TD 文件中编写 C++ 代码，直接和 LLVM 框架配合，按照这种方式实现的匹配规则称为复杂模式（ComplexPattern）匹配。

以 LLVM IR 中的 load 指令为例，它的语义非常丰富，支持从各种源（例如栈、全局地址等）加载数据。后端无法通过简单的指令描述或者隐式匹配来实现指令匹配，一种合适的方式是在 load 指令中对不同的源进行特殊处理，所以 LLVM 提供了 SelectAddr 函数（C++编写）来处理不同的源。SelectAddr 函数的定义如代码清单 6-17 所示。

代码清单 6-17　SelectAddr 函数的定义

```
bool BPFDAGToDAGISel::SelectAddr(SDValue Addr, SDValue &Base, SDValue &Offset)
    {
    ......
    }
```

接下来的问题是如何把这个函数和指令匹配过程结合起来，这个时候就用到了 ComplexPattern。例如，BPF 后端中定义了一个特殊的记录 ADDRri，将所有和源相关的工作都委托到 SelectAddr 函数中实现。ADDRri 的定义如代码清单 6-18 所示。

代码清单 6-18　ADDRri 的定义

```
def ADDRri : ComplexPattern<i64, 2, "SelectAddr", [], []>;
```

ADDRri 经过 TableGen 工具解析后得到的记录如代码清单 6-19 所示。

代码清单 6-19　ADDRri 经过 TableGen 工具解析后得到的记录

```
def ADDRri {
    ValueType Ty = i64;
    int NumOperands = 2;
    string SelectFunc = "SelectAddr";
    list<SDNode> RootNodes = [];
    list<SDNodeProperty> Properties = [];
    int Complexity = -1;
}
```

可以看到 ADDRri 记录中有一个字段为 SelectFunc（它的值本质上是一个函数指针），只要在匹配表生成的过程中提取该字段，并且保留相关信息，最后在匹配时就可以使用了。

接下来就是如何使用 ADDRri 这个记录，因为它可以被视为 dag 类型，所以可以直接出现在其他的记录中。例如 BPF 后端定义的 LDW 记录就可以使用 ADDRri 作为其模板中的源操作数，如代码清单 6-20 所示。

代码清单 6-20　BPF 后端定义的 LDW 记录

```
class LOADi64<BPFWidthModifer SizeOp, string OpcodeStr, PatFrag OpNode>
: LOAD<SizeOp, OpcodeStr, [(set i64:$dst, (OpNode ADDRri:$addr))]>;
def LDW : LOADi64<BPF_W, "u32", zextloadi32>;
```

可以看到 LDW 使用了 ADDRri 记录，经过 TableGen 工具链的解析，最终得到的 LDW 记录如代码清单 6-21 所示。

代码清单 6-21　解析后得到的 LDW 记录

```
def LDW {
    string Namespace = "BPF";
    dag OutOperandList = (outs GPR:$dst);
    dag InOperandList = (ins MEMri:$addr);
    string AsmString = "$dst = *(u32 *)($addr)";
    list<dag> Pattern = [(set i64:$dst, (zextloadi32 ADDRri:$addr))];
}
```

可以看到，LDW 记录本身的匹配模式（字段 Pattern）包含了 ADDRri 记录，而 ADDRri 又使用了字段 SelectFunc 将其工作委托到对应的 C++ 函数中，在匹配表生成时需要把这些信息提取出来，然后在对应框架中调用函数指针 SelectAddr 即可。

6.3.3 匹配规则支撑类

LLVM 提供了 PatLeaf 和 PatFrag 支撑类的实现，开发者可以利用它们快速编写匹配规则。例如前面的 LOADi64 记录使用了 PatFrag（dag 的操作码）匹配过程中需要用到一些公共的匹配能力的抽象，定义为 PatFrag 后可以在多个记录中使用，例如在多条记录中都可以使用 ADDRri。

而 PatLeaf 描述的是特殊匹配节点（叶子节点），它没有操作数。这样的节点只能被其他匹配记录使用，而不能使用其他的记录。

> 注意 LLVM 中的 TableGen 和 GCC 的 MD（Machine Description，机器描述）都是目标描述语言，它们有非常多的相似之处。例如，它们都包含指令选择相关的模板、都包含目标指令对应的汇编、都包含了调度相关的指令延迟等信息。它们区别在于，MD 文件中不包含寄存器和指令编码等信息，这意味着如果使用 MD 文件来定义一个编译器后端信息，GCC 只能将源码文件编译、生成文本汇编格式，开发者需要自行开发一套汇编器，再根据自定义的编码表将文本汇编文件转换成二进制文件。

6.4 本章小结

本章对目标描述语言进行了简单的介绍，涵盖从目标描述语言到记录，再到 C++ 代码的生成过程。通过本章介绍希望读者可以了解目标描述语言和 LLVM 框架如何配合工作的。

本章最后对 LLVM 通过目标描述语言定义的模式匹配进行了总结，它们决定了如何生成匹配表，而匹配表是指令选择的基础。

第二部分

代码生成

　　代码生成是编译器后端的统称，在编译器的实现中占据着非常重要的地位，也是非常复杂的模块。以 LLVM 15 为例，整个项目代码行数超过 1000 万[⊖]，其中 Clang 相关代码超过 400 万行，LLVM 中端优化以及后端代码生成相关代码也有近 400 万行。其中代码生成相关代码量约为 200 万行，包含了架构无关的代码和架构相关的代码。其中，架构无关代码约为 50 万行，架构相关代码约为 150 万行。架构无关的代码主要包含了指令选择、指令调度、寄存器分配和机器码生成；架构相关代码量是 LLVM 所有支持的后端的代码总和。目前 LLVM 支持的后端已超过 20 种，有些后端的实现非常复杂，如 x86 后端的代码量超过了 20 万行，而有些又非常简单，如 BPF 后端的代码量只有 1 万行左右。

　　虽然代码生成模块非常复杂，但 LLVM 通过模块化的设计，将不同的功能设计为不同的 Pass，然后进行组合，以完成代码生成。LLVM 代码生成的整体逻辑如下图所示。

⊖　代码行数统计包含代码仓库中所有类型的原始文件，但是不包含编译生成的中间代码，例如 TD 文件在编译后生成大量的代码不在统计之列。

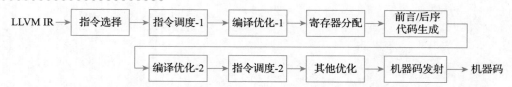

每个模块的主要工作简单总结如下。

1）指令选择：为 LLVM IR 选择合适的机器指令。LLVM 实现了 3 种指令选择算法，分别是 FastISel、SelectionDAGISel、GlobalISel。目前 LLVM 后端默认使用的是基于 DAG 的 SelectionDAGISel 指令选择算法，它在指令选择阶段引入了图 IR，并使用图匹配的方法为 LLVM IR 生成 MIR。值得注意的是，MIR 不完全是目标无关的 IR。（虽然 MIR 结构与后端无关，但是大部分 MIR 的操作码和具体后端相关，只有少数 MIR 操作码和后端无关，例如一些伪指令。）

2）指令调度 -1：根据 MIR 中的数据依赖对指令进行调度。目前 LLVM 实现了几种指令调度策略，如表调度（list scheduling）、循环调度等。此时的优化也称为 Pre-RA 调度，目的在于减少寄存器分配过程中的压力。注意，在指令选择阶段也有指令调度（图中没有体现）。

3）编译优化 -1：基于 SSA 形式的 MIR 进行编译优化，例如进行死代码删除、公共表达式消除等优化。

4）寄存器分配：将 MIR 中使用的逻辑寄存器映射到物理寄存器，目前 LLVM 中提供了 4 种寄存器分配算法，分别是 Fast、Basic、Greedy 和 PBQP（划分布尔二次问题），可以通过命令参数 regalloc 指定。

5）前言 / 后序代码生成：为函数生成前言和后序代码，例如处理栈帧布局等。

6）编译优化 -2：经过寄存器分配后的 MIR 为非 SSA 形式，可以再次执行一些编译优化，例如复制传播优化等。需要注意的是，此时执行的编译优化和 SSA 形式的优化的思路相同，但是因为 MIR 不再具有 SSA 的特点，所以导致优化算法实现也有所不同。

7）指令调度 -2：再次执行指令调度，此时的优化也称为 Post-RA 调度，目的在于提高执行效率。

8）其他优化：执行机器码发射前的优化，例如执行基本块重排等优化，此处还允许后端实现自己特殊的优化。

9）机器码发射：寄存器分配完成后就可以进入机器码发射阶段（真正生成目标机器代码）。为了更好地生成目标代码，LLVM 引入了 MCInst IR（MC），可以更加优雅地处理 JIT 代码，以及汇编和反汇编代码。

BPF 后端的代码生成过程大概涉及 45 个 Pass（不同版本略有不同），上面提到的每个模块都有涉及。而其他一些复杂的后端，例如 x86 或者 AArch64 的代码生成过程涉及的 Pass 通常超过 100 个（BPF 后端的 Pass 都包含在这 100 多个 Pass 中）。和 BPF 后端相比，这些额外的 Pass 多数是和后端优化相关的。

当然，要在书中将这 45 个 Pass 都详细地介绍也是不可能的事情，故而主要对最重要的一些 Pass——指令选择、指令调度、寄存器分配、代码输出进行介绍。除此以外，本书还介绍了一些较为实用的优化 Pass，例如 If-Conversion（对 GPGPU 这样的特殊架构效果很好）、公共代码提取（对代码小型化有效果）、代码布局（对提升代码运行性能有较好效果）等。

实际上，对于 Pass 而言，除了开发更多、更强大的功能外，还有两个研究方向：一个方向是 Pass 之间的执行顺序对性能的影响，另一个方向是代码生成过程中 Pass 的重要性，例如关闭 JIT 中一些不重要的 Pass 可能获得更好的性能。

对 Pass 顺序的研究一直以来都是编译优化中较为重要的一个方向，因为编译优化的 Pass 之间可能相互影响，导致不同 Pass 执行顺序下产生的机器码质量不同。编译优化是 NP 难题，无法找到最优解，但是可以根据场景需求，对 Pass 顺序进行调整生成高质量机器码，这方面有不少论文，读者可以自行查阅。

一些学者通过代码生成过程中不同 Pass 的耗时进行了量化分析，以研究 Pass 的重要性，因为 Pass 的耗时从某种程度上反映了重要程度。例如，在一些基准测试中 Top 20 的 Pass 耗时如下表所示：

后端优化 Pass	运行时间的均值和标准差	最大值	最小值
DAG to DAG Instruction Selection（DAG 指令选择）	49.52% ± 7.14%	81.44%	7.31%
Assembly Printer（汇编输出）	8.93% ± 2.67%	15.80%	0.44%
Greedy Register Allocator（Greedy 寄存器分配）	8.59% ± 2.78%	70.13%	0.38%
Live Variable Analysis（活跃变量分析）	4.19% ± 1.58%	19.75%	0.32%
Live Interval Analysis（变量活跃区间分析）	2.85% ± 1.26%	21.74%	0.20%
Prologue/Epilogue Insertion（前言／后序插入，即函数栈帧生成）	1.90% ± 0.66%	3.97%	0.05%
Virtual Register Map（虚拟寄存器分配后映射）	1.79% ± 0.83%	4.14%	0.005%
Simple Register Coalescing（简单寄存器合并）	1.64% ± 0.81%	57.65%	0.28%
Optimize for Code Generation（窥孔优化）	1.61% ± 0.69%	12.28%	0.02%
Module Verifier（IR 模块验证）	1.22% ± 0.37%	6.02%	0.10%
Dominator Tree Construction（支配树构建）	1.22% ± 0.45%	2.64%	0.004%
Machine Function Analysis（管理分析 Pass，已经被 Pass Manager 替代）	1.13% ± 0.43%	2.42%	0.05%
Machine CSE（公共表达式消除）	1.08% ± 0.24%	4.14%	0.10%
Machine Dominator Tree Construction（支配树构建）	1.06% ± 0.41%	2.20%	0.004%
Control Flow Optimizer（控制流优化，如分支折叠）	1.03% ± 0.36%	23.54%	0.002%
Calculate Spill Weights（活跃变量区间权重计算）	0.96% ± 0.56%	2.34%	0.01%
Two-Address Instruction Pass（二地址指令变换）	0.93% ± 0.26%	6.69%	0.13%
Machine Instruction LICM（循环不变量外提）	0.85% ± 0.35%	2.32%	0.003%
Loop Strength Reduction（循环变量强度削弱）	0.77% ± 2.93%	81.99%	0%
Remove Dead Machine Instructions（死指令删除）	0.64% ± 0.16%	1.25%	0.03%

该表的结果是基于 LLVM 3.0 进行编译的，测试套件为 SPEC CPU2006，执行后端优化前经过了充分的中端优化，这一研究的目的是预测 JIT 等场景中后端编译优化的时间。（由于 JIT 是运行时进行的编译优化，需要平衡编译质量和编译时间，通过预测编译优化所需的时间可以确定 JIT 应该使用的编译优化算法。）通过该表可以看到不同的编译优化耗时占比情况，通常来说编译耗时较长，功能越重要。例如，指令选择、寄存器分配、汇编码生成是编译后端必需的功能，其耗时占比接近 70%，这也和本书重点介绍的内容一致。

除了重点 Pass 外，本书对表中其他 Pass 都有涉猎（个别 Pass 除外，例如 Machine Function Analysis 已经被 Pass Manager 替代），不过详细程度不同，有些仅仅简单介绍了原理（比如支配树），读者可以自行阅读源码或者参考相关资料了解更多细节。通过该表，读者可以对代码生成的功能和重要程度有一个简单的印象，更多信息可以参考论文[⊖]。

第 7 章　*Chapter 7*

指令选择

在编译器中，将高级语言映射到目标架构指令的过程称为指令选择。无论是简单的编译器（直接将高级语言转为目标架构指令），还是优化能力较强的编译器（通过 IR 进行优化后再转化为目标架构指令）都会有这样一个阶段。这是因为高级语言（或者中间表示语言）与目标架构指令之间存在着语义差异，需要通过一定的规则才能将高级语言指令转化为对应的目标架构指令。其中的转化规则有可能很简单，也可能很复杂。简单的指令选择规则可以是一对一的映射（见图 7-1），如一条高级语言的加法操作直接对应到一条目标架构的加法指令。

图 7-1　一对一示意图

再如，一个复杂的规则可以将多条高级语言操作生成为一条目标架构指令，如图 7-2 所示。一条高级语言的"乘法"指令和一条高级语言的"加法"指令可以对应到一条目标架构的"乘加"复合指令（假设某后端存在一条乘加复合指令 mac）。此外，还有一条高级语言指令对应到多条目标架构指令等复杂情况。

图 7-2　多对一示意图

通过上述 2 个例子，我们可以看到指令选择的大致过程。

首先，指令选择要为一条或者多条高级语言指令序列匹配对应的目标架构指令序列。

其次，可以发现上述加法指令既可以匹配成一条目标架构的加法指令，也可以和乘法指令一起匹配成一条乘加指令，因此具有两种匹配方法。这两种匹配都是合法的（即生成的目标指令都可以被执行[⊖]），最终需要选择其中的一种。

最后，根据匹配结果生成目标架构指令。

根据上述描述，可以看出指令选择过程有两个子问题需要解决：

1）模式匹配：寻找所有可以匹配的指令序列。

2）模式选择：当有多个匹配序列存在的时候，根据需要从多个匹配模式中选择一个生成匹配结果。

目前已经存在许多算法来解决这两个问题。目前有 4 种主要的模式匹配方式：单指令匹配、树匹配、DAG 匹配和图匹配；而对于模式选择，当前的寻优算法基本是以最短运行时间和最小内存开销为目标定制相关的启发式规则，进而选出合适的指令序列。

针对这两个问题，实现时有两类处理方法：一类方法是将这两个问题分开处理，先找到所有可以匹配的序列，然后选择一个最优的匹配结果；另一类方法是将这两个阶段合并起来实现，通过启发式算法，一边匹配一边判断当前匹配模式是否为当前最优的选择，最终可以得到一个相对好的匹配结果，但处理时间比前一种更友好。因为指令选择是一个已知的 NP 困难问题，在问题规模变大之后要找全局最优解所需的时间是指数级的，所以目前大部分的编译器会选择后一种方式——通过启发式算法解决问题。

下面主要对 LLVM 中实现的指令选择模块进行介绍，首先介绍 LLVM 指令选择模块的基本框架，然后介绍 LLVM 中实现的 3 种指令选择算法的基本原理和执行过程，最后会比较 3 种算法的差异。

7.1 指令选择的处理流程

在 LLVM 中指令选择模块是在后端实现的。但它并不是后端的第一个 Pass，在做指令选择之前有一些基于 LLVM IR 的准备工作要做：一方面是进一步降低 LLVM IR 与后端 IR 的语义差异，方便后续进行后端 IR 的变换；另一方面是一些功能的处理，如异常处理和 intrinsic（LLVM 内置函数）处理。另外，在指令选择执行完成之后，还有一个 Finalize Isel 的过程来完成指令选择相关的一些事情。指令选择的整体流程图如图 7-3 所示，可以将其分为 3 个阶段：指令选择预处理阶段、指令选择阶段、指令选择后处理阶段，这 3 个阶段包含了众多 Pass，此处仅仅演示几个重要的 Pass。

图 7-3 展示的几个 Pass 是指令选择中较为重要的 Pass，下面简单介绍一下它们的功能。

1）PreISelIntrinsicLowering：将两类 intrinsic 指令（LLVM 内部定义的特殊指令），以及 llvm.load.relative 和 llvm.objc.*（* 表示默认）分别转换为相应的 LLVM IR 指令。

⊖ 出现这种情况的原因有多种，一种最典型的场景就是目标架构既提供乘法、加法指令，又提供了一条乘加复合指令，功能重复。目标架构提供功能重复的指令的原因也可能有多种，其中之一就是性能问题，例如乘加复合指令比单独执行乘法和加法性能更好。

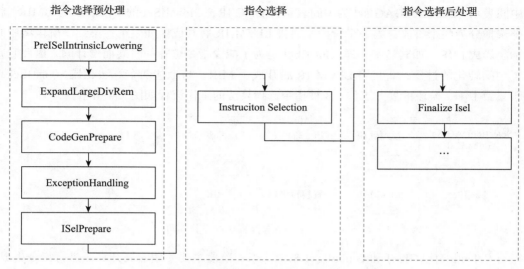

图 7-3　指令选择 3 个阶段重要 Pass 示意图

2）ExpandLargeDivRem：将超过目标架构可用位数长度的除法或者取余指令展开，转换成可用位数范围内的除法或者取余替代指令。当前支持的最小除法或取余指令是 32 位的。

3）CodeGenPrepare：主要用于配置元数据和对 LLVM IR 进行窥孔优化。

4）ExceptionHandling：用于生成异常处理代码，根据不同的异常约定（如 WASM、Windows 和 Dwarf 等都有不同的异常约定）生成相应的代码。如果不需要支持异常，则此 Pass 无须开启。

5）ISelPrepare：主要是两个栈安全相关的功能实现——安全栈和栈保护，用于防止栈溢出或栈被破坏带来的安全漏洞。

6）Instruction Selection：指令选择，将 LLVM IR 翻译成 MIR。例如，一条 LLVM IR 的加法指令为 %add = add nsw i32 %a, %b，经过指令选择后就变成了 MIR 的加法指令：%2:gpr32 = nsw ADDwrr %1:gpr32, %0: gpr32（ADDwrr 是 AArch64 的指令）。

7）Finalize Isel：指令选择之后紧跟的 Pass，有些目标架构自定义的伪指令会在这个阶段展开成机器指令。Finalize Isel 之后就是后端的各个优化类 Pass，如通用子表达式消除、寄存器分配、指令调度等，会在第 8～11 章中介绍。

由于 LLVM 迭代演进的原因，目前指令选择模块里实现了 3 套完整的指令选择算法，按实现的时间排序，分别是 SelectionDAGISel、FastISel 和 GlobalISel。SelectionDAGISel 和 GlobalISel 两个算法的结构是相似的，它们都为了减少多后端冗余的问题做了分层设计。多后端冗余问题是由 LLVM 后端支持多种芯片指令集导致的。因为大部分指令集之间都会存在相似的指令（如算术运算指令、逻辑运算指令等），如果每个架构都独立地翻译这些指令，就有相当多的代码是重复冗余的。因此，SelectionDAGISel 和 GlobalISel 通过引入新的中间表示（SelectionDAGIsel 的中间表示为 DAG IR，GlobalISel 的中间表示为 GMIR）将指令选择分为两个阶段：第一个阶段主要将 LLVM IR 展开成中间表示；第二个阶段将中间表示翻译成 MIR。如其名字一样，FastISel 是为了减少指令选择的时间而设计的，因此它减少了中间转化的过程，直接将 LLVM IR 展开成了 MIR。与上述两个算法相比，FastISel 相当于只做了第一阶段的展开工作。3 种指令选择算法的工作流程如图 7-4 所示。

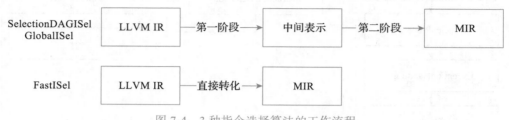

图 7-4　3 种指令选择算法的工作流程

对 SelectionDAGIsel 和 GlobalISel 来说，第一阶段主要使用宏展开算法进行指令生成，而第二阶段主要使用了树匹配算法进行指令生成（SelectionDAGIsel 是在 DAG 上完成的树匹配，而 GlobalISel 是在函数图上完成的树匹配）。宏展开（macro expansion）算法是一种简单的指令选择算法，它每次只处理一条 IR，让一条 IR 生成一条或多条更低阶的 IR 指令或机器指令。这个过程通常会产生多条指令，因此它生成的代码质量比较差。树匹配算法扩大了匹配范围，利用指令间的数据流关系，以指令树的形式处理多条 IR，让它们生成一条或多条更低阶的 IR 指令或机器指令——这个过程通常只产生一条指令，而且生成的代码质量较好。关于两个基本算法的原理，读者可以进一步阅读相关指令选择论文[⊖]，下面将展开介绍 3 种 LLVM 算法实现的详细过程。

7.2　SelectionDAGISel 算法分析

SelectionDAGIsel 算法是一种局部指令选择算法，它以函数中的基本块为粒度，针对基本块内的 LLVM IR 生成最优的 MIR 指令，不考虑跨基本块间的指令处理。但是基本块中有一个特殊的指令 φ 函数需要特别处理。一方面是因为 φ 函数在后端中并没有一条指令与之对应；另一方面则是因为 φ 函数表达的是基本块之间的汇聚关系，在处理当前基本块时，编译器并不知道控制流汇聚的情况。所以 SelectionDAGIsel 实现时将指令分成两类处理。

1）以基本块为粒度，对基本块内的指令（忽略 φ 函数）进行指令选择。

2）针对 φ 函数处理基本块之间的关系，在基本块完成指令选择后，再为基本块之间重构汇聚关系（再次添加 φ 函数）。

⊖　指令选择经过几十年的发展，论文变得繁多，其中有一篇综述 "Survey on Instruction Selection" 整理了指令选择技术的发展脉络，可作为学习的前置知识，供读者参考。

本节会先介绍基本块粒度的指令选择过程，再介绍 φ 函数的处理。

在指令选择过程中，基本块中每一条 LLVM IR 都会被初始化为 DAG IR，然后经过数据类型合法化、向量合法化、操作合法化等流程，进入指令选择环节和调度环节，最后被转换成 MIR。SelectionDAGISel 针对基本块进行指令选择的流程如图 7-5 所示。

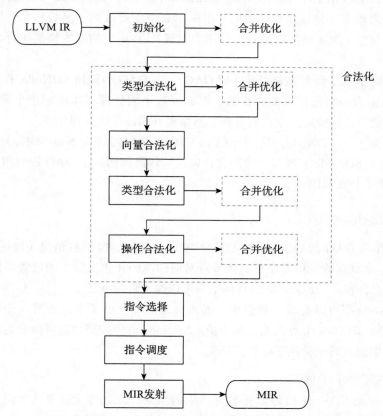

图 7-5　SelectionDAGISel 针对基本块进行指令选择的流程

注意　在图 7-5 中可以看到，从 LLVM IR 生成 MIR 的过程中有多个合并优化环节。这些环节本质上都是一些窥孔优化，目的是清理上一个环节可能产生的冗余 DAG 表达，用单个节点替换同功能的多个节点组合，减轻下一个环节需要处理的节点数量，提升编译器的处理效率。限于篇幅，本书不介绍合并优化，所以这部分在图 7-5 中用虚框表示。

另外，图 7-5 中"类型合法化"操作被执行了两次：第一次是对所有的节点类型进行处理，确保处理后的数据类型都是后端架构可以支持的，然后判断基于这些数据类型的操作是否合法；第二次则是因为在合法化处理过程中，可能会重新产生架构不支持的数据类型，因此需要再进行一次处理，以查缺补漏，将新产生的不合法类型清理干净。经过此阶段后产生的节点操作类型和数据类型均应是合法的，否则编译器会直接抛出错误。详细的处理过程将在后续介绍。

基本块之间的 φ 函数处理也比较简单，当一个基本块内的指令处理完毕后（处理到基本块的最后一条 LLVM IR，这条指令是 Terminator 指令），根据 CFG 获取后继基本块的第一条指令。如果该指令是 φ 函数，说明后继基本块中需要重构 φ 函数相关的依赖，编译器会先记录相关信息（如 φ 函数的位置、使用变量等），在所有的基本块都执行完指令选择后再重构 φ 函数。

指令选择时引入了新的数据结构（即 DAG），在 DAG 中使用 SDNode 来表示节点，它将指令格式抽象为一组操作码和操作数，以此屏蔽不同处理器架构和指令集之间的差异，避免针对每个指令进行特定、单独的处理，从而提升编译器的处理效率。

下面先了解一下 SDNode，之后介绍 LLVM IR 是如何转换成以 SDNode 构成的 DAG IR 的，如何基于 SDNode 实现指令合法化，以及编译器如何基于 DAG 进行指令选择（也称指令匹配），最终生成 MIR。

7.2.1　SDNode 分类

SDNode 作为 DAG 的基本单位，包含了节点的编号、操作数信息（包括操作数序列、操作数个数）、该节点的使用者序列、该节点对应的源码在源文件中的位置等信息，并提供了获取这些信息的接口。SDNode 的具体结构可以参考附录 A.2。

每个 SDNode 都可以有输入和输出，输入可以是一个叶子节点或另一个 SDNode 的输出，一般可以将 SDNode 节点的输出称为值。SDNode 的值按照功能可以分为两种类型：一类用于标识数据流，另一类用于标识控制流。

1. 标识数据流的 SDNode

标识数据流的 SDNode 值是数据运算产生的结果，比如零元运算（如常数赋值节点）、一元运算（如取反操作 neg、符号零扩展操作 sign_extend、位截断 truncate）、二元运算（如加、减、乘、除、左右位移）、多元运算（如条件选择 select）等产生的输出。如图 7-6 所示，标识数据流的 SDNode 值由数据运算操作产生，这些操作节点接收多个参数作为入参。参数可以是数据流类型的值，也可以是控制流类型的值。

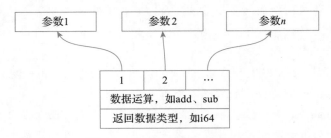

图 7-6　标识数据流的 SDNode

2. 标识控制流的 SDNode

标识控制流的 SDNode 值用于描述节点与节点之间的关系，常见的为 chain 和 glue。chain 用于表示多个节点之间的顺序执行关系，glue 则用于表示两个节点之间不能穿插其他的节点（在本书 DAG 中 chain 关系用蓝色虚线表示，glue 关系用蓝色实线表示，这和使用 LLVM 工具的输出略有不同，LLVM 工具中使用红色实线表示 glue，在印刷时无法提供红色实线，所以统一修改为蓝色实线）。

如图 7-7[○]所示是一个 64 位内存空间的写（store）操作对应的 SDNode。其中 ch 为表示依赖顺序关系的 chain，是一个用于标识控制流的节点。图中其他字段在 7.2.2 节会进一步介绍。

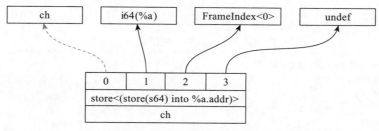

图 7-7　64 位写操作的 SDNode

为什么 SDNode 要引入控制流关系描述？读者可以想象这样的场景：代码片段中同时存在 load 和 store 指令，并且 load 和 store 指令总是顺序执行，如果没有 chain 的话，load 和 store 都接收内存地址信息作为入参，两者之间并不存在数据上的依赖冲突。但如果要求对内存先写后读，就必须是写内存指令先被运行，然后读内存指令才能执行，否则会出现内存读取错误，所以编译器使用了参数 chain 来约束两个指令之间的顺序关系。读 / 写操作既可以使用 chain 作为入参，也会产生一个 chain 作为输出。在先写后读的指令序列中，store 指令输出的 chain 会被用作后续 load 指令的输入。像内存读写这一类对其他同类指令存在控制流顺序依赖的操作指令，必须按照固定的顺序被执行（顺序中可以插入其他无关的指令），否则会导致程序运行偏离原本的语义。这一类操作指令也被称为具有边界效应（side effect）的操作。除了内存读写外，还有函数调用、函数返回等也是类似情况。

> 🎥 注意　在 LLVM 实现中，为了方便理解，如果操作的入参是 chain，一般将其设置为第一个参数；如果 chain 是操作的输出，则一般将其作为最后一个输出。每个 DAG 都有起始节点 entry 和结尾节点 root（也称为根节点）。起始节点一般使用 EntryToken 作为标志，并产生一个 chain 作为输出，这个 chain 会贯穿整个 DAG 直至在根节点处终止。在函数执行过程中可能会分叉成为多条链。在这种情况下，链与链之间是相互独立的，不存在执行顺序上的依赖，而多条链也可能在某个节点重新汇聚成一条链。

───────────────

○　本章中的 SDNode 图用 ch 代表 chain，后续不再一一提示。

7.2.2 LLVM IR 到 SDNode 的转换

指令选择以基本块为处理粒度，对其中的每一条指令进行处理，将指令转换为对应的 SDNode 节点，在整个基本块都被处理完以后，就可以得到与基本块对应的 DAG，这一转换过程中不会处理 φ 函数，φ 函数的处理会在所有基本块转换完成后再进行。

从 IR 到 SDNode 的过程本质上是逐一映射的转换过程，LLVM IR 可以映射为一个或多个 SDNode。本书通过一个例子演示 LLVM IR 到 SDNode 的转换过程，LLVM IR 共计 67 条指令，而对应的 SDNode 多达几百个（参考附录 A）。由于篇幅有限，我们无法介绍每一条 LLVM IR 转换到 SDNode 的过程，故仅覆盖几类 LLVM IR。这几种 LLVM IR 的介绍足以覆盖我们的例子，读者可以参考源码自行学习其余转换。本节使用的指令选择示例如代码清单 7-1 所示。

代码清单 7-1　指令选择示例（7-1.c）

```
long callee(long a, long b) {
    long c = a + b;
    return c;
}
int caller() {
    long d = 1;
    long e = 2;
    int f = callee(d, e);
    return f;
}
```

在本例中有两个函数 callee 和 caller。callee 函数接收入参 a 和 b，将两者的和 c 作为输出；caller 函数对 callee 函数进行调用，传递 d 和 e 作为 callee 函数的参数，返回函数调用的结果 f。

本节以 BPF64 后端为例演示从 LLVM IR 到 SDNode 的转换过程。在 BPF64 架构的调用约定中，使用 r1～r5 寄存器进行参数传递，r0 寄存器存储函数的返回值；在 BPF64 中只有 64 位数据是合法数据，其余数据类型均为不合法。

使用 Clang 编译代码 7-1.c 获得对应的 IR，如代码清单 7-2 所示（编译命令为：clang -O0 -S -emit-llvm 7-1.c -o 7-2.ll）。

代码清单 7-2　代码 7-1.c 对应的 IR（7-2.ll）

```
define i64 @callee(i64 noundef %a, i64 noundef %b)  {
entry:
    %a.addr = alloca i64, align 8
    %b.addr = alloca i64, align 8
    %c = alloca i64, align 8
    store i64 %a, ptr %a.addr, align 8
    store i64 %b, ptr %b.addr, align 8
    %0 = load i64, ptr %a.addr, align 8
```

```
    %1 = load i64, ptr %b.addr, align 8
    %add = add nsw i64 %0, %1
    store i64 %add, ptr %c, align 8
    %2 = load i64, ptr %c, align 8
    ret i64 %2
}
define i32 @caller() {
entry:
    %d = alloca i64, align 8
    %e = alloca i64, align 8
    %f = alloca i32, align 4
    store i64 1, ptr %d, align 8
    store i64 2, ptr %e, align 8
    %0 = load i64, ptr %d, align 8
    %1 = load i64, ptr %e, align 8
    %call = call i64 @callee(i64 noundef %0, i64 noundef %1)
    %conv = trunc i64 %call to i32
    store i32 %conv, ptr %f, align 4
    %2 = load i32, ptr %f, align 4
    ret i32 %2
}
```

下面以代码清单 7-2 为例展开，在这个例子中涉及的 LLVM IR 分类主要有：

1）运算类：add。

2）类型转换类：truncate。

3）访存操作类：load 和 store。

4）函数调用和参数传递：call。

下面分别介绍。

1. 运算类 IR 到 SDNode 的转换

代码清单 7-1 的函数 callee 中有一个加法运算：$c = a + b$，它对应的 LLVM IR 为：%add = add nsw i64 %0, %1。其中 %add 与 c 对应，%0 与 a 对应，%1 与 b 对应；add 为该条 IR 的操作符，表示加法运算；nsw 是一个符号扩展标记，表示需要进行有符号数溢出检查。

运算类 IR 的转换比较简单，只需要把 LLVM IR 指令的操作数替换成相应 SDNode 值，把指令操作码映射为 SDNode 的指令操作码即可。在 DAG 中用 t 指代节点序号，上述 IR 片段对应的 SDNode 表达为：t13: i64 = add nsw t11, t12，运算示意图如图 7-8 所示。

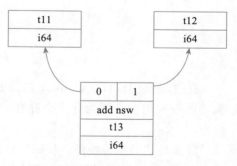

图 7-8　add 运算 SDNode 示意图

在图 7-8 中，t13 表示 add 操作的序号，结果为 i64 类型，它接收的 2 个参数分别是 a

和 b，t11 和 t12 分别是这两个参数对应的 SDNode。这里只关注 add 节点，暂时不关注参数节点 t11 和 t12 是如何形成的。add 节点转换为 SDNode 的过程相对简单，它是根据 LLVM IR 中的 add 指令直接映射得到。其他运算类 IR 到 SDNode 的转换也是做类似处理。

> 注意 虽然在 SDNode 表达中，当前的操作节点的名字仍为 add，但这已经不是 LLVM IR 层面的 add 指令，而是 ISD 命名空间里的 SDNode 节点。

2. 类型转换类 IR 到 SDNode 的转换

在程序中经常涉及类型转换，如 LLVM IR 中有显式的 truncate 指令进行类型截断或者 bitcast 进行位转换。对于这类显式类型转换指令，在 SDNode 中也存在对应的节点用于映射 LLVM IR。例如在 caller 函数中调用 callee，callee 的返回值为 i64 类型，但是 caller 使用 i32 类型进行返回值接收，此时 LLVM IR 会使用一个 truncate 指令将返回值进行截断：%conv = trunc i64 %call to i32。对于这样的指令，SDNode 会映射 truncate 节点与之对应。故该 IR 对应的 SDNode 为 t24: i32 = truncate t23。truncate 操作对应的 SDNode 表示如图 7-9 所示。

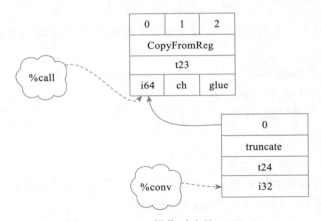

图 7-9　truncate 操作对应的 SDNode

在这里我们仅仅关注 trunc 这条 IR 到 SDNode 的转换，暂时不关注 t23 这个节点，下面的函数调用会介绍为什么会存在 t23。可以看到显式类型到 SDNode 的转换也是一一对应的。

除了显式类型转换外，代码执行时还存在一些隐式类型转换。例如在函数调用、返回或者 switch 的条件语句都对类型有明确的要求，此时可能会生成隐式类型转换需求，所以在 SDNode 中会增加一些类型转换节点，如 any_extend、sign_extend、zero_extend。例如本例中 caller 返回值类型为 i64，但是返回值 f 为 i32 类型，所以存在隐式转换（将 i32 提升至 i64）。在 SDNode 中增加了 any_extend 指令隐式转换节点：t28: i64 = any_extend t27（any_extend 仅适用于整数类型，扩展后的数据高位是未定义的），如图 7-10 所示。

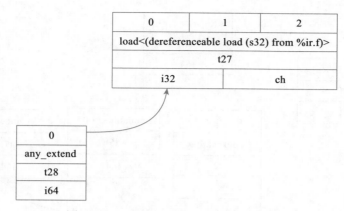

图 7-10　any_extend 指令对应的 SDNode

在这里我们仅关注 any_extend 这个节点，暂时不关注 t27 相关的 load 节点如何生成以及后续如何使用 t28。可以看到，t27 类型为 i32，而 t28 类型为 i64，所以使用 any_extend 进行了类型提升（7.2.3 节会继续介绍）。

3. 访存类 IR 到 SDNode 的转换

在 LLVM IR 中访存指令为 load、store，这里以 store 指令为例进行介绍。以 callee 中第一条 store 指令为例：store i64 %a, ptr %a.addr, align 8，它对应的 SDNode 为 t8: ch = store<(store (s64) into %ir.a.addr)> t0, t2, FrameIndex:i64<0>, undef:i64。store 指令对应的 SDNode 如图 7-11 所示。

可以看出图 7-11 中序号为 t8 的 SDNode 节点对应着 LLVM IR 中的 store 指令，它有 4 个输入：0、1、2、3，其中：

1）输入 0 是 Chain 依赖，该输入依赖 EntryToken 节点（基本块的入口），即 store 指令必须在 EntryToken 节点后才能执行。

2）输入 1 对应 LLVM IR 中的参数 %a（待赋值的值），该输入也会被转换成一个 SDNode，使用 CopyFromReg 节点将 %a 转换为 t2，然后将 t2 作为 store 节点的输入。

> 注意　为什么引入 CopyFromReg，而不是直接使用 %a？原因是调用约定通常会要求参数使用物理寄存器。在该示例中，%a 为 callee 函数的第一个入参，需要从物理寄存器 r0 中读取。此处引入 t2 这样的赋值指令可将物理寄存器赋值到虚拟寄存器中，有助于继续保持当前 IR 的 SSA 形式，解耦指令选择和寄存器分配阶段，屏蔽大部分的后端架构差异，这将更有利于指令选择、指令调度和寄存器分配的执行。

3）输入 2 是 store 指令的目的地址，对应 LLVM IR 中的 ptr %a.addr，因为 ptr %a.addr 是一个栈变量，所以会被直接转换为 FrameIndex<0> 节点，表示栈中第 0 个槽位。

4）输入 3 是 Undef 节点，它描述的是相对目的地址（输入 2）的偏移量。默认情况下 store 和 load 节点的最后一个输入都是 Undef，它仅仅是一个占位符。

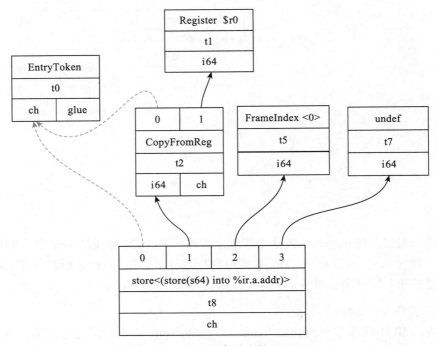

图 7-11　store 指令对应的 SDNode

注意　引入 Undef 节点是为了在指令选择中对 store 和 load 进行优化。例如，在一些后端中有 indexed load/store 的访问格式，该格式可以包括一个基地址（Baseptr）和一个偏移量（Offset），在访问时，真实的访问地址是 Baseptr + Offset，这类格式最后一个输入存放的就是 Offset。在默认情况下，load 和 store 都不会使用最后一个字段。在指令选择的合并优化过程中，当编译器发现存在多条指令符合 indexed load/store 的访问方式时，会将这些指令转换成一条 indexed load/store 指令。目前只有少数几个后端，如 ARM、PPC 等才支持这样的访问方式（这样的访问方式在 TD 文件也会有相应的定义）。

4. 函数调用相关 IR 到 SDNode 的转换

因为函数调用的处理与后端架构设计密切相关，所以在处理函数调用相关的 LLVM IR 时，各个架构需要根据自身的调用约定进行实现，这涉及 3 个方面：入参处理、函数调用、函数返回。

函数调用涉及两个函数过程之间的交互，包括从调用过程传递参数和移交控制给被调用过程，以及从被调用过程返回结果和控制给调用过程。本节仍然以代码清单 7-2 为例来演示从 caller 到 callee 整个调用过程中的 SDNode 生成。函数调用包含了 4 个步骤。

（1）callee 被调用前

需要准备参数给 callee，要将待传递参数存放在适当的寄存器或者栈单元中。使用物理寄存器来传递参数可以保证过程调用的高效性，但寄存器并不是无限的，也就不可能被随意使用，一般后端调用约定都会规定可用于传参的寄存器个数，超过寄存器个数的参数会被放到栈上。代码 7-2.ll 中的函数调用对应的 LLVM IR 为 %call = call i64 @callee(i64 noundef %0, i64 noundef %1)，它传递 %0 和 %1 两个 64 位变量作为参数（%0 和 %1 分别对应源码中的 d 和 e）。其 SDNode 表达为通过 CopyToReg 节点将两个变量的值分别复制到物理寄存器 r1 和 r2 中（引入 CopyToReg 节点就是为了处理调用约定），然后将 r1、r2 作为 BPFISD::CALL（BPF 架构定义的函数调用 SDNode 节点）的参数。该 call 指令对应的 SDNode 表达为 t20: ch,glue = BPFISD::CALL t18, TargetGlobalAddress:i64<ptr @callee> 0, Register:i64 $r1, Register:i64 $r2, t18:1，可以看出该 SDNode 节点直接依赖 TargetGlobalAddress、$r1、$r2、t18 这 4 个节点。实际上 call 类型的 SDNode 节点还会引入 TokenFactor、callseq_start、callseq_end 等伪指令节点。call 指令调用对应的 SDNode 如图 7-12 所示。

在该图中有 3 类节点值得读者注意。

1）TokenFactor 节点：该节点接收多个操作数作为输入，并只产生一个操作数作为输出，表示其多个输入操作数关联的操作是相互独立的。如在上例中，TokenFactor 依赖的两个节点 t9 和 t10 为 caller 调用 callee 所需要传递的参数 d 和 e 的访存操作，表示这两个访存操作是相互独立的。一般来说，让 TokenFactor 节点依赖 call 指令的入参节点（如 t9、t10 节点），call 指令序列又依赖 TokenFactor 节点，这是为了保证在 call 指令执行前，已经全部完成其参数的处理。

2）callseq_star、callseq_end 节点：这 2 个节点是伪指令节点，分别位于 call 指令前后，如图 7-12 所示。这 2 个伪指令对应着后端的 ADJCALLSTACKDOWN 和 ADJCALLSTACKUP 指令。它们通常用于动态栈分配，例如定义数组 int a[i]，其中 i 为变量，数组 a 的大小是未知的，所以需要动态栈分配，否则就无法准确确定栈的大小和对象的位置。

3）r2 和 r1 之间的依赖节点（t16 和 t18）：caller 在调用 callee 时，传递了 2 个参数，根据调用约定分别使用 r1 和 r2 传递，所以需要构建 CopyToReg 节点。但注意观察可以发现，r1 和 r2 之间有 glue 依赖，为什么会这样呢？这是为了在真正执行 callee 之前，让所有的参数都完成执行准备，在 call 指令被执行时可以直接获取到所有的参数。当然参数之间的 glue 顺序并无强制要求，例如图 7-12 中 t18 依赖 t16，实际上转换两者的位置也是可以的。

> 💡注意　call 指令和后端调用约定密切相关，不同的后端得到的 DAG 完全不同。例如使用 nvptx（英伟达后端）就会发现几乎没有相同的 SDNode 节点。在 LLVM 实现中，处理 call 指令的功能一般被封装为一个函数 LowerCall，而每个后端在实现 call 指令转换时都需要实现该函数，读者可以重点关注一下第 13 章的相关介绍。

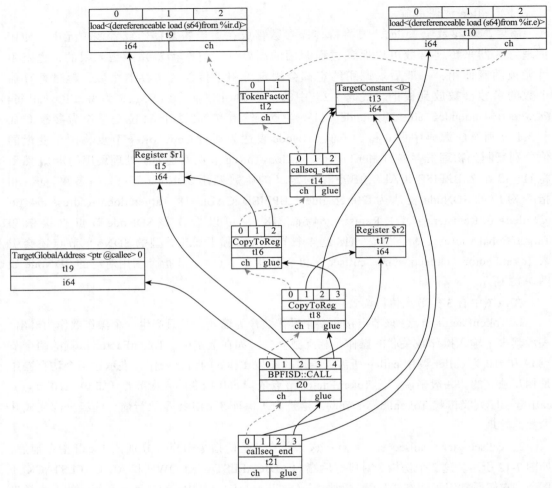

图 7-12　call 指令调用对应的 SDNode

（2）callee 被调用执行

callee 从相应的寄存器或者栈单元中取出参数，并开始运行。由于本例采用 O0 编译优化级别，所有的参数、局部变量都会被存放在栈内存中，编译器会使用 alloca 为变量分配独立的内存空间，例如代码 7-2.ll 中 callee 的 %a、%b、%c 三条指令。使用栈变量时需要通过 load、store 指令进行读、写。（在 O2 优化等级下，会将这些变量尽可能存入寄存器而不是内存中，省去上述的分配内存、读写内存的操作，以提升程序的执行效率，同时优化代码大小）。内存操作可参见 7.2.2 节。

（3）callee 执行结束

callee 执行结束时需要按照调用约定将返回值存放在相应的寄存器单元中，并将控制权返回给 caller。callee 中的返回指令为 ret i64 %2。与 call 指令类似，ret 指令是后端相关的（需要在 LowerReturn 函数中实现)。本例在 BPF 后端中定义了 BPFISD::RET_FLAG 类型,生成的 SDNode 表达为 t20: ch = BPFISD::RET_GLUE t19, Register:i64 $r0, t19:1,函数调用返回对应的 SDNode 形式如图 7-13 所示。

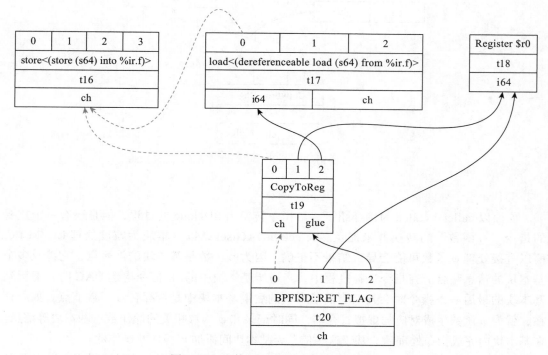

图 7-13 函数调用返回对应的 SDNode

从图 7-13 可以看出,callee 的返回值需要存放在物理寄存器 r0 中(BPF 后端调用约定的要求),而计算结果 f 需要从栈(%ir.f)中进行加载(节点 t17),加载后需要将其转存到 r0 中(节点 t18),所以引入了 CopyToReg 节点(节点 t19)。最后还可以看到 t19 和 t17 都依赖于 t16(chain 依赖),说明访问内存之前必须先完成写操作。

(4)callee 被调用完成

caller 重新获得控制权,从返回值寄存器单元中获取返回值,并继续执行。在代码清单 7-2 中 caller 调用指令为 %call = call i64 @callee(i64 noundef %0, i64 noundef %1)。call 指令执行完成后,结果放在 %call 中,而 calllee 的返回值已经放在了物理寄存器 r0 中,所以会引入 CopyFromReg 节点将物理寄存器 r0 的值赋值到虚拟寄存器中。对应的 SDNode 表达为 t23: i64,ch,glue = CopyFromReg t21, Register:i64 $r0, t21:1。函数调用结束后继续执行时涉及的 SDNode 如图 7-14 所示。

至此,函数 caller 和 callee 中涉及的 LLVM IR 都已介绍完毕,以 callee 为例看看生成的 DAG 图,如图 7-15 所示。

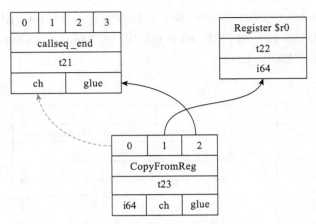

图 7-14　函数调用结束后继续执行时涉及的 SDNode

5. Phi 指令处理

前面以 caller、callee 为例介绍了一般指令转换为 SDNode 的过程，但是还有一个重要的指令"φ 函数"的转换并未提及。SelectionDAGIsel 是以基本块为粒度处理 LLVM IR，所以直接处理 φ 函数可能会导致结果不正确，因为 φ 函数是基本块的汇聚点，它涉及多个基本块的信息整合。在指令选择过程中，当遍历基本块中的 IR 指令构建 DAG 时，遍历到基本块的最后一条指令时会判断当前基本块的后继基本块中是否存在 φ 函数节点。如果存在，就为 φ 函数生成对应的虚拟寄存器，同时记录和 φ 函数相关的操作数、基本块等信息。在基本块内完成指令处理后，基于这些信息为基本块间添加 φ 函数及操作数。

考虑有如下 IR 片段（见代码清单 7-3），片段中有 3 个基本块，其中基本块 if.end 是基本块 if.then 和基本块 if.else 的后继基本块，函数流程可能从 if.then 或 if.else 跳转到 if.end；如果是从 if.then 跳转到 if.end，则变量 %0 的赋值取常量值 66，否则取常量值 77。（%0 的取值也可以是变量，为简单起见，这里使用常量进行介绍。）

代码清单 7-3　φ 函数示例

```
......
if.then:
br label %if.end

if.else:
br label %if.end

if.end:                  ; preds = %if.else, %if.then
%0 = phi i32 [ 66 %if.then], [ 77, %if.else]
......
```

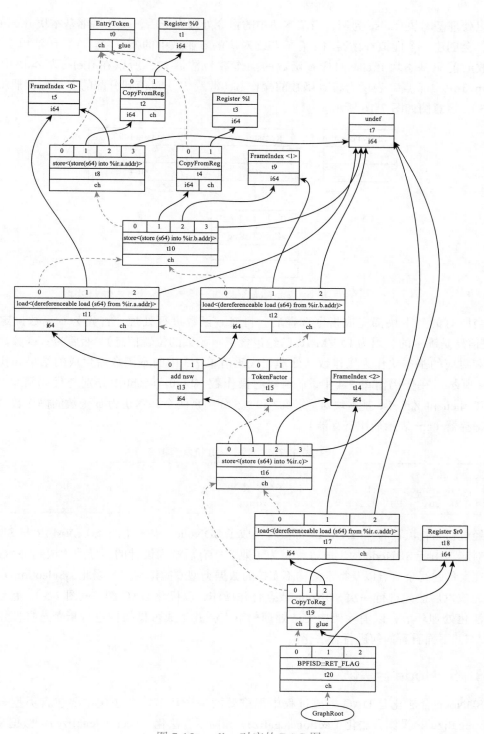

图 7-15　callee 对应的 DAG 图

以处理基本块 if.else 为例，当基本块中的指令处理完毕后，发现后继基本块 if.end 有 φ 函数，会创建一个虚拟寄存器用于存放与之对应的 φ 函数中的操作数。在代码清单 7-3 中，φ 函数的前驱基本块 if.else 对应 φ 函数的操作数为常量 77，所以在 if.else 基本块中会生成 CopyToReg 节点，表现为将 φ 函数的操作数（常量 77）赋值到分配的虚拟寄存器（例如为 %5），示意图如图 7-16 所示。

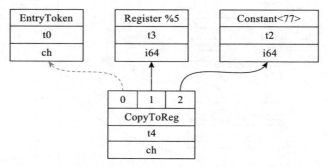

图 7-16　基本块 if.else 为后继基本块的 φ 函数插入额外 CopyToReg

当所有的基本块都完成指令选择后，再对 φ 函数进行处理。首先为 φ 函数确定位置（位置信息是确定的，因为 LLVM IR 已经包含了 φ 函数的位置信息），然后为 φ 函数添加寄存器和对应的基本块作为操作数。处理完代码清单 7-3 中的 φ 函数后生成的结果如代码清单 7-4 所示。在代码清单 7-4 中，φ 函数的操作数 %bb.0 与 %bb.1 分别与代码清单 7-3 中的 %if .then 和 %if.else 基本块对应，%2 和 %5 分别是两个基本块为 φ 函数的操作数分配的虚拟寄存器（gpr 表示通用寄存器）。

代码清单 7-4　生成 PHI 机器伪指令

```
bb.2.if.end:
; predecessors: %bb.0, %bb.1 (分别对应 IR 中的 %if.then 和 %if.else 基本块)
    %0:gpr = PHI %2:gpr, %bb.0, %5:gpr, %bb.1
```

经过初始化流程后，LLVM IR 都被转换成了 SDNode，基本上每条 LLVM IR 与 SDNode 逐一对应。由于 SDNode 的生成过程是为了兼容所有后端而设计的，导致生成的 DAG 中可能存在大量的冗余节点以及特定架构不支持的数据类型或操作类型。因此，SelectionDAG 初始化完成以后会先进行一次 SDNode 节点合并操作，以优化 DAG 图（见图 7-5），然后会进入合法化处理环节，以消除架构无法处理的节点，并生成可供架构进行指令选择使用的合法 DAG。下面看看如何进行合法化。

7.2.3　SDNode 合法化

SDNode 合法化是 DAG 生成过程中很重要的一个环节。合法化主要包含类型合法化（type legalize）、操作合法化（action legalize）和向量合法化（vector legalize）。数据是操作的基础，所以合法化过程中会首先根据 TD 文件，对 DAG 中各个节点的数据类型进行校验，如果遇到架构不支持的数据类型，需要对其进行处理，使之成为目标架构可以支持的数据类型。只有经过数据类型合法化的 DAG 才可以继续进入到操作合法化处理流程。向量合法化指的是对向量类型和操作进行的合法化。

1. 类型合法化

对一个目标架构而言，什么样的数据类型是合法的？这是由目标架构的设计者通过寄存器描述（在 TD 文件中）定义的。目标架构支持的数据类型可以有多种，即有多个合法类型，其中位（bit）长度是最短的，称为最小合法类型。

在数据类型合法化的处理过程中，会遍历 DAG 中的所有节点，检查节点的数据类型是否合法。LLVM 中存在 Legal、Promote、Expand、Soften 这 4 种主要的标量数据类型合法化方式。其中 Legal 表明当前数据类型是架构支持的，即合法的，不需要做额外处理。另外三种则表示可以通过特定的处理，将当前不合法的数据类型转变为合法的数据类型。若经过所有的处理都无法将非法数据类型合法化，编译器会抛出错误终止运行。除了这 4 种标量合法化方式外，还有针对数组类型的 Scalarize（将数组标量化）、Split（将数组拆分）、Widen（扩展为更长的数组）等合法化方式。

在合法化操作之前，编译器会根据 TD 文件获得该架构支持的所有合法数据类型，并计算得到 LLVM 中所有数据类型对应目标架构的合法化方式。这个流程处理的是 LLVM 支持的公共数据类型，有一些架构会定义一些独有的数据类型（不属于公共数据类型），开发者可以在该架构中手动扩展添加与之对应的合法化方式。

在一个后端中，某个数据类型的合法化方式应该被设置为 Legal、Promote、Expand 中的哪一种？总的来说要遵循以下几条规则。

1）根据 TD 文件中定义的寄存器类型，找到架构支持的最大整数类型（称为 LargestInt），如架构仅支持 32 位和 64 位的整型寄存器，则架构支持的最大整型为 64 位。

2）所有超过最大整型的类型，都使用 LargestInt 作为基础类型，标记为 Expand，意为使用多个（个数满足 2^n 要求）基础类型的寄存器组合来表示。

3）所有比最大整型 LargestInt 小的数据类型，首先需要判断是否为后端支持的合法类型，如果不是就标记为 Promote，并将该类型提升为最近的一个合法类型。例如，int64 为 LargestInt，int32 为一个合法类型，int16 为非法类型，会将 int16 提升到 int32 而非 int64。

4）其他的一些类别，如 f128、f64、f32 在不合法的情况下，会分别转换为 i128、i64、i32，这种合法化方式被称为 Soften。

本章以 BPF64 后端中的处理为例说明标量数据合法化方式。在 BPF64 后端中，仅有 64 位数据类型为合法类型，故 64 位数据类型同时是 BPF64 后端的最大整型和最小 / 最大合法类型。BPF64 后端数据合法化的操作包含以下几种。

1）Legal：目标架构支持的合法类型，不需要进行转换。如 i64 是合法类型，记为 Legal。

2）Promote：当操作数类型小于目标架构的最小合法类型，类型需要提升至最小合法类型。考虑有 IR 片段 %add = add nsw i32 %0, %1，其中 add 指令的两个操作数 %0 和 %1（从相应内存中通过 load 指令读取出来使用）为 32 位，经过 add 操作输出的 %add 的数据类型也是 i32，所以在初始化为 SDNode 的时候会产生 any_extend 节点，即将 %add 扩展为 i64 后再使用（any_extend 表示扩展后的数据的高 32 位是未定义的，只有低 32 位的数据存在意义），如图 7-17a 所示。提升的方法是，32 位操作数原本需要被存入 32 位长度内存，提升后会强制转变成存入 64 位长度内存，所以新的 64 位长度内存的高 32 位也是未定义的，然后进行 add 操作获得 i64 的输出，如图 7-17b 所示。比较图 7-17a 和图 7-17b 可以看到，经过这一合法化操作，图 7-17b 还可以 "省去" 图 7-17a 中的 any_extend 节点。

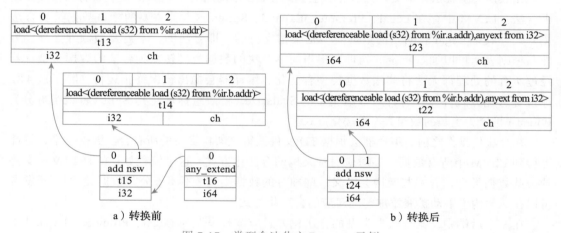

图 7-17　类型合法化之 Promote 示例

3）Expand：当操作数类型大于目标架构最大合法类型时，需要进行扩展操作，用多个合法类型的组合来表示该类型。考虑有 IR 片段 %add = add nsw i128 %0, %1，其中 add 指令的两个操作数 %0 和 %1 都是 i128 类型，经过 add 操作后获得的数据类型也为 i128，转换前对应的 SDNode 节点序列如图 7-18a 所示。在类型合法化过程中，会使用两个内存上连续的 i64 类型来表示原来的 i128 操作数。在图 7-18b 中可以看到 add 的两个操作数 t17、t18 被拆成了高 64 位（t17:1、t18:1）和低 64 位（t17:0、t18:0），高低位各自进行 add 操作（低位如果产生了进位操作，需要加到高 64 位的和中），获得的两个 i64 类型数据依然被存储到内存相邻的两个 i64 长度空间中，共同组成 i128 类型的输出——t19。

4）Soften：将浮点数类型转变为同等长度的整型。考虑有 IR 片段 %add = fadd float %0, %1，其中 fadd 指令为浮点数加法指令，其两个操作数 %0 和 %1 都是 float 类型（可以从内存中读取），经过运算后产生的输出也是 float 类型；在被初始化为 SDNode 的时候，会产生 bitcast 节点，将 float 32 位输出转换为 32 位整型，再通过 any_extend 节点将其提升为 64 位整型，产生的 SDNode 节点如图 7-19a 所示。由于 BPF64 后端并不支持 f32 数据类型，故而在类型合法化操作时，发现 f32 类型的合法化方式为 Soften，故而又会进行相应处理，将 f32 类型转换为同长度的 i32 类型。因为 i32 类型也不是 BPF64 架构中的合法类型，所以会再触发 Promote 操作，将 i32 类型提升为 i64 类型，之后将获得的两个 i64 操作数作为参数。对这两个参数会再调用 LLVM 内嵌（builtin-in）的浮点加法运算（__addsf3 函数，该函数在 LLVM 已经声明，但是需要在架构后端中有对应的实现，否则会抛出找不到该函数的错误）进行处理。类型合法化 Soften 得到的结果如图 7-19b 所示。

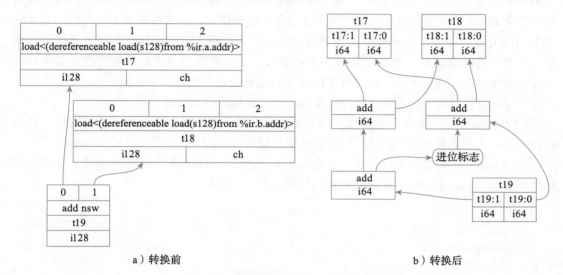

图 7-18　类型合法化之 Expand 示例图

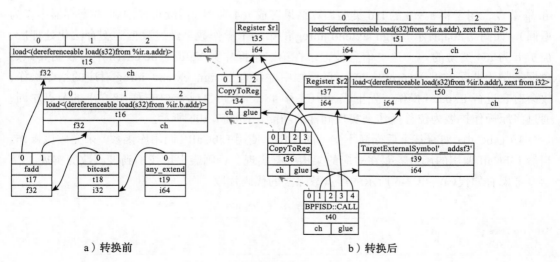

图 7-19　类型合法化之 Soften 示例

经过数据类型合法化处理之后的 DAG，每个节点的数据类型都应该是目标架构可处理的，在此基础上可以开始进行操作（或运算）。但是并不是所有的操作后端都能支持，操作是否合法，需要经过校验，不合法的操作也需要经过处理转变为后端可以支持的操作。

2. 操作合法化

操作合法化的过程是将所有的节点进行拓扑排序后，从后往前逆序依次处理。采取逆序遍历的主要好处是，当下层节点发生变化的时候，上层节点可以增量式更新，避免重新计算整个 DAG 图的全量节点。在对节点进行合法化操作前，首先判断是不是有别的节点使用了当前节点，如果没有任何节点使用当前节点，则说明当前节点是冗余的，会被直接删除，不参与合法化过程。在合法化过程中可能会产生一些新的节点，这些节点也需要再次经过合法化处理。通常来说，LLVM 中的操作合法化处理主要有以下几类。

1）Legal：目标架构本身就支持该操作，可以直接映射为后端指令。

2）Promote：与数据合法化操作的 Promote 类似，表示当前数据类型不被支持，需要被提升为更大的数据类型（提升后的数据类型可能是合法的）以后才可以被正常处理。

3）Expand：如有某个后端尚不支持的操作，尝试将该操作扩展为别的操作，如果失败就会转为 LibCall 的方式。Expand 示例如代码清单 7-5 所示。

代码清单 7-5　Expand 示例

```
int16_t add(int16_t a, int16_t b) {
    return a + b;
}
```

其中参数和返回值类型都为 i16 类型，在生成 SDNode 的过程中，会产生 sign_extend_inreg 节点，用于将 a + b 的 i16 类型运算结果转成 i64 类型（后续再复制到 r0 寄存器中作为返回），如图 7-20a 所示。sign_extend_inreg 的第一个操作数是经过数据类型合法化处理后，被扩展为 i64 类型的——这一信息被记录在第二个操作数 ValueType:ch:16 中，表明其原始数据类型为非法类型（16 位长度）。但后端中并没有与 sign_extend_inreg 对应的指令操作，故会对它进行 Expand 操作，先生成 shl（左移 48 位）、再生成 sra（右移 48 位）的节点序列，通过将原操作扩展为位移操作来实现同样的功能，如图 7-20b 所示。

4）LibCall：如有某个后端尚不支持的操作，使用 LibCall（调用库函数）来完成该操作。当然 LibCall 调用的函数需要在对应的架构中有实现，否则会提示找不到该函数的实现。

考虑有如代码清单 7-6 所示的浮点数除法的代码片段。

代码清单 7-6　LibCall 示例

```
double a = 3.14;
double b = a / 4;
```

上述示例生成的 LLVM IR 为 %div = fdiv double %0, 4.000000e+00。该 LLVM IR 片段会相应生成图 7-21a 所示的 SDNode 节点。由于 BPF64 架构中没有浮点除法指令，fdiv

这个节点被替换成了对 LLVM 内嵌函数 __divf3 的调用。同时因为 a 的数据类型为 double（f64），不是 BPF64 支持的合法数据类型，所以也被转变成了合法类型 i64 再使用，结果如图 7-21b 所示。

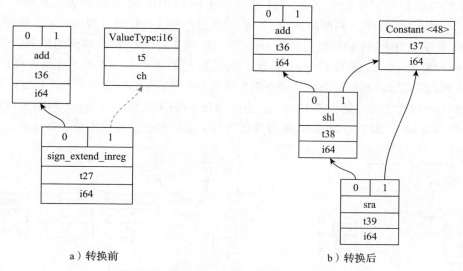

图 7-20　操作合法化之 Expand 示例

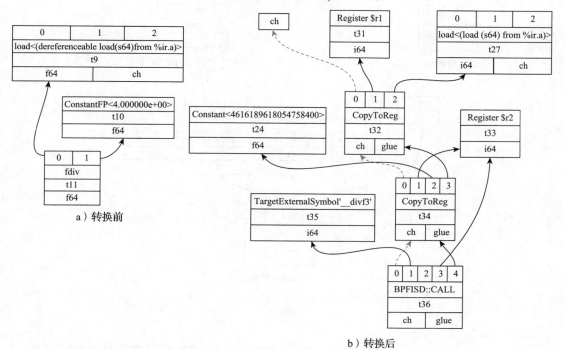

图 7-21　操作合法化 LibCall 示意图

5）Custom：使用目标架构自定义的实现来完成该操作，这些实现可以是上述几种合法化操作的组合，也可以是用户自己编写的代码。在图 7-18 所示的例子 %add = add nsw i128 %0, %1 中，在合法化 128 位数据时，会将"进位标志"的处理映射成一个 setcc 节点，如图 7-22a 所示。在该节点中，t43 是两个低 64 位值的和（t40 代表了其中一个低 64 位），若 t43 的值小于 t40（判断条件 t45），说明在进行加法操作的过程中发生了翻转，需要将进位标志置 1。BPF64 后端首先会将 setcc 节点扩展为 select_cc，得到的结果如图 7-22b 所示。然后对 select_cc 进行 Custom 转换，最后得到的结果如图 7-22c 所示。可以看到，图 7-22b 和图 7-22c 转换前后的输入存在两个区别：一是将 setult 节点（见图 7-22b）替换成 Constant<10> 这个常量（见图 7-22c），这是因为在 BPF64 架构中将 setult 判断条件换成了枚举序号 10（10 在 BPF 后端表示 ult 操作的序号）来处理；二是操作数 0 和 1 的位置发生

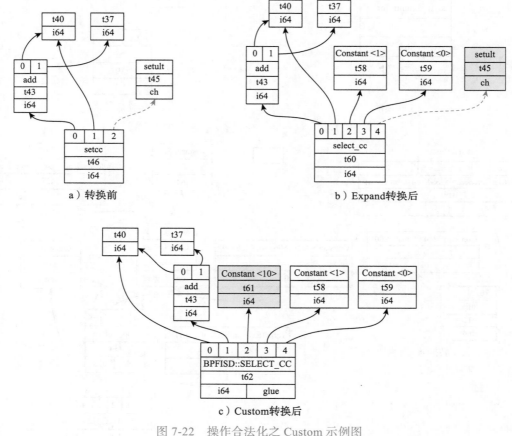

图 7-22　操作合法化之 Custom 示例图

[⊖]　select_cc 的含义为，当 t43（操作数 0）和 t40（操作数 1）节点满足 t45（操作数 4）的判断条件时，返回输入 t70（操作数 2，真值）的值，否则返回输入 1（操作数 3，假值）的值。

了互换，这是 BPF 针对判断条件为 setult 时，将两个操作数做了交换处理。这样的处理方式只有 BPF64 的架构开发者知道为什么要这么做以及怎么做，LLVM 的通用指令选择机制无法得知这样的意图，所以需要目标架构自己编写定制化的代码进行实现。

在操作合法化的过程中，会存在一些优化及数据拆分操作，这些操作有可能会产生新的节点以及未被校验是否合法的数据类型。所以在操作合法化处理完成后，还会再进行一次数据类型合法化，以确保 DAG 中节点的数据类型都是可处理的。

3. 向量合法化

LLVM 还实现了向量合法化。主要是因为一些 CPU 架构为了加速数据处理能力，推出了可以并行处理多个数据的指令——SIMD（Single Instruction Multiple Data，单指令多数据）指令。这些指令的特点在于，一条指令可以处理多个数据。如图 7-23 所示，要完成 4 组 A、B 变量的加法，获得结果 C。如果使用普通加法指令，一条指令只能对两个操作数进行一次加法操作，需要 4 条加法指令才可以完成操作。而使用 SIMD 加法指令后，一条指令可以对两个向量进行加法操作，只需要一条指令即可完成操作，此时的操作数类型为 v4i64（是向量类型）。

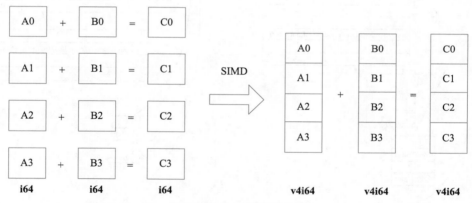

图 7-23　向量操作示意图

为了使能 CPU 的 SIMD 功能，在编译器中也增加了对向量数据类型的处理。与普通数据类型类似，编译器处理过程不可避免地会产生后端无法支持的向量数据类型，因此也需要对向量类型进行合法化处理。

对向量类型的合法化操作也分为类型合法化和操作合法化，视具体情况也会将不合法的向量操作转变为标量操作。总的来说，向量类型合法化的原理与标量类型的处理相似，本书不再展开介绍。

4. 合法化示例

最后我们仍然以代码清单 7-2 中的 IR 为例，来看看合法化处理后的结果。callee 函数只使用了 64 位数据类型，这对 BPF64 架构而言是合法的数据类型，所以经过数据合法化流程后，其 DAG 不会产生变化。而 caller 将调用 callee 函数的返回值（64 位）并赋值给一个 32 位的变量 f，f 又会作为 caller 的返回值，这一过程就出现了对 BPF64 架构而言不合法的数据类型，需要进行合法化处理。图 7-24 展示了 caller 函数中的合法化操作。

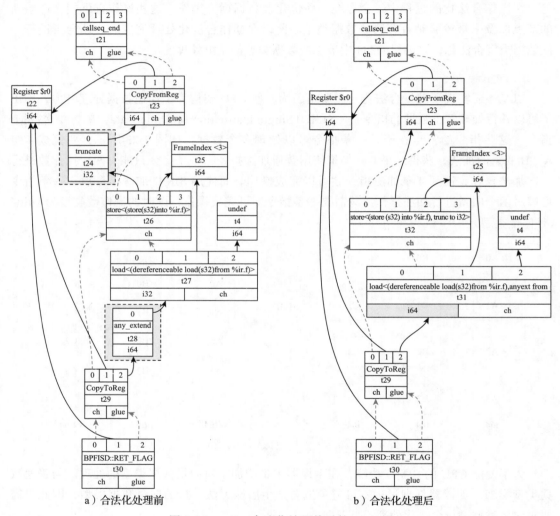

a）合法化处理前　　　　　　　b）合法化处理后

图 7-24　caller 合法化处理前后的 DAG 图

在图 7-24a 中，callseq_end 标志着调用 callee 函数的结束，在这之后由于函数 callee 的返回值是 64 位数据，会从物理寄存器 r0 中将返回值复制到 64 位的变量。而用于装载返回值的变量 f 的数据类型是 32 位，所以会生成截断节点 truncate，将 64 位变量截断为 32 位后，存入变量 f 的内存区域中。之后还需要将 32 位的 f 从内存中读取出来用于返回，因为 BPF64 的返回类型应为 64 位，所以会生成扩展节点 any_extend，将 f 扩展为 64 位后再存入寄存器 r0 中用于返回。注意，这些节点是在初始化 DAG 时生成的。

在合法化处理过程中，不合法的 32 位数据类型被提升为 64 位，并存入变量 f 对应的内存区域，然后直接从该内存中读取 64 位的数据来作为返回值，截断和扩展指令都将被消除。得到的结果如图 7-24b 所示。

7.2.4　机器指令选择

在经过数据类型及操作合法化处理后，所有的 SDNode 只包含目标平台可以处理的操作和类型。接下来就需要为这些 SDNode 寻找与之对应的架构指令，这一过程称为"指令选择"。

SelectionDAGIsel 算法会从 DAG 的根节点开始（根节点位于 DAG 的出口），对每个 SDNode 节点进行遍历处理，为其寻找对应的架构指令。从出口开始进行指令选择，意味着整个指令选择的过程是自底向上进行的。

在实现 SelectionDAG 指令选择的过程中，LLVM 会判断被遍历到的节点是否被其他节点使用，如果发现没有其他节点使用，会将其标记为冗余节点，跳过匹配选择，并将该节点删除。在指令选择的过程中，大部分 SDNode 节点是依赖基于 TD 文件生成的匹配表 MatcherTable 自动完成指令选择的。但有一些特殊的节点（如具有多个输出的节点）是无法通过匹配表来完成匹配的，这种情况下就需要开发者在遍历到这些节点时，自行编写逻辑来完成指令的匹配。

1. 匹配表介绍

在编译构建 LLVM 的过程中，LLVM 源码并不是最早开始被编译的，工程首先会构建 llvm-tblgen 工具，并使用该工具将 TD 文件解析成 C/C++ 风格的 .inc 头文件。第 6 章详细介绍过 TD 到 C++ 代码的解析过程，并且以指令匹配为例介绍 LLVM 中常见的几种指令匹配的写法。这里以 BPF 后端为例，后端代码在 llvm/lib/Target/BPF 目录下的 TD 文件中，llvm-tblgen 处理这些代码以后，会在构建目录 build/lib/Target/BPF 下生成相应的 .inc 文件。指令选择过程中使用的 inc 文件名为 xxxGenDAGISel.inc（如 BPFGenDAGISel.inc），其中包含的静态表项 MatcherTable 在指令匹配选择中扮演了至关重要的角色，第 6 章为读者展示了匹配表的大概样子。本节会针对匹配表的内容继续进行介绍，同时演示如何使用匹配表完成指令的选择。

由于 MatcherTable 非常庞大，有些后端中的该 .inc 文件可以达到几十万行代码，限于篇幅无法对整个匹配表的内容进行介绍，这里仅选择匹配表的一些代码片段介绍其功能和使用。以 BPF 后端生成的 BPFGenDAGISel.inc 文件为例，匹配表 MatcherTable 代码片段如代码清单 7-7 所示。

代码清单 7-7　MatcherTable 代码片段

```
void DAGISEL_CLASS_COLONCOLON SelectCode(SDNode *N)
{
    // 第一部分内容：匹配表初始信息以及第一个匹配节点 ISD::INTRINSIC_W_CHAIN 的匹配信息
```

```
      #define TARGET_VAL(X) X & 255, unsigned(X) >> 8
      static const unsigned char MatcherTable[] = {
/* 0*/ OPC_SwitchOpcode /*36 cases */, 21|128,1/*149*/, TARGET_VAL
      (ISD::INTRINSIC_W_CHAIN),// ->154
/*    5*/  OPC_RecordNode, // #0 = 'intrinsic_w_chain' chained node
/*    6*/  OPC_Scope, 28, /*->36*/ // 4 children in Scope
/*    8*/    OPC_CheckChild1Integer, 114|128,40,/*5234*/,
/*   11*/    OPC_RecordChild2, // #1 = $pseudo
/*   12*/    OPC_MoveChild2,
/*   13*/    OPC_CheckOpcode, TARGET_VAL(ISD::Constant),
...
// 第二部分内容：ISD::STORE 节点的匹配信息
/*  154*/ /*SwitchOpcode*/ 114|128,1/*242*/, TARGET_VAL(ISD::STORE),// ->400
/*  158*/   OPC_RecordMemRef,
/*  159*/   OPC_RecordNode, // #0 = 'st' chained node
/*  160*/   OPC_RecordChild1, // #1 = $src
...
 // 第三部分内容：ISD::ADD 节点的匹配信息
/* 2449*/ /*SwitchOpcode*/ 83, TARGET_VAL(ISD::ADD),// ->2535
/* 2452*/   OPC_Scope, 14, /*->2468*/ // 2 children in Scope
/* 2454*/     OPC_RecordNode, // #0 = $addr
/* 2455*/     OPC_CheckType, MVT::i64,
/* 2457*/     OPC_CheckComplexPat, /*CP*/1, /*#*/0, // SelectFIAddr:$addr #1 #2
/* 2460*/     OPC_MorphNodeTo1, TARGET_VAL(BPF::FI_ri), 0,
                  MVT::i64, 2/*#Ops*/, 1, 2,
              // Src: FIri:{ *:[i64] }:$addr - Complexity = 9
              // Dst: (FI_ri:{ *:[i64] } FIri:{ *:[i64] }:$addr)
/* 2468*/   /*Scope*/ 65, /*->2534*/
/* 2469*/     OPC_RecordChild0, // #0 = $src2
/* 2470*/     OPC_RecordChild1, // #1 = $imm
/* 2471*/     OPC_Scope, 38, /*->2511*/ // 3 children in Scope
/* 2473*/      OPC_MoveChild1,
/* 2474*/      OPC_CheckOpcode, TARGET_VAL(ISD::Constant),
/* 2477*/      OPC_Scope, 15, /*->2494*/ // 2 children in Scope
/* 2479*/       OPC_CheckPredicate, 0, // Predicate_i64immSExt32
/* 2481*/       OPC_MoveParent,
/* 2482*/       OPC_CheckType, MVT::i64,
/* 2484*/       OPC_EmitConvertToTarget, 1,
/* 2486*/       OPC_MorphNodeTo1, TARGET_VAL(BPF::ADD_ri), 0,
                   MVT::i64, 2/*#Ops*/, 0, 2,
               // Src: (add:{ *:[i64] } GPR:{ *:[i64] }:$src2, (imm:{ *:[i64] })
               // <<P:Predicate_i64immSExt32>>:$imm) - Complexity = 7
               // Dst: (ADD_ri:{ *:[i64] } GPR:{ *:[i64] }:$src2, (imm:{ *:[i64]
               // }):$imm
/* 2494*/       /*Scope*/ 15, /*->2510*/
/* 2495*/       OPC_CheckPredicate, 0, // Predicate_i32immSExt32
/* 2497*/       OPC_MoveParent,
/* 2498*/       OPC_CheckType, MVT::i32,
/* 2500*/       OPC_EmitConvertToTarget, 1,
/* 2502*/       OPC_MorphNodeTo1, TARGET_VAL(BPF::ADD_ri_32), 0,
```

```
                      MVT::i32, 2/*#Ops*/, 0, 2,
                // Src: (add:{ *:[i32] } GPR32:{ *:[i32] }:$src2, (imm:{ *:[i32] })
                // <<P:Predicate_i32immSExt32>>:$imm) - Complexity = 7
                // Dst: (ADD_ri_32:{ *:[i32] } GPR32:{ *:[i32] }:$src2, (imm:{
                // *:[i32] }):$imm)
/*  2510*/      0, /*End of Scope*/
/*  2511*/      /*Scope*/ 10, /*->2522*/
/*  2512*/      OPC_CheckType, MVT::i64,
/*  2514*/      OPC_MorphNodeTo1, TARGET_VAL(BPF::ADD_rr), 0,
                      MVT::i64, 2/*#Ops*/, 0, 1,
                // Src: (add:{ *:[i64] } i64:{ *:[i64] }:$src2, i64:{ *:[i64] }:$src)
                //- Complexity = 3
                // Dst: (ADD_rr:{ *:[i64] } i64:{ *:[i64] }:$src2, i64:{ *:[i64] }:$src)
```

笔者仅仅截取了匹配表的三部分内容，第一部分是匹配表的表头信息以及第一个匹配节点。

第一行表示从当前行一直到第 154 字节之前的内容，是针对 SDNode 节点 ISD::INTRINSIC_W_CHAIN 的匹配规则（匹配表中的数字表示的是字节偏移，例如 154 表示的是第 154 字节），其中：

1）/* 0*/：指元素在数组中的索引值。

2）OPC_SwitchOpcode：数组中的第一项为 OPC_SwitchOpcode，表示这是一个处理 SDNode 的匹配表。

3）/*36 cases */：表示该 SDNode 的匹配有 36 种情况。

4）21|128,1/*149*/：表示当前匹配表的大小，大小为 (1 << 7) + 21 = 149（字节）；上述 MatcherTable 的位置 1 与位置 2 的值分别为 21|128 和 1，后面的注释信息为 149。实际上这是一种用变长的编码存储数据的方式，用最高位来表示下一个数据是否属于当前的数据一部分。比如，21|128 的最高位为 1，表示后面的数据 1 也是属于当前的数据，最终的数据为 (1 << 7) + 21 = 149，刚好是注释中的内容。

5）TARGET_VAL(ISD::INTRINSIC_W_CHAIN)：表示当前匹配表处理的 SDNode 节点为 ISD::INTRINSIC_W_CHAIN)；它前面的 TARGET_VAL 是一个宏（占两个字节），含义是将值展开为低 8 位和高 8 位，由于 ISD::INTRINSIC_W_CHAIN 的值大于 1 字节的数据范围，因此做了展开。

6）// ->154：LLVM 会记录每个 SDNode 对应的匹配片段在整张匹配表中的起始位置，当指令选择流程遍历到某个 SDNode 时，就会直接跳转到其对应的匹配表中的位置并开始进行匹配。例如上述匹配表第一行的尾部给出的 154，表示从 154 字节处开始定义一个新的匹配节点。根据 154 字节处的内容得知：从 154 字节开始是针对 STORE 节点的匹配规则描述（MatcherTable 中第二部分）。代码清单 7-7 中从 2449 字节开始是针对 ADD 节点的匹配规则描述（MatcherTable 中第三部分）。

7）OPC_xxx：对应着匹配流程中的行为，如 OPC_RecordNode 用于记录当前节点，OPC_

CheckChild1Integer 用于校验当前节点的第一个子节点是不是为整型，OPC_CheckOpcode 用于校验当前节点的指令编号。一条匹配路径中存在多个匹配行为，读者可以查阅 LLVM 手册了解每个匹配行为的功能。

因为 LOAD 和 STORE 访存类节点在匹配表中项目过多，所以本书选择较为简单的 ADD 节点进行介绍。

示例中第三部分内容是 ADD 节点的匹配信息。在匹配表中，从 2449 字节到 2514 字节之间描述的就是 ADD 匹配过程。当开始匹配 ISD::ADD 节点时，可以查询到其匹配片段位于整张匹配表的 2452 字节处，便跳转到此处开始匹配。匹配过程会经过 OPC_RecordNode、OPC_CheckType、OPC_CheckComplexPat 这些匹配动作，如果几个动作或校验规则都成功，说明 ISD::ADD 节点及其操作数和指令描述信息完全匹配，可以匹配到机器指令 BPF::FI_ri，本轮指令匹配成功结束，然后开始进行下一个 SDNode 节点的匹配。如果其中某一个动作或校验规则未执行成功，就会跳转到匹配表的 2468 字节处开始执行下一条匹配路径的操作。在这条路径里，会尝试将节点匹配到机器指令 ADD_rr：如果匹配过程中某个动作或规则未执行成功，则会进入到其他机器指令（ADD_ri、ADD_rr_32、ADD_ri_32）的匹配路径⊖；如果所有的匹配路径都无法满足当前的 ADD 节点，则本轮指令匹配失败，编译器会抛出错误。"匹配成功"的标志是匹配路径走到了 OPC_EmitNode 或者 OPC_MorphNodeTo 这一类节点。在这类节点的处理过程中，会填充操作数（包括链等数据依赖）、操作数类型为 VTList，然后调用 getMachineNode 方法获取相应的 Machine SDNode 节点，替换原来的 DAG SDNode 节点（Machine SDNode 会包含后端指令的信息）。

可以发现，整个匹配过程本质上是一个有限状态自动机（Deterministic Finite Automation，DFA），根据当前节点的状态，依次判断各种信息（类型、匹配模式等），所以可以直观地将 ADD 节点的匹配过程描述为如图 7-25 所示的状态机示意图（图中省略了匹配 ADD_rr、ADD_ri 等指令所需要进行的操作数校验动作）。

图 7-25 中还有一个特别值得注意的地方：和一般简单的 DFA 不同，匹配表构成的 DFA 中存储了额外的信息，用于标记当前节点匹配失败后下一个匹配的起始位置，而不像传统的 DFA 匹配失败就会依次回退。例如 2452 这个节点记录的下一个匹配位置是 2468，即从 2452 开始匹配，如果发现不匹配，无论是匹配到 2454、2455、2457、2460 中的哪一个位置，都直接从 2468 开始新的匹配。这是因为匹配表非常大，通过这样的方式可以加速指令的匹配过程。

⊖ 这里指令 ADD_ 后面的 r 表示寄存器，i 表示立即数，32 表示使用的寄存器为 32 位；rr 表示两个操作数都是寄存器；ri 表示一个操作数是寄存器，另一个是立即数。

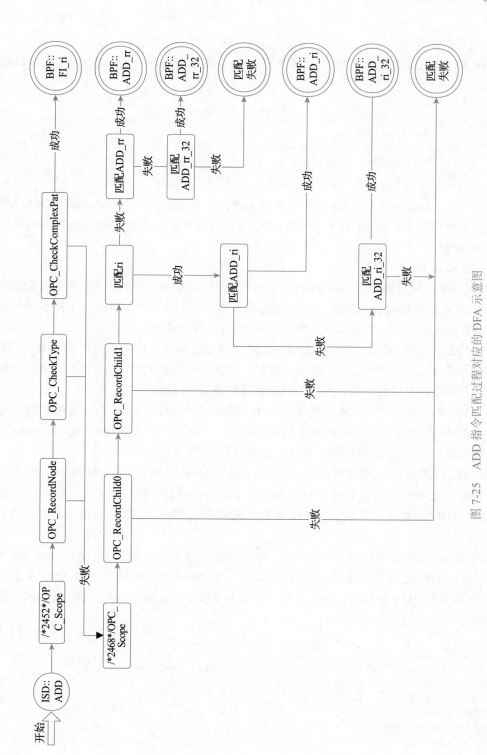

图 7-25 ADD 指令匹配过程对应的 DFA 示意图

2. 匹配过程演示

下面通过例子简单演示 ISD::ADD 的匹配过程。假设有一段待匹配的 add SDNode 序列如代码清单 7-8 所示。

代码清单 7-8　待匹配的 add SDNode 序列

```
t35: i64 = add nsw t33, t34
t36: i64,ch = load<(dereferenceable load (s64) from %ir.d.addr)> t30,
    FrameIndex:i64<3>, undef:i64
t37: i64 = add nsw t35, t36
```

以 t37: i64 = add nsw t35, t36 节点的匹配为例，该节点要匹配的 SDNode 为 ISD::ADD。节点存在三个操作数，其中 t35 和 t36 为输入，t37 为输出，三个操作数均为存储在寄存器中的 64 位数据。

匹配流程如下。

1）根据操作数偏移表（OpcodeOffset）中的记录，找到 ISD::ADD 节点的匹配起始位置为 2449，从这里开始进行当前路径的匹配处理；在下一行中，/*->2468*/ 字段表明，若当前匹配路径因失败中断，需要跳转至序号 2468 进行下一路径的匹配。

2）2452、2454、2455 匹配成功，但在 2457 匹配时失败，因为第 0 个操作数 t37 不是 FrameIndex 类型，就跳转至 2468 继续；在下一行中，/*->2534*/ 字段会更新下一路径的起始位置，若当前匹配路径失败，则下一次需要跳转至 2534 继续尝试匹配。

3）2469、2470、2471、2473 匹配成功（在匹配路径执行到 2471 时，失败后的下一跳位置将从 2534 更新为 2511），在 2474 匹配失败后，因为第二个入参 t36 不是 Constant 常数类型，因此跳转至 2511 继续匹配。若失败，则跳转至 2522 继续匹配。

4）2512 匹配成功，紧接着在 2514 遇到 OPC_MorphNodeTo1，表明该节点模式匹配成功。当前匹配路径的终点是机器指令 BPF::ADD_rr，原 IR 中的 SDNode ISD::ADD 被匹配为 BPF::ADD_rr 指令，若当前节点的指令匹配成功并结束，则可以准备开始下一节点的匹配。

通过 debug 模式下编译器的处理日志，可以验证上述匹配流程。t37: i64 = add nsw t35, t36 这一节点的匹配是从匹配表的 2452 开始的，在 2457 失败后则从 2468 继续匹配，在 2474 失败后又从 2511 处继续匹配，并成功匹配到 ADD_rr 指令。匹配 ADD 节点的日志如代码清单 7-9 所示。

代码清单 7-9　匹配 ADD 节点的日志

```
ISEL: Starting selection on root node: t37: i64 = add nsw t35, t36
ISEL: Starting pattern match
Initial Opcode index to 2452
Match failed at index 2457
Continuing at 2468
Match failed at index 2474
```

```
Continuing at 2511
Morphed node: t37: i64 = ADD_rr nsw t35, t36
ISEL: Match complete!
```

指令选择结束后，几乎所有的 SDNode 节点都会和目标机器指令关联起来。例如代码清单 7-8 中的节点 add、store、load 等，分别被成功匹配到了 BPF 架构指令集中的 ADD_rr、STD、LDD 指令。但需要注意的是，还有部分节点（伪指令）并没有被匹配为真实的后端指令，例如 EntryToken、CopyFromReg、TokenFactor、CopyToReg 等节点并未发生任何变化，仍然是 SDNode 节点的形式。换句话说，此时的 DAG 中同时存在 SDNode 节点和 Machine SDNode 节点：一方面是因为当前阶段编译器仍无法得知这些伪节点如何被硬件执行；另一方面是因为使用部分伪指令（例如 COPY）有利于后续的工作（寄存器分配、编译优化）。这些节点一般会保留在 MIR 中，在后续的流程中被处理，例如在寄存器分配后会将 COPY 指令变成真实的硬件指令，具体请参见第 11 章的介绍。

仍然以图 7-15 中的 callee 为例看一下经过指令匹配流程后被转换成的 DAG 图，如图 7-26 所示。

可以看出，图 7-15 中的 add、store、load 节点，分别被成功匹配到了 BPF 架构指令集中的 ADD_rr、STD、LDD 指令。由此说明指令选择完成。

7.2.5 从 DAG 输出 MIR

代码表达经过机器指令匹配后仍然是 DAG 的形式，编译器需要遍历每个 SDNode 节点，生成与之对应的 MIR。实际上，在生成机器指令表达之前，会先对 DAG 的节点进行调度优化，chain 和 glue 等会在调度过程中被使用并最终消除，最后产生的 MIR 中将不携带这些信息。指令调度作为一种优化策略，不会影响从 DAG 到 MIR 的转换，相关内容读者可以阅读第 8 章。

从 SDNode 节点发射生成 MIR 分为两种情况。

1）SDNode 在指令选择阶段已经匹配了机器指令，直接生成相应的 MIR，并放入与 MIR 基本块对应的 MBB（MachineBasicBlock，机器基本块）中即可。生成相应 MIR 的过程如下。

① 根据指令选择的结果新建相应的 MIR。

② 将原 SDNode 节点相关的操作数、数据结构中的节点属性等信息，相应地复制到 MIR 节点和数据结构中。

③ 将 MIR 插入到 MBB 中的相应位置。

2）一些特殊节点是架构无关的且一般会存在控制流依赖，后端架构中并不能通过指令选择找到与这些节点对应的汇编指令，如表示寄存器复制的节点 CopyFromReg、CopyToReg，会被转变为 COPY 伪指令放入到 MBB 中，这些伪指令在后续的优化环节中会被消除或转换为真实的机器指令。

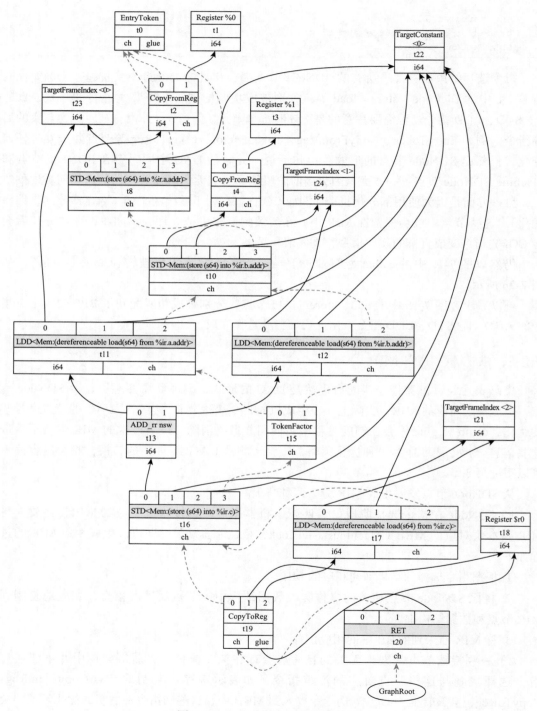

图 7-26　callee 指令匹配后的 DAG

7.2.2 节提到为基本块更新 φ 函数，即为 φ 函数添加寄存器，也是在这一阶段进行处理的。

从 SDNode 生成 MIR 过程比较简单，例如一个 SDNode 为 t8: ch = STD<Mem:(store (s64) into %ir.a.addr)> t2, TargetFrameIndex:i64<0>, TargetConstant:i64<0>, t0，则它对应的 MIR 为 STD %0:gpr, %stack.0.a.addr, 0 :: (store (s64) into %ir.a.addr)。可以看出，两者几乎是一一对应翻译的，所以不再详细展开。

仍以代码清单 7-2 中的 callee 函数为例，经过指令选择后的 DAG 表达如代码清单 7-10 所示。

代码清单 7-10　经过指令选择后的 callee DAG 表达

```
Selected selection DAG: %bb.0 'func:entry'
SelectionDAG has 20 nodes:
    t0: ch = EntryToken
        t4: i64,ch = CopyFromReg t0, Register:i64 %1
            t2: i64,ch = CopyFromReg t0, Register:i64 %0
        t8: ch = STD<Mem:(store (s64) into %ir.a.addr)> t2, TargetFrameIndex:i64<0>,
            TargetConstant:i64<0>, t0
    t10: ch = STD<Mem:(store (s64) into %ir.b.addr)> t4, TargetFrameIndex:i64<1>,
        TargetConstant:i64<0>, t8
    t12: i64,ch = LDD<Mem:(dereferenceable load (s64) from %ir.b.addr)>
        TargetFrameIndex:i64<1>, TargetConstant:i64<0>, t10
    t11: i64,ch = LDD<Mem:(dereferenceable load (s64) from %ir.a.addr)>
        TargetFrameIndex:i64<0>, TargetConstant:i64<0>, t10
    t13: i64 = ADD_rr nsw t11, t12
    t15: ch = TokenFactor t11:1, t12:1
    t16: ch = STD<Mem:(store (s64) into %ir.c)> t13, TargetFrameIndex:i64<2>,
        TargetConstant:i64<0>, t15
    t17: i64,ch = LDD<Mem:(dereferenceable load (s64) from %ir.c)>
        TargetFrameIndex:i64<2>, TargetConstant:i64<0>, t16
    t19: ch,glue = CopyToReg t16, Register:i64 $r0, t17
    t20: ch = RET Register:i64 $r0, t19, t19:1
```

在经过 MIR 生成处理后，产生的 MIR 如代码清单 7-11 所示。

代码清单 7-11　代码清单 7-10 对应的 MIR

```
Function Live Ins: $r1 in %0, $r2 in %1

bb.0.entry:
    liveins: $r1, $r2
    %1:gpr = COPY $r2
    %0:gpr = COPY $r1
    STD %0:gpr, %stack.0.a.addr, 0 :: (store (s64) into %ir.a.addr)
    STD %1:gpr, %stack.1.b.addr, 0 :: (store (s64) into %ir.b.addr)
    %2:gpr = LDD %stack.0.a.addr, 0 :: (dereferenceable load (s64) from %ir.a.addr)
    %3:gpr = LDD %stack.1.b.addr, 0 :: (dereferenceable load (s64) from %ir.b.addr)
    %4:gpr = nsw ADD_rr %2:gpr(tied-def 0), killed %3:gpr
```

```
        STD killed %4:gpr, %stack.2.c, 0 :: (store (s64) into %ir.c)
        %5:gpr = LDD %stack.2.c, 0 :: (dereferenceable load (s64) from %ir.c)
        $r0 = COPY %5:gpr
        RET implicit $r0

     # End machine code for function func.
```

> 📷 注意 当 SDNode 转换为 MIR 之后，表示控制流依赖的 chain 和 glue 等信息被完全消除，所有的节点都变成了机器指令，这些机器指令"几乎"可以直接映射成机器汇编运行。这里说"几乎"，是因为此时的机器指令虽然已经和最终的汇编指令很接近，但大部分指令操作数使用哪些寄存器存储值还没有确定下来，这还依赖"寄存器分配"（参见第 10 章）。此外，这一阶段的指令序列并不一定是最高效的，还需要经过后端的优化才可以获得执行效率更高的序列，典型的优化手段参见第 9 章。

7.3 快速指令选择算法分析

SelectionDAGISel 算法经过了 LLVM IR 的 DAG 化、合法化、匹配表查找等复杂过程，会耗费大量时间。为了提高指令选择的速度，LLVM 实现了一个快速指令选择算法——FastISel。这一算法只适用于部分后端的 O0 优化中，通过牺牲指令选择的质量来换取编译时间。

FastISel 的原则是：尽可能快速地选择尽可能多的指令。也就意味着，FastISel 允许指令选择失败，当发生失败就会进入到 SelectionDAGIsel 指令选择流程继续选择，这也使得 FastISel 可以复用一些 SelectionDAGIsel 中的逻辑，避免重复实现。

在指令选择过程中涉及的一些复杂工作，例如合法化、优化等，在 FastIsel 中并不会处理。FastIsel 只处理数据类型合法的简单操作，如常规的加减运算、位运算，并且认为其他的数据类型和指令操作会失败，所以会切换到 SelectionDAGIsel 中进行处理。

FastIsel 也使用 TableGen 工具链，将 TD 文件中的指令描述直接翻译为一个或者多个函数调用。如在使用 FastIsel 时，会将 TD 中定义的一个 ADD 指令直接翻译成 LLVM IR 指令对应的 MIR 指令序列。代码清单 7-12 所示为 AArch64 架构的 ADDXrr 指令在 TD 文件中的定义。

代码清单 7-12　AArch64 架构中对 ADDXrr 指令的 TD 定义

```
multiclass AddSub<bit isSub, string mnemonic, string alias,
                  SDPatternOperator OpNode = null_frag> {
  let hasSideEffects = 0, isReMaterializable = 1, isAsCheapAsAMove = 1 in {
    ......
    def Xrr : BaseAddSubRegPseudo<GPR64, OpNode>;
```

```
......
}

defm ADD : AddSub<0, "add", "sub", add>;
```

经过 TableGen 工具链的第一阶段处理（参见第 6 章）后，得到的 ADDXrr 记录如代码清单 7-13 所示。

代码清单 7-13　ADDXrr 记录

```
def ADDXrr {
    string Namespace = "Aarch64";
    dag OutOperandList = (outs GPR64:$Rd);
    dag InOperandList = (ins GPR64:$Rn, GPR64:$Rm);
    ......
//ADDXrr 指令对应的匹配模板，两个入参均为 64 位寄存器类型，返回值也为 64 位类型
    list<dag> Pattern = [(set GPR64:$Rd, (add GPR64:$Rn, GPR64:$Rm))];
    ......
```

再经过 TableGen 工具对记录进行提取，在 FastIsel 中仍然根据 Pattern 字段提取匹配信息，最后会生成如代码清单 7-14 所示的 ADDXrr 匹配模板校验函数。

代码清单 7-14　由 TableGen 生成的 ADDXrr 匹配模板校验函数

```
unsigned fastEmit_ISD_ADD_MVT_i64_rr(MVT RetVT, unsigned Op0, unsigned Op1)
{
    if (RetVT.SimpleTy != MVT::i64)
        return 0;
    return fastEmitInst_rr(Aarch64::ADDXrr, &Aarch64::GPR64RegClass, Op0, Op1);
}
```

可以看到代码清单 7-14 只对指令的返回值进行了校验，紧接着就指定要生成的 MIR 指令及使用的寄存器类型，但没有对操作数类型进行判断。因为对操作数是否为寄存器类型的判断，可以作为多条指令的共性处理，所以在框架中定义了函数 fastEmitInst_rr，同时要求每个后端都实现该函数。由此也可以看出 FastIsel 需要更多框架代码的配合，否则很多指令将无法映射为 MIR。例如 AArch64 中的 fastEmitInst_rr 函数的实现如代码清单 7-15 所示。

代码清单 7-15　AArch64 中的 fastEmitInst_rr 函数的实现

```
Register FastISel::fastEmitInst_rr(unsigned MachineInstOpcode,
                                   const TargetRegisterClass *RC, unsigned Op0,
                                   unsigned Op1) {
    const MCInstrDesc &II = TII.get(MachineInstOpcode);
    ......
    return ResultReg;
}
```

目前并不是所有的架构都支持 FastISel 这种指令选择模式，除了上述提到的 AArch64

外，当前支持该模式的架构还有 ARM、MIPS、PPC、x86、WebAssembly。

7.4 全局指令选择算法原理与实现

SelectionDAGISel 经过了多年的发展，功能完善且可靠性高，但是它存在着 3 个主要的问题。

1）SelectionDAGISel 包含了过多的功能，比如许多的合并优化和合法化优化，以及为了降低编译时间而增加的 FastISel 的算法。这些功能大多与指令选择算法本身不是强相关，但都被放入到指令选择中，导致其代码架构越来越繁复，代码维护的成本变高。

2）它是以基本块为粒度进行指令模式匹配，导致一些跨基本块的模式无法匹配上，增加了生成最优代码的难度。

3）DAG IR 是图结构，需要一个指令调度的功能才能生成线性的 MIR，这导致了编译时间的增加。但是它的输入 LLVM IR 本身是线性结构，如果 DAG IR 不是图结构的，指令调度就可以去掉。

因为这些问题都是当前 SelectionDAGISel 架构设计相关的，无法通过简单修补进行完善，所以 LLVM 社区在 2015 年提出重新设计一套指令选择算法的想法，即全局指令选择（GlobalISel），期望能解决这些问题。

目前全局指令选择算法的主要功能都已开发完成，有一些指令架构已经在逐步适配（AArch64、x86 等）。本节接下来会以 AArch64 架构中的实现为例，介绍这个算法的基本原理和功能模块。

7.4.1 全局指令选择的阶段

在图 7-4 中，全局指令选择算法的实现分成两个阶段。全局指令选择算法使用了一种新的中间表示 GMIR（Generic Machine IR，通用机器中间表达）。全局指令选择第一阶段先将 LLVM IR 转成 GMIR，在第二阶段将 GMIR 转成 MIR。读者可能会问为什么要引入一种新的 IR，而不是重用 MIR？

首先，GMIR 是线性的 IR，与 MIR 共用数据结构，除了操作码（Opcode）不同之外，指令表示方式等都是相同的（MIR 的具体结构可以参考附录 A.3）。GMIR 的操作码是一套架构无关的操作码，用于支持不同架构的指令转换。在全局指令选择的第一阶段使用宏展开的算法将 LLVM IR 转成 GMIR，接着基于 GMIR 进行指令合法化和寄存器类型分配。其次，在高优化级别的场景下，还会做一些合并类的窥孔优化。最后，全局指令选择的第二阶段会使用表驱动的算法，生成相应的 MIR。

另外，指令选择的每个阶段的算法都比较复杂，为了避免过多功能耦合在一起造成代码复杂性过高与难以维护以及功能演进困难，全局指令选择采用了多 Pass 的设计，将两个阶段涉及的功能进行解耦，每个可以独立拆分出的功能都实现为单独的 Pass。这样既使得整体架构更为清晰，也能够方便地利用 LLVM Pass 的相关基础设施（如 dump 等功能）进行代码维护和问题分析定位。

目前 LLVM 实现将全局指令选择所必需的基本功能划分为 4 个 Pass，其中第一阶段包含 3 个 Pass，第二阶段包含 1 个 Pass。还有窥孔类的优化也会以独立 Pass 进行实现，并可以放置在 4 个基础 Pass 之间的任意位置，不同的架构可以根据需要配置一到多个这种优化 Pass，全局指令选择 Pass 如图 7-27 所示。

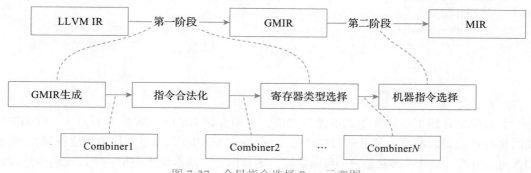

图 7-27　全局指令选择 Pass 示意图

第一个阶段的 3 个基础 Pass 分别如下。

❑ GMIR 生成（IRTranslator）：将 LLVM IR 转换为 GMIR。

❑ 指令合法化（Legalizer）：将 GMIR 中一些目标架构不支持的 GMIR 指令替换为目标架构可以支持的 GMIR 指令序列。

❑ 寄存器类型选择（RegBankSelect）：为 GMIR 中每个寄存器操作数分配合适的目标架构寄存器类型。

第二阶段的 Pass 是机器指令选择（InstructionSelect），它将 GMIR 转换为目标架构相关的 MIR。

除此以外，在指令选择的过程中还有一些优化类的 Pass，如图 7-27 中的 Combiner1、Combiner2、CombinerN 等，目的是完成一些窥孔类型指令的合并优化，进而提高生成代码的质量。这些优化 Pass 可以有一到多个。

下面详细介绍每个功能的原理以及实现。

7.4.2　GMIR 生成

GMIR 生成是全局指令选择第一阶段的第一个 Pass，主要功能是将 LLVM IR 转换为 GMIR 代码。它使用的指令转换算法是宏展开算法，每次转换一条 LLVM IR。因为 GMIR 的操作码具有通用性，LLVM IR 也是架构无关的中间表示，所以大部分 LLVM IR 指令转成 GMIR 指令的实现都是架构无关的。另外，GMIR 还包含一些目标架构相关的信息，例如函数调用约定处理，需要将这部分 LLVM IR 转换成架构相关的 GMIR（在实现层面，不同的目标架构需要各自实现这部分代码）。如图 7-28 所示，GMIR 生成指令可以分为架构无关和架构相关两部分，像算术运算、逻辑运算等指令都是架构无关的；而像形式参数处理、函数调用等就是架构相关的，因为它们必须知道目标架构的调用约定才能处理。

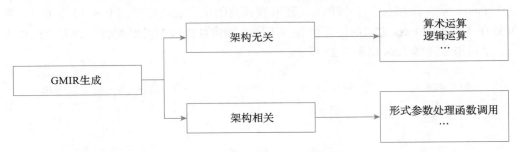

图 7-28　GMIR 生成的概览图

上面简单介绍了 GMIR 生成的基本功能，下面介绍 GMIR 生成的执行过程。GMIR 生成的执行过程是以函数为粒度进行的（和 SelectionDAGISel 是以基本块为粒度不同），因为函数可以分为函数头（形参信息）和函数体，函数体又有基本块等表示，所以我们按处理的函数信息不同，将执行过程分为 4 个主要的阶段。

1）基本块创建：这个阶段会遍历函数的 LLVM IR 基本块，依次为每个基本块创建对应的 GMIR 的基本块（后续根据指令情况，还可能会添加新的基本块），并且会保留相关的控制流信息，形成初始的控制流图。这个阶段还会为每个函数添加一个额外的基本块（EntryBB），作为函数入口。

2）形参处理：根据目标架构的调用约定规则处理函数的入参，为每个入参生成一条从传参寄存器到虚拟寄存器的 GMIR 复制指令，或者为入参生成一条从栈上到虚拟寄存器的 GMIR 加载指令，并将生成的指令放入 EntryBB 中。

3）函数体指令转换：按 RPOT（逆后序遍历）的方式遍历函数的控制流图，以自顶向下的顺序将基本块里的每条指令转换成一组 GMIR 指令。

4）控制流图更新：在第 3 阶段的指令转换过程中，有些原本不是跳转的指令会被翻译成跳转指令（例如，跳转指令的条件码是由多条连续的逻辑运算指令生成的，此时就有可能会拆分原逻辑运算指令，生成多个跳转指令），导致原有基本块被拆分出多个新基本块，破坏原有的控制流。因此在基本块指令转换好后，需要维护好这些新基本块与原有基本块的控制流边，形成新的控制流图。此外，转换过程还可能会将 EntryBB 和函数体中的第一个基本块合并，此时控制流信息也要跟着更新。

下面通过例子来具体演示上述 4 个阶段的功能。GMIR 生成的示例源码如代码清单 7-16 所示。

代码清单 7-16　GMIR 生成的示例源码（7-16.c）

```
int test(int a, int b) {
```

```
    return a + b;
}
```

源码经过 clang --target=Aarch64 -S -mllvm --global-isel -O2 7-16.c 命令编译，可以得到
GMIR 生成处理前的 IR，如代码清单 7-17 所示。

代码清单 7-17　源码处理前的 IR

```
define dso_local noundef i32 @test(int, int)(i32 noundef %a, i32 noundef %b)
    local_unnamed_addr {
entry:
    %add = add nsw i32 %b, %a
    ret i32 %add
}
```

1. 基本块创建

首先 GMIR 生成阶段会建立一个 EntryBB 作为存放入参处理指令的基本块，记为 bb.0，
如代码清单 7-18 所示。

代码清单 7-18　创建基本块 EntryBB

```
# Machine code for function test: IsSSA, TracksLiveness
bb.0:
# End machine code for function test.
```

接着处理函数的基本块，因为该函数只有一个基本块，所以只需要建立一个 GMIR 基
本块，记为 bb.1.entry，如代码清单 7-19 所示。

代码清单 7-19　创建基本块 bb.1.entry

```
# Machine code for function test: IsSSA, TracksLiveness
bb.0:
    successors: %bb.1(0x80000000); %bb.1(100.00%)
bb.1.entry:
; predecessors: %bb.0
# End machine code for function test.
```

2. 形参处理

首先，为形参创建虚拟寄存器，因为本例中有两个形式参数，所以创建了两个虚拟寄
存器 %0 和 %1。然后，根据目标架构的调用约定（ABI），生成复制指令或者加载指令。代
码清单 7-20 所示为形参处理后的结果，AArch64 后端按照其调用约定，在 bb.0 中生成两条
从物理寄存器到虚拟寄存器的 COPY 指令。

代码清单 7-20　形参处理

```
# Machine code for function test: IsSSA, TracksLiveness
Function Live Ins: $w0, $w1
```

```
bb.0:
    successors: %bb.1(0x80000000); %bb.1(100.00%)
    liveins: $w0, $w1
    %0:_(s32) = COPY $w0
    %1:_(s32) = COPY $w1

bb.1.entry:
; predecessors: %bb.0
# End machine code for function test.
```

3. 指令转换

以 RPOT 方式遍历函数的每个基本块，进行指令转换。这个例子中有两条指令需要转换，分别是 add 和 ret 指令。

add 指令展开成一条 G_ADD 指令（GMIR 中定义的加法操作，和 LLVM IR 中的 add 指令对应）即可。先将两个源操作数转为虚拟寄存器，然后创建一个虚拟寄存器作为目的操作数，最后三个虚拟寄存器和 G_ADD 操作码共同组成一条 GMIR 加法指令，如代码清单 7-21 所示。

代码清单 7-21　源操作数处理

```
# Machine code for function test: IsSSA, TracksLiveness
Function Live Ins: $w0, $w1
bb.0:
    successors: %bb.1(0x80000000); %bb.1(100.00%)
    liveins: $w0, $w1
    %0:_(s32) = COPY $w0
    %1:_(s32) = COPY $w1
bb.1.entry:
; predecessors: %bb.0
    %2:_(s32) = nsw G_ADD %1:_, %0:_
# End machine code for function test.
```

接着处理 ret 指令，需要展开成返回值处理指令和返回指令，此处根据目标架构调用约定判断返回值应该被放入物理寄存器还是栈上。首先获得返回值的虚拟寄存器，这里只有一个 i32 的返回值，根据 AArch64 的调用约定，可以直接放入 w0 这个物理寄存器，所以只需要一条复制指令即可。然后生成一条 ret 的返回指令，如代码清单 7-22 所示。

代码清单 7-22　ret 处理

```
# Machine code for function test: IsSSA, TracksLiveness
Function Live Ins: $w0, $w1
bb.0:
    successors: %bb.1(0x80000000); %bb.1(100.00%)
    liveins: $w0, $w1
    %0:_(s32) = COPY $w0
    %1:_(s32) = COPY $w1
bb.1.entry:
```

```
; predecessors: %bb.0
    %2:_(s32) = nsw G_ADD %1:_, %0:_
    $w0 = COPY %2:_(s32)
    RET_ReallyLR implicit $w0
# End machine code for function test.
```

4. 控制流更新

代码清单 7-22 中的用例没有额外的新增基本块，故不需要进行函数体控制流的调整。但是 bb.0 到下一个基本块（bb.1.entry）没有分支，所以可以将 bb.0 直接合并到下一个基本块，最后得到的 GMIR 如代码清单 7-23 所示。

代码清单 7-23　基本块合并

```
# Machine code for function test: IsSSA, TracksLiveness
Function Live Ins: $w0, $w1
bb.1.entry:
    liveins: $w0, $w1
    %0:_(s32) = COPY $w0
    %1:_(s32) = COPY $w1
    %2:_(s32) = nsw G_ADD %1:_, %0:_
    $w0 = COPY %2:_(s32)
    RET_ReallyLR implicit $w0
# End machine code for function test.
```

7.4.3　指令合法化

经过 IRTranstor 的转换，以 LLVM IR 表示的函数已经变成了 GMIR 表示的函数。虽然 IRTranstor 转换后引入了部分架构相关的信息，但是大部分转换生成的 GMIR 指令还是架构无关的，因此有部分 GMIR 指令会存在目标架构不支持的情况。比如，16 位字长的目标架构无法直接表示单条 64 位的加法，如果 IRTranstor 生成了 64 位 GMIR 加法指令，这对 16 位字长的目标架构来说就是非法指令。为了处理非法 GMIR 指令，全局指令选择实现了一个独立的 Pass。这个 Pass 会引入目标架构相关的指令信息，并根据这些指令信息将函数中非法的 GMIR 指令一一替换成合法的 GMIR 指令（即目标架构可以支持的指令）。

指令合法化的处理过程也是以函数为粒度进行的，按 RPOT 的方式从函数入口开始依次遍历函数中的每个基本块，在基本块中自顶向下地遍历指令，逐条识别指令是否为非法指令，如果发现非法指令会将它转换为合法指令，直到将所有的非法指令都转换为合法指令后，指令合法化工作就结束了。

指令合法化的处理过程实际上包含了两个关键子问题的处理。

❑ 非法指令识别问题：判断一条 GMIR 指令是否是非法指令。

❑ 非法指令转换问题：将一条非法的 GMIR 指令转换成一条或者一组合法的 GMIR 指令。

指令合法化的工作流程也比较简单，输入是函数初始 GMIR（由 GMIR 生成阶段生成，或者开发者手写得到），然后经过非法指令识别和非法指令合法化两个阶段的处理，最终生成合法的 GMIR。

1. 非法指令识别

非法指令识别的基本原则是：在非法指令中，存在寄存器操作数的数据类型无法被目标架构寄存器直接表示的情况，直观上看就是一个寄存器操作数无法被一个目标架构的寄存器表示。例如，如果目标架构只允许 64 位的加法指令，则 64 位的 GMIR 加法指令是合法的；对应的，32 位的 GMIR 加法指令是不合法的。依据这个原则，每个架构都会根据自己的指令集信息，设置每个 GMIR 操作码在哪些类型上是合法的，同时给出将不合法类型指令转换成合法指令的方法。所以当一个目标架构指令集确定后，就可以设置每个 GMIR 操作码的合法化属性，根据这个属性，就可以判断出一条 GMIR 指令是否合法，以及不合法时需要选择的合法化操作。目前合法化属性有如下 12 种。

- ❑ Legal：表示指令已经是合法的，无须操作。
- ❑ NarrowScalar：以多个较低位数的指令来实现一个较高位数的指令。
- ❑ WidenScalar：以一个较高位数的指令来实现一个较低位数的指令（将高位丢弃）。
- ❑ FewerElements：将向量操作拆分成多个小的向量操作。
- ❑ MoreElements：以一个较大的向量操作来实现一个小的向量操作。
- ❑ Bitcast：换成等价大小的类型操作。
- ❑ Lower：以一组简单的操作实现一个复杂的操作。
- ❑ Libcall：通过调用库函数的方式来实现操作。
- ❑ Custom：定制化操作。
- ❑ Unsupported：操作在后端架构上无法支持。
- ❑ NotFound：没有找到对应的合法化操作。
- ❑ UseLegacyRule：适配老版本合法化的选项。

2. 非法指令合法化

非法指令合法化的主要思路就是将非法 GMIR 指令替换掉，处理方式可以分为三类。

- ❑ 将不合法指令类型向上扩展或者向下拆分，用一组新的 GMIR 替换掉原来的 GMIR。
- ❑ 通过调用 lib 库函数的方式来实现非法 GMIR 指令的功能。
- ❑ 针对目标架构进行定制化实现，直接替换一组 MIR 指令。

全局指令选择的合法化处理过程和 SelectionDAG 算法中的合法化处理过程是很相似的，关于这一部分本书不再做详细的展开。

3. 指令合法化示例分析

下面以代码清单 7-5 中的加法计算为例来说明指令合法化的基本过程，其目标架构是

AArch64。代码需要进行 16 位的加法计算，而目标架构 AArch64 后端整型寄存器只支持
32 位和 64 位，所以经过 GMIR 生成之后多了一些类型转换指令（TRUNC、ANYEXT），具
体 GMIR 如代码清单 7-24 所示，该代码片段将作为指令合法化的输入。

代码清单 7-24　指令合法化输入的 GMIR

```
# Machine code for function test: IsSSA, TracksLiveness
Function Live Ins: $w0, $w1

bb.1.entry:
    liveins: $w0, $w1
    %2:_(s32) = COPY $w0
    %0:_(s16) = G_TRUNC %2:_(s32)
    %3:_(s32) = COPY $w1
    %1:_(s16) = G_TRUNC %3:_(s32)
    %4:_(s16) = G_ADD %1:_, %0:_
    %5:_(s32) = G_ANYEXT %4:_(s16)
    $w0 = COPY %5:_(s32)
    RET_ReallyLR implicit $w0

# End machine code for function test.
```

首先指令合法化会过滤掉不需要处理的指令（伪指令或者架构相关的指令，如上例中
的 COPY 指令，RET_ReallyLR 指令）。对于需要进行指令合法化处理的指令，会按类型
转换指令和实际指令两类进行区分处理。只有实际指令有合法要求，类型转化指令只需要
合并消除，所以两者的处理是不同的。实际指令指的是真实功能指令，例如 G_ADD 指令
"_(s16) = G_ADD %1:_, %0:_" 就是一个真实的指令；类型转换指令用于处理类型的扩展
或者降低，例如代码清单 7-24 中的 "%0:_(s16) = G_TRUNC %2:_(s32)" 和 "%5:_(s32) =
G_ANYEXT %4:_(s16)" 分别将数据类型从 32 位降低到 16 位、将 16 位提升到 32 位。

（1）实际指令处理

指令合法化阶段会获取每个实际指令的合法类型，然后按照类型进行处理。代码清
单 7-24 只有一条实际指令 add，因为它是 16 位的加法，而 AArch64 只支持 32 位或 64 位
加法，所以该 16 位加法在 AArch64 里是不合法的。因为 add 的合法类型是 WidenScalar（向
上提升类型），所以将它变成 32 位加法指令。

具体的操作是使用扩展指令扩展每个源操作数位到 32 位，然后使用截断指令将新得到
的 32 位目的操作数截断成 16 位操作数，得到的指令如代码清单 7-25 所示。

代码清单 7-25　16 位加法运算合法化处理后的 GMIR

```
# Machine code for function test: IsSSA, TracksLiveness
Function Live Ins: $w0, $w1

bb.1.entry:
    liveins: $w0, $w1
```

```
%2:_(s32) = COPY $w0
%0:_(s16) = G_TRUNC %2:_(s32)
%3:_(s32) = COPY $w1
%1:_(s16) = G_TRUNC %3:_(s32)
%6:_(s32) = G_ANYEXT %1:_(s16)
%7:_(s32) = G_ANYEXT %0:_(s16)
%8:_(s32) = G_ADD %6:_, %7:_
%4:_(s16) = G_TRUNC %8:_(s32)
%5:_(s32) = G_ANYEXT %4:_(s16)
$w0 = COPY %5:_(s32)
RET_ReallyLR implicit $w0

# End machine code for function test.
```

当然由于新增加了 32 位加法指令，该新增指令也会被放入工作列表中，进行合法化处理。由于 AArch64 是支持 32 位加法的，即它的合法类型是 Legal，不需要进行合法化处理。

（2）类型转换指令处理

可以看出代码清单 7-24 中多了许多类型转换指令，其中有些是冗余的。如先进行 G_TRUNC（截断）再进行 G_ANYEXT（扩展）的这种模式就是无效操作，如代码清单 7-26 所示。

代码清单 7-26　先 G_TRUNC 再 G_ANYEXT

```
%1:_(s16) = G_TRUNC %3:_(s32)
%6:_(s32) = G_ANYEXT %1:_(s16)
```

在代码清单 7-26 中，先将 32 位类型截断为 16 位类型，再将 16 位类型提升至 32 位类型，就是冗余操作，可以进行合并。合并删除这些冗余指令后，可以得到合法化的输出。代码清单 7-25 所示的代码经过类型合法化处理后得到的结果如代码清单 7-27 所示。

代码清单 7-27　冗余指令优化后

```
# Machine code for function test: IsSSA, TracksLiveness
Function Live Ins: $w0, $w1

bb.1.entry:
    liveins: $w0, $w1
    %2:_(s32) = COPY $w0
    %3:_(s32) = COPY $w1
    %8:_(s32) = G_ADD %3:_, %2:_
    $w0 = COPY %8:_(s32)
    RET_ReallyLR implicit $w0

# End machine code for function test.
```

7.4.4　寄存器类型选择

虽然指令合法化引入了目标架构指令信息，将 GMIR 生成阶段生成的 GMIR 变成了目标架构合法的 GMIR，但指令合法化处理后的 GMIR 指令仍然没有目标架构寄存器信息。指令里的虚拟寄存器操作数只有一个数据类型，用于表示其类型（指针、标量还是向量）和位数大小。比如指令 "%2:_(s32) = nsw G_ADD %1:_, %0:_" 中操作数 %2 只有一个 s32 类型，表示它是一个 32 位标量的虚拟寄存器操作数。而一个 32 位标量的虚拟寄存器操作数在特定的目标架构上可能会有多种寄存器类型表示，例如可以是 32 位的整型寄存器类型，也可以是 32 位的浮点寄存器类型。这两种寄存器类型又可以根据使用场景的不同进行细分，如 32 位整型寄存器类型可以分为 32 位整型通用寄存器类型和栈指针类型等。由于没有为 32 位标量的虚拟寄存器操作数明确指定一个寄存器类型，G_ADD 指令无法确定后续可以使用的物理寄存器。所以，全局指令选择模块需要为生成的 GMIR 决定待分配寄存器类型的功能，即寄存器类型选择。

寄存器类型选择是全局指令选择模块的第三个基本 Pass，它会利用目标架构的寄存器信息，为合法化后的 GMIR 指令中的虚拟寄存器操作数分配合适的寄存器类型，并且它还可以利用 GMIR 指令之间的关系选取一个较优的寄存器类型。这也是不能直接在 GMIR 生成处理中直接指定寄存器类型的原因之一。在 GMIR 生成阶段，LLVM IR 还没有全部转换成 GMIR，无法利用指令之间的关系进行寄存器类型择优。在寄存器类型选择阶段之后，每个虚拟寄存器操作数就有对应的寄存器类型了，如上述例子中的 G_ADD 指令变为 "%2:gpt(s32) = nsw G_ADD %1:gpr, %0"。下面来看看寄存器类型选择的实现原理。

寄存器类型选择的处理方式和指令合法化类似，它也是以函数为粒度进行处理的，并按 RPOT 的方式从函数入口开始依次遍历函数中的每个基本块，然后在基本块中自顶向下遍历指令，给每一条指令的每个虚拟寄存器操作数分配寄存器类型。寄存器类型分配好后就重写指令，为指令的每个虚拟寄存器操作数填上相应的寄存器类型。当然，过程中可能会出现虚拟寄存器操作数分配的寄存器类型和定义的类型不一致的情况，这时候要重新生成一个新类型的虚拟寄存器操作数，替换掉指令原来的虚拟寄存器操作数，并插入一条 COPY 指令将原来的虚拟寄存器操作数复制给新的虚拟寄存器操作数。指令重写完成后，一条指令的寄存器类型分配就完成了，然后继续下一条指令的寄存器分配，直到分配完成，寄存器类型选择的整个过程就完成了。

寄存器类型选择功能在实现时被划分成了 3 个子模块，分别是寄存器类型管理模块、指令寄存器操作数类型分配模块和指令重写模块。

1. 寄存器类型管理模块

寄存器类型管理模块用于管理寄存器类型选择阶段引入的目标架构寄存器类型信息，并提供通过数据类型获取寄存器类型的接口。此处 GMIR 新增了一个新的寄存器类型概念——RegBank，它比 MIR 的 RegisterClass 寄存器类型概念更粗粒度，只会对目标架构寄存器进行简单的划分，因此一个 RegisterBank 表示的寄存器类型可能会对应一到多个 RegisterClass 表示的寄存器类型。以 AArch64 架构的寄存器信息为例（见表 7-1），RegBank 表示的寄存器类型只被分为三类，而 RegisterClass 表示的寄存器类型则超过了十几种（目前代码中共有 46 类）。

表 7-1 AArch64 的寄存器分类

寄存器类型	寄存器分类
RegBank	GPRRegBank、FPRRegBank、CCRegBank
RegisterClass	GPR32common、GPR64common、GPR32、GPR64、GPR32sp、GPR64sp、GPR32sponly、GPR64sponly、GPR32arg、FPR64arg、FPR8、FPR16、CCR 等

寄存器类型管理模块 RegBankSelect 不直接使用 RegisterClass，因为 GMIR 和 MIR 对寄存器类型的要求是不同的。GMIR 期望寄存器类型简单，这样可以做到相对架构无关，能够匹配与架构无关的 GMIR 操作码，避免因为寄存器类型而限制了 GMIR 指令可转换的 MIR 指令类型，保证后面生成的 MIR 指令质量。而 MIR 的指令基本是架构相关的，不同指令使用的寄存器可能是不相同的，因此需要更细致的寄存器类型，保证指令的寄存器操作数使用的寄存器类型所包含的寄存器都是指令可用的。故而，通过新增 RegBank 来表示 GMIR 的寄存器类型，可以解决 GMIR 与 MIR 在需求上的矛盾。本节中的"寄存器类型"都特指 RegBank 表示的类型。

2. 指令寄存器操作数类型分配模块

指令寄存器操作数类型分配模块利用寄存器管理模块中的寄存器类型信息，为每条 GMIR 指令的虚拟寄存器操作数分配寄存器类型。完成寄存器类型分配后，每条 GMIR 指令就会有一个与之对应的寄存器类型组，这个寄存器类型组中的寄存器类型与指令的虚拟寄存器操作数是一一对应的。如上述的 G_ADD 指令经过分配模块之后就会有一个与之关联的寄存器类型组（gpr、gpr、gpr），即三个虚拟寄存器都被分配了 gpr 的类型。

为了适配编译器的不同优化场景，这个模块实现了两种分配算法。

❑ Fast：只寻找指令的默认可用的寄存器组合，所以其运行时间很快。

❑ Greedy：先寻找指令的默认可用的寄存器组合，然后找目标架构允许的其他所有可用组合，最后计算每个组合的成本，从中选出一组成本最低的组合。

3. 指令重写模块

指令重写模块会根据之前获得的寄存器类型组重写 GMIR 指令，并逐个判断寄存器操作数是否含有寄存器类型，如果没有则直接填上对应的寄存器类型；如果已经有寄存器类型，则判断寄存器类型是否一致：一致则不变；不一致则根据寄存器组的类型信息生成一个新寄存器操作数，然后替换指令中原有的操作数，并生成一条将旧操作数复制到新操作数的指令。

4. 寄存器类型选择示例分析

下面结合一个简单的用例详细阐述寄存器类型选择的整个流程和各个模块的功能，示例源码如代码清单 7-28 所示。

代码清单 7-28　寄存器类型选择的示例源码

```
int test(int a, int b) {
    return a | b;
}
```

以 AArch64 为目标架构，从编译一直到指令合法化处理后的 GMIR 如代码清单 7-29 所示。

代码清单 7-29　寄存器类型选择的示例源码对应的 GMIR

```
Function Live Ins: $w0, $w1

bb.1.entry:
    liveins: $w0, $w1
    %0:_(s32) = COPY $w0
    %1:_(s32) = COPY $w1
    %2:_(s32) = G_OR %1:_, %0:_
    $w0 = COPY %2:(s32)
    RET_ReallyLR implicit $w0

# End machine code for function test.
```

代码清单 7-29 里有三个变量（%0、%1、%2）需要分配寄存器类型。首先需要知道 AArch64 里有哪些寄存器组可以用。AArch64 根据数据类型不同进行寄存器组区分，定义的寄存器组有 3 个，分别用于表示整型、浮点和标志寄存器。因为没有区分数据大小，所以不同数据大小的虚拟寄存器只要数据类型相同，就可以使用同一个寄存器组进行表示，比如 GPRRegBank 既可以表示 32 位也可以表示 64 位的整型寄存器。GPRRegBank 等寄存器对应的 TD 描述如代码清单 7-30 所示。

代码清单 7-30　GPRRegBank 等寄存器的 TD 描述

```
// 通用目的寄存器：W、X
def GPRRegBank : RegisterBank<"GPR", [XSeqPairsClass]>;

// 浮点 / 向量寄存器：B、H、S、D、Q.
def FPRRegBank : RegisterBank<"FPR", [QQQQ]>;

// 条件寄存器：NZCV
def CCRegBank : RegisterBank<"CC", [CCR]>;
```

代码清单 7-29 中的三个虚拟寄存器都是 s32 类型的，可以被映射到 GPRRegBank，也可以被映射到 FPRRegBank，所以接下来要确定每个虚拟寄存器具体可以使用的类型。虚拟寄存器类型是以指令为粒度确定的，即每次确定一条指令里所有虚拟寄存器的寄存器类型。此处获取寄存器组合有 Fast 和 Greedy 两种方式，因为 Greedy 基本包含了 Fast 的过程，这里仅演示 Greedy 的处理方式。下面依次处理每条指令如下。

（1）第一条指令：%0:_(s32) = COPY $w0

此条指令是 COPY 指令，它将一个整型物理寄存器 $w0 复制到 %0 上。先查找它的默认寄存器类型组合，因为它的源操作数是整型，所以默认的寄存器类型组合是 GPRRegBank。因为 AArch64 上没有 COPY 指令可用的其他寄存器类型组合，所以只有上述一种寄存器类型组合可用。接着计算指令使用 GPRRegBank 的成本，由于只有一个组合，故该组合就是最优的。最后需要改写指令，给指令的 %0 操作数添加 GPRRegBank 类型。最终得到的结果为 %0:gpr32 = COPY $w0。

（2）第二条指令：%1:_(s32) = COPY $w1

此条指令也是 COPY 指令，步骤同上，选择的也是 GPRRegBank，改写指令之后的GMIR 为 %1:gpr32 = COPY $w1。

（3）第三条指令：%2:_(s32) = G_OR %1:gpr32, %0:gpr32

此条指令是 G_OR 指令，由于它的两个源操作数 %0 和 %1 在前面已经被分配为 GPRRegBank，因此找到的默认寄存器组合为 %2:GPRRegBank、%1:GPRRegBank 和 %0:GPRRegBank，三个均为整型寄存器。

另外，因为 AArch64 具有"整型或"指令和"浮点或"指令，所以也给 G_OR 指令提供了两种额外的寄存器类型组合，分别表示整型和浮点的寄存器，具体如代码清单 7-31 所示。

代码清单 7-31　GPRRegBank 和 FPRRegBank

```
%2:GPRRegBank, %1:GPRRegBank, %0:GPRRegBank
%2:FPRRegBank, %1:FPRRegBank, %0:FPRRegBank
```

因此，合在一起共计有三种寄存器使用组合，其中第一种和第二种是相同的。接着依次计算每一种的成本，此处有一个计算公式：

$$Cost(寄存器组合) = LocalCost * LocalFreq + NonLocalCost$$

其中 LocalCost 的计算方法为：

$$LocalCost = Cost(当前指令) + Cost(复制指令) * 新增复制指令数$$

其中，LocalFreq 表示指令所在基本块的执行频率（参见第 2 章），而 NonLocalCost 表示导致其他基本块产生复制指令的开销。另外，AArch64 设定"或"指令的成本为 1，浮点到整型复制指令的成本为 4，当前基本块的 LocalFreq 为 8，NonLocalCost 为 0（三种组合都没有在其他基本块产生复制指令）。根据这些公式和指令信息，我们可以计算出上述三种组合的成本分别是 8、8、72，详细计算过程如代码清单 7-32 所示。

代码清单 7-32　三种组合的成本计算

```
8 * 1 + 0 = 8
8 * 1 + 0 = 8
8 * (1 + 4 + 4) + 0 = 72(因为基本块内产生了两条复制指令，所以有两个4)
```

第一种的成本最低，所以使用第一种寄存器组合改写指令，得到 GMIR 为 %2:gpr32 = G_OR %1:gpr32, %0:gpr32。

（4）第四条指令：$w0 = COPY %2:gpr32

此条指令也是 COPY 指令，源操作数 %2 已经确定寄存器类型，且目的操作数是 gpr32 类型的物理寄存器，所以无须任何操作。

当上面 4 条指令都改写好后，虚拟寄存器就都确定了类型。经过寄存器类型选择后得到的 GMIR 如代码清单 7-33 所示。

代码清单 7-33　寄存器类型选择后得到的 GMIR

```
Function Live Ins: $w0, $w1

bb.1.entry:
    liveins: $w0, $w1
    %0:gpr32 = COPY $w0
    %1:gpr32 = COPY $w1
    %2:gpr32 = G_OR %1:gpr32, %0:gpr32
    $w0 = COPY %2:gpr32
    RET_ReallyLR implicit $w0

# End machine code for function test.
```

7.4.5　机器指令选择

经过了全局指令选择第一阶段（GMIR 生成、指令合法化和寄存器类型选择）的处理后，LLVM IR 已经被转换成合法的（目标架构支持的）GMIR，并且具有了调用约定、寄存器类型等目标架构相关的信息，接着就可以进行第二阶段的工作——将 GMIR 转换成目标架构相关的 MIR。第二阶段的工作是由一个 Pass 实现的，即机器指令选择。经过机器指令选择处理后，整个全局指令选择工作就完成了，后续的 Pass 都是基于 MIR 进行分析和优化（寄存器分配、指令调度和窥孔优化等）的。下面简单介绍一下机器指令选择的基本原理和处理过程。

机器指令选择是以函数为单位进行的，使用的是基于树覆盖的指令选择算法。目前实现了两种树覆盖的方式：一种是基于表驱动的自动状态机进行的自动覆盖方式；另一种是基于固定模式的手动覆盖方式。这两种覆盖方式在每次覆盖的时候都只会产生一种成功匹配的树模式，因此可以直接生成对应的 MIR 指令序列。机器指令选择的功能可以划分为三个模块。

1）自动匹配模块：构建状态机，并利用自动状态机生成指令可以匹配的树模式。

2）手动匹配模块：目标架构会内置一些固定的树模式，依次执行每个内置的固定树模式，判断指令是否可以匹配其中的一个树模式。

3）指令生成模块：根据指令匹配上的树模式生成对应的 MIR 指令序列。

下面看一下机器指令选择的执行过程。首先，对于一个给定函数的 GMIR，它会按逆序的方式从函数底部开始依次遍历函数中的每个基本块，在基本块里自底向上处理每一条 GMIR 指令。然后，判断待处理的 GMIR 指令是否已经生成过 MIR 指令：如果已经生成过则不再处理，否则就以这条指令为根节点，执行上述的自动匹配模块和手动匹配模块，进行树覆盖匹配。匹配成功后就生成 MIR 指令，匹配失败则报错。最后，迭代执行直到报错或者所有的 GMIR 指令都被转换成功为止。

在模式匹配的过程中，自动匹配模块和手动匹配模块都可以生成 MIR 指令，但是只需要一个生成 MIR 指令即可。两个模块的执行顺序是由目标架构设定的，比如 AArch64 会将手动匹配模块拆分为两个子模块，构成如图 7-29 所示的执行顺序。在匹配时会先执行手动匹配模块一，如果匹配不成功再执行自动匹配模块，如果还不成功就再执行手动匹配模块二。

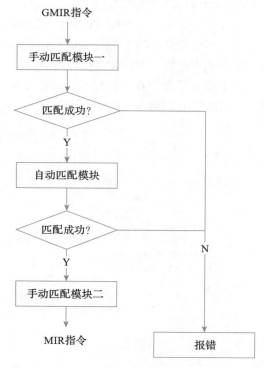

图 7-29　AArch64 全局指令选择中的指令匹配流程

1. 自动匹配模块

自动匹配模块分为两个阶段：第一个阶段是构建自动匹配状态机，它是在编译器生成的时候由 TableGen 构建的；第二阶段是使用自动匹配状态机。这个构建和使用的过程与 SelectionDAGISel 里的自动匹配状态机是一样的，可以参考 7.2.4 节的介绍，此处不再赘述。这里介绍一下全局指令选择在 TD 文件中定义的一个新记录——GINodeEquiv，如代码清单 7-34 所示。

代码清单 7-34　全局指令选择在 TD 中定义的新记录 GINodeEquiv

```
class GINodeEquiv<Instruction i, SDNode node> {
    Instruction I = i;
    SDNode Node = node;
};
```

定义 GINodeEquiv 是为了减少从 SelectionDAGISel 迁移到全局指令选择阶段的工作量，通过它可以将 TargetOpcode 和 SelectionDAGISel 的 ISD 操作码关联起来，从而可以复用对应 ISD 操作码的模式。例如，要复用 AArch64 在 SelectionDAGISel 加法指令的模式，就可以把 G_ADD 和对应的 ISD 操作码——add 关联起来，如代码清单 7-35 所示。

代码清单 7-35　把 G_ADD 和 add 关联

```
def : GINodeEquiv<G_ADD, add>;
```

然后 TableGen 就可以根据 add 的模式来获得 G_ADD 的模式，从而生成相应的匹配状态机。

2. 手动匹配模块

手动匹配模块需要通过手动编写 C++ 函数的形式，编写每个待匹配树模式匹配目标架构指令的实现代码。这些代码需要目标架构各自定制化地在它们相关的文件里补充实现。通常情况下，手动编写主要针对 TD 无法配置的树模式，如多输出的指令模式，或者需要手动选择才能最优的树模式。当然，如果在开发过程中觉得模式不容易理解，也可以先全部手写函数来实现匹配过程。手写匹配模块中的树匹配模式放到自动匹配之前还是之后调用，通常根据能否生成质量较优的代码指令而定的。

以当前 AArch64 为例，它在自动选择之前只对 7 种操作符（G_DUP、G_SEXT、G_SHL、G_CONSTANT、G_ADD、G_OR、G_FENCE）的一些场景进行了手写生成。比如在 G_CONSTAN 的立即数为零的时候，通过手写方式生成一条从零寄存器（XZR、WZR）复制的指令，否则就回到自动匹配的流程上，其他的操作符也是类似的处理过程。但自动选择之后，会为许多特殊的操作符（如 G_PTR_ADD、G_SELECT、G_VASTART 等）都提供手写匹配过程，保证它们都可以匹配上。

7.4.6　合并优化

在完成了 GMIR 生成、指令合法化、寄存器类型选择、机器指令选择的 Pass 处理之后，已经可以将 LLVM IR 转成 MIR。对汇编代码生成质量要求不高的场景，只要目标架构有这 4 个 Pass 就够了。但是对性能要求高的场景只用上述 4 个 Pass 生成的代码质量还是不够的。之所以会有代码质量较差的问题，是因为全局指令选择过程本质上还是在图（函数本身构成了一个图）上实施的一种基于树匹配模式的算法。全局指令选择无法处理共用节点、多输出和控制流等具有图属性的场景，比如两棵树共用的多输出的节点，全局指令选择只能将其当成两棵树分别处理，将共用节点进行复制，此时就会产生冗余指令，影响代码的生成质量。因此，全局指令选择允许在每个基础 Pass 之后添加一个或多个合并优化 Pass，通过这些 Pass 去掉树匹配过程中无法处理的指令模式，从而产生质量更高的汇编代码。

全局指令选择提供了一个优化调用框架，它大致可以划分为三个部分：基础设施、优化模式匹配规则和优化模式重写。

- □ 基础设施：主要实现了待优化 GMIR 指令的遍历以及所有可以优化模式的管理。
- □ 优化模式匹配规则：定义了每个优化模式的匹配规则，待优化指令需要满足特定优化模式的规则才能使用该模式。
- □ 优化模式重写：将待优化的指令改写成特定优化模式对应的指令序列。

其中，基础设施代码以及一部分通用优化模式的匹配实现是架构无关的。而特定目标架构的优化 Pass 可以实现自己的优化模式，也可以选用上述公共的优化模式。

合并优化 Pass 的优化过程是基于工作链表（worklist）的算法，目标架构将可以进行合并优化的指令都放入工作链表中，然后遍历工作链表为每条指令选择可以做的合并优化，之后将新产生的指令放入工作链表中，依次迭代直到没有新指令产生且工作链表为空，则优化结束。

特定目标架构实现的优化 Pass 可以选择基于上述的工作链表算法进行，也可以直接基于 Pass 框架自行实现待优化指令的遍历和相应的优化过程。因为添加的合并优化 Pass 数量和位置，以及每个 Pass 的合并优化类型都是架构相关的，所以下面以 AArch64 为参考，研究一下特定目标架构的合并优化 Pass 的配置情况。

在 AArch64 架构上共有 10 个全局指令选择相关 Pass，除了 4 个基础 Pass 外，还有 6 个优化 Pass。这 6 个优化 Pass 中有 2 个在 GMIR 生成之后执行，2 个在指令合法化之后执行，1 个在 RegBankSelect 之后执行，还有 1 个在机器指令选择之后执行，具体如图 7-30 所示。当不开启优化设置的时候只执行图 7-30 中的基础 Pass，开启优化设置后，图 7-30 中的优化 Pass 也会被执行。

下面简单介绍 6 个优化 Pass 的工作。

1）Aarch64PreLegalizerCombiner：是基于工作链表优化框架实现的，该 Pass 实现了 3 个主要的优化模式（见表 7-2），还有一些小优化不再一一列举。此外，它还使用了一些公共的优化模式。

表 7-2　合法化前的指令合并优化

优化模式	原始指令	优化后的指令
将向量指令转换为标量指令	G_FCONSTANT	G_CONSTANT
消除冗余的 G_TRUNC	G_ICMP(G_TRUNC, 0)	G_ICMP(reg, 0)
全局地址偏移折叠	G_GLOBAL_VALUE/G_PTR_ADD	G_GLOBAL_VALUE

2）LoadStoreOpt：基于 Pass 框架的优化，该 Pass 遍历函数的每条指令，例如将多条 store 指令合并成一条 store 指令的合并优化。

3）Aarch64PostLegalizerCombiner：基于工作链表进行框架优化，实现了 5 种优化模式，分别针对 G_EXTRACT_VECTOR_ELT、G_MUL、G_MERGE_VALUE、G_ANYEXT 和 G_STORE 这 5 类指令。此外还使用了一部分公共优化模式，由于优化模式太多就不再一一展开介绍。

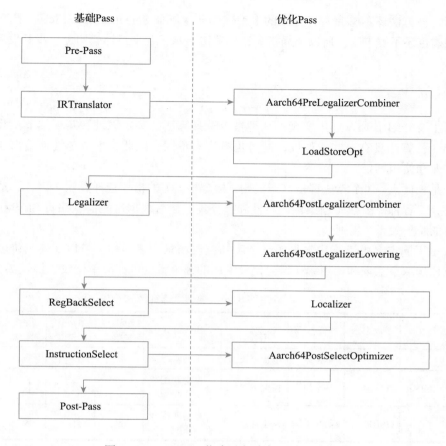

图 7-30　AArch64 指令选择全部 Pass 示意图

4）Aarch64PostLegalizerLowering：是基于工作链表来优化框架的，目前实现了 14 种优化模式，主要针对 G_SHUFFLE_VECTOR、G_EXT、G_ASHR、G_LSHR、G_ICMP、G_BUILD_VECTOR 和 G_STORE 这 7 类指令进行优化。

5）Localizer：基于 Pass 框架的优化，主要针对移动指令，让指令尽可能地靠近它的第一个使用点，从而缩短寄存器的生命周期。

6）Aarch64PostSelectOptimizer：是基于 Pass 框架的优化，主要是简化浮点比较指令的使用。

通常来说，一些简单的优化都是表示成模式，然后通过通用框架直接完成优化；而比较复杂的优化则通过直接自行编写 Pass 遍历过程完成的。

通过上述的介绍可以看出，全局指令选择将 SelectionDAGISel 中原本耦合在一起的功能提取出来，成为多个独立的 Pass，实现了高内聚低耦合的设计。同时，GMIR 的引入既避免了 DAG IR 和 MIR 因语法形式差异大所产生的转换成本，又因为 GMIR 与 MIR 共用基础设施数据结构，进一步降低了代码维护的成本。当然，因为全局指令选择的诞生时间还比较短，该算法还不够完善，生成的汇编代码质量不如 SelectionDAGISel[⊖]，且当前支持的目标架构也还不够丰富，所以全局指令选择还需要基于各个目标架构进一步开发和完善。

7.5　本章小结

本章主要介绍了 LLVM 中实现的 3 种指令选择算法的基本原理和实现细节。我们可以大致看出 3 种算法具有一些相似性，同时也有许多不同。因此，本节定性地给出 3 个算法的差异情况和使用场景。

首先是相同点。3 个算法都是基于规则（指令模式）的指令选择算法。因此，适配一个新架构时，工程师需要熟悉新架构的特性和指令集，然后根据这些信息编写 LLVM IR 到新架构指令的映射关系（规则）。

其次是不同点。由于算法本身的复杂度和应用场景的多样性，可以比较的维度是比较多的，我们选取了实现和使用编译器时比较常用的 8 个维度进行简单比较，如表 7-3 所示。

表 7-3　LLVM 中实现的三种指令选择算法比较

指令选择算法	中间表示	匹配范围	覆盖方式	执行方式	编译时间	生成代码质量	开发周期	可维护性
FastISel	无	单指令	单指令覆盖	手动匹配	快	差	短	一般
SelectionDAGISel	DAGIR	基本块	树覆盖[⊖]	自动匹配和手动匹配	慢	极好	长	一般
GlobalISel	GMIR	函数	树覆盖	自动匹配和手动匹配	慢	好	极长	好

最后是使用场景。根据笔者个人经验，对于编译时间有高要求的场景，一般优先使用 FastISel；对于性能和开发周期有要求的场景，一般优先使用 SelectionDAGISel 算法；从发展的角度看，使用 GlobalISel 算法可能同时具有 FastISel 和 SelectionDAGISel 的优点。

⊖　相关的测试数据可以参考：https://llvm.org/devmtg/2021-11/slides/2021-BringingupGlobalISelForOptimize daarch64codegen.pdf 和 https://llvm.org/devmtg/2019-10/slides/SandersKeles-GeneratingOptimizedCodewit hGlobalISel.pdf。

⊖　除了多输出指令可以构成 DAG 形式的覆盖，LLVM 中实现的大部分指令都只能构建成树模式的覆盖形式，因此本章将 SelectionDAGISel 和 GlobalISel 的覆盖方式都称为树覆盖形式。

第 8 章 *Chapter 8*

指令调度

为什么需要指令调度？这和现代 CPU 架构相关。现代 CPU 一般都是流水线工作，例如在一个典型的流水线中单条指令的执行至少包括取指令、译码、执行、回写 4 个阶段。假设每个阶段的执行时间是一个时钟周期，功能单元串行执行，那么一条指令的执行时间就是 4 个周期，如图 8-1 所示。在 CPU 执行指令的 4 个时钟周期里，取指令单元只在第一个时钟周期里工作，且取指令单元工作时其余 3 个时钟周期都处于空闲状态，其他 3 个执行单元工作时也是如此，因此 CPU 总体执行效率很低。

图 8-1　CPU 单条指令执行过程

一条 CPU 流水线工作示意图如图 8-2 所示。引入流水线工作模式后，后 3 个工作单元除了在前 3 个时钟周期可以偷懒外，其余的时间都不能闲着。从第 2 个时钟周期开始，当译码单元在翻译指令 1 时，取指令单元要接着去取指令 2。从第 3 个时钟周期开始，当执行单元执行指令 1 时，译码单元也不能闲着，要接着去翻译指令 2，而取指令单元要去取指令 3。从第 5 个时钟周期开始，每个电路单元都会进入满荷负载工作状态，源源不断地执行一条条指令。

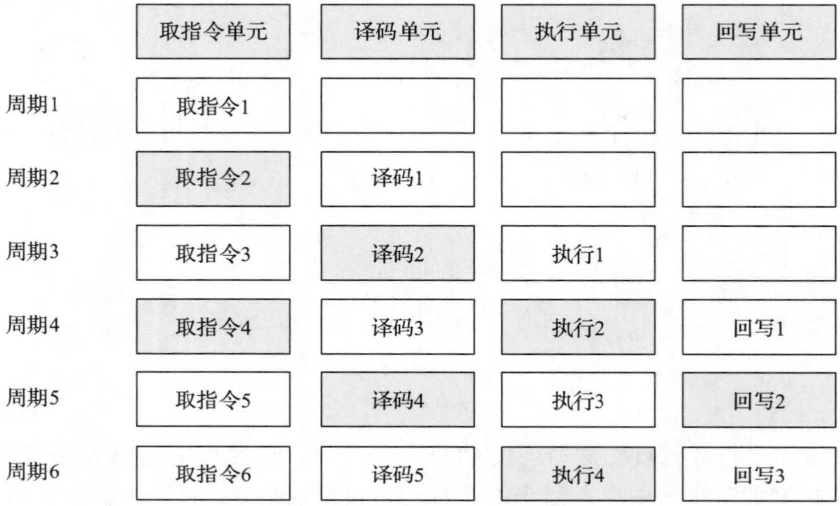

取指令单元	译码单元	执行单元	回写单元
取指令1			
取指令2	译码1		
取指令3	译码2	执行1	
取指令4	译码3	执行2	回写1
取指令5	译码4	执行3	回写2
取指令6	译码5	执行4	回写3

周期1
周期2
周期3
周期4
周期5
周期6

图 8-2　一条 CPU 流水线工作示意图

引入流水线后，虽然每一条指令执行流程不变，还是需要 4 个时钟周期，但是从整条流水线的输出看，差不多平均每个时钟周期都能执行一条指令。原来执行一条指令需要 4 个时钟周期，现在平均只需要 1 个时钟周期，CPU 性能提升了近 3 倍。

流水线的本质其实是用空间换时间。将每条指令分解为多步来执行，指令的每一步都由独立的电路来执行，让不同指令的各步并行操作，从而实现几条指令并行处理，加快程序的运行。

但利用流水线并行的前提是指令之间没有依赖关系，如果相邻的两条指令存在数据依赖，则下一条指令就需要等上一条指令回写完结果才能开始执行，这会使流水线停顿，从而影响程序的执行效率。指令之间的依赖通常分为结构依赖（也称为结构冲突，指不同指令使用相同的硬件资源导致流水线停顿）、数据依赖（也称为数据冲突，指的是指令间的数据有依赖）、控制依赖（也称为控制冲突，指的是由跳转指令确定下一条要执行的指令）。在 LLVM 中常见依赖关系（属性）有 3 种。

1）data（数据依赖）：如果下一条指令的操作数为前一条指令的输出结果，那么这两条指令就存在数据依赖。

2）chain（链依赖）：当前指令调度时不能被移到所依赖的指令之前。通常处于相同内存的访存操作指令序列可以用这种依赖来固定访存操作的顺序。

3）glue（铰链依赖）：指令序列在调度时不能被分开。

注
意　从直观上看，本章仅讨论了数据依赖，实际上结构依赖在出现指令时延时有所涉及，而控制依赖在进行编译优化时有所涉及。

指令调度的作用就是通过调整指令的顺序，减少指令间依赖对流水线的影响，使得程序在拥有指令流水线的中央处理器上能够高效运行。

根据调度发生的阶段可以将指令调度分为动态调度和静态调度。本书仅讨论静态调度。

1）动态调度：发生在运行时，需要相应的硬件支持。处理器会在运行时对指令序列进行重排，并乱序地发送到处理器功能单元，以便处理器能够同时处理更多的指令。

2）静态调度：在编译阶段对指令重排，消除指令间的依赖，提升指令并行度，从而利用流水线的空闲周期执行没有依赖冲突的其他指令。

根据指令调度的工作范围，通常可以将指令调度分为 3 类。

1）局部调度：针对单基本块进行调度。最典型的算法是 List Scheduling 算法（也称为表调度），这一类算法采用不同的启发式方法选择合适的指令，比如考虑停滞周期（stall cycles）⊖、指令时延、寄存器压力等。论文" A comparision of List Scheduling Heuristics in LLVM Targeting POWER8"⊜将影响调度算法的启发式因素细分为 24 种，我们将在后文介绍具体的算法时详细描述算法所涉及的启发式因素。

2）全局调度：跨多个基本块进行调度。通常有 Trace Scheduling（识别频率高的执行路径，并根据路径调度多个基本块）、Superblock Scheduling（通常是选择一些具有单入口、多出口属性的基本块进行调度）、Hyperblock Scheduling（使用 If-Conversion 算法移除条件分支，获得超大基本块后进行调度）等调度算法。

3）循环调度：针对循环体内的基本块进行指令调度优化，从而提升循环执行的并行性能，这主要是针对软流水的优化。

本书讨论的指令调度算法主要是局部调度和循环调度。其中局部调度适用于所有的后端，而循环调度目前仅适用于 ARM、PPC 和 Hexagon 后端。

8.1　LLVM 指令调度

指令调度和寄存器分配会相互影响，所以 LLVM 实现了基于 MIR 的寄存器分配前指令调度和寄存器分配后指令调度，同时还提供了基于 SelectionDAG（DAG IR）的调度，并未针对 FastISel、GlobalISel 提供了指令调度算法。本节首先对 LLVM 中实现的调度算法（也称为调度器）进行介绍，然后介绍指令调度中使用的拓扑排序算法。

⊖　本书统一翻译为停滞周期，但该词也不算特别贴切，所以笔者这里简单解释其含义：它是指在指令执行过程中，由于存在依赖冲突、结构冲突等导致的 CPU 流水线停顿。

⊜　在线论文地址为 https://lup.lub.lu.se/luur/download?func=downloadFile&recordOld=9079542&fileOld=9079543。

8.1.1 指令调度算法

LLVM 实现了多种指令调度的算法，基本的思路都是构建指令间的依赖图，基于依赖图进行拓扑排序。调度算法可以在 LLVM 后端的不同阶段实施。在图 8-3 中的①、②、③阶段都可以配置调度算法。

图 8-3 调度算法实施阶段

为什么要在多个阶段配置调度算法？根本原因是指令调度和寄存器分配（第 10 章介绍）会相互影响。指令调度会调整寄存器的位置，影响寄存器的生命周期，从而影响寄存器分配；同理，寄存器分配选择物理寄存器会影响指令依赖，从而影响指令调度。所以 LLVM 设计了 3 个可以配置调度算法的阶段，具体如下。

阶段①：基于 SelectionDAG 进行调度，Linearize、Fast、BURR List、Source List、Hybrid List 这些调度算法都在此阶段完成指令调度优化。

阶段②：基于寄存器分配前的 MIR 进行调度，调度算法包括 Pre-RA-MISched。这个阶段的指令调度会着重考虑指令顺序对寄存器分配压力的影响。另外，LLVM 的循环调度 SMS（Swing Modulo Scheduling，摇摆模调度）也处于这个阶段。

阶段③：基于寄存器分配后的 MIR 进行调度，调度算法包括 Post-RA-TDList 和 Post-RA-MISched。

阶段③寄存器分配后的调度算法主要考虑影响指令并行性能的启发式因素，而阶段①、②寄存器分配前的调度算法除了考虑并行性能之外，还要综合考虑寄存器分配压力等多种启发式因素。

虽然这三个阶段配置的调度算法实现略有不同（原因是输入不同，如图 8-3 所示），但算法原理相似，有很多代码可以复用。针对不同阶段和具体算法，LLVM 实现的调度类 UML 如图 8-4 所示。

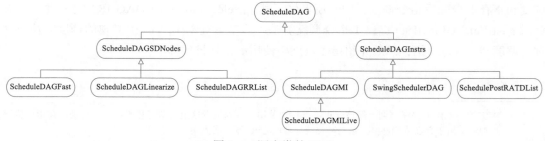

图 8-4 调度类的 UML

这些不同调度算法对应的实现作用于不同的 IR 输入，如表 8-1 所示。

表 8-1　调度算法在 LLVM 中对应的实现

调度器	基于 IR 输入	实现类	和寄存器分配的关系
Linearize	SelectionDAG	ScheduleDAGLinearize	pre-RA（寄存器分配前，下同）
Fast	SelectionDAG	ScheduleDAGFast	pre-RA
BURR List	SelectionDAG	ScheduleDAGRRList	pre-RA
Source List	SelectionDAG	ScheduleDAGRRList	pre-RA
Hybrid List	SelectionDAG	ScheduleDAGRRList	pre-RA
Pre-RA-MISched	MachineInstr	ScheduleDAGMILive	pre-RA
SMS	MachineInstr	SwingSchedulerDAG	pre-RA
Post-RA-MISched	MachineInstr	ScheduleDAGMI	post-RA（寄存器分配后，下同）
Post-RA-TDList	MachineInstr	SchedulePostRATDList	post-RA

这些调度算法将在后续章节一一展开介绍。

8.1.2　拓扑排序算法

指令调度的算法都是以拓扑排序为基础，每条指令按照依赖关系构成了 DAG 的节点，因此本节简要介绍一下拓扑排序算法。

对于一个 DAG，记为 $G<E, V>$，拓扑排序是将 G 中所有的顶点排成一个线性序列，对于图中任意一对顶点 u 和 $v(u, v \in V)$，如果边 $<u, v> \in E(G)$，则 u 出现在 v 之前。这样的线性序列被称为满足拓扑次序的序列，寻找线性序列的过程称为拓扑排序。拓扑排序的实现常常需要借助队列，步骤大致如下。

1）遍历图中所有的节点，将入度为 0 的节点放入队列。

2）从队列中选出一个节点，并消费该节点（从图 G 中删除节点），之后更新节点所指向的相邻节点的入度（减 1），如果相邻节点的入度为 0，则将该相邻节点放入队列。

3）重复以上步骤，直到队列为空。

图 8-5 展示了一个拓扑排序的完整过程。假设原始 DAG 如图 8-5a 所示，因为其中只有 a 的入度为 0，所以 a 会被最先消费并从 DAG 中删除，然后更新相邻节点 b、c、d 的入度，得到结果如图 8-5b 所示。重复该过程，依次消费节点 c、b、f、d，分别如图 8-5c ～ 图 8-5f 所示。整个图拓扑排序的最终结果为 $acbfde$。

指令调度算法会在拓扑排序的基础上进行增强，主要是在拓扑排序的第二步通过多种启发式因素计算出队列中调度优先级最高的节点，然后将该节点作为调度结果。

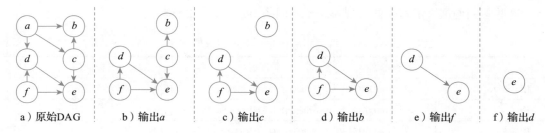

图 8-5　拓扑排序过程

8.2　Linearize 调度器

Linearize 调度器是 LLVM 中实现最简单的调度器，后续章节介绍的一些调度器都是基于它来增强实现。Linearize 调度器是以基本块为调度单元，对 SelectionDAG 的 SDNode 做了一次自底向上的拓扑排序，生成 SDNode 的序列。调度算法的实现步骤如下。

1）构造 SDNode 依赖图。

2）根据依赖图，按照深度优先遍历的方法对依赖图进行拓扑排序，依赖图中具有 glue 属性的节点序列会被当作一个整体进行调度，从而保证具有 glue 属性的节点序列不会被拆开。

3）重复以上步骤，直到所有节点调度完成。

Linearize 调度器实现非常简单，没有考虑任何启发式因素。在 LLVM 中通过编译选项 -pre-RA-sched=linearize 来选择使用 Linearize 调度器。下面通过一个示例演示 Linearize 的实现过程，假设有一段经过指令选择后的示例代码如代码清单 8-1 所示。

代码清单 8-1　调度前的 SelectionDAG 示例代码

```
t0: ch, glue = EntryToken
t12: i64, ch = CopyFromReg t0, Register: i64 %24
t2: i64, ch = CopyFromReg t0, Register: i64 %35
t5: i64, i32 = SAR64ri exact t2, TargetConstant: i8<3>
t8: i64 = MOV32ri64 TargetConstant: i64<1>
t59: i64, i32 = SUB64ri8 t5, TargetConstant: i64<2>
t67: ch, glue = CopyToReg t0, Register: i32 $eflags, t59: 1
t62: i64 = CMOV64rr t8, t5, TargetConstant: i8<3>, t67: 1
t46: i64, i32 = ADD64rr t62, t5
t49: i64, i32 = SUB64rr, t46, t12
t66: ch, glue = CopyToReg t0, Register: i32 $eflags, t49: 1
t52: i64 = CMOV64rr t46, t12, TargetConstant: i8<7>, t66: 1
t65: ch, glue = CopyToReg t0, Register: i32 $eflags, t46: 1
t48: i64 = CMOV64rr t52, t12, TargetConstant: i8<2>, t65: 1
t7: ch = CopyToReg t0, Register: i64 %36, t5
t20: ch = CopyToReg t0, Register: i64 %37, t48
t21: i64 = SUBREG_TO_REG, TargetConstant: i64<0>, MOV32r0: i32, i32, TargetConstant: i32<6>
```

```
t25: ch = CopyToReg t0, Register: i64 %137, t21
t27: ch = TokenFactor t7, t20, t25
t43: i32 = TEST64rr t48, t48
t64: ch, glue = CopyToReg t27, Register: i32 $eflags, t43
t45: ch = JCC_1 BasicBlock: ch<_ZNst12_Vector_allocate.i.i.i 0x55556eb245c0>,
     TargetConstant: i8<4>, t64, t64: 1
t30: ch = JMP_1 BasicBlock: ch<_ZNst16allocator_exit.i.i.i.i 0x55556eb244c0>, t45
```

该代码片段来自一个复杂的工程，下面以此为例来看看经过 Linearize 后生成的 SDNode 序列是什么样子。

8.2.1　构造依赖图

为 SelectionDAG 中的 SDNode 构造依赖图，并计算各个 SDNode 的入度。其过程为自上向下依次遍历 SelectionDAG 的指令，根据指令之间的依赖关系在依赖图中添加相关依赖，并计算入度。

图 8-6 展示了基于代码清单 8-1 所构造的依赖图。以指令 t49：i64, i32 = SUB64rr, t46, t12 为例，它的操作数分别为 t46、t12，且都是数据依赖关系，因此需要为 t49 和 t46、t12 建立数据依赖，并且 t49 的操作数 0 指向 t46，t49 的操作数 1 指向 t12，同时分别增加 t46、t12 的入度。

在基本块遍历完成时，会增加一个虚拟的 Graph Root 节点，让 Graph Root 指向基本块的最后一条指令，Graph Root 不是基本块的指令节点，只是用来标记这个基本块的退出位置，自底向上地从 Graph Root 开始调度指令。

为了展示不同的依赖关系，我们使用蓝色虚线表示 chain 依赖边，用蓝色实线表示 glue 依赖边，黑色实线表示数据依赖边。最后得到的依赖图如图 8-6 所示。

> 📷 **注 意**　这和 LLVM 工具的输出略有不同，主要是为满足印刷排版所需进行了细微的调整。另外，从 LLVM 工具输出的依赖图中还可能包括 EntryToken 节点，它是一个特殊节点，但不影响调度顺序，为了简化依赖图，故未在图中体现。EntryToken 节点的相关内容可以参考第 7 章。

8.2.2　对依赖图进行调度

第 1 步，对普通节点进行调度，并按照深度优先对依赖图进行拓扑排序。

从 Graph Root 节点出发，自底向上按深度优先进行拓扑排序。因为 Graph Root 是虚拟节点，它不依赖任何节点，所以从 Graph Root 开始调度。t30 依赖 Graph Root，故 t30 是第一个被调度的节点，将调度结果存入一个数组（这里使用 Sequence 表示）中，同时将 t30 从图 8-6 所示依赖图中移除，并更新 t30 依赖节点的入度，即将 t45 的入度减 1。此时，t30 调度后的局部依赖图如图 8-7 所示。

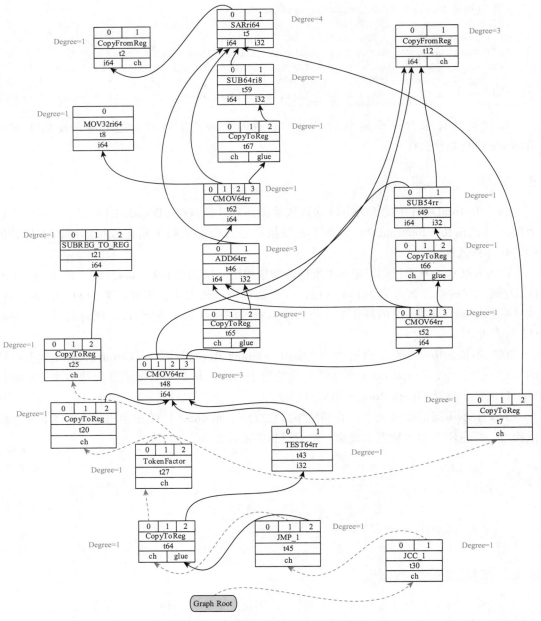

图 8-6 SelectionDAG 基本块依赖图

此时，Sequence 中的调度结果为 t30。

第 2 步，处理具有 glue 属性的节点序列。

接下来需要调度 t45，但是 t45 和 t64 具有 glue 属性。此时，t64 仅被 t45 依赖，因为具有 glue 属性的节点序列必须作为整体被调度，所以将 t45、t64 的调度结果放入 Sequence 数组。从右向左遍历 t64 的操作数，首先是处理节点 t43，并将 t43 的入度设置为 0，然后处理节点 t27，得到的局部依赖图如图 8-8 所示。

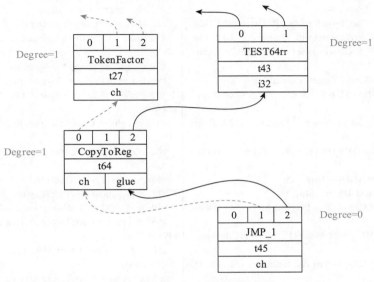

图 8-7 t30 调度后的局部依赖图

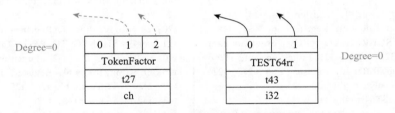

图 8-8 t45、t64 调度后的局部依赖图

此时，Sequence 中的调度结果为 t30、t45、t64。

重复第 1 步和第 2 步，直到所有节点完成调度。最后得到的调度结果为：t30，t45，t64，t43，t27，t25，t21，t20，t48，t65，t52，t66，t49，t12，t46，t62，t67，t59，t8，t7，t5，t2。

因为 Linearize 算法直接对 SDNode 进行调度，所以得到的结果即为指令执行顺序。我们来比较一下使用 Linearize 调度前后的指令执行顺序，如表 8-2 所示，主要的变化是 t7 和 t12 的执行顺序。Linearize 的调度中并未引入任何启发式因素，因此调度结果对执行性能的影响也是不确定的，但是可以看到 t7 放了 t5 的后面、t12 放在了 t49 的前面。结果显示，t7、t12 和它们依赖者或者被依赖者距离更近。

表 8-2 使用 Linearize 算法调度前后的效果比较

调度前	调度后
t0：ch, glue = EntryToken	t0：ch, glue = EntryToken
t12：i64, ch = CopyFromReg t0, Register：i64 %24	t2：i64, ch = CopyFromReg t0, Register：i64 %35
t2：i64, ch = CopyFromReg t0, Register：i64 %35	t5：i64, i32 = SAR64ri exact t2, TargetConstant：i8<3>
t5：i64, i32 = SAR64ri exact t2, TargetConstant：i8<3>	t7：ch = CopyToReg t0, Register：i64 %36, t5
t8：i64 = MOV32ri64 TargetConstant：i64<1>	t8：i64 = MOV32ri64 TargetConstant：i64<1>
t59：i64, i32 = SUB64ri8 t5, TargetConstant：i64<2>	t59：i64, i32 = SUB64ri8 t5, TargetConstant：i64<2>
t67：ch, glue = CopyToReg t0, Register：i32 $eflags, t59：1	t67：ch, glue = CopyToReg t0, Register：i32 $eflags, t59：1
t62：i64 = CMOV64rr t8, t5, TargetConstant：i8<3>, t67：1	t62：i64 = CMOV64rr t8, t5, TargetConstant：i8<3>, t67：1
t46：i64, i32 = ADD64rr t62, t5	t46：i64, i32 = ADD64rr t62, t5
t49：i64, i32 = SUB64rr, t46, t12	t12：i64, ch = CopyFromReg t0, Register：i64 %24
t66：ch, glue = CopyToReg t0, Register：i32 $eflags, t49：1	t49：i64, i32 = SUB64rr, t46, t12
t52：i64 = CMOV64rr t46, t12, TargetConstant：i8<7>, t66：1	t66：ch, glue = CopyToReg t0, Register：i32 $eflags, t49：1
t65：ch, glue = CopyToReg t0, Register：i32 $eflags, t46：1	t52：i64 = CMOV64rr t46, t12, TargetConstant：i8<7>, t66：1
t48：i64 = CMOV64rr t52, t12, TargetConstant：i8<2>, t65：1	t65：ch, glue = CopyToReg t0, Register：i32 $eflags, t46：1
t7：ch = CopyToReg t0, Register：i64 %36, t5	t48：i64 = CMOV64rr t52, t12, TargetConstant：i8<2>, t65：1
t20：ch = CopyToReg t0, Register：i64 %37, t48	t20：ch = CopyToReg t0, Register：i64 %37, t48
t21：i64 = SUBREG_TO_REG, TargetConstant：i64<0>, MOV32r0：i32, i32, TargetConstant：i32<6>	t21：i64 = SUBREG_TO_REG, TargetConstant：i64<0>, MOV32r0：i32, i32, TargetConstant：i32<6>
t25：ch = CopyToReg t0, Register：i64 %137, t21	t25：ch = CopyToReg t0, Register：i64 %137, t21
t27：ch = TokenFactor t7, t20, t25	t27：ch = TokenFactor t7, t20, t25
t43：i32 = TEST64rr t48, t48	t43：i32 = TEST64rr t48, t48
t64：ch, glue = CopyToReg t27, Register：i32 $eflags, t43	t64：ch, glue = CopyToReg t27, Register：i32 $eflags, t43
t45：ch = JCC_1 BasicBlock：ch<_ZNst12_Vector_allocate.i.i.i 0x55556eb245c0>, TargetConstant：i8<4>, t64, t64：1	t45：ch = JCC_1 BasicBlock：ch<_ZNst12_Vector_allocate.i.i.i 0x55556eb245c0>, TargetConstant：i8<4>, t64, t64：1
t30：ch = JMP_1 BasicBlock：ch<_ZNst16allocator_exit.i.i.i.i 0x55556eb244c0>, t45	t30：ch = JMP_1 BasicBlock：ch<_ZNst16allocator_exit.i.i.i.i 0x55556eb244c0>, t45

8.3 Fast 调度器

Fast 调度器和 Linearize 调度器一样都遵循自底向上的深度优先拓扑排序规则。和 Linearize 调度器相比，Fast 调度器在实现上有 3 点不同。

1）Fast 调度器用 SUnit 封装了 SDNode，并以 SUnit 为节点来构造指令的依赖图。

2）Fast 调度器在构建依赖图前会做一些优化，为地址相近的内存操作的 SDNode 序列设置 glue 属性，以提升数据局部性。

3）Fast 调度器对物理寄存器依赖场景做了特殊处理，笔者理解这是为了减小该物理寄存器的活跃区间范围。

LLVM 通过编译选项 -pre-RA-sched=fast 来使用 Fast 调度器，调度算法实现放在 Schedule-DAGFast 类。

8.3.1 Fast 调度器实现

从 Fast 调度器开始，本章后面介绍的局部调度器都会用 SUnit 来封装 SDNode 或者 MIR。SUnit 类中有两个字段，分别是 SDNode 指针类型的 Node 和 MachineInstr 指针类型的 Instr，分别保存对应 SelectionDAG 形式的 SDNode 节点和 MIR 节点。例如，Fast 调度器中的 SUnit 是基于 SDNode 构造的，而 8.7 节介绍的算法的 SUnit 是基于 MIR 构造的。Fast 调度器算法的实现步骤如下。

1）以 SUnit 为节点构造依赖图，SUnit 由两类 SDNode 构成。第一类是具有 glue 属性的 SDNode 序列，这些 SDNode 将被合并成一个 SUnit；第二类是没有 glue 属性的 SDNode，如果 SDNode 包含机器操作数，则为该 SDNode 生成一个 SUnit。另外，SUnit 引入了 NumSuccsLeft 字段来描述其入度。

2）基于依赖图进行调度。

3）重复以上步骤，直到所有节点调度完成。

> **注意** 为什么 LLVM 用 SUnit 封装 SDNode 或者 MIR？笔者的理解是将影响指令调度的启发式因素提取出来，封装在 SUnit 中，从而避免在 SDNode 和 MIR 中重复定义和实现。

下面依然以代码清单 8-1 的 SelectionDAG 为例，Fast 调度器构造的 SUnit 依赖图如图 8-9 所示。示例中的 SUnit 标识了其对应的 SDNode 节点，比如 SUnit[6] 对应的是 t2。SUnit 的依赖边有两种类型：蓝色虚线的边是 Barrier 类型（SDNode 之间的 chain 依赖关系就是 Barrier 类型），黑色实线的边是 data 依赖类型。和 SDNode 依赖图相比，SUnit 依赖图的节点数量略有减少，主要是它把具有 glue 属性的 SDNode 序列合成为一个 SUnit 节点，比如图 8-9 中 SUnit[3] 节点表示具有 glue 属性的 t48 和 t65 的序列。

建立依赖图后，Fast 调度器从 Graph Root 出发，自底向上地对依赖图执行拓扑排序。当 SUnit 节点的 NumSuccsLeft 为 0 时，表明该节点的所有后继节点都已调度完成，可以添加该节点到待调度队列。Fast 调度器与后面介绍的更复杂的调度器都会使用 AvailableQueue 队列。在 Fast 调度器中 AvailableQueue 是普通的队列，每个 SUnit 的优先级都是一样的，但在后面介绍的调度器中它是一个优先级队列，会根据启发式因素来决定队列中节点的优先级。

因为 Fast 调度器在调度过程中对物理寄存器的依赖场景进行了特殊处理，所以下面先介绍物理寄存器依赖场景的相关内容。

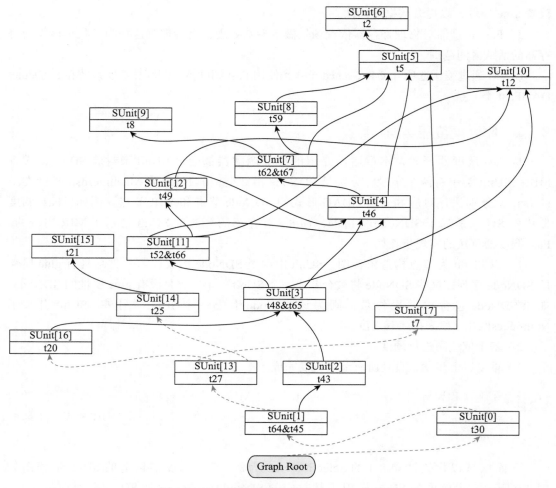

图 8-9 Fast 调度器算法构造的 SUnit 依赖图

8.3.2 物理寄存器依赖场景的处理

所谓物理寄存器依赖场景，是指令之间存在物理寄存器的依赖关系，如图 8-10 所示。物理寄存器 rx 在指令③中开始被赋值，在指令①中被使用，这就是一个物理寄存器依赖的场景。调度器使用 LiveRegDefs 和 LiveRegGens 数组来分别记录这个序列的开始与结束指令的索引。这两个数组的长度都为 TRI->getNumRegs()，其中 TRI->getNumRegs() 为当前目标后端物理寄存器的数量。存放物理寄存器指令的索引数组结构如图 8-11 所示。

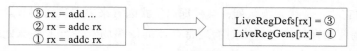

图 8-10 物理寄存器依赖示例

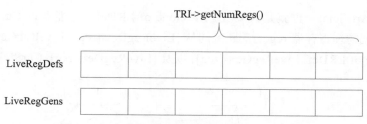

图 8-11　存放物理寄存器指令的索引数组结构

在图 8-10 中，LiveRegDefs[rx] 存放指令③的索引，LiveRegGens[rx] 存放指令①的索引。

对于物理寄存器依赖导致其活跃区间太长的情况，Fast 调度器有两种处理方法可将活跃区间拆开，从而提升寄存器分配的性能。这两种方法分别是 CopyAndMoveSuccessors 和 InsertCopiesAndMoveSuccs。

- ❏ CopyAndMoveSuccessors：通过插入重复指令的方式来缩短活跃区间，这和第 10 章介绍的重新物化概念一致。
- ❏ InsertCopiesAndMoveSuccs：通过插入 COPY 指令的方式来缩短活跃区间。

1. CopyAndMoveSuccessors

物理寄存器依赖示例如图 8-12 所示，指令 LiveRegGens[reg]、CurSU、LiveRegDefs[reg] 对物理寄存器 reg 存在依赖。假设当前指令调度已经进行到 CurSU 节点，则表明 LiveRegGens[reg] 和 S2 节点已经被调度过，其余的节点还未被调度。下面以图 8-12 为例来描述 CopyAndMoveSuccessors 的大体步骤。

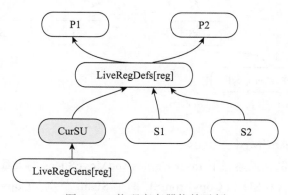

图 8-12　物理寄存器依赖示例

第 1 步：把 LiveRegDefs[reg] 节点复制一份存放到新的节点，新的节点记为 clone of LRDef，并将 LiveRegDefs[reg] 节点的前驱节点 P1、P2 设置为 clone of LRDef 节点的前驱节点，如图 8-13 所示。

第 2 步：将 LiveRegDefs[reg] 的后继节点中已经调度过的节点指向 clone of LRDef 节点，这里将 S2 指向 clone of LRDef。将 CurSU 设置为 clone of LRDef 的前驱节点，其依赖

类型为 SDep::Artificial，也就是说要先调度 clone of LRDef，才能调度 CurSU，如图 8-14 所示。这样就把物理寄存器 reg 的活跃区间从 [LiveRegDefs[reg], LiveRegGens[reg]] 分解成了两段：[clone of LRDef, LiveRegGens[reg]] 以及 [LiveRegDefs[reg], CurSU]。

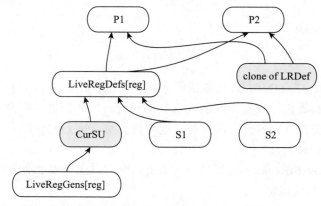

图 8-13　复制新节点并设置其前驱节点

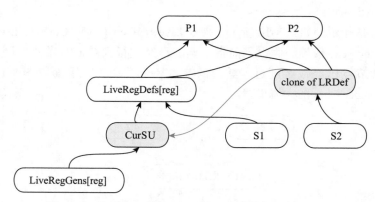

图 8-14　将 CurSU 设置为 clone of LRDef 的前驱节点

2. InsertCopiesAndMoveSuccs

依然以图 8-12 为例，描述一下 InsertCopiesAndMoveSuccs 的大致步骤。

第 1 步：插入 CopyToSU 和 CopyFromSU 两个 SUnit 节点。CopyFromSU 就是将 Live-Reg-Defs[reg] 节点的 reg 赋给新的物理寄存器，比如 reg1。CopyToSU 将 CopyFromSU 节点的 reg1 重新赋给 reg，将 CopyFromSU 节点的前驱节点设置为 LiveRegDefs[reg] 节点，把 LiveRegDefs[reg] 的后继节点中已经调度的节点 S2 指向 CopyToSU 节点，如图 8-15 所示。

第 2 步：CopyToSU 增加对 CopyFromSU 节点的数据依赖边。将 CopyToSU 指向 CurSU，依赖边类型为 SDep::Artificial，将 CurSU 节点的前驱节点设置为 CopyFromSU，其依赖类型

为 SDep::Artificial。也就是说先调度 CopyToSU，然后是 CurSU，最后才是 CopyFromSU，即 CopyToSU 增加了对 CopyFromSU 节点的数据依赖边，如图 8-16 所示。这样就把节点 LiveRegGens[reg]、CurSU、LiveRegDefs[reg] 的物理寄存器 reg 的活跃区间 [LiveRegDefs[reg], LiveRegGens[reg]] 分解成了 [CopyToSU, LiveRegGens[reg]] 以及 [LiveRegDefs[reg], CurSU] 这两段。但该方法插入了两条新的指令 CopyFromSU 和 CopyToSU，会带来额外的开销。

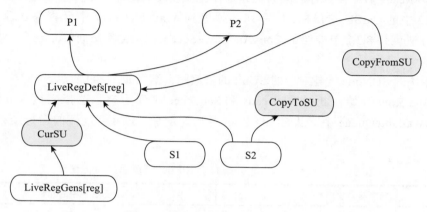

图 8-15　S2 指向 CopyToSU 节点

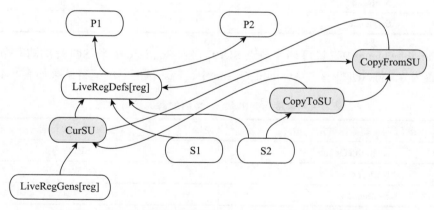

图 8-16　CopyToSU 增加了对 CopyFromSU 节点的数据依赖边

CopyAndMoveSuccessors 方法会复制 LiveRegDefs[rx] 指令，而 InsertCopiesAndMove-Succs 方法则会插入一对 copy 指令。笔者理解，CopyAndMoveSuccessors 方法会比 Insert-CopiesAndMoveSuccs 方法生成更少的指令数，所以 LLVM 会优先使用 CopyAndMove-Successors 来处理物理寄存器依赖，但在一些特殊场景（比如涉及的指令具有 glue 属性）中会选择 InsertCopiesAndMoveSuccs 方法。

8.3.3 示例分析

依然以代码清单 8-1 为例说明 Fast 调度器如何调度指令序列。Fast 调度器使用了 3 个辅助数据结构，分别是 AvailableQueue、NotReady 和 Sequence。Sequence 数组存放调度的指令结果。队列 AvailableQueue 存放入度为 0 且可以被调度的指令序列，它们遵循先进先出的原则。NotReady 数组用来存放因为物理寄存器依赖被干扰暂时无法被调度的 SUnit 节点，比如图 8-12 中的 CurSU。NotReady 序列必须等到 AvailableQueue 中元素为 0 后才会被处理，处理方法就是 8.3.2 节介绍的 CopyAndMoveSuccessors 或者 InsertCopiesAndMoveSuccs 方法。

为基本块的 SDNode 构建对应的 SUnit 的依赖图，结果如图 8-9 所示。

从 Graph Root 开始，此时 NotReady 和 Sequence 序列为空。选择入度为 0 的 SU[0][⊖]节点存入 AvailableQueue 中，从 Graph Root 开始调度后，Fast 调度器的运行结果如表 8-3 所示。

表 8-3　从 Graph Root 开始调度后 Fast 调度器的运行结果

调度器数据结构	数据结构中的元素
AvailableQueue	SU[0]
NotReady	空
Sequence	空

从 AvailableQueue 中选择可调度节点 SU[0] 存入 Sequence，将 SU[0] 的前驱节点 SU[1] 的入度设置为 0，将 SU[1] 存入 AvailableQueue 中，Fast 调度器的运行结果如表 8-4 所示。

表 8-4　调度 SU[0] 后 Fast 调度器的运行结果

调度器数据结构	数据结构中的元素
AvailableQueue	SU[1]
NotReady	空
Sequence	SU[0]

按照拓扑排序的方式依次调度 SUnit 依赖图，直到出现 SU[3]。SU[3] 入度为 0，存入 Sequence 中，并将 SU[3] 的前驱节点 SU[11] 的入度减 1，变为 0 后存入 AvailableQueue 中。SU[3] 的前驱节点 SU[4] 定义了 reg 为 28 的物理寄存器（为 EFLAG，如图 8-9 所示，SU[3]、SU[4] 分别对应 t48&t65、t46 节点）。SU[3] 使用了物理寄存器 EFLAG，此时将 LiveRegDefs[28] 设置为 SU[4]。调度 SU[3] 后 Fast 调度器的运行结果如表 8-5 所示。

⊖ 为简便描述起见，后续正文和表格中的 SUnit[…] 形式的表述均简写为 SU[…]，例如 SUnit[0] 将简写为 SU[0] 形式。

表 8-5 调度 SU[3] 后 Fast 调度器的运行结果

调度器数据结构	数据结构中的元素
AvailableQueue	SU[17],SU[11]
NotReady	空
Sequence	SU[0],SU[1],SU[2],SU[13],SU[14],SU[15],SU[16],SU[3]
LiveRegDefs[28]	SU[4]

从 AvailableQueue 中选择 SU[11]。SU[11] 的前驱节点 SU[12] 定义了 EFLAG 且 SU[12] 不是 LiveRegDefs[28] 的值（其值为 SU[4]，参见表 8-5），故存在对物理寄存器 EFLAG 的依赖，此时将 SU[11] 存入 NotReady 队列中。调度 SU[11] 后 Fast 调度器的运行结果如表 8-6 所示。

表 8-6 调度 SU[11] 后 Fast 调度器的运行情况

调度器数据结构	数据结构中的元素
AvailableQueue	SU[17]
NotReady	SU[11]
Sequence	SU[0],SU[1],SU[2],SU[13],SU[14],SU[15],SU[16],SU[3]
LiveRegDefs[28]	SU[4]

继续调度 AvailableQueue 中的元素，直到其中的元素为空。此时，将 SU[11] 从 NotReady 序列存入 AvailableQueue 中。调度 SU[17] 后，Fast 调度器的运行结果如表 8-7 所示。

表 8-7 调度 SU[17] 后 Fast 调度器的运行结果

调度器数据结构	数据结构中的元素
AvailableQueue	SU[11]
NotReady	空
Sequence	SU[0],SU[1],SU[2],SU[13],SU[14],SU[15],SU[16],SU[3],SU[17]
LiveRegDefs[28]	SU[4]

此时 SU[11]、SU[4]、SU[3] 便构成了对物理寄存器 EFLAG 的依赖，采用 CopyAndMoveSuccessors 方法来处理。将 SU[4] 复制出一份，得到 SU[4]-clone，并利用 SU[11]、SU[12]、SU[3]、SU[4] 构造如图 8-17 所示的局部依赖图。SU[4]-clone 的前驱节点继承自 SU[4]，即 SU[5]、SU[7]，因此将 SU[5]、SU[7] 的入度加 1，并将 SU[4]-clone 设置为 SU[11] 的后继节点。此时，SU[11] 的入度加 1，并将 LiveRegDefs[28] 更新为 SU[4]-clone。处理物理寄存器依赖后，Fast 调度器的运行结果如表 8-8 所示。

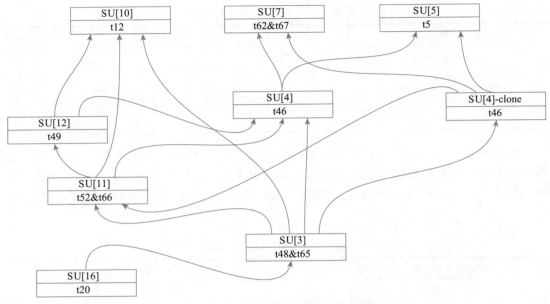

图 8-17 对 SU[4] 进行复制后的依赖图

表 8-8 处理物理寄存器依赖后 Fast 调度器的运行结果

调度器数据结构	数据结构中的元素
AvailableQueue	SU[4]-clone
NotReady	SU[11]
Sequence	SU[0],SU[1],SU[2],SU[13],SU[14],SU[15],SU[16],SU[3],SU[17]
LiveRegDefs[28]	SU[4]-clone

继续按照深度优先的拓扑排序进行调度，直到 AvailableQueue、NotReady 序列都为空，最终结果存储在 Sequence 序列中，所有 SU 节点调度完成后，Fast 调度器的运行结果如表 8-9 所示。

表 8-9 所有 SU 节点调度完成后 Fast 调度器的运行结果

调度器数据结构	数据结构中的元素
AvailableQueue	空
NotReady	空
Sequence	SU[0],SU[1],SU[2],SU[13],SU[14],SU[15],SU[16],SU[3],SU[17],SU[4]-clone,SU[11],SU[12],SU[10],SU[4],SU[7],SU[8],SU[5],SU[6],SU[9],
LiveRegDefs[28]	空

把 SUnit 节点转换成 SDNode 节点后，调度前后的结果如表 8-10 所示。除了指令顺序外，最显著的差异就是调度后生成了一个新的节点 t46。物理寄存器 EFLAG 的活跃区间由 [t46, t48] 被拆解成了 [t46, t52] 以及 [t46, t48]。

表 8-10　使用 Fast 调度器调度前后的效果比较

调度前	调度后
t0：ch，glue = EntryToken	t0：ch，glue = EntryToken
t12：i64，ch = CopyFromReg t0，Register：i64 %24	t8：i64 = MOV32ri64 TargetConstant：i64<1>
t2：i64，ch = CopyFromReg t0，Register：i64 %35	t2：i64，ch = CopyFromReg t0，Register：i64 %35
t5：i64，i32 = SAR64ri exact t2，TargetConstant：i8<3>	t5：i64，i32 = SAR64ri exact t2，TargetConstant：i8<3>
t8：i64 = MOV32ri64 TargetConstant：i64<1>	t59：i64，i32 = SUB64ri8 t5，TargetConstant：i64<2>
t59：i64，i32 = SUB64ri8 t5，TargetConstant：i64<2>	t67：ch，glue = CopyToReg t0，Register：i32 $eflags，t59：1
t67：ch，glue = CopyToReg t0，Register：i32 $eflags，t59：1	t62：i64 = CMOV64rr t8，t5，TargetConstant：i8<3>，t67：1
t62：i64 = CMOV64rr t8，t5，TargetConstant：i8<3>，t67：1	t46：i64，i32 = ADD64rr t62，t5
t46：i64，i32 = ADD64rr t62，t5	t12：i64，ch = CopyFromReg t0，Register：i64 %24
t49：i64，i32 = SUB64rr，t46，t12	t49：i64，i32 = SUB64rr，t46，t12
t66：ch，glue = CopyToReg t0，Register：i32 $eflags，t49：1	t66：ch，glue = CopyToReg t0，Register：i32 $eflags，t49：1
t52：i64 = CMOV64rr t46，t12，TargetConstant：i8<7>，t66：1	t52：i64 = CMOV64rr t46，t12，TargetConstant：i8<7>，t66：1
t65：ch，glue = CopyToReg t0，Register：i32 $eflags，t46：1	t46：i64，i32 = ADD64rr t62，t5
t48：i64 = CMOV64rr t52，t12，TargetConstant：i8<2>，t65：1	t7：ch = CopyToReg t0，Register：i64 %36，t5
t7：ch = CopyToReg t0，Register：i64 %36，t5	t65：ch，glue = CopyToReg t0，Register：i32 $eflags，t46：1
t20：ch = CopyToReg t0，Register：i64 %37，t48	t48：i64 = CMOV64rr t52，t12，TargetConstant：i8<2>，t65：1
t21：i64 = SUBREG_TO_REG，TargetConstant：i64<0>，MOV32r0：i32，i32，TargetConstant：i32<6>	t20：ch = CopyToReg t0，Register：i64 %37，t48
t25：ch = CopyToReg t0，Register：i64 %137，t21	t21：i64 = SUBREG_TO_REG，TargetConstant：i64<0>，MOV32r0：i32，i32，TargetConstant：i32<6>
t27：ch = TokenFactor t7，t20，t25	t25：ch = CopyToReg t0，Register：i64 %137，t21
t43：i32 = TEST64rr t48，t48	t27：ch = TokenFactor t7，t20，t25
t64：ch，glue = CopyToReg t27，Register：i32 $eflags，t43	t43：i32 = TEST64rr t48，t48
t45：ch = JCC_1 BasicBlock：ch<_ZNst12_Vector_allocate.i.i.i 0x55556eb245c0>，TargetConstant：i8<4>，t64，t64：1	t64：ch，glue = CopyToReg t27，Register：i32 $eflags，t43
t30：ch = JMP_1 BasicBlock：ch<_ZNst16allocator_exit.i.i.i.i 0x55556eb244c0>，t45	t45：ch = JCC_1 BasicBlock：ch<_ZNst12_Vector_allocate.i.i.i 0x55556eb245c0>，TargetConstant：i8<4>，t64，t64：1
	t30：ch = JMP_1 BasicBlock：ch<_ZNst16allocator_exit.i.i.i.i 0x55556eb244c0>，t45

注意　这里演示的是通过复制 t46 指令（本节使用克隆方法，第 10 章将使用重新物化方法）来解决指令依赖的问题。需要注意的是，因为引入了额外的重复指令，执行成本增加了，所以一般在决定是否进行指令复制时都会进行收益分析，而本节并未进行收益分析。

8.4 BURR List 调度器

BURR List 调度器和 Fast 调度器类似，也会先构造基于 SUnit 节点的依赖图，但它不再单纯基于深度优先进行拓扑排序来调度指令。BURR List 调度器在进行拓扑排序时会将所有可以被调度的指令节点存放在 AvailableQueue 中，然后综合考虑多种因素来计算它们的优先级，选择优先级最高的指令。

LLVM 通过 -pre-RA-sched=list-burr 选项来设置使用 BURR List 调度器，其调度算法实现在 ScheduleDAGRRList 类。

因为 BURR List 调度器在选择调度节点时会考虑多种因素，所以下面先介绍哪些因素会影响指令调度以及它们为什么会影响指令调度，然后介绍 BURR List 调度器的详细实现。

8.4.1 影响指令调度的关键因素

在 BURR List 调度器中，指令调度优先级主要考虑的因素有 SUnit 节点的后继节点数量（SuccsNumLeft）、前驱节点数量（PredsNumLeft）、SUnit 指令的时延（Latency），以及在依赖图中的高度（Height）和深度（Depth）、Sethi-Ullman 数值[⊖]。

1）SuccsNumLeft：依赖图中当前 SUnit 节点的后继节点数量，即 SUnit 节点的输出被其他节点使用的数量。以图 8-9 中的 SU[5] 为例，其 SuccsNumLeft 的值为 4。在相同条件下，该值越小越应该先调度，因为调度后可能会缩小寄存器的活跃区间。

2）PredsNumLeft：依赖图中当前节点 SUnit 的前驱节点的数量，即该节点使用其他节点的数量。以图 8-9 中的 SU[5] 为例，其 PredsNumLeft 的值为 1。在相同条件下，该值越大越应该先调度，因为调度后可能会缩小寄存器的活跃区间。

3）Latency：节点的指令时延。带有机器操作数的 SDNode 节点，一般默认时延的值为 1，有一些特殊的 SDNode 则不是这样，比如图 8-6 中 t27 的操作码为 TokenFactor，其时延值为 0。相同条件下，时延越大应该越先调度，因为调度后可以充分利用流水线的能力。

4）Height：指按照自底向上的方式从 ExitEntry 到达当前 SUnit 节点的最长路径，其计算方法是遍历当前 SUnit 节点的后继节点，对每个后继节点的 Height 与 Latency 求和，取最大值。相同条件下，该值越大应该越要先调度，因为调度后可以充分利用流水线的能力。以图 8-18 为例，SU 的后继节点 SuccSU1、SuccSU2、SuccSU3 的 Height 值与 Latency 值相加，结果分别为 2、3、4，则 SU 的 Height 值为 4。

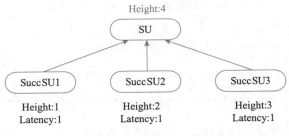

图 8-18 Height 属性计算方法

⊖ 具体请参见 https://en.wikipedia.org/wiki/Sethi-Ullman_algorithm。

Height 的计算公式如下。其中 H_u 表示节点 u 的高度，Succ(u) 为节点 u 的后继节点集合，H_v 为节点 v 的高度，λ_v 为节点 v 运行的时钟周期。

$$H_u = \begin{cases} 0, \text{如果Succ}(u) = \phi \\ \max_{\forall v \in \text{Succ}(u)}(H_v + \lambda_v) \end{cases}$$

5）Depth：Depth 是指按照自顶向下的方式，从开始节点到达当前 SUnit 节点的最长路径，其计算方法是遍历当前 SUnit 节点的前驱节点，对每个前驱节点的 Depth 和 Latency 求和，取最大值。相同条件下，该值越小应该越先调度，因为调度后可以充分利用流水线的能力。以图 8-19 为例，SU 的前驱节点 PredSU1、PredSU2、PredSU3 的 Depth 值与 Latency 值相加分别为 2、3、4，则 SU 的 Depth 值为 4。

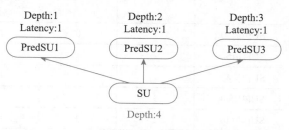

图 8-19　Depth 属性计算方法

Depth 计算公式如下。其中，D_u 为节点 u 的 Depth，Pred(u) 为节点 u 的前驱节点集合。

$$D_u = \begin{cases} 0, \text{如果Pred}(u) = \phi \\ \max_{\forall v \in \text{Pred}(u)}(D_v + \lambda_v) \end{cases}$$

6）Sethi-Ullman 数值：这个概念来自 Ravi Sethi 和 Jeffrey D.Ullman 提出的 Sethi-Ullman 算法，该算法用来帮助编译器在将抽象语法树转换成机器指令时，尽可能少地使用寄存器。调度器把它作为评判寄存器压力的指标来选择合适的指令，以期减少寄存器分配的压力。其计算方法涉及下面两种场景。

① 当前 SUnit 节点的所有数据依赖关系的前驱节点的 Sethi-Ullman 数值里存在唯一的最大值 x，此时其 Sethi-Ullman 数值就等于 x。以图 8-20 为例，假设 SU 节点的三个前驱 PredSU1、PredSU2、PredSU3 的 Sethi-Ullman 分别为 1、1、2，则 SU 的 Sethi-Ullman 数值为 2。

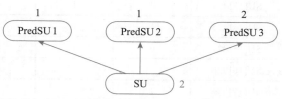

图 8-20　Sethi-Ullman 数值计算方法 1

② SUnit 的所有前驱的 Sethi-Ullman 数值中存在 n 个相同的最大值 x，且 $n >$ 1，此时其 Sethi-Ullman 数值就等于 $x + n -$ 1。以图 8-21 为例，假设 SU 的三个前驱 PredSU1、PredSU2、PredSU3 的 Sethi-

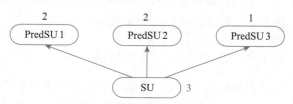

图 8-21　Sethi-Ullman 数值计算方法 2

Ullman 数值分别为 2、2、1，则 SU 的 Sethi-Ullman 数值为 2 + 2 - 1 = 3。

从计算方式来看，Sethi-Ullman 数值实际上是基于 PredsNumLeft 来计算的。而 PredsNumLeft 本身就能粗略反映当前节点被调度后带来的寄存器压力影响。即 SU 被调度后，指令中使用的寄存器都会形成新的活跃区间，活跃区间越小对于寄存器分配越友好。按照上述方法，图 8-9 中各个 SUnit 节点的各项属性计算结果如表 8-11 所示。

表 8-11　图 8-9 中各个 SUnit 节点相关的调度属性

SUnit 节点	调度属性					
	Preds NumberLeft	Succs NumberLeft	SUnit 指令 时延	依赖图中的 深度	依赖图中的 高度	Sethi-Ullman 数值
SU[0]/t30	1	0	1	10	0	1
SU[1]/t64	2	1	1	9	1	4
SU[2]/t43	1	1	1	8	2	4
SU[3]/t48	3	2	1	7	3	4
SU[4]/t46	2	3	1	4	6	3
SU[5]/t5	1	4	1	1	9	1
SU[6]/t2	0	1	1	0	10	1
SU[7]/t62	3	1	1	3	7	3
SU[8]7/t59	1	1	1	2	8	1
SU[9]/t8	0	1	1	0	8	1
SU[10]/t12	0	3	1	0	6	1
SU[11]/t52	3	1	1	6	4	4
SU[12]/t49	2	1	1	5	5	3
SU[13]/t27	3	1	0	9	1	1
SU[14]/t25	1	1	1	2	2	1
SU[15]/t21	0	1	1	1	3	1
SU[16]/t20	1	1	1	8	2	4
SU[17]/t7	1	1	1	2	2	1

　　不同的调度算法在实现时会关注不同的影响因素，当同时存在多个影响因素时，需要按照一定的规则选择一个最优的节点。

8.4.2　指令优先级计算方法

　　BURR List 调度器在调度时会在考虑多个影响因素的情况下对可调度节点进行排序，排序工作由 BURRSort 函数实现。BURR List 算法指令优先级选择如图 8-22 所示，图中略去了算法的细枝末节（如对特殊指令 CopyFromReg、CopyToReg、Call 的处理）。算法实现会依次比较两个 SUnit 节点的 HasRegDef、Priority、ClosetSucc、MaxScratches、Height、Depth、Latency、NodeQueueID 属性。这些属性的含义如下。

1）HasRegDef：如果 SUnit 节点定义了物理寄存器，则值为 true，否则值为 false。该属性的含义可以理解为在按照自底向上顺序调度指令时，会优先选择定义了物理寄存器的 SUnit 节点，这样可以减少该寄存器的活跃区间。

2）Priority：SUnit 的 Priority 属性就是 SUnit 节点的 Sethi-Ullman 数值。但存在特殊的 SUnit 节点，比如 TokenFactor、CopyToReg、Extract_SubReg 的 priority 为 0。

3）ClosestSucc：基于 SuccsNumLeft 计算得出，用于描述寄存器的活跃区间，优先选择使寄存器活跃区间变小的 SUnit。

4）MaxScratches：基于 PredsNumLeft 计算得出，用于描述寄存器的活跃区间，优先选择使寄存器活跃区间变小的 SUnit。

5）Height、Depth、Latency：即 8.4.1 节所描述的 SUnit 的 Height、Depth、Latency 的值。这里可以理解为优先调度处于最长关键路径上的节点，以提升指令的并行性能。

6）NodeQueueID：表示 SUnit 存入 AvailableQueue 的序号（ID），越早存入 Available-Queue 的 ID 数值越小。

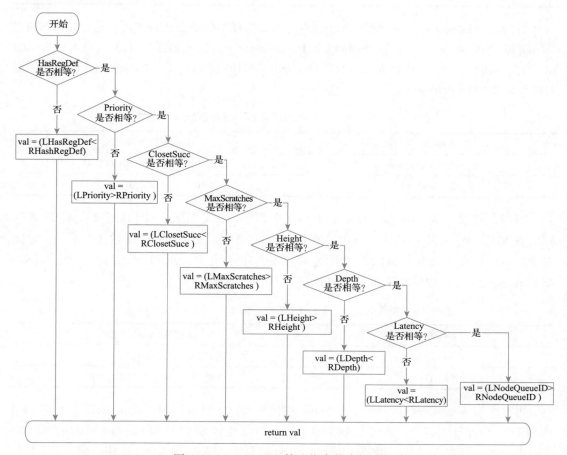

图 8-22　BURR List 算法指令优先级选择

8.4.3 示例分析

仍然以代码清单 8-1 为例来介绍 BURR List 调度器如何调度指令序列，SUnit 对应的依赖图如图 8-9 所示。BURR List 调度器用 Sequence 数组存放调度的指令结果，用优先级队列 AvailableQueue 来存放入度为 0 且可以被调度的执行序列，用 BURRSort 函数从 AvailableQueue 中选出优先级最高的 SUnit。调度过程描述如下。

从 Graph Root 开始，依次调度 SU[0]、SU[1]，在这个过程中，AvailableQueue 始终最多只有一个元素，不需要做比较、选择。SU[1] 被调度后，AvailableQueue 会存入 SU[2] 和 SU[13]。调度 SU[1] 后，BURR List 调度器的运行结果如表 8-12 所示。

表 8-12　调度 SU[1] 后 BURR List 调度器的运行结果

调度器数据结构	数据结构中的元素
AvailableQueue	SU[2],SU[13]
Sequence	SU[0],SU[1]

因为 AvailableQueue 中有多个 SU 节点，需要选择最优节点进行调度，所以比较 SU[2] 和 SU[13] 的优先级，SU[13] 的操作码是 TokenFactor，故优先选择 SU[13]。将入度为 0 的 SU[17]、SU[16]、SU[14] 存入 AvailableQueue 中。调度 SU[13] 后，BURR List 调度器的运行结果如表 8-13 所示。

表 8-13　调度 SU[13] 后 BURR List 调度器的运行结果

调度器数据结构	数据结构中的元素
AvailableQueue	SU[2],SU[17],SU[16],SU[14]
Sequence	SU[0],SU[1],SU[13]

同样，需要比较 AvailableQueue 中的 4 个 SUnit 的优先级。SU[2] 定义了物理寄存器，故 SU[2] 优先级最高，将 SU[2] 存入 Sequence。继续比较剩余的 3 个 SUnit 的优先级，SU[16] 的 Depth 值最大，故优先调度 SU[16]。此时，SU[3] 入度为 0，将其存入 AvailableQueue。得到的结果如表 8-14 所示。

表 8-14　调度 SU[2]、SU[16] 后 BURR List 调度器的运行结果

调度器数据结构	数据结构中的元素
AvailableQueue	SU[17],SU[14],SU[3]
Sequence	SU[0],SU[1],SU[13],SU[2],SU[16]

再次比较 AvailableQueue 中 3 个 SUnit 的优先级，SU[17] 的 NodeQueueID 小于 SU[14] 且 Priority 值小于 SU[3]，故优先调度 SU[17]。继续比较 SU[14] 和 SU[3]，SU[14] 的优先级较小，所以调度 SU[14]，并将入度为 0 的 SU[15] 存入 AvailableQueue 中。调度 SU[17]、

SU[14] 后，BURR List 调度器的运行结果如表 8-15 所示。

表 8-15　调度 SU[17]、SU[14] 后 BURR List 调度器的运行结果

调度器数据结构	数据结构中的元素
AvailableQueue	SU[3],SU[15]
Sequence	SU[0],SU[1],SU[13],SU[2],SU[16],SU[17],SU[14]

继续比较 SU[3] 和 SU[15]，SU[15] 的 Priority 的值较小，依次调度 SU[15]、SU[3]，因为 SU[11] 的入度为 0，所以存入 AvailableQueue 中。调度 SU[15]、SU[3] 后，BURR List 调度器的运行结果如表 8-16 所示。

表 8-16　调度 SU[15]、SU[3] 后 BURR List 调度器的运行结果

调度器数据结构	数据结构中的元素
AvailableQueue	SU[11]
Sequence	SU[0],SU[1],SU[13],SU[2],SU[16],SU[17],SU[14],SU[15],SU[3]

此时，SU[3]、SU[11]、SU[4] 构成了物理寄存器依赖，采用 Fast 调度器中的 CopyAnd-MoveSuccessors 方法来处理。将 SU[4] 复制出一份，得到 SU[4]-clone，将依赖图构造成图 8-17 所示的形态，依次调度 SU[4]-clone、SU[11]、SU[12]，其中入度为 0 的 SU[4]、SU[10] 会存入 AvailableQueue 中。重复 SU[4] 并调度 SU[4]-clone、SU[11]、SU[12] 后，BURR List 调度器的运行结果如表 8-17 所示。

表 8-17　复制 SU[4] 并调度 SU[4]-clone、SU[11]、SU[12] 后 BURR List 调度器的运行结果

调度器数据结构	数据结构中的元素
AvailableQueue	SU[4],SU[10]
Sequence	SU[0],SU[1],SU[13],SU[2],SU[16],SU[17],SU[14],SU[15],SU[3],SU[4]-clone,SU[11],SU[12]

SU[4] 定义了物理寄存器，优先调度 SU[4]，将入度为 0 的 SU[7] 存入 AvailableQueue 中。调度 SU[4] 后，BURR List 调度器的运行结果如表 8-18 所示。

表 8-18　调度 SU[4] 后 BURR List 调度器的运行结果

调度器数据结构	数据结构中的元素
AvailableQueue	SU[10],SU[7]
Sequence	SU[0],SU[1],SU[13],SU[2],SU[16],SU[17],SU[14],SU[15],SU[3],SU[4]-clone,SU[11],SU[12],SU[4]

因为 SU[10] 的 Priority 值较小，因此先调度 SU[10]，然后调度 SU[7]，同时将入度为 0 的 SU[9] 和 SU[8] 存入 AvailableQueue 中。调度 SU[10]、SU[7] 后，BURR List 调度器的

运行结果如表 8-19 所示。

表 8-19 调度 SU[10]、SU[7] 后，BURR List 调度器的运行结果

调度器数据结构	数据结构中的元素
AvailableQueue	SU[9],SU[8]
Sequence	SU[0],SU[1],SU[13],SU[2],SU[16],SU[17],SU[14],SU[15],SU[3],SU[4]-clone,SU[11], SU[12],SU[4],SU[10],SU[7]

由于 SU[8] 中含有物理寄存器的定义，故优先调度 SU[8]，并将入度为 0 的 SU[5] 存入 AvailableQueue 中。调度 SU[8] 后，BURR List 调度器的运行结果如表 8-20 所示。

表 8-20 调度 SU[8] 后 BURR List 调度器的运行结果

调度器数据结构	数据结构中的元素
AvailableQueue	SU[9],SU[5]
Sequence	SU[0],SU[1],SU[13],SU[2],SU[16],SU[17],SU[14],SU[15],SU[3],SU[4]-clone,SU[11], SU[12],SU[4],SU[10],SU[7],SU[8]

SU[9] 的优先级较小要先调度，用同样的方法调度 SU[5]、SU[6]，所有节点全部调度完毕，得到的运行结果如表 8-21 所示。

表 8-21 全部节点调度后，BURR List 调度器的运行结果

调度器数据结构	数据结构中的元素
AvailableQueue	
Sequence	SU[0],SU[1],SU[13],SU[2],SU[16],SU[17],SU[14],SU[15],SU[3],SU[4]-clone,SU[11], SU[12],SU[4],SU[10],SU[7],SU[8],SU[9],SU[5],SU[6]

将 Sequence 中 SU 节点换成 SDNode 并倒序后得到指令的执行顺序如表 8-22 所示，其中 t12、t21、t43 节点调度顺序受到调度器的多种启发式因素影响而发生了变化。

表 8-22 使用 BURR List 调度前后的效果比较

调度前	调度后
t0：ch，glue = EntryToken	t0：ch，glue = EntryToken
t12：i64，ch = CopyFromReg t0，Register：i64 %24	t2：i64，ch = CopyFromReg t0，Register：i64 %35
t2：i64，ch = CopyFromReg t0，Register：i64 %35	t5：i64，i32 = SAR64ri exact t2，TargetConstant：i8<3>
t5：i64，i32 = SAR64ri exact t2，TargetConstant：i8<3>	t8：i64 = MOV32ri64 TargetConstant：i64<1>
t8：i64 = MOV32ri64 TargetConstant：i64<1>	t59：i64，i32 = SUB64ri8 t5，TargetConstant：i64<2>
t59：i64，i32 = SUB64ri8 t5，TargetConstant：i64<2>	t67：ch，glue = CopyToReg t0，Register：i32 $eflags，t59：1
t67：ch，glue = CopyToReg t0，Register：i32 $eflags，t59：1	t62：i64 = CMOV64rr t8，t5，TargetConstant：i8<3>，t67：1
t62：i64 = CMOV64rr t8，t5，TargetConstant：i8<3>，t67：1	

（续）

调度前	调度后
t46：i64，i32 = ADD64rr t62，t5 t49：i64，i32 = SUB64rr，t46，t12 t66：ch，glue = CopyToReg t0，Register：i32 $eflags，t49：1 t52：i64 = CMOV64rr t46，t12，TargetConstant：i8<7>，t66：1 t65：ch，glue = CopyToReg t0，Register：i32 $eflags，t46：1 t48：i64 = CMOV64rr t52，t12，TargetConstant：i8<2>，t65：1 t7：ch = CopyToReg t0，Register：i64 %36，t5 t20：ch = CopyToReg t0，Register：i64 %37，t48 t21：i64 = SUBREG_TO_REG，TargetConstant：i64<0>，MOV32r0：i32，i32，TargetConstant：i32<6> t25：ch = CopyToReg t0，Register：i64 %137，t21 t27：ch = TokenFactor t7，t20，t25 t43：i32 = TEST64rr t48，t48 t64：ch，glue = CopyToReg t27，Register：i32 $eflags，t43 t45：ch = JCC_1 BasicBlock：ch<_ZNst12_Vector_allocate.i.i.i 0x55556eb245c0>，TargetConstant：i8<4>，t64，t64：1 t30：ch = JMP_1 BasicBlock：ch<_ZNst16allocator_exit.i.i.i.i 0x55556eb244c0>，t45	t12：i64，ch = CopyFromReg t0，Register：i64 %24 t46：i64，i32 = ADD64rr t62，t5 t49：i64，i32 = SUB64rr，t46，t12 t66：ch，glue = CopyToReg t0，Register：i32 $eflags，t49：1 t52：i64 = CMOV64rr t46，t12，TargetConstant：i8<7>，t66：1 t46：i64，i32 = ADD64rr t62，t5 t65：ch，glue = CopyToReg t0，Register：i32 $eflags，t46：1 t48：i64 = CMOV64rr t52，t12，TargetConstant：i8<2>，t65：1 t21：i64 = SUBREG_TO_REG，TargetConstant：i64<0>，MOV32r0：i32，i32，TargetConstant：i32<6> t25：ch = CopyToReg t0，Register：i64 %137，t21 t7：ch = CopyToReg t0，Register：i64 %36，t5 t20：ch = CopyToReg t0，Register：i64 %37，t48 t43：i32 = TEST64rr t48，t48 t27：ch = TokenFactor t7，t20，t25 t64：ch，glue = CopyToReg t27，Register：i32 $eflags，t43 t45：ch = JCC_1 BasicBlock：ch<_ZNst12_Vector_allocate.i.i.i 0x55556eb245c0>，TargetConstant：i8<4>，t64，t64：1 t30：ch = JMP_1 BasicBlock：ch<_ZNst16allocator_exit.i.i.i.i 0x55556eb244c0>，t45

> 注意　这里并没有给出调度前后直观的性能数据，8.11 节会统一介绍不同调度算法的性能数据。

8.5　Source List 调度器

Source List 调度器和 BURR List 调度器共用 ScheduleDAGRRList 类。它和 BURR List 调度器类似，仅在计算 AvailableQueue 中可调度的 SUnit 的优先级时略有差异。Source List 调度器会优先比较与 SUnit 节点对应的 LLVM IR 的顺序，优先调度在源码中比较靠前的指令（因此被称为 Source List）。如果无法比较出优先级，它会继续使用 BURR List 调度器的算法 BURRSort 来选择优先级高的指令。由于该算法和 BURR List 调度器中的基本一样，因此这里不再展开介绍。

LLVM 通过选项 -pre-RA-sched=source 来设置使用 Source List 调度器。

8.6 Hybrid List 调度器

Hybrid List 调度器和 BURR List 调度器共用 ScheduleDAGRRList 类。它也和 BURR List 调度器类似，区别在于计算 AvailableQueue 中可调度的 SUnit 的优先级的方法有差异。它会先比较 SUnit 节点是否会造成比较高的寄存器压力，自底向上地优先选择没有造成高寄存器压力的指令。如果无法比较出优先级，则继续比较指令的时延，自底向上地优先选择时延较小的指令；如果仍然无法区分优先级，它会继续使用 BURR List 调度器的算法 BURRSort 来选择优先级高的指令。由于该算法和 BURR List 调度器中的基本一样，因此不再展开介绍。

LLVM 通过选项 -pre-RA-sched=list-hybrid 来使能 Hybrid List 调度器。

8.7 Pre-RA-MISched 调度器

8.2 节～8.6 节介绍的调度器都是基于 SelectionDAG 进行指令调度的，从本节开始介绍的调度器都是基于 MIR 指令进行调度的。Pre-RA-MISched 调度器支持自顶向下、自底向上以及双向拓扑三种调度顺序，本节介绍的示例是按照自底向上进行拓扑排序的。

LLVM 通过选项 -enable-misched 来使能 Pre-RA-MISched 调度器，该调度器由 Schedule-DAGMILive 类实现。

8.7.1 Pre-RA-MISched 调度器实现

Pre RA 指的是在寄存器分配前进行调度，此时，MIR 中包含了虚拟寄存器和物理寄存器。这个阶段的指令调度，在特定的场景下（调度指令数量至少超过可分配寄存器数量的 50%）会优先考虑调度后带来的寄存器压力，要尽量减小寄存器分配的压力。此外，还要考虑指令并行的性能（此时会用到 8.4.2 节提到的 Latency 属性，本节会详细介绍如何基于 TD 文件的描述计算 MIR 指令的时延）。需要注意的是，和基于 SelectionDAG 实现的调度算法不同，基于 MIR 的调度算法不再以基本块为调度单元，而是以调度区域为调度单元，通常一个基本块可以划分为一个或多个调度区域。

调度过程还是基于拓扑排序完成的。在进行拓扑排序时，入度为 0 的可调度指令也不是全部存入 AvailableQueue 中，会通过 Use-Def 依赖边的时延计算各个节点最快执行需要等待的指令周期。如果这个时延超过一定的阈值，也就说明该指令的 Stall Cycles 比较大，会将它存入 Pending 队列中。如果指令的时延小于当前阈值，则将它存入 AvailableQueue 中。这里说的阈值是指已调度指令执行所需的时延，它会随着指令的调度结果而增长。调度算法会遍历 Pending 序列中的指令，把时延小于当前阈值的指令移到 AvailableQueue 中，然后遍历 AvailableQueue 中所有的指令，根据启发式的影响因素，选择优先级最高的指令。

8.7.2 调度区域的划分

调度区域的划分就是按照顺序遍历基本块的指令，遇到边界指令则生成一个新的调度区域。一个基本块可以包含多个调度区域，如图 8-23 所示。

读者可能有疑惑：为什么调度算法使用调度区域而不是基本块来调度指令？因为一些指令会给程序执行时延、寄存器压力等带来不确定性，所以要将这些指令识别出来，作为调度边界，从而形成调度区域。调度区域的边界涉及 3 类指令。

1）基本块的边界指令，比如 ret、branch、jmp 等。

2）函数调用指令，比如 call，因为指令调度不能跨函数调用。

3）修改堆栈指针的指令。

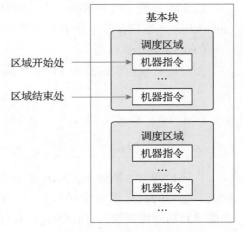

图 8-23 调度区域的划分示意图

8.7.3 影响 Pre-RA-MISched 调度器的关键因素

在 Pre-RA-MISched 调度器中影响优先级的因素包括指令节点是否包含物理寄存器（BiasPhysReg）、指令的时延、寄存器压力、停滞周期（Stall Cycles）等。

1）物理寄存器：根据指令是否包含物理寄存器来设置指令调度的优先级，目的是获得更小的物理寄存器活跃区间。

2）时延：一般使用 SUnit 节点的 Depth 和 Height 属性表示（参见 8.4.1 节）。SUnit 节点中的 SDNode 指令的时延多数默认为 1，而 SUnit 节点中的 MIR 指令的时延需要根据 TD 文件的描述计算得到，8.7.4 节会详细介绍计算方法。

3）寄存器压力：每个 SUnit 节点都有 Pressure Diff 属性，以描述当前指令被调度时产生的寄存器压力变化。基于 Pressure Diff 通过 Excess、CriticalMax 和 CurrentMax 来描述指令被调度后产生的寄存器压力的变化。8.7.5 节会详细介绍寄存器压力的计算过程。

4）停滞周期：可以理解为指令访存所占用的时钟周期，该属性反映了 CPU 因为执行某些指令需要等待的时钟周期。

8.7.4 MIR 指令时延的计算

LLVM 指令调度里的时延有多种计算方式，总结起来大致分为：基于 SUnit 节点的时延计算和基于 Use-Def 依赖边的时延计算。前者一般用于 SDNode 或 MIR 生成 SUnit 节点的时候，它在一定程度上反映了指令执行消耗的时钟周期；后者用于构建 SUnit 节点的依赖关系的时候，会计算有 Use-Def 依赖边的调度时延，它反映了数据从 Def 节点流向 Use 节点所需的时钟周期。我们分别来看看这两种场景下的时延计算过程。

1. 基于 SUnit 节点的时延计算

LLVM 实现了两种 SUnit 节点的时延计算方法，分别为基于指令行程模型的计算方法（InstrItinerary）以及基于指令调度模型的计算方法（MCSchedModel）。

（1）指令行程模型

指令的行程模型信息由 TD 文件描述，例如有 TD 代码片段如代码清单 8-2 所示。

代码清单 8-2 指令行程模型的 TD 描述

```
InstrItinData<II_CSRrr,    [InstrStage<1,    [ISSUE],    0>,
                            InstrStage<1,    [ALU],      2>,
                            InstrStage<1,    [CSR]>,     0],    [4,    4]
```

代码清单 8-2 描述了 CSRrr 指令有三个执行单元（stage），分别是 ISSUE、ALU 以及 CSR，它们的执行周期分别为 1、1、1（表示执行该功能单元的时钟周期）。InstrStage<1, [ALU], 2> 中的 2 表示从 ALU 到 CSR 需要经过 2 个额外的时钟周期（ISSUE 和 ALU 之间不需要额外的周期，因为 TD 中定义的时延为 0）。整条指令执行的流水如图 8-24 所示，因此 CSRrr 指令的时延为 3。

图 8-24 指令行程流水

（2）指令调度模型

指令调度模型的信息也由 TD 文件描述的，例如有 TD 代码片段如代码清单 8-3 所示，它描述了指令的每个执行单元输出所需的时延。

代码清单 8-3 指令调度模型的 TD 描述

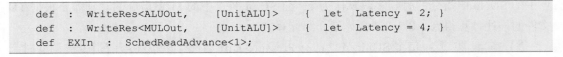

```
def  :  WriteRes<ALUOut,    [UnitALU]>    {  let  Latency = 2;  }
def  :  WriteRes<MULOut,    [UnitALU]>    {  let  Latency = 4;  }
def  EXIn  :  SchedReadAdvance<1>;
```

代码清单 8-3 描述了 ALU（ALUOut）执行单元的时延为 2，MUL（MULOut）执行单元的时延为 4。LLVM 在计算某条指令的时延时，只需遍历它所有执行单元的时延，并选择最大的值作为指令的时延即可。乘法指令用到的执行单元只有 MULOut，根据代码清单 8-3 中的描述，可得知它的时延为 4。

2. 基于 Use-Def 依赖边的时延计算

和 SUnit 节点时延的计算方式一样，基于 Use-Def 依赖边的时延计算方法也分为指令行程模型计算方法以及指令调度模型计算方法。

（1）指令行程模型

根据 TD 文件中描述的指令行程信息，获取 Def 寄存器的 DefCycle 属性和 Use 寄存器的 UseCycle 属性，然后计算 DefCycle – UseCycle + 1 得到依赖边的时延。例如有如代码清单 8-4 所示的代码片段。

代码清单 8-4　指令行程模型示例

```
ADD  r3,  r3,  r2
MUL  r4,  r3,  r2
```

以寄存器 r3 为例，Def 和 Use 指令分别对应 ADD 和 MUL 指令，因此 ADD、MUL 存在依赖关系。另外，ADD 和 MUL 都是 TD 中的 ALUrr 定义的指令。其中，ALUrr 指令行程信息的 TD 描述如代码清单 8-5 所示。

代码清单 8-5　ALUrr 指令行程信息的 TD 描述

```
InstrItinData<II_ALUrr,    [InstrStage<1,   [ISSUE]>,
                            InstrStage<1,   [ALU]>],   [2,  2,  2]>,
```

在代码清单 8-5 中，数组 [2, 2, 2] 描述了各个寄存器索引对应的时钟周期，ADD 指令中的 r3 对应的是数组中索引为 0 的元素，即 DefCycles = 2，MUL 指令中 r3 对应数组中索引为 1 的元素，即 UseCycles = 2，所以 ADD 和 MUL 的依赖边的时延为 2 − 2 + 1 = 1。

（2）指令调度模型

指令调度模型的计算方法为，Def 指令的 WriteRes 的时延减去 Use 指令的 ReadAdvance 的时延。其中，ReadAdvance 可以理解为 Use 指令何时需要 Def 指令的输出，ADD 和 MUL 两条指令的调度模型信息的 TD 描述如代码清单 8-3 所示。以代码清单 8-4 为例，ADD 和 MUL 通过 r3 存在依赖关系。Def 指令 ADD 所需的 WriteRes 的时延为 2，MUL 指令的 ReadAdvance 的时延为 1（来自代码清单 8-3 中的 EXIn），因此它们的依赖边时延为 2 − 1 = 1。

8.7.5　寄存器压力的计算

寄存器压力的计算主要由 RegPressureTrack 类来实现，它的计算过程分别实现在调度算法中的两个阶段，即构造 SUnit 节点的依赖图和调度指令。接下来我们将详细介绍在这两个阶段如何计算寄存器压力。

1. 构建依赖图并计算相关属性

构造依赖图时按照自底向上的顺序计算每条指令被调度时造成的寄存器压力变化值（即 PressureDiff）、寄存器压力（CurrentSetPressure）以及调度到当前指令时出现过的最大寄存器压力（MaxSetPressure）。下面以代码清单 8-6 为例详细介绍 PressureDiff、CurrentSetPressure、MaxSetPressure 是如何计算的。

代码清单 8-6　寄存器压力示例源码（8-6.cpp）

```
void test(int a, int *x, int *y) {
    int b = a * x[0] + y[0];
```

```
        int c = b + x[1];
        int d = c * y[1];
        y[2] = b + c + d;
    }
```

通过 clang++ -mllvm -enable-misched --target=riscv32-unknown-elf -o main.o -c 8-6.cpp -O2 命令，可在 Pre-RA-MISched 调度前生成与代码清单 8-6 对应的 MIR 指令，如代码清单 8-7 所示。

代码清单 8-7 与代码清单 8-6 对应的 MIR（8-7.mir）

```
bb.0.entry
    liveins: $x10, $x11, $x12
    SU[0]    %2:gpr = COPY $x12
    SU[1]    %1:gpr = COPY $x11
    SU[2]    %0:gpr = COPY $x10
    SU[3]    %3:gpr = LW %1:gpr, 0
    SU[4]    %4:gpr = MULW %3:gpr, %0:gpr
    SU[5]    %5:gpr = LW %2:gpr, 0
    SU[6]    %6:gpr = ADDW %4:gpr, %5:gpr
    SU[7]    %7:gpr = LW %1:gpr, 4
    SU[8]    %8:gpr = ADDW %6:gpr, %7:gpr
    SU[9]    %9:gpr = LW %2:gpr, 4
    SU[10]   %10:gpr = MULW %8:gpr, %9:gpr
    SU[11]   %11:gpr = ADDW %8:gpr, %6:gpr
    SU[12]   %12:gpr = ADDW %11:gpr, %10:gpr
    SU[13]   SW %12:gpr, %2:gpr, 8
             PseudoRET
```

这是以 RISCV32 为编译后端的 MIR，它有 11 种寄存器类型（GPRX0、SP、VCSR、FPR32C、GPRC、VMV0、GPRTC、VRM8NoV0、FPR16、GPR、VM），因此 PressureDiff、CurrentSetPressure、MaxSetPressure 就是 3 个长度为 11 的数组，初始时所有元素为 0。自底向上调度指令时，如果是 Def 寄存器，则表明该寄存器活跃区间到当前指令结束，寄存器压力减少；如果是 Use 寄存器，则表明该寄存器的活跃区间从当前指令开始，寄存器压力增加。一般 32 位的寄存器压力增加值（用 Weight 表示）为 1，64 位的寄存器压力增加值为 2，依此类推。接下来，我们计算一下自底向上遍历 8-7.mir 中的指令后 PressureDiff、CurrentSetPressure、MaxSetPressure 的状态变化。

首先看第一条指令 SU[13]：SW %12:gpr, %2:gpr, 8。

该指令没有 Def 寄存器，有两个 Use 虚拟寄存器，它们的寄存器压力变化值 Weight 都为 1，只影响 GPR 类型的寄存器，因此所有寄存器造成的压力影响值之和（用 PDiff 表示）PDiff[GPR] = 1 + 1 = 2。每个寄存器的当前压力值[一]CurrentSetPressure[GPR] = CurrentSetPressure[GPR] + PDiff[GPR]，故 CurrentSetPressure[GPR] 为 2。最大寄存器压力[二]MaxSet-

---

PdiffPressure[GPR] = max(MaxSetPdiffPressure[GPR], CurrentSetPressure[GPR])，因此 MaxSetPdiffPressure[GPR] 也为 2。处理 SU[13] 后各寄存器的压力值结果如表 8-23 所示。

表 8-23　处理 SU[13] 后 11 种寄存器类型的压力值、当前值、最大值

压力指标	寄存器										
	GPRX0	SP	VCSR	FPR-32C	GPRC	VMV0	GPRTC	VRM8-NoV0	FPR16	GPR	VM
PDiff	0	0	0	0	0	0	0	0	0	2	0
CurrentSet	0	0	0	0	0	0	0	0	0	2	0
MaxSet	0	0	0	0	0	0	0	0	0	2	0

依此类推，第二条指令 SU[12]：%12:gpr = ADDW %11:gpr, %10:gpr。%12 在此处定义，其 Weight 值为 –1。新增两个 Use 寄存器（%11 和 %10），其 Weight 值都为 1。计算 PDiff[GPR] = 1 + 1 – 1 = 1，CurrentSetPressure[GPR] = 3，MaxSetPdiffPressure[GPR] = 3，得到结果如表 8-24 所示。

表 8-24　处理 SU[12] 后 11 种寄存器类型的压力值、当前值、最大值

压力指标	寄存器										
	GPRX0	SP	VCSR	FPR-32C	GPRC	VMV0	GPRTC	VRM8-NoV0	FPR16	GPR	VM
PDiff	0	0	0	0	0	0	0	0	0	1	0
CurrentSet	0	0	0	0	0	0	0	0	0	3	0
MaxSet	0	0	0	0	0	0	0	0	0	3	0

同样处理指令 SU[11]：%11:gpr = ADDW %8:gpr, %6:gpr，得到的结果如表 8-25 所示。

表 8-25　处理 SU[11] 后 11 种寄存器类型的压力值、当前值、最大值

压力指标	寄存器										
	GPRX0	SP	VCSR	FPR-32C	GPRC	VMV0	GPRTC	VRM8-NoV0	FPR16	GPR	VM
PDiff	0	0	0	0	0	0	0	0	0	1	0
CurrentSet	0	0	0	0	0	0	0	0	0	4	0
MaxSet	0	0	0	0	0	0	0	0	0	4	0

接下来处理指令 SU[10]：%10:gpr = MULW %8:gpr, %9:gpr。寄存器 %8 和上条指令中的 %8 具有相同的 Def，它作为 Use 寄存器时对 CurrentSetPressure 和 MaxSetPressure 的影响已经包含在上条指令中了（也就是说 %8 不产生新的寄存器活跃区间），只有 %10 和 %9 会影响 CurrentSetPressure 和 MaxSetPressure。这里值得注意的是，PDiff 描述的是当前指

令导致的寄存器压力变化情况，所以它的计算只受当前指令影响。该指令使用 %8、%9 增加了寄存器压力，定义 %10 减小了寄存器压力，所以得到的 PDiff 为 1。处理 SU[10] 后各寄存器类型的压力值结果如表 8-26 所示。

表 8-26　处理 SU[10] 后 11 种寄存器类型的压力值、当前值、最大值

压力指标	寄存器										
	GPRX0	SP	VCSR	FPR-32C	GPRC	VMV0	GPRTC	VRM8-NoV0	FPR16	GPR	VM
PDiff	0	0	0	0	0	0	0	0	0	1	0
CurrentSet	0	0	0	0	0	0	0	0	0	4	0
MaxSet	0	0	0	0	0	0	0	0	0	4	0

接下来处理 SU[9]：%9:gpr = LW %2:gpr, 4。指令使用的 %2 对 CurrentSetPressure 和 MaxSetPressrure 的影响已经包含在第一条指令（SU[13]）计入对 CurrentSetPressure 和 MaxSetPressrure 的影响。该指令定义了 %9，所以 CurrentSetPressure 需要减 1。该指令分别定义和使用了相同数量的寄存器，故 PDiff 为 0。处理 SU[9] 后各寄存器的压力值结果如表 8-27 所示。

表 8-27　处理 SU[9] 后 11 种寄存器类型的压力值、当前值、最大值

压力指标	寄存器										
	GPRX0	SP	VCSR	FPR-32C	GPRC	VMV0	GPRTC	VRM8-NoV0	FPR16	GPR	VM
PDiff	0	0	0	0	0	0	0	0	0	0	0
CurrentSet	0	0	0	0	0	0	0	0	0	3	0
MaxSet	0	0	0	0	0	0	0	0	0	4	0

用同样的方式依次处理其他指令，最后得到的结果如表 8-28 所示。

表 8-28　处理完所有指令后，11 种寄存器类型的压力值、当前值、最大值

压力指标	寄存器										
	GPRX0	SP	VCSR	FPR-32C	GPRC	VMV0	GPRTC	VRM8-NoV0	FPR16	GPR	VM
PDiff	0	0	0	0	1	0	1	0	0	0	0
CurrentSet	0	0	0	0	3	0	3	0	0	3	0
MaxSet	0	0	0	0	3	0	3	0	0	4	0

至此，所有寄存器的压力变化值都计算完成了。在这个过程还需要处理当前调度区间的 LiveIn 和 LiveOut 寄存器集合对压力值的影响。比如我们按照自底向上的顺序调度指令时，需要处理 LiveOut 寄存器的影响，它们会作为 Use 寄存器而计算初始化的压力值；按

照自顶向下的顺序调度指令时，则需要将 LiveIn 寄存器作为 Use 寄存器计算初始化的压力值。当前的示例中的 LiveOut 恰好为空，我们就不在此具体叙述了，过程和上述的指令压力值计算类似。

另外，TD 文件还会给出每一类寄存器压力的参考阈值（即 Limit），比如表 8-29 的第一行为后端压力的参考阈值。如果按照上述的顺序调度完后，当 MaxSet 超出了参考阈值，会把它记录到长度为 11 的 RegionCriticalPSet（记录寄存器压力超出阈值的过载量）数组中，这个数组在后续的调度过程中也会用到。当前示例中的 MaxSet 恰好没有超出参考阈值，因此 RegionCriticalPSet 所有的值为 0。Limit、MaxSet 和对应的 RegionCriticalPSet 的计算结果如表 8-29 所示。

表 8-29　寄存器压力参考阈值

压力指标	寄存器										
	GPRX0	SP	VCSR	FPR-32C	GPRC	VMV0	GPRTC	VRM8-NoV0	FPR16	GPR	VM
Limit	2	2	3	8	8	8	16	24	32	32	32
MaxSet	0	0	0	0	3	0	3	0	0	4	0
RegionCriticalPSet	0	0	0	0	0	0	0	0	0	0	0

接下来将介绍如何使用本节计算的每条指令的寄存器压力变化值以及 RegionCriticalPSet 进行指令调度。

2. 指令调度

在自底向上调度依赖图中节点，如果 AvailableQueue 中出现多个可调度的节点，寄存器压力将作为计算指令优先级的重要因素。注意，每个节点被调度后，依然需要计算当前调度过程中的 CurrentSet 和 MaxSet 的变化，计算过程和前面介绍的方法类似。LLVM 定义了如下 3 种指标来描述 MIR 指令被调度后对寄存器压力的影响。

1）RegPressureDelta.Excess：用于描述该指令被调度后，CurrentSet 是否超出了参考阈值。

2）RegPressureDelta.CriticalMax：用于描述该指令被调度后，MaxSet 是否超出了 RegionCriticalPSet 相关索引对应的值。

3）RegPressureDelta.CurrentMax：用于描述该指令调度后是否超出了默认顺序遍历过程中出现的最大的寄存器压力值。

8.7.6　示例分析

Pre-RA-MISched 算法按照 BasPhysReg、RegPressure、停滞周期、指令时延依次比较 AvailableQueue 中可调度节点的优先级，选择优先级最高的节点。我们依然以代码清单 8-7

为例来演示整个调度区间的指令经过该调度算法处理后，如何形成新的指令序列。调度过程仍然使用 AvailableQueue 存储当前可调度的节点，并用 Pending 存储时延超过阈值的可调度节点，用 CurCycle 来表示当前的阈值。指令调度步骤如下。

1）构造依赖图，过程和 8.3.1 节介绍的一样，得到结果如图 8-25 所示。

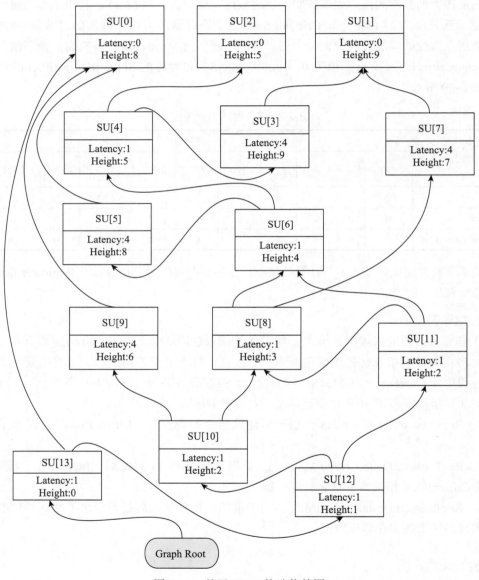

图 8-25　基于 SUnit 构造依赖图

2）从 Graph Root 出发，按照拓扑排序的方式，依次调度入度为 0 的节点 SU[13]、

SU[12]。此时 SU[10] 和 SU[11] 入度为 0，阈值 CurCycle 更新为 2。SU[10] 和 SU[11] 的调度时延的计算方法为：SU[12] 的调度时延 1 加上 SU[12] 的节点时延 1（图 8-25 节点中的 Latency 的值），等于 2。没有超过阈值，因此存入 AvailableQueue。得到的运行结果如表 8-30 所示。

表 8-30　调度 SU[13]、SU[12] 后的运行结果

调度器数据结构	数据结构中的元素
result	SU[13],SU[12]
AvailableQueue	SU[10],SU[11]
Pending	
CurCycle	2

3）此时，AvailableQueue 中存在 SU[10] 和 SU[11] 两个节点，比较 SU[10] 和 SU[11] 的优先级，它们的 BasPhysReg、RegPressure、停滞周期、调度时延都相等，因此按照指令顺序依次调度 SU[11]、SU[10]，并更新阈值为 4。此时 SU[8]、SU[9] 入度为 0，SU[8] 的调度时延为 SU[10] 的调度时延 3 加上 SU[10] 的节点时延 1，等于 4，没有超过阈值，存入 AvailableQueue。同理，SU[9] 的调度时延为 7，超过阈值意味着该指令存在较大的停滞周期，因此降低它的优先级，将它存入 Pending。得到的运行结果如表 8-31 所示。

表 8-31　调度 SU[11]、SU[10] 后的运行结果

调度器数据结构	数据结构中的元素
result	SU[13],SU[12],SU[11],SU[10]
AvailableQueue	SU[8]
Pending	SU[9]
CurCycle	4

4）因为此时 SU[9] 的调度时延为 7，超过时延阈值 4，因此优先调度 AvailableQueue 中的 SU[8]，并更新阈值为 5。此时，SU[6] 和 SU[7] 入度为 0。计算得到 SU[6] 的调度时延为 5，SU[7] 的调度时延为 8，所以将 SU[6] 存入 AvailableQueue，将 SU[7] 存入 Pending 中。得到的运行结果如表 8-32 所示。

表 8-32　调度 SU[8] 后的运行结果

调度器数据结构	数据结构中的元素
result	SU[13],SU[12],SU[11],SU[10],SU[8]
AvailableQueue	SU[6]
Pending	SU[9],SU[7]
CurCycle	5

5）此时，Pening 中所有节点的调度时延都超过阈值 5，所以先调度 SU[6]，阈值更新为 6。SU[4] 与 SU[5] 的调度时延分别为 6 和 9。将 SU[4] 存入 AvailableQueue，将 SU[5] 存入 Pending。得到的运行结果如表 8-33 所示。

表 8-33　调度 SU[6] 后的运行结果

调度器数据结构	数据结构中的元素
result	SU[13],SU[12],SU[11],SU[10],SU[8],SU[6]
AvailableQueue	SU[4]
Pending	SU[9],SU[7],SU[5]
CurCycle	6

6）此时，Pening 中所有节点的调度时延都超过阈值 6，所以先调度 SU[4]，阈值更新为 7。SU[3] 与 SU[2] 的调度时延分别为 10 和 6，将 SU[2] 存入 AvailableQueue，将 SU[3] 存入 Pending。得到的运行结果如表 8-34 所示。

表 8-34　调度 SU[4] 后的运行结果

调度器数据结构	数据结构中的元素
result	SU[13],SU[12],SU[11],SU[10],SU[8],SU[6],SU[4]
AvailableQueue	SU[2]
Pending	SU[9],SU[7],SU[5],SU[3]
CurCycle	7

7）Pending 中只有 SU[9] 的调度时延为 7，但没超过当前阈值 7，将 SU[9] 存入 AvailableQueue。得到的运行结果如表 8-35 所示。

表 8-35　SU[9] 存入 AvailableQueue 后的运行结果

调度器数据结构	数据结构中的元素
result	SU[13],SU[12],SU[11],SU[10],SU[8],SU[6],SU[4]
AvailableQueue	SU[2],SU[9]
Pending	SU[7],SU[5],SU[3]
CurCycle	7

8）比较 SU[9] 和 SU[2] 的优先级。SU[2] 的操作数包含物理寄存器 \$x11，PredsNumLeft 为 0，计算得到 BiasPhysReg 为 –1；而 SU[9] 不包含物理寄存器，因此优先调度 SU[9]，阈值更新为 8，得到的运行结果如表 8-36 所示。

9）依此类推，调度 SU[7]、SU[5]、SU[3]，阈值更新为 11。得到的运行结果如表 8-37 所示。

表 8-36　调度 SU[9] 后的运行结果

调度器数据结构	数据结构中的元素
result	SU[13],SU[12],SU[11],SU[10],SU[8],SU[6],SU[4],S(续)
AvailableQueue	SU[2]
Pending	SU[7],SU[5],SU[3]
CurCycle	8

表 8-37　调度 SU[7]、SU[5]、SU[3] 后的运行结果

调度器数据结构	数据结构中的元素
result	SU[13],SU[12],SU[11],SU[10],SU[8],SU[6],SU[4],SU[9],SU[7],SU[5],SU[3]
AvailableQueue	SU[2],SU[0],SU[1]
Pending	
CurCycle	11

10）AvailableQueue 中的 SU[2]、SU[0]、SU[1] 三条指令的 BasPhysReg、RegPressure、停滞周期、调度时延都相等。按照默认的顺序依次调度 SU[2]、SU[1] 和 SU[0]。将最终的调度结果做一次逆序变换，得到的指令顺序为 SU[0]、SU[1]、SU[2]、SU[3]、SU[5]、SU[7]、SU[9]、SU[4]、SU[6]、SU[8]、SU[10]、SU[11]、SU[12]、SU[13]。

最后来看一下 Pre-RA-MISched 调度器的调度结果，如表 8-38 所示。和默认顺序相比最大的区别是，在停滞周期内较大的访存指令 SU[3]、SU[5]、SU[7]、SU[9] 被移到更靠前的位置执行了，这样能充分利用 CPU 的流水线能力。

表 8-38　使用 Pre-RA-MISched 调度前后的效果比较

调度前		调度后	
SU[0]	%2:gpr = COPY $x12	SU[0]	%2:gpr = COPY $x12
SU[1]	%1:gpr = COPY $x11	SU[1]	%1:gpr = COPY $x11
SU[2]	%0:gpr = COPY $x10	SU[2]	%0:gpr = COPY $x10
SU[3]	%3:gpr = LW %1:gpr, 0	SU[3]	%3:gpr = LW %1:gpr, 0
SU[4]	%4:gpr = MULW %3:gpr, %0:gpr	SU[5]	%5:gpr = LW %2:gpr, 0
SU[5]	%5:gpr = LW %2:gpr, 0	SU[7]	%7:gpr = LW %1:gpr, 4
SU[6]	%6:gpr = ADDW %4:gpr, %5:gpr	SU[9]	%9:gpr = LW %2:gpr, 4
SU[7]	%7:gpr = LW %1:gpr, 4	SU[4]	%4:gpr = MULW %3:gpr, %0:gpr
SU[8]	%8:gpr = ADDW %6:gpr, %7:gpr	SU[6]	%6:gpr = ADDW %4:gpr, %5:gpr
SU[9]	%9:gpr = LW %2:gpr, 4	SU[8]	%8:gpr = ADDW %6:gpr, %7:gpr
SU[10]	%10:gpr = MULW %8:gpr, %9:gpr	SU[10]	%10:gpr = MULW %8:gpr, %9:gpr
SU[11]	%11:gpr = ADDW %8:gpr, %6:gpr	SU[11]	%11:gpr = ADDW %8:gpr, %6:gpr
SU[12]	%12:gpr = ADDW %11:gpr, %10:gpr	SU[12]	%12:gpr = ADDW %11:gpr, %10:gpr
SU[13]	SW %12:gpr, %2:gpr, 8	SU[13]	SW %12:gpr, %2:gpr, 8

8.8 Post-RA-TDList 调度器

Post-RA-TDList 调度器作用于寄存器分配后，它采用自顶向下的拓扑排序方式，着重考虑通过最长关键路径（Depth、Height）提升指令重排后的流水线性能。

8.8.1 Post-RA-TDList 调度器实现

LLVM 通过选项 -post-RA-scheduler 来启用 Post-RA-TDList 调度器，该调度器由 Schedule-PostRATDList 类实现。调度器用 AvailableQueue 存储当前可调度的节点指令，用 Pending 存储时延超过阈值的可调度节点，用 CurCycle 来表示当前的阈值，用 Sequence 存储调度后的指令序列。

8.8.2 示例分析

我们以代码清单 8-8 为示例来演示 Post-RA-TDList 调度器是如何调度指令的。

代码清单 8-8　Post-RA-TDList 调度器示例（8-8.cpp）

```
int g_val = 1;
int MUL(int x, int y) {
    int a = y * x;
    int z = g_val * x;
    int q = x + a;
    return z * q;
}
```

在使用命令 clang++ -mllvm -enable-misched --target=riscv32-unknown-elf -o main.o -c 8-8. cpp -O2 后，代码清单 8-8 经过 LLVM 后端寄存器分配后生成的 MIR 指令如代码清单 8-9 所示。

代码清单 8-9　与代码清单 8-8 对应的 MIR

```
liveins:   $x10,   $x11
SU[0]:     $x12 = LUI target-flags @g_val
SU[1]:     $x12 = LW $x12, target-flags @g_val
SU[2]:     $x11 = MULW $x11, $x10
SU[3]:     $x11 = ADDW $x11, $x10
SU[4]:     $x10 = MULW $x11, $x10
SU[5]:     $x10 = MULW $x10, $x12
           PseudoRET $x10
```

指令调度步骤如下。

1）按照调度区间的粒度构建 SUnit 节点的依赖图，构造过程和 8.3.1 节介绍的相同，如图 8-26 所示。

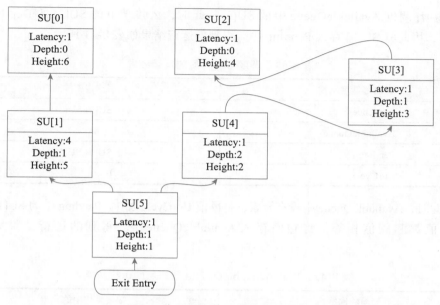

图 8-26 基于 SUnit 构建的依赖图

2）对依赖图中的指令自顶向下进行调度。初始化阈值 CurCycle 为 0，将入度为 0 的 SU[0]、SU[2] 存入 AvailableQueue 中。得到的运行结果如表 8-39 所示。

表 8-39 初始调度将 SU[0]、SU[2] 存入 AvailableQueue 中

调度器数据结构	数据结构中的元素
Sequence	
AvailableQueue	SU[0],SU[2]
Pending	
CurCycle	0

3）比较 AvailableQueue 中 SU[0] 和 SU[2] 的 Height 值，显然 SU[0] 的 Height 值更大，所以优先调度 SU[0]。此时，入度为 0 的 SU[1] 的 Depth 值为 1，大于阈值，将 SU[1] 存入 Pending 中。得到的运行结果如表 8-40 所示。

表 8-40 调度 SU[0] 后的运行结果

调度器数据结构	数据结构中的元素
Sequence	SU[0]
AvailableQueue	SU[2]
Pending	SU[1]
CurCycle	0

4）接着调度 AvailableQueue 中的 SU[2]。此时，入度为 0 的 SU[3] 的 Depth 值为 1，大于阈值，因此将 SU[3] 存入 Pending 中。得到的运行结果如表 8-41 所示。

表 8-41 调度 SU[2] 后的运行结果

调度器数据结构	数据结构中的元素
Sequence	SU[0],SU[2]
AvailableQueue	
Pending	SU[1],SU[3]
CurCycle	0

5）此时，AvailableQueue 中没有元素，将阈值 CurCycle 加 1。Pending 中的 SU[1]、SU[3] 的 Depth 值都和阈值相等，将它们存入 AvailableQueue 中。得到的运行结果如表 8-42 所示。

表 8-42 更新 AvailableQueue 状态后的运行结果

调度器数据结构	数据结构中的元素
Sequence	SU[0],SU[2]
AvailableQueue	SU[1],SU[3]
Pending	
CurCycle	1

6）因为 SU[1] 的 Height 值大于 SU[3]，所以优先调度 SU[1]。依次调度完 SU[1]、SU[3] 后，将入度为 0 的 SU[4]（其 Depth 为 2，大于阈值）存入 Pending。得到的运行结果如表 8-43 所示。

表 8-43 调度 SU[1]、SU[3] 后的运行结果

调度器数据结构	数据结构中的元素
Sequence	SU[0],SU[2],SU[1],SU[3]
AvailableQueue	
Pending	SU[4]
CurCycle	1

7）此时，AvailableQueue 中没有元素，阈值加 1 后为 2。Pending 中 SU[4] 的 Depth 值等于阈值，因此将它存入 AvailableQueue 中。调度 SU[4]。将阈值不断加 1 直到等于 SU[5] 的 Depth，调度 SU[5]。得到的运行结果如表 8-44 所示。

表 8-44 调度 SU[4]、SU[5] 后的运行结果

调度器数据结构	数据结构中的元素
Sequence	SU[0],SU[2],SU[1],SU[3],SU[4],SU[5]
AvailableQueue	
Pending	
CurCycle	5

最后得到的调度结果为，SU[0]、SU[2]、SU[1]、SU[3]、SU[4]、SU[5]，如表 8-45 所示。

从最终的效果来看，SU[1] 和 SU[2] 指令发生了调换。这里需要注意的是，SU[1] 作为一条访存指令的时延较长，调度后的性能未必会比调度前的性能更好。

表 8-45 使用 Post-RA-TDList 调度前后的效果比较

调度前	调度后
liveins: $x10, $x11	liveins: $x10, $x11
SU[0]: $x12 = LUI target-flags @g_val	SU[0]: $x12 = LUI target-flags @g_val
SU[1]: $x12 = LW $x12, target-flags @g_val	SU[2]: $x11 = MULW $x11, $x10
SU[2]: $x11 = MULW $x11, $x10	SU[1]: $x12 = LW $x12, target-flags @g_val
SU[3]: $x11 = ADDW $x11, $x10	SU[3]: $x11 = ADDW $x11, $x10
SU[4]: $x10 = MULW $x11, $x10	SU[4]: $x10 = MULW $x11, $x10
SU[5]: $x10 = MULW $x10, $x12	SU[5]: $x10 = MULW $x10, $x12
PseudoRET $x10	PseudoRET $x10

8.9 Post-RA-MISched 调度器

Post-RA-MISched 调度器也是作用于寄存器分配后，它和 Post-RA-TDList 调度器一样自顶向下调度指令。Post-RA-TDList 调度器使用了 SUnit 的 Depth 和 Height 属性，Post-RA-MISched 调度器则增加了更多的启发式因素来计算 AvailableQueue 中可调度指令的优先级，包括停滞周期、关键资源（Critial Resources）、必需资源（Demanded Resources）。其中停滞周期的含义参考 8.7.3 的介绍，关键资源用于描述指令访问调度区间内资源的时钟周期开销，必需资源用于描述指令跨调度区间访问资源的时钟周期开销，它们分别描述了指令节点时延的不同子集。Post-RA-MISched 的总体调度过程和 Post-RA-TDList 比较相似，本节不再用具体示例演示了，读者可以自行阅读 LLVM 相关的代码实现。

LLVM 通过选项 -enable-post-misched 启用 Post-RA-MISched 调度器，调度算法由 ScheduleDAGMI 类实现。

8.10 循环调度

循环调度是针对循环体进行的指令调度，在 LLVM 中被称为 SMS。

8.10.1 循环调度算法实现

SMS 是针对循环实现的与架构无关的软流水（Software Pipelining）指令调度框架。如果我们将每次循环的指令称为一次迭代，那么 SMS 的目的是通过将不同迭代的指令同时发射来提升并行度。考虑有如代码清单 8-10 所示的 SMS 处理前的伪代码，不考虑跳转指令，该循环一次迭代需要独立发射三条指令（指令之间相互依赖）。

代码清单 8-10　SMS 处理前的伪代码

```
1 BB1:
2   A1 = A0   ①
3   A2 = A1   ②
4   A3 = A2   ③
5   b BB1 if cond
```

如果将其改变为代码清单 8-11 所示，因为指令①与指令③之间无直接依赖，所以可以将本次迭代的指令③与下次迭代的指令①放在同一时刻发射，提高并行度。这便是 SMS 调度的一个简单示例。

代码清单 8-11　SMS 处理后的伪代码

```
1   A1 = A0
2 BB1:
3   A2 = A1
4   A3 = A2; A1 = A0;
5   b BB1 if cond
6   A2 = A1
7   A3 = A2
```

目前 LLVM 中的 SMS 是基于文档"An Implementation of Swing Modulo Scheduling with Extensions for Superblocks"[⊖]的描述实现的，现在支持 PPC、ARM 和 Hexagon 三种后端，大致步骤如下。

步骤 1：判断循环是否可以做软流水调度

完全满足以下条件才会继续进行指令调度。

1）循环里的基本块数量为 1。

2）函数没有被标记为不可做软流水调度。

3）循环可以被分析出分支信息。

⊖ 请参见 https://llvm.org/pubs/2005-06-17-LattnerMSThesis.html。

4）循环可以被分析出循环指令等信息。

5）循环需要有 PreHeader 基本块。

步骤 2：构建依赖图并计算相关属性

为循环体中基本块包含的指令构建依赖关系，过程和前几节中的构建依赖图类似，但需要增加跨迭代过程的指令依赖。比如在图 8-27 所示的依赖图示例中，假设指令 A 和 F 都是对同一内存的访问操作，A 读内存，F 写内存，那么下个循环迭代中的 A 指令必须等待前一个迭代中的 F 指令执行完。因此 A 和 F 存在一个 Anti 类型的依赖关系，图中用蓝色虚线表示。依此类推，G 和 M 也属于这样的情况。

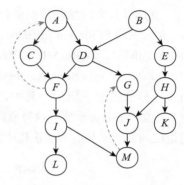

图 8-27　依赖构建跨循环迭代示意图

步骤 3：计算调度所需的启发式属性

1）ResMII（Resource Minimum Initiation Interval，资源最小启动间隔）：用来描述硬件资源限制下的循环基本块指令的最小间隔。编译器一般使用简单的近似值计算方法，即用循环基本块中的指令数除以基本块中指令使用最多的硬件资源数量。但 LLVM 使用了更复杂的计算方法，即用 DFA（Deterministic Finite Automation，确定性有限自动机）模拟 CPU 使用硬件资源执行指令的过程来计算 ResMII，过程如下。

① 将基本块指令按照使用硬件关键资源（比如 ALU 单元）的数量由高到低排序，也就是说使用关键资源多的指令优先执行。

② 按步骤①中的指令顺序调用 DFA 以保存关键资源。

③ 如果 DFA 不够[⊖]，则新增 DFA。

④ 迭代步骤②、③，直到所有的指令都有 DFA 来保存资源。

⑤ 最终 DFA 的数量就是 ResMII，即 ResMII 等于 DFA 的数量。

2）RecMII（Recrrence Minimum Initiation Interval，循环依赖最小启动间隔）：如果循环基本块中存在跨迭代的依赖，比如图 8-27 中的 A 和 F 指令，我们称之为依赖图中存在循环依赖，而 $\{A,\ C,\ D,\ F\}$ 便为一个循环依赖的集合。为了保证两次循环迭代的循环依赖集合中的指令依赖满足执行的顺序，我们用 RecMII 来描述循环基本块中所有循环依赖集合的最小启动间隔。计算过程如下。

① 通过约翰逊电路算法（Johnson's circuit algorithm）[⊖] 找到循环基本块中所有的循环依赖集合。

② 遍历循环依赖集合，计算每个循环依赖的执行间隔 II = ceil(delay / distance)。其中

⊖　笔者理解 DFA 描述了硬件拥有的资源，所谓 DFA 不够指的是当前资源已经被使用，需要等待相应硬件执行完才会空出。

⊖　请参见 Donald B. Johnson. Finding all the elementary circuits of a directed graph. SIAM Journal on Computing, 4(1): 77–84, March 1975.

distance 表示循环执行的迭代次数，LLVM 中默认为 1，delay 表示循环依赖集合中指令执行的时钟周期。

③ 选择最大的循环依赖集合的 II 作为 RecMII。

3）MII（Minimum Initiation Interval，最小启动间隔）：MII 描述了每次循环迭代执行的最小启动间隔，取 ResMII 和 RecMII 的最大值，MII = max(ResMII, RecMII)。

4）ASAP（As Soon As Possible，最早调度时间）：ASAP 表示指令最早允许被调度的时间，计算公式如下所示。其中，u 和 v 表示依赖图中的指令节点；Pred(u) 表示节点 u 的前驱节点集合；λ 表示节点执行所需的时钟周期；$\delta_{v,u}$ 表示当节点 u 和 v 存在跨迭代依赖时，当前迭代的节点 u 和前一次迭代中的节点 v 的依赖边时延（后续变量与此类似，不一一指出）。

$$ASAP_u = \begin{cases} 0, & \text{如果Pred}(u) = \phi \\ \max_{\forall v \in \text{Pred}(u)} (ASAP_v + \lambda_v - \delta_{v,u} \times MII) \end{cases}$$

5）ALAP（As Late As Possible，最迟调度时间）：ALAP 表示指令最晚允许被调度的时间，计算公式如下所示，其中 Succ(u) 表示节点 u 的后继节点的集合。

$$ALAP_u = \begin{cases} 0, & \text{如果Pred}(u) = \phi \\ \max_{\forall v \in \text{Pred}(u)} (ALAP_v - \lambda_v + \delta_{u,v} \times MII) \end{cases}$$

6）MOV：MOV 表示指令允许被调度的时间区间，一般 MOV 越大说明该指令的调度窗口越大，越容易被调度。指令 u 的 MOV 的计算方法为：$MOV_u = ALAP_u - ASAP_u$。

7）Depth：含义参考 8.4.1 节里的介绍。

8）Height：含义参考 8.4.1 节里的介绍。

下面以图 8-28 所示的指令依赖图为例计算相关属性。

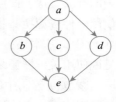

图 8-28　指令依赖图

假设 $\lambda_a = \lambda_b = \lambda_c = \lambda_d = 1$，$\delta_{a,b} = \delta_{a,c} = \delta_{a,d} = \delta_{b,e} = \delta_{c,e} = \delta_{d,e} = 0$，MII = 1，则节点属性的计算结果如表 8-46 所示。

表 8-46　循环调度相关属性的计算结果

属性	节点				
	a	b	c	d	e
ASAP	0	1	1	1	2
ALAP	0	1	1	1	2
MOV	0	0	0	0	0
Depth	0	1	1	1	2
Height	2	1	1	1	0

步骤 4：节点排序

为什么要给节点排序呢？理想的调度结果达成两个目标：一是循环迭代执行周期（II）

尽可能小；二是单次迭代中保持寄存器活跃区间（MaxLive）最小。前者要求我们能按顺序对一条链路进行调度，如果指令的前驱节点和后继节点都被调度，它很容易失去调度的时间窗口。后者要求我们尽可能减小寄存器的生命周期，也就是节点尽可能紧跟着它的前驱节点调度。排序算法大致步骤如下。

1）将循环基本块中所有的递归集合按照 RecMII 由高到低进行排序。

2）按照步骤 1 中的顺序遍历递归集合，对递归集合中的指令按照启发式因素 Depth、Height、MOV 进行排序，存入列表中。如果节点出现在多个递归中，则由 RecMII 最高的递归处理一次即可，其他的递归不再处理该节点。

3）处理没有出现在任何递归集合中的节点，按照步骤 2 的启发式因素排序，直到所有节点都被遍历过并存入列表中。

步骤 5：调度

调度过程就是根据上一步生成的指令序列依次处理每一条指令。调度过程着重考虑将当前节点尽可能靠近已经被调度过的前驱节点或者后继节点，从而减少寄存器压力。算法流程大致如下。

1）将 II（执行间隔）设置为 MII，初始化二维数组存放的调度结果，横坐标为指令被调度的时钟周期，纵坐标为在该时钟周期中被调度的指令序列。

2）如果当前节点 u 没有任何相邻的前驱节点或者后继节点被调度过，则该指令的可调度时间区间为 [Early_Start$_u$, Early_Start$_u$ + II − 1]，其中 Early_Start$_u$ = ASAP$_u$。

3）如果当前节点 u 只有相邻的前驱节点被调度过，没有后继节点被调度过，则其调度区间为 [Early_Start$_u$, Early_Start$_u$ + II − 1]。其中 Early_Start$_u$ = max$_{\forall v \in PSP(u)}(t_v + \lambda_v - \delta_{v,u} \times$ II)，t_v 是节点 v 的调度时钟周期，λ_v 是节点 v 的时延，$\delta_{v,u}$ 是前一次迭代节点 v 到当前迭代节点 u 的依赖边时延，PSP(u) 是在与节点 u 相邻的前驱节点中被调度过的节点集合。

4）如果当前节点 u 只有相邻的后继节点被调度过，没有前驱节点被调度过，则其调度区间为 [Late_Start$_u$, Late_Start$_u$ − II + 1]。其中 Late_Start$_u$ = min$_{\forall v \in PSS(u)}(t_v - \lambda_v + \delta_{u,v} \times$ II)，PSS(u) 是在与节点 u 相邻的后继节点中被调度过的节点集合。

5）如果当前节点 u 同时存在相邻的前驱节点和后继节点被调度过，则该节点的调度区间为 [Late_Start$_u$, Early_Start$_u$ + II − 1]。

6）如果上述过程有节点找不到合适的调度区间，则将 II 加 1，重新开始从步骤 1 执行，直到所有节点找到合适的调度区间。

步骤 6：生成并行化循环

根据调度结果重新构造循环指令，该操作主要是生成 3 个基本块：

1）Prologue：充当新的循环结构中的 PreHeader 基本块。

2）Kernel：充当新的循环结构中的循环体基本块。

3）Epilogue：充当新的循环结构中循环退出的基本块。

LLVM 根据每条指令被调度后所属的执行单元来决定哪些指令需要被放入 Prologue、

Kernel 或者 Epilogue 基本块中。每条指令的执行单元计算方法为：stage = floor(cycle / II)，其中 cycle 为该指令被调度的时钟周期，II 为步骤 5 中调度成功的执行间隔。图 8-29 展示了一个简单的示例，原始的循环体内有两条指令 op1 和 op2，假设 op1 的 stage 为 0，op2 的 stage 为 1。经过完整的调度后，将 stage 为 0 的 op1 复制到 Prologue 基本块中，将 stage 为 1 的 op2 复制到 Epilogue 基本块中，最终生成的基本块 Prologue 的指令为 op1，Kernel 的指令为 op2、op1，Epilogue 的指令为 op2。当然还要重命名迭代间依赖的指令操作数并更新各个基本块的控制流指令分支。

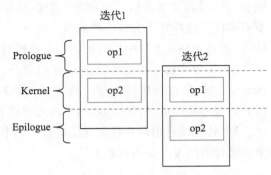

图 8-29 并行化循环示意图

8.10.2 示例分析

下面通过一段 LLVM IR 示例代码来大致描述 SMS 是如何对指令进行调度的，我们主要关注其中涉及的循环语句基本块 b7（蓝色字体）在调度过程中的变化，如代码清单 8-12 所示。

代码清单 8-12 SMS 示例 IR（8-12.ll）

```
; Function Attrs: nounwind
define void @f0(ptr nocapture %a0, i32 %a1, ptr nocapture %a2) #0 {
b0:
    %v0 = icmp sgt i32 %a1, 0
    br i1 %v0, label %b1, label %b9
b1:                                           ; preds = %b0
    %v1 = icmp ugt i32 %a1, 3
    %v2 = add i32 %a1, -3
    br i1 %v1, label %b2, label %b5
b2:                                           ; preds = %b1
    br label %b3
b3:                                           ; preds = %b3, %b2
    %v3 = phi i32 [ %v48, %b3 ], [ 0, %b2 ]
    %v4 = phi i32 [ %v46, %b3 ], [ 0, %b2 ]
    %v5 = phi i32 [ %v49, %b3 ], [ 0, %b2 ]
    %v6 = getelementptr inbounds [576 x i32], ptr %a0, i32 0, i32 %v5
    %v7 = load i32, ptr %v6, align 4, !tbaa !0
    %v8 = getelementptr inbounds [576 x i32], ptr %a0, i32 1, i32 %v5
    %v9 = load i32, ptr %v8, align 4, !tbaa !0
    %v10 = add nsw i32 %v9, %v7
    store i32 %v10, ptr %v6, align 4, !tbaa !0
    %v11 = sub nsw i32 %v7, %v9
    store i32 %v11, ptr %v8, align 4, !tbaa !0
    %v12 = tail call i32 @llvm.hexagon.A2.abs(i32 %v10)
    %v13 = or i32 %v12, %v4
    %v14 = tail call i32 @llvm.hexagon.A2.abs(i32 %v11)
```

```
%v15 = or i32 %v14, %v3
%v16 = add nsw i32 %v5, 1
%v17 = getelementptr inbounds [576 x i32], ptr %a0, i32 0, i32 %v16
%v18 = load i32, ptr %v17, align 4, !tbaa !0
%v19 = getelementptr inbounds [576 x i32], ptr %a0, i32 1, i32 %v16
%v20 = load i32, ptr %v19, align 4, !tbaa !0
%v21 = add nsw i32 %v20, %v18
store i32 %v21, ptr %v17, align 4, !tbaa !0
%v22 = sub nsw i32 %v18, %v20
store i32 %v22, ptr %v19, align 4, !tbaa !0
%v23 = tail call i32 @llvm.hexagon.A2.abs(i32 %v21)
%v24 = or i32 %v23, %v13
%v25 = tail call i32 @llvm.hexagon.A2.abs(i32 %v22)
%v26 = or i32 %v25, %v15
%v27 = add nsw i32 %v5, 2
%v28 = getelementptr inbounds [576 x i32], ptr %a0, i32 0, i32 %v27
%v29 = load i32, ptr %v28, align 4, !tbaa !0
%v30 = getelementptr inbounds [576 x i32], ptr %a0, i32 1, i32 %v27
%v31 = load i32, ptr %v30, align 4, !tbaa !0
%v32 = add nsw i32 %v31, %v29
store i32 %v32, ptr %v28, align 4, !tbaa !0
%v33 = sub nsw i32 %v29, %v31
store i32 %v33, ptr %v30, align 4, !tbaa !0
%v34 = tail call i32 @llvm.hexagon.A2.abs(i32 %v32)
%v35 = or i32 %v34, %v24
%v36 = tail call i32 @llvm.hexagon.A2.abs(i32 %v33)
%v37 = or i32 %v36, %v26
%v38 = add nsw i32 %v5, 3
%v39 = getelementptr inbounds [576 x i32], ptr %a0, i32 0, i32 %v38
%v40 = load i32, ptr %v39, align 4, !tbaa !0
%v41 = getelementptr inbounds [576 x i32], ptr %a0, i32 1, i32 %v38
%v42 = load i32, ptr %v41, align 4, !tbaa !0
%v43 = add nsw i32 %v42, %v40
store i32 %v43, ptr %v39, align 4, !tbaa !0
%v44 = sub nsw i32 %v40, %v42
store i32 %v44, ptr %v41, align 4, !tbaa !0
%v45 = tail call i32 @llvm.hexagon.A2.abs(i32 %v43)
%v46 = or i32 %v45, %v35
%v47 = tail call i32 @llvm.hexagon.A2.abs(i32 %v44)
%v48 = or i32 %v47, %v37
%v49 = add nsw i32 %v5, 4
%v50 = icmp slt i32 %v49, %v2
br i1 %v50, label %b3, label %b4
b4:                                                    ; preds = %b3
br label %b5
b5:                                                    ; preds = %b4, %b1
%v51 = phi i32 [ 0, %b1 ], [ %v49, %b4 ]
%v52 = phi i32 [ 0, %b1 ], [ %v48, %b4 ]
%v53 = phi i32 [ 0, %b1 ], [ %v46, %b4 ]
%v54 = icmp eq i32 %v51, %a1
```

```
        br i1 %v54, label %b9, label %b6
b6:                                              ; preds = %b5
    br label %b7
b7:                                              ; preds = %b7, %b6
    %v55 = phi i32 [ %v67, %b7 ], [ %v52, %b6 ]
    %v56 = phi i32 [ %v65, %b7 ], [ %v53, %b6 ]
    %v57 = phi i32 [ %v68, %b7 ], [ %v51, %b6 ]
    %v58 = getelementptr inbounds [576 x i32], ptr %a0, i32 0, i32 %v57
    %v59 = load i32, ptr %v58, align 4, !tbaa !0
    %v60 = getelementptr inbounds [576 x i32], ptr %a0, i32 1, i32 %v57
    %v61 = load i32, ptr %v60, align 4, !tbaa !0
    %v62 = add nsw i32 %v61, %v59
    store i32 %v62, ptr %v58, align 4, !tbaa !0
    %v63 = sub nsw i32 %v59, %v61
    store i32 %v63, ptr %v60, align 4, !tbaa !0
    %v64 = tail call i32 @llvm.hexagon.A2.abs(i32 %v62)
    %v65 = or i32 %v64, %v56
    %v66 = tail call i32 @llvm.hexagon.A2.abs(i32 %v63)
    %v67 = or i32 %v66, %v55
    %v68 = add nsw i32 %v57, 1
    %v69 = icmp eq i32 %v68, %a1
    br i1 %v69, label %b8, label %b7
b8:                                              ; preds = %b7
    br label %b9
b9:                                              ; preds = %b8, %b5, %b0
    %v70 = phi i32 [ 0, %b0 ], [ %v52, %b5 ], [ %v67, %b8 ]
    %v71 = phi i32 [ 0, %b0 ], [ %v53, %b5 ], [ %v65, %b8 ]
    %v72 = load i32, ptr %a2, align 4, !tbaa !0
    %v73 = or i32 %v72, %v71
    store i32 %v73, ptr %a2, align 4, !tbaa !0
    %v74 = getelementptr inbounds i32, ptr %a2, i32 1
    %v75 = load i32, ptr %v74, align 4, !tbaa !0
    %v76 = or i32 %v75, %v70
    store i32 %v76, ptr %v74, align 4, !tbaa !0
    ret void
}
; Function Attrs: nounwind readnone
declare i32 @llvm.hexagon.A2.abs(i32) #1
attributes #0 = { nounwind }
attributes #1 = { nounwind readnone }
!0 = !{!1, !1, i64 0}
!1 = !{!"int", !2}
!2 = !{!"omnipotent char", !3}
!3 = !{!"Simple C/C++ TBAA"}
```

通过命令 llc -march=hexagon -enable-pipeliner -enable-aa-sched-mi 8-12.ll 可得到基本块 b7 在 SMS 调度前生成的 MIR，如代码清单 8-13 所示。其中，bb.5.b6 为 PreHeader 基本块，bb.6.b7 为循环体基本块，bb.7.b9 为循环退出基本块。

代码清单 8-13 SMS 调度前的 MIR

```
bb.5.b6:
; predecessors: %bb.4
    successors: %bb.6(0x80000000); %bb.6(100.00%)

    %13:intregs = A2_sub %26:intregs, %10:intregs
    %14:intregs = S2_addasl_rrri %25:intregs, %10:intregs, 2
    %71:intregs = COPY %13:intregs
    J2_loop0r %bb.6, %71:intregs, implicit-def $lc0, implicit-def $sa0, implicit-
        def $usr

bb.6.b7 (machine-block-address-taken):
; predecessors: %bb.5, %bb.6

successors: %bb.7(0x04000000), %bb.6(0x7c000000); %bb.7(3.12%), %bb.6(96.88%)

    %15:intregs = PHI %14:intregs, %bb.5, %22:intregs, %bb.6
    %17:intregs = PHI %11:intregs, %bb.5, %20:intregs, %bb.6
    %18:intregs = PHI %12:intregs, %bb.5, %19:intregs, %bb.6
    %63:intregs = L2_loadri_io %15:intregs, 0 :: (load (s32) from %ir.lsr.iv1,
        !tbaa !0)
    %64:intregs = L2_loadri_io %15:intregs, 2304 :: (load (s32) from %ir.cgep23,
        !tbaa !0)
    %65:intregs = nsw A2_add %64:intregs, %63:intregs
    S2_storeri_io %15:intregs, 0, %65:intregs :: (store (s32) into %ir.lsr.iv1,
        !tbaa !0)
    %66:intregs = nsw A2_sub %63:intregs, %64:intregs
    S2_storeri_io %15:intregs, 2304, %66:intregs :: (store (s32) into %ir.cgep23,
        !tbaa !0)
    %67:intregs = A2_abs %65:intregs
    %19:intregs = A2_or %67:intregs, %18:intregs
    %68:intregs = A2_abs %66:intregs
    %20:intregs = A2_or %68:intregs, %17:intregs
    %22:intregs = A2_addi %15:intregs, 4
    ENDLOOP0 %bb.6, implicit-def $pc, implicit-def $lc0, implicit $sa0, implicit $lc0
    J2_jump %bb.7, implicit-def dead $pc

bb.7.b9:
; predecessors: %bb.4, %bb.6, %bb.8

    %23:intregs = PHI %28:intregs, %bb.8, %11:intregs, %bb.4, %20:intregs, %bb.6
    %24:intregs = PHI %28:intregs, %bb.8, %12:intregs, %bb.4, %19:intregs, %bb.6
    L4_or_memopw_io %27:intregs, 0, %24:intregs :: (store (s32) into %ir.a2,
        !tbaa !0), (load (s32) from %ir.a2, !tbaa !0)
    L4_or_memopw_io %27:intregs, 4, %23:intregs :: (store (s32) into %ir.cgep25,
        !tbaa !0), (load (s32) from %ir.cgep25, !tbaa !0)
    PS_jmpret $r31, implicit-def dead $pc
```

循环调度步骤如下。

1）将循环体基本块 bb.6.b7 的指令序列按照指令顺序编号为 SU[0]～SU[13]，并构建依赖图，如图 8-30 所示。其中虚线为跨迭代的 Anti 类型依赖，实线为访存操作的依赖边。

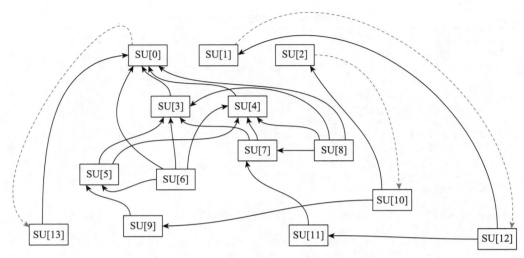

图 8-30 针对循环指令建立的 SUnit 依赖图

2）使用约翰逊电路算法，找到依赖图中所有的递归（Recurrence）集合。这个实例中的递归集合为 {{SU[0], SU[13]}, {SU[1], SU[12]}, {SU[2], SU[10]}, {SU[3], SU[7],SU[8]}}。

3）计算 ResMII、RecMII 以及各节点的属性。其中 ResMII = 3，RecMII = 2，II = 3。各个 SUnit 节点的属性如表 8-47 所示。

表 8-47 各个 SUnit 节点的属性值

SUnit	属性				
	ASAP	ALAP	MOV	Depth	Height
SU[0]	0	0	0	0	3
SU[1]	0	3	3	0	1
SU[2]	0	3	3	0	1
SU[3]	0	0	0	0	3
SU[4]	0	0	0	0	3
SU[5]	1	1	0	1	2
SU[6]	1	3	2	1	0
SU[7]	1	1	0	1	2
SU[8]	1	3	2	1	0
SU[9]	2	2	0	2	1
SU[10]	3	3	0	3	0
SU[11]	2	2	0	2	1
SU[12]	3	3	0	3	0
SU[13]	0	3	3	1	0

4）将递归的集合按照 RecMII 从大到小排序。将递归集合没有包含的节点或存入已存在的递归集合中，或存入新的递归集合中，结果为 {{SU3, SU7, SU8}, {SU1, SU12, SU11}, {SU2, SU10, SU9, SU5}, {SU0, SU13, SU4}, {SU6}}。对所有的节点排序，结果为 {SU8, SU7, SU3, SU11, SU12, SU1, SU5, SU9, SU10, SU2, SU4, SU0, SU13, SU6}。

5）按照步骤 4 的排序结果进行指令调度。调度成功时 II = 3，整个基本块的指令处于 0 和 1 两个阶段。表 8-48 显示了各个节点所处的不同阶段。

表 8-48 调度阶段划分

阶段	时钟周期	节点
0	0	SU3, SU4, SU0
	1	SU8, SU7, SU5, SU13
	2	SU11, SU9, SU6
1	3	SU12, SU1, SU10, SU2

6）根据步骤 5 的结果生成的并行化循环结果如代码清单 8-14 所示。其中，bb.9.b7 为 Prologue 基本块，bb.10.b7 为 Kernel 基本块，bb.11 为 Epilogue 基本块。从结果可以看出，位于阶段 1 的 SU12 和 SU10（蓝色字体）被复制到 Epilogue 基本块中，其余节点被复制到 Prologue 基本块中，并且 SU12 和 SU10 被移到了 Kernel 基本块开始的位置。此外，指令操作数和 φ 函数也被更新。

代码清单 8-14　SMS 调度后的 IR

```
bb.9.b7:
; predecessors: %bb.5

successors: %bb.10(0x40000000), %bb.11(0x40000000); %bb.10(50.00%), %bb.11(50.00%)

    %74:intregs = L2_loadri_io %14:intregs, 0 :: (load (s32) from %ir.lsr.iv1,
        !tbaa !0)
    %75:intregs = L2_loadri_io %14:intregs, 2304 :: (load (s32) from %ir.cgep23,
        !tbaa !0)
    %76:intregs = nsw A2_add %75:intregs, %74:intregs
    S2_storeri_io %14:intregs, 0, %76:intregs :: (store (s32) into %ir.lsr.iv1,
        !tbaa !0)
    %77:intregs = nsw A2_sub %74:intregs, %75:intregs
    S2_storeri_io %14:intregs, 2304, %77:intregs :: (store (s32) into %ir.cgep23,
        !tbaa !0)
    %78:intregs = A2_abs %76:intregs
    %79:intregs = A2_abs %77:intregs
    %80:intregs = A2_addi %14:intregs, 4
    %102:predregs = C2_cmpgtui %71:intregs, 1
    %103:intregs = A2_addi %71:intregs, -1
    J2_loop0r %bb.10, %103:intregs, implicit-def $lc0, implicit-def $sa0,
        implicit-def $usr
```

```
    J2_jumpf %102:predregs, %bb.11, implicit-def $pc
    J2_jump %bb.10, implicit-def $pc

bb.10.b7:
; predecessors: %bb.9, %bb.10

successors: %bb.11(0x04000000), %bb.10(0x7c000000); %bb.11(3.12%), %bb.10(96.88%)

    %90:intregs = PHI %80:intregs, %bb.9, %87:intregs, %bb.10
    %91:intregs = PHI %11:intregs, %bb.9, %81:intregs, %bb.10
    %92:intregs = PHI %12:intregs, %bb.9, %82:intregs, %bb.10
    %93:intregs = PHI %78:intregs, %bb.9, %89:intregs, %bb.10
    %94:intregs = PHI %79:intregs, %bb.9, %88:intregs, %bb.10
    %81:intregs = A2_or %94:intregs, %91:intregs
    %82:intregs = A2_or %93:intregs, %92:intregs
    %83:intregs = L2_loadri_io %90:intregs, 0 :: (load (s32) from %ir.lsr.iv1 + 4,
        !tbaa !0)
    %84:intregs = L2_loadri_io %90:intregs, 2304 :: (load (s32) from %ir.cgep23
        + 4, !tbaa !0)
    %85:intregs = nsw A2_sub %83:intregs, %84:intregs
    S2_storeri_io %90:intregs, 2304, %85:intregs :: (store (s32) into %ir.cgep23
        + 4, !tbaa !0)
    %86:intregs = nsw A2_add %84:intregs, %83:intregs
    %87:intregs = A2_addi %90:intregs, 4
    %88:intregs = A2_abs %85:intregs
    %89:intregs = A2_abs %86:intregs
    S2_storeri_io %90:intregs, 0, %86:intregs :: (store (s32) into %ir.lsr.iv1 + 4,
        !tbaa !0)
    ENDLOOP0 %bb.10, implicit-def $pc, implicit-def $lc0, implicit $sa0, implicit
        $lc0
    J2_jump %bb.11, implicit-def $pc

bb.11:
; predecessors: %bb.10, %bb.9
    successors: %bb.7(0x80000000); %bb.7(100.00%)

    %98:intregs = PHI %11:intregs, %bb.9, %81:intregs, %bb.10
    %99:intregs = PHI %12:intregs, %bb.9, %82:intregs, %bb.10
    %100:intregs = PHI %78:intregs, %bb.9, %89:intregs, %bb.10
    %101:intregs = PHI %79:intregs, %bb.9, %88:intregs, %bb.10
    %95:intregs = A2_or %100:intregs, %99:intregs
    %96:intregs = A2_or %101:intregs, %98:intregs
    J2_jump %bb.7, implicit-def $pc

bb.7.b9:
......
```

8.11　扩展阅读：调度算法的影响因素

寄存器分配前（Pre-RA）和分配后（Post-RA）的指令调度需要考虑的指令优先级的影

响因素有较大的差异。寄存器分配前的调度算法主要关注指令的流水性能，因此影响其调度优先级的因素主要包括关键路径（高度、深度、时延、关键资源、必需资源）、停滞周期。而寄存器分配后的调度算法除了要考虑指令的流水性能外，还需要关注寄存器分配的压力（寄存器压力值、Sethi-Ullman 数值、BiasPhysReg、PredsNumLeft）。

　　读者可能会比较关心在实际的开发构建过程中，到底该选择什么样的调度算法，从而让自己的软件达到最优性能？

　　寻找最优的指令调度是一个 NP（非确定性多项式时间）完全问题。就笔者经验而言，一般在编译器后端的设计过程中，寄存器分配前的调度算法会优先考虑重排的指令序列对寄存器分配压力的影响，寄存器分配后的调度算法则会专注于指令的流水性能。但因为不同的调度算法的计算指令优先级差异，在不同的场景中效果也有差异。开发者可以直接选择 LLVM 中不同的调度算法及组合来验证自己的场景，也可以基于 LLVM 的框架选择适合自己场景的启发式因素来实现新的调度算法。

　　有学者将影响调度算法的启发式因素细分为 24 种，并基于 LLVM 在 SPEC CPU 2017 整型和浮点类型的基准测试集上进行了实验，论文为"A Comparision of List Scheduling Heuristics in LLVM Targeting POWER8"。这 24 种启发式因素中有一些已经在本章介绍 LLVM 调度算法时使用，比如寄存器分配压力相关的 rp max、rp critical、rp excess 等，也有一些是作者自己设计的，比如 dispatch、rb、slack、delaySucc 等，这些启发式因素的含义及具体的计算方法可以参考论文的详细介绍，这里就不展开了。我们直接引用论文中的实验数据和结论。

　　图 8-31 为 SPEC 2017 整型基准测试的结果，图 8-32 为 SPEC 2017 浮点型基准测试的结果。其中，generic 是 LLVM 提供的调度信息，它组合了其他的因素。纵坐标为影响指令调度的 24 个启发式因素，横坐标为采用某种启发式因素进行指令调度后的性能和基线性能的对比（百分比）。结果为负则表明调度后性能比基线性能差。这里的基线性能就是程序按照默认指令顺序执行的性能。

　　在整型基准测试结果中，只有反映寄存器分配压力的 rp critical 和 rp excess 因素会让指令调度后的性能稍微超过基线。使用反映寄存器分配压力的 rp max 和指令流水的 dispatch 作为启发式因素调度后，性能接近基线性能。使用其余的启发式因素则比基线性能下降 2%～6%。

　　浮点型基准测试结果有些超越了基线性能，有些则比基线性能差。和整型基准测试结果相比，几乎所有的启发式因素在浮点型基准测试集中表现更好。

　　另外，作者还对这 24 种启发式因素试验了 22 种组合的调度性能。本书中同样直接引用了论文的结论：总体而言，寄存器分配压力、关键路径、停滞行为（Stall Behavior）在整型和浮点型的基准测试中有比较好的性能表现，其他的启发因素在整型基准测试中的性能表现出色，但在浮点型的基准测试中反而性能较差，反之亦然。

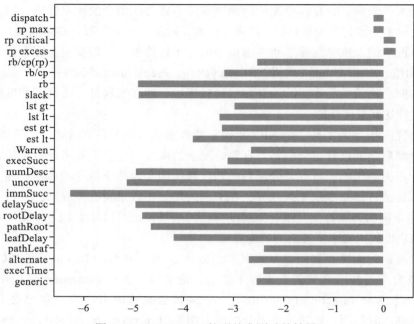

图 8-31 SPEC 2017 整型基准测试的结果

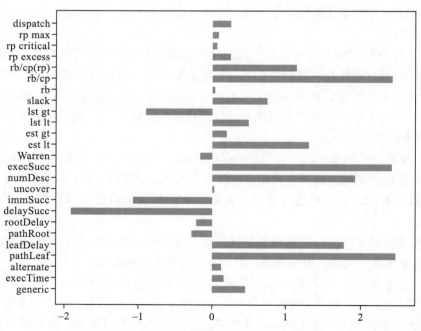

图 8-32 SPEC 2017 浮点型基准测试的结果

8.12 本章小结

本章着重介绍了 LLVM 中指令调度相关的不同算法的原理和实现，包括 Linearize 调度器、Fast 调度器、BURR List 调度器、Source List 调度器、Hybrid 调度器、Pre-RA-MISched 调度器、Post-RA-TDList 调度器、Post-RA-MISched 调度器，并在最后对影响调度算法的因素进行了简单的介绍。

Chapter 9

第 9 章

基于 SSA 形式的编译优化

在代码生成过程中也会进行编译优化,分别是在寄存器分配前和寄存器分配后进行。其中寄存器分配前的优化主要是基于 SSA 形式的优化,寄存器分配后的优化是基于非 SSA 形式的优化,本章主要介绍寄存器分配前的优化,第 11 章会介绍寄存器分配后的优化。

目前基于 SSA 形式的机器指令优化主要包括尾代码重复、Phi 优化、栈着色等优化,具体如图 9-1 所示。

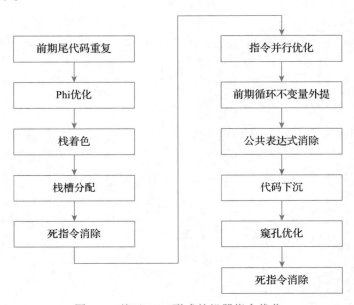

图 9-1　基于 SSA 形式的机器指令优化

每个优化的 Pass 功能如下。

1）前期尾代码重复（early tail duplication）：用于消除跳转指令。由于寄存器分配前后都会进行尾代码重复的优化，因此这里使用"前期"与寄存器分配后的尾代码重复优化进行区分。

2）Phi 优化：移除两类冗余 φ 函数。第一类是死变量（不会被使用的变量）插入的 φ 函数，或者由死变量 φ 函数构成的循环 φ 函数；第二类是移除源操作数和目的操作数是同一个寄存器的 φ 函数。

3）栈着色（stack coloring）：优化局部变量的布局，减少栈空间的使用[⊖]。

4）栈槽分配（local stack slot allocation）：将帧索引和栈槽关联在一起（等价于为栈变量分配栈空间）。

5）死指令消除（dead machine instruction elim）：根据基本块中 LiveIn、LiveOut 信息，从后向前依次遍历 MI 指令，将死指令删除。

6）IPL（指令并行层级）优化：依赖特定后端架构的特性进行并行指令优化。例如 GPU、AArch64、x86 都可以使用 If-Conversion 将控制依赖变成数据依赖。

7）前期循环不变量外提（early machine LICM）：将循环不变量提出循环体，优化循环执行效率，加"前期"是为了与寄存器分配后的 LICM 进行区别。

8）公共表达式消除（machine CSE）：消除代码中的公共表达式，以减少不必要的计算。

9）代码下沉（machine sinking）：将分支节点的代码下沉到不同的分支中，本质上是将代码执行向后推迟，可能会因为分支不执行而获得执行收益。

10）窥孔优化（peephole optimizer）：对相邻指令进行局部优化。注意，因为窥孔优化可能产生新的死代码，所以会再次执行死指令消除操作。

本章将对上述优化逐一介绍。

9.1　前期尾代码重复

本节将对（前期）尾代码重复优化的原理、如何判断优化收益、如何执行优化进行介绍。

9.1.1　尾代码重复原理

尾代码重复的基本原理是，如果两个基本块之间存在跳转指令，那么将后继基本块里的代码提升到前驱基本块中可以移除跳转指令，示例如代码清单 9-1 所示。

代码清单 9-1　两个基本块之间存在跳转指令示例

```
bool isEven(int x, int y)
{
```

⊖　参考论文的地址为 https://gcc.gnu.org/pub/gcc/summit/2003/Optimal%20Stack%20Slot%20Assignment.pdf。

```
    bool retValue = false;
    if (x % 2 == 0)
        retValue = true;
    else
        retValue = false;
    return retValue;
}
```

该代码片段对应的 CFG 如图 9-2a 所示。在图 9-2a 中，基本块 4 是基本块 2 和基本块 3 的汇聚节点，基本块 2 和基本块 3 通常都会通过一个无条件跳转指令（图 9-2a 中的 jmp 指令）到达基本块 4。当然也可以进行基本块布局优化，让其中一个基本块和基本块 4 相邻，这样可以节约一个 jmp 指令，这就是第 11 章要介绍的分支折叠。为了追求更高性能，可以将基本块 4 的代码重复放到基本块 2 和基本块 3 的尾部，然后删除基本块 4，从而得到图 9-2b 所示的 CFG。这就是尾代码重复优化的整个过程。

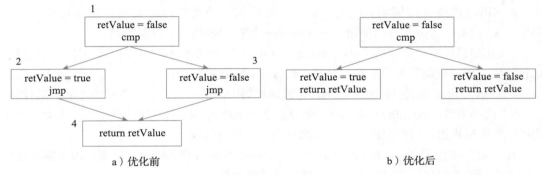

a）优化前   b）优化后

图 9-2　尾代码重复示意图

比较图 9-2a 和图 9-2b 可以看出，图 9-2b 将 jmp 指令消除，执行效率更高，但是由于要将基本块 4 的代码重复放到基本块 2 和基本块 3 中，当基本块 4 的代码比较大时会增加代码量。为了控制代码量，LLVM 提供了参数 tail-dup-size 来控制最大重复的指令数。

目前 LLVM 尾代码优化主要在后端实现，包括寄存器分配前优化和寄存器分配后优化。在寄存器分配前进行的优化需要考虑优化对寄存器分配的影响。直观上看，将两个基本块的代码合并到一个基本块可能会增大变量的活跃区间，从而导致更多的寄存器冲突（参见第 10 章）。所以尾代码重复优化会对重复代码进行更多的限制，例如包含 call、ret 指令的代码片段（这些指令对寄存器分配影响更大）不允许重复。

另外，因为尾代码重复会影响控制流，对于一些场景来说和第 11 章介绍的分支折叠优化效果相同，所以在进行尾代码优化时对基本块的布局有一定的要求（基本块之间一定存在跳转指令到达的情况）。典型的尾代码重复优化场景有如下两类。

1. 冗余 jmp 指令优化

基本块 CurBB 和前驱基本块之间存在 jmp 指令（见图 9-3a），并且这两个基本块不相邻

（11.2.1 节介绍的分支折叠也无法优化这种情况，必须调整基本块的布局后才可能通过分支折叠消除相邻基本块之间的 jmp 指令），可以将 CurBB 代码重复放到前驱基本块中，得到的结果如图 9-3b 所示。

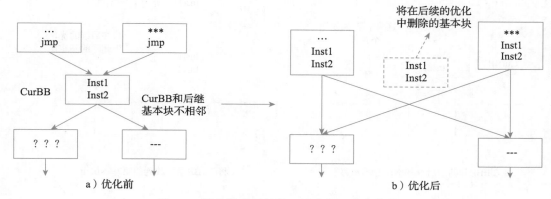

图 9-3　尾代码重复场景：冗余 jmp 指令优化

2. 汇聚基本块优化

如果基本块作为汇聚节点，且基本块和后继基本块不相邻，则当基本块重复有收益时（例如不超过允许的最大重复指令数）会进行尾代码重复。例如在图 9-4a 中，CurBB 和两个后继基本块都不相邻，可以将 CurBB 重复放到前驱基本块中，得到的结果如图 9-4b 所示；或者在图 9-4c 中，CurBB 和唯一的后继基本块不相邻，可以将 CurBB 重复放到前驱基本块中，得到的结果如图 9-4d 所示。

> 注意　尾代码重复会增加代码大小，但是可能会带来一定执行效率的提升，并且为执行其他的优化提供更多可能（例如复制传播优化）。

SSA 形式的尾代码重复实现比较复杂，主要原因是优化后还要保持 SSA 形式；非 SSA 形式的尾代码优化相对简单（参见 11.2.2 节），两者原理相同（主要区别是 MIR 性质不同，优化时限制不同）。

尾代码重复优化一般先判断是否有收益，只有在有收益的情况下才会进行优化。

9.1.2　尾代码收益判断

是否可以对基本块进行尾代码重复优化，可以从以下方面来考虑。

1）只有特定的基本块结构才能进行尾代码重复优化，在一些场景下不能进行优化，例如单基本块循环不能进行优化（如果优化，则会导致无限循环重复）。

2）确定最大重复的指令数，可以通过参数设置 TailDupSize（默认值为 2）实现。当要求代码量最小化时，最大重复指令数为 1。如果优化发生在寄存器分配之前，且基本块最后一条指令为间接跳转指令，则最大允许重复的指令数为 TailDupIndirectBranchSize（默认值为 20）。

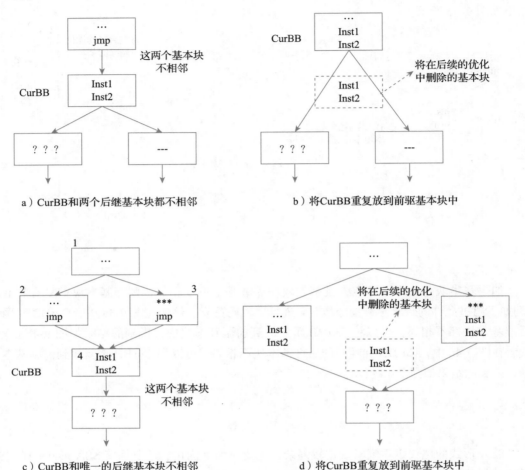

图 9-4 尾代码重复：汇聚基本块优化

3）如果有指令明确不可以重复，则放弃执行尾代码重复优化。在 TD 文件中设置指令属性 isNotDuplicable = true，表示指令不可重复（例如 BPF 后端中 ret 指令不可重复）。

4）如果指令是聚合指令，则放弃执行尾代码重复优化。在 TD 文件中设置指令属性 isConvergent = true，表示指令不可重复。（聚合指令通常和控制流相关，重复代码后会导致控制流变化，该属性通常用于 GPGPU 后端。）

5）如果优化发生在寄存器分配之前，且基本块中包含 ret、call 等指令，则放弃执行尾代码重复优化。ret 指令重复后可能会导致更多的代码"膨胀"（例如在 PEI 中，在 ret 指令之前通常会插入额外的 CSR（Callee Saved Register，被调用者保存寄存器）指令），而 call

指令重复可能会导致更多的寄存器溢出。

6）如果基本块中指令有汇编指令，且包含分支指令，则放弃优化。因为在一些场景中重复会导致逻辑错误（例如无法为 φ 函数准确寻找插入位置）。

7）如果基本块中所有指令数超过最大重复的指令数，则放弃优化。

8）如果所有的前驱基本块都包含多个后继基本块，则放弃优化。代码重复后，如果前驱基本块"走"另外的路径，则会多执行指令，所以不能重复代码。

9）如果所有的前驱基本块的最后一条指令不是无条件跳转指令，则放弃优化。

9.1.3　执行尾代码重复优化

尾代码重复优化实现思路如下。

1）对基本块的每一个前驱基本块都尝试进行尾代码合并。当前驱基本块只有一个后继基本块且最后一条指令为无条件跳转指令时开始执行代码重复优化，这分为以下两步。

① 删除前驱基本块最后一条无条件跳转指令。

② 将基本块中的每条指令重复放到前驱基本块中。如果是 φ 函数，指令重复操作本质上是在进行 φ 函数析构（执行方式为在前驱基本块最后位置增加 COPY 指令，并移除 φ 函数中对应前驱基本块的操作数）；如果是一般指令，则进行代码重复时要保证 SSA 属性；最后更新 CFG 图，即移除原来的后继基本块，并增加新的后继基本块。

2）如果基本块被重复放到了其全部前驱基本块中，则尝试将基本块也放到其相邻基本块中，之后就可以将基本块移除。

3）对循环场景做特殊处理可能需要重构 φ 函数，如图 9-5 所示。在图 9-5a 的基础上，对基本块 b2 进行尾代码重复优化，分别在基本块 b1 和 b3 后重复 b2 的代码，可以得到图 9-5b 所示的结果。对比图 9-5a 和图 9-5b 可以发现除了放置重复代码外，还需要考虑基本块 b3 中 φ 函数的变化，图 9-5a 中 φ 函数的源寄存器主要来自 b1 和 b3，图 9-5b 中 φ 函数的源寄存器也很可能来自 b2 和 b3，所以在 b3 中要重构 φ 函数。

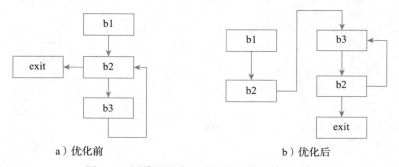

a）优化前　　　　　　　　　　　b）优化后

图 9-5　尾代码重复：循环场景的特殊处理

下面构造一个简单的尾代码重复优化示例，如代码清单 9-2 所示。

代码清单 9-2　尾代码重复优化示例

```
bool isEven(int x, int y)
{
    bool returnValue = false;
    if (x % 2 == 0)
        returnValue = true;
    else
        returnValue = false;

    if (y % 3 == 0)
        returnValue = true;
    else
        returnValue = false;

    return returnValue;
}
```

代码可以通过 Clang 编译生成未经过优化的 LLVM IR。但是为了触发尾代码重复优化，需要对 LLVM IR 的顺序进行调整（如果不调整则不会执行尾代码重复优化）：让第一个 if 语句的两个分支的汇聚节点（if.end）向下移动，从而和第二个 if 语句的两个基本块（if.then3 和 if.else4）不相邻。经过尾代码重复优化后的 LLVM IR 如代码清单 9-3 所示。

代码清单 9-3　尾代码重复优化后的 LLVM IR

```
define dso_local noundef zeroext i1 @isEven(i32 noundef %x, i32 noundef %y) {
entry:
    %x.addr = alloca i32, align 4
    %y.addr = alloca i32, align 4
    %returnValue = alloca i8, align 1
    store i32 %x, ptr %x.addr, align 4
    store i32 %y, ptr %y.addr, align 4
    store i8 0, ptr %returnValue, align 1
    %0 = load i32, ptr %x.addr, align 4
    %rem = srem i32 %0, 2
    %cmp = icmp eq i32 %rem, 0
    br i1 %cmp, label %if.then, label %if.else

if.then:                                          ; preds = %entry
    store i8 1, ptr %returnValue, align 1
    br label %if.end

if.else:                                          ; preds = %entry
    store i8 0, ptr %returnValue, align 1
    br label %if.end

if.then3:                                         ; preds = %if.end
    store i8 1, ptr %returnValue, align 1
    br label %if.end5
```

```
if.else4:                                    ; preds = %if.end
    store i8 0, ptr %returnValue, align 1
    br label %if.end5

if.end:                                      ; preds = %if.else, %if.then
    %1 = load i32, ptr %y.addr, align 4
    %rem1 = srem i32 %1, 3
    %cmp2 = icmp eq i32 %rem1, 0
    br i1 %cmp2, label %if.then3, label %if.else4

if.end5:                                     ; preds = %if.else4, %if.then3
    %2 = load i8, ptr %returnValue, align 1
    %tobool = trunc i8 %2 to i1
    ret i1 %tobool
}
```

因为 if.end 基本块代码行数为 5 条，所以要执行优化，必须将参数设置为允许重复最大指令数如设置参数 -tail-dup-size=5，否则看不到效果。使用 Compiler Explorer，可以直接观察尾代码重复优化前后的区别，如图 9-6 所示。

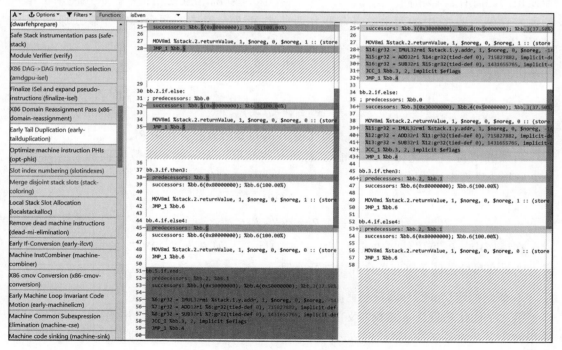

图 9-6　尾代码重复优化前后的区别

9.2 Phi 优化

Phi 优化主要针对两种场景进行。

1. φ 函数的多个源都使用的是同一个寄存器

φ 函数的多个源使用的是同一个寄存器（即在 SSA 形式中并不需要真正的 φ 函数），主要有以下三种形式。

1）形式 1：φ 函数的源寄存器完全相同。例如，φ 函数的两个源寄存器相同，都是 R_1。

$$R_2 = \varphi(R_1, R_1)$$

2）形式 2：φ 函数有多个源寄存器，其中一个或者多个源寄存器使用了目的寄存器，且除目的寄存器外，其他的源寄存器都完全相同。例如，下面 φ 函数中的两个源寄存器分别是 R_1 和 R_2，其中 R_2 是目的寄存器。

$$R_2 = \varphi(R_1, R_2)$$

3）形式 3：多个 φ 函数相互为源，构成循环，并且除了循环的源寄存器外，所有 φ 函数使用的源寄存器都相同。例如，多个 φ 函数中 R_2 和 R_0 相互使用，并且都还使用了相同的源寄存器，即 R_2 中的两个源寄存器分别是 R_1 和 R_0，R_0 中的两个源寄存器分别是 R_1 和 R_2。

$$R_2 = \varphi(R_0, R_1)$$

$$\dots$$

$$R_0 = \varphi(R_1, R_2)$$

上述三种形式都可以删除 R_2，并且将使用 R_2 的地方直接替换为 R_1。

当然在实际代码优化中还可能会遇到一些变形，如一些 φ 函数中的源寄存器使用 COPY 指令进行中转：

$$R_0 = COPY\ R_1$$

$$R_2 = \varphi(R_0, R_1)$$

在该例中，R_2 可以使用 R_1 进行替换，并删除 R_2。但 $R_0 = COPY\ R_1$ 的指令并不会被删除，而是在后续的简单寄存器合并中进行处理。

2. φ 函数定义的寄存器只在其他 φ 函数中使用

第二个优化场景是 φ 函数定义的寄存器只在其他 φ 函数中使用，并且这些 φ 函数相互使用彼此定义的寄存器，最后形成环，符合这样条件的 φ 函数是死代码，如下所示。

$$R_2 = \varphi(R_0, R_1)$$

$$\dots$$

$$R_0 = \varphi(R_1, R_2)$$

...

$$R_1 = \varphi(R_0, R_2)$$

R_0, R_1, R_2 使用 φ 函数定义，并且这三个 φ 函数形成了循环，说明是无效的 φ 函数定义，可以将这三个 φ 函数都删除。

9.3 栈着色

LLVM 3.2 中正式引入栈着色实现，栈着色主要是优化栈变量的分配，减少栈空间的使用。下面通过例子来看栈着色的作用，例子对应的 C 代码如代码清单 9-4 所示。

代码清单 9-4 栈着色示例的 C 代码

```
void bar(char *, int);
void foo(int var) {
A: {
        char z[4096];
        bar(z, 0);
    }

    char *p;
    char x[4096];
    char y[4096];
    if (var) {
        p = x;
    } else {
        bar(y, 1);
        p = y + 1024;
    }
B:
    bar(p, 2);
}
```

在上述代码中，代码块 A 定义了局部变量 z，它的生命周期和变量 x、y、p 的生命周期不重叠。z 在代码块 A 中执行完成后，占用的栈空间就可以被 x、y、p 使用。另外，x 和 y 分别位于 if 分支的真、假条件中，而且在 if 执行完成后都不会再使用 x 和 y，所以理论上 x 和 y 也可以共享相同的空间。上述代码经过优化后如代码清单 9-5 所示。

代码清单 9-5 代码清单 9-4 最为理想的优化结果

```
void foo(int var) {
    char x[4096];
    char *p;
    bar(x, 0);
    if (var) {
        p = x;
```

```
    } else {
        bar(x, 1);
        p = x + 1024;
    }
    bar(p, 2);
}
```

遗憾的是，目前 GCC 和 LLVM 都不能生成上述最优代码。在 O2 优化级别下，LLVM 栈布局、GCC 栈布局、理想栈布局如图 9-7 所示。

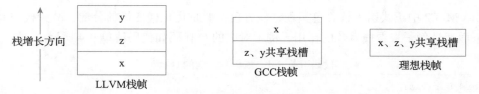

图 9-7　LLVM 栈布局、GCC 栈布局、理想栈布局

注意　指针 p 会放在寄存器中，并不会放在栈分配空间。了解了 LLVM 中的栈着色实现后，再来分析为何 LLVM 栈布局效果最差。GCC 中的栈着色是通过冲突图（interference graph）判断栈变量是否冲突，不冲突的栈变量可共享栈槽。而 LLVM 是通过变量的作用域判断栈变量是否冲突，不冲突的栈变量可共享栈槽，上面示例中的 x 和 y 在代码块 B 处进行了聚合，可以发现 x 和 y 生命周期完全冲突，所以在 LLVM 中 x 和 y 会使用不同的栈槽。

　　LLVM 中的栈着色功能依赖于 LLVM 伪指令 LIFETIME_START、LIFETIME_END。通常伪指令在前端处理器生成 LLVM IR 时产生，例如 Clang 在处理 C/C++ 源码生成 LLVM IR 时会增加栈变量的生命周期伪指令 LIFETIME_START、LIFETIME_END，用于标记栈变量的作用范围。例如基本块 A 定义栈变量 z，并且变量 z 仅作用于基本块 A 中。所以，Clang 可以插入伪指令用于标记 z 的作用范围，使用 Clang 15 生成的 LLVM IR，如代码清单 9-6 所示。

代码清单 9-6　与代码清单 9-5 对应的 LLVM IR

```
define dso_local void @foo(i32 noundef %var) local_unnamed_addr {
entry:
    %z = alloca [4096 x i8], align 16
    %x = alloca [4096 x i8], align 16
    %y = alloca [4096 x i8], align 16
    call void @llvm.lifetime.start.p0(i64 4096, ptr nonnull %z)
    call void @bar(ptr noundef nonnull %z, i32 noundef 0)
    call void @llvm.lifetime.end.p0(i64 4096, ptr nonnull %z)
    %tobool.not = icmp eq i32 %var, 0
    br i1 %tobool.not, label %if.else, label %B
```

```
if.else:                                              ; preds = %entry
    call void @bar(ptr noundef nonnull %y, i32 noundef 1)
    %add.ptr = getelementptr inbounds i8, ptr %y, i64 1024
    br label %B

B:                                                    ; preds = %entry, %if.else
    %p.0 = phi ptr [ %add.ptr, %if.else ], [ %x, %entry ]
    call void @bar(ptr noundef nonnull %p.0, i32 noundef 2)
    ret void
}
```

其中 llvm.lifetime.start.p0、llvm.lifetime.end.p0 在指令选择时会变成伪指令 LIFETIME_START、LIFETIME_END。

栈着色的基本思路如下。

1）识别 MIR 中所有的伪指令 LIFETIME_START、LIFETIME_END。由于栈着色会合并栈变量，因此当伪指令个数较少时就没必要执行栈着色优化，例如伪指令个数少于 2 个。

2）识别活跃变量，计算变量的活跃区间（死变量的活跃区间为空）。

3）根据变量的活跃区间判断是否可以合并。如果变量的活跃区间不冲突（即不重叠），则说明变量可以共享同一个栈槽，而共享同一个栈槽的变量可以合并它们的活跃区间。实际上要做到合并最优的变量活跃区间是非常困难的，该优化是一个 NP 难题，目前采用的是 Greedy 算法。合并时会先对栈变量活跃区间进行排序（按照栈变量的存储空间从大到小排序），即最终目的是优先合并存储空间大的栈变量，并记录合并的栈变量信息。

根据合并栈变量信息对 MIR 进行修改，这会涉及如下几种情况。

① 栈变量都是通过 Alloca 指令分配的，若要进行栈变量合并，必须将多个 Alloca 指令合并为一个。合并时需要确保新的 Alloca 指令在所有使用它的指令之前定义。在使用前，多个 Alloca 指令类型应该一致（不一致则需要插入 cast 指令进行类型转换）。注意，旧的 Alloca 指令需要替换为合并后的新指令。

② 在所有使用栈变量的 Alloca 指令合并前，栈槽的指令都要替换为合并后的栈槽。

③ 更新内存指令中别名信息。如果栈变量合并后仍然可以得到合并后变量的别名信息，则更新合并后栈变量的别名信息；如果无法计算得到别名信息，则将合并后的栈变量的别名信息清空。

4）删除 MIR 中所有的 LIFETIME_START、LIFETIME_END 伪指令。

在上面的例子中，只有栈变量 z 通过伪指令（LIFETIME_START、LIFETIME_END）定义了其生命周期，而栈变量 x 和 y 没有使用对应的伪指令来定义它们的生命周期，导致 LLVM 编译器无法正确优化栈变量的分配。这显然是 Clang 的问题，即没有为所有的栈变量准确地生成伪指令。为了验证栈着色算法的效果，可以在 LLVM IR 中为栈变量 x 和 y 显式增加伪指令，修改后的 IR 如代码清单 9-7 所示。

代码清单 9-7　为栈变量 x 和 y 显式增加伪指令

```
0 define dso_local void @foo(i32 noundef %var) local_unnamed_addr {
1 entry:
2   %z = alloca [4096 x i8], align 16
3   %x = alloca [4096 x i8], align 16
4   %y = alloca [4096 x i8], align 16
5   call void @llvm.lifetime.start.p0(i64 4096, ptr nonnull %z)
6   call void @bar(ptr noundef nonnull %z, i32 noundef 0)
7   call void @llvm.lifetime.end.p0(i64 4096, ptr nonnull %z)
8   %tobool.not = icmp eq i32 %var, 0
9   call void @llvm.lifetime.start.p0(i64 4096, ptr nonnull %x)
10   br i1 %tobool.not, label %if.else, label %B

11 if.else:                                      ; preds = %entry
12   call void @llvm.lifetime.start.p0(i64 4096, ptr nonnull %y)
13   call void @bar(ptr noundef nonnull %y, i32 noundef 1)
14   %add.ptr = getelementptr inbounds i8, ptr %y, i64 1024
15   br label %B

16 B:                                            ; preds = %entry, %if.else
17   %p.0 = phi ptr [ %add.ptr, %if.else ], [ %x, %entry ]
18   call void @bar(ptr noundef nonnull %p.0, i32 noundef 2)
19   call void @llvm.lifetime.end.p0(i64 4096, ptr nonnull %x)
20   call void @llvm.lifetime.end.p0(i64 4096, ptr nonnull %y)
21   ret void
22 }
```

根据 IR 可以计算栈变量 z、x、y 的活跃区间为 z[5, 7]、x[9, 19]、y[12, 20]。

z 和 x、y 活跃区间不冲突，而 x 和 y 活跃区间冲突，所以可以将 z、x 安排在一个栈槽中，将 y 安排在另一个栈槽中。此时使用 llc 编译后可以发现栈空间布局能够被优化，和预期效果一样。

在栈着色中要特别注意活跃变量分析。在 LLVM 3.9 之前，活跃变量分析使用的是后向数据流分析（参见 3.3.1 节），但是从 LLVM 3.9 开始使用的是前向数据流分析。之所以有这样的变化主要是因为在一些场景下基于后向数据流分析会得出不正确的结果，例如一些编译优化可能会导致栈变量在分配空间之前被使用。代码清单 9-8 演示了一个简单的例子。

代码清单 9-8　活跃变量分析示例

```
int bar() {
    char b1[1024], b2[1024];
    if (...) {
        <uses of b2>
        return y;
    } else {
        <uses of b1>
        while (...) {
            char b3[1024];
```

```
                        <uses of b3>
                }
        }
}
```

在代码清单 9-8 中，while 循环使用了栈变量 b3，而在使用过程中，可能发现 b3 是一个循环不变量，通过 LICM 可以将循环不变量外提（上提至 b1 使用处），此时就存在一个问题：b3 的定义在循环内（即真正的栈变量分配在循环体内），而栈变量的使用在定义之前，如果没有进行栈变量合并，不会出现问题。因为此时栈变量的空间已经被预留，只是在循环内被声明。但是当栈变量合并后，就会出现问题，例如循环体内栈变量被合并，即循环体预留的栈空间不存在了，此时上移至循环体外的代码就会发生使用非法内存空间的情况。

所以必须重新准确定义活跃变量以及活跃变量的活跃区间。LLVM 3.9 使用前向数据流分析，通过 LIFETIME_START 确定栈变量的活跃区间起始位置，通过 LIFETIME_END 确定栈变量活跃区间的结束位置，从上向下迭代计算活跃变量。同时，在计算活跃区间时将在定义之前就被使用的变量调整至定义位置。

9.4　栈槽分配

栈槽分配 Pass 主要确保指令在栈空间的访问是合法的。如果不合法则调整指令，同时为栈变量分配栈槽。处理逻辑是，首先为指令中的栈槽分配栈空间（即将指令中基于栈槽的访问变换为基于栈空间的访问），然后推断指令访问栈空间是否合法，将不合法的指令访问引入新的虚拟寄存器，将原来基于偏移值访问栈空间的方式修改为基于寄存器的访问方式（还需要增加一条指令，将偏移值赋给新的寄存器）。指令中栈空间访问的合法性取决于具体的后端指令设计，目前只有 AArch64、AMDGPU、PowerPC、ARM 等少数后端才有这样的指令约束。在栈变量分配时，需要考虑栈空间增长的方向、变量对齐等信息，以计算栈变量的位置。另外，LLVM 也支持栈保护机制，栈槽分配优化会为栈保护的变量进行重新布局（大对象在前、小对象在后，以防止溢出）。

栈槽分配是在 LLVM 2.8 中首次引入，最初该功能的实现放在 PEI（即前言 / 后序插入，参见 11.1 节）中。从 PEI 分离出该功能主要是为了解决在寄存器分配后一些栈变量访问指令可能仍然不合法的问题。例如 AArch64 对 load/store 指令有多种寻址模式：偏移寻址（offset addressing）、前变址寻址（pre-indexed addressing）、后变址寻址（post-indexed addressing）。而这些寻址模式又支持不同类型的数据访问，一些指令使用立即数作为偏移值，而偏移的范围在指令中有对应的约束。例如在 load/store 指令对中，32 位数据加载指令支持的偏移范围为 $[-64, 63]$ [⊖]，如果相对于基寄存器（base-register，通常为 FP）的栈变量偏

⊖　关于 load/store 指令格式可以参考 ARM 官方文档：https://developer.arm.com/documentation/ddi0596/2020-12/Index-by-Encoding/Loads-and-Stores。

移超过该范围，需要对指令进行改写（通常是引入一个新的寄存器，将原来指令变换成基于寄存器的访问指令）。这一操作在 PEI 阶段的执行性能较差[⊖]，而将该工作调整至寄存器分配前，只需引入一个新的虚拟寄存器（由寄存器分配阶段统一完成虚拟寄存器到物理寄存器的映射）然后改写指令。

> **注意** 在 SSA 阶段提取一个单独的 Pass 有不少好处。在 PEI 阶段提取需要用复杂度较高的算法寻址一个真正的物理寄存器。在 SSA 阶段引入虚拟寄存器，在寄存器分配阶段统一完成寄存器分配，以获得更好的性能。此外，还可以让多个指令栈变量访存重用同一个虚拟寄存器，只要虚拟寄存器满足后端指令范围约束。另外，栈槽分配 Pass 和 PEI 都可以确认局部变量的栈位置，但是 PEI 计算位置会比栈槽分配 Pass 更为准确，因为在栈槽分配优化阶段无法确定 CSR 具体信息（只能假设所有的 CSR 都会保存，例如 AArch64 会保存 20 个寄存器，共计 320 字节），无法确定寄存器分配过程中溢出寄存器的空间大小（只能给一个估计值，例如在 AArch64 中的估计值为 128 字节），而在 PEI 阶段所有信息都已经确定，可以更为准确地计算所有栈变量的分配位置。因为栈槽分配可能会带来一定的浪费（因为 CSR、溢出寄存器等不确定的信息），所以在分配的过程中，如果发现不需要引入新的虚拟寄存器，则会将栈槽分配重新推迟到 PEI 阶段。（通常将栈槽分配过程中的栈分配称为预分配，在 PEI 中需要判断是否启用栈槽分配，如果启用则直接使用栈空间预分配的结果，否则会在 PEI 阶段再次进行分配。）

9.5 死指令消除

死指令消除（也称为死代码消除）是编译优化中最基础的优化。

死指令消除的思想可以简单概括为：如果变量 V 没有被使用（即除了定义变量 V 的指令外，没有任何指令使用变量 V），并且定义 V 的指令没有任何负面影响（指的是指令有 volatile 属性，或者 call 等特殊指令），则可以删除定义变量 V 的指令。

一个简单的实现方法：为每一个变量设置一个计数器，例如 counter[V] = 0，如果变量 V 没有使用，则计数器保持不变，可以删除定义变量 V 的指令。同时还可以对 COPY 指令做进一步处理，如果有类似 V = COPY E 的指令，当 E 被删除后，V 的计数也相应地减 1。

LLVM 的实现更为简单，其中有几个要点。

1）从后向前处理基本块的指令，能够更为准确、快速地完成死指令的删除（参见 3.3.1 节）。

⊖ PEI 在寄存器分配后才执行，因为此时寄存器已经分配完成，所以需要较为复杂的算法才能找到一个合适的寄存器完成指令变换，算法的复杂度为 $O(n^2)$。

2）检测指令中使用的变量（指虚拟寄存器），指令中直接使用或者跨基本块的活跃变量（或者一些保留的物理寄存器）都需要识别。

3）对于没有被使用的变量，删除定义该变量的指令。

4）因为没有处理 COPY 这样的指令的功能，所以不会进行递归处理。

9.6　IPL 优化之 If-Conversion

IPL 优化和后端密切相关，本节介绍 IPL 优化中使用较为广泛的 If-Conversion 算法。If-Conversion 算法用于消除跳转指令，并将控制依赖转换成数据依赖。本节主要介绍 LLVM 后端基于 MIR 的算法实现——EarlyIfConverter，它在寄存器分配之前执行。

下面先看一段简单的 if-else 代码，如代码清单 9-9 所示。假设代码生成后的指令分别为 S1、S2、S3、S4。

代码清单 9-9　if-else 代码

```
if (A) {
    B = 1;      // 指令 S1
    C = 2;      // 指令 S2
} else {
    B = 3;      // 指令 S3
    C = 4;      // 指令 S4
}
```

如果不进行 IPL 优化，当 A 为 true 时会执行 S1、S2，当 A 为 false 时会执行 S3、S4。生成的汇编代码如代码清单 9-10 所示，可以看到 goto 指令会根据 A 的值进行跳转。

代码清单 9-10　使用 goto 进行跳转

```
goto    A!, Label; // 如果 A=false, 则跳转
mov     B, 1;      // S1
mov     C, 2;      // S2
Label1:
mov     B, 3;      // S3
mov     C, 4;      // S4
```

我们可以通过 If-Conversion 算法消除汇编指令中的 goto 指令（当然，执行该优化要求后端支持 select 指令）。假设用 p0 表示 A = true 时会执行 S1、S2，用 p1 表示 A = false 时会执行 S3、S4，最后得到的伪代码如代码清单 9-11 所示。

代码清单 9-11　goto 被消除的伪代码效果

```
(p0)    mov    B, 1; // S1
(p0)    mov    C, 2; // S2
(p1)    mov    B, 3; // S3
(p1)    mov    C, 4; // S4
```

LLVM 中的 If-Conversion 算法的实现过程大致如下。

1）后序遍历当前函数的支配树基本块节点。

2）检查当前基本块是否可以进行 If-
Conversion 优化，如果不符合优化约束条
件，则跳过。LLVM 检查的约束条件非常
严格，它只支持非常特定的场景下的优化，
此处列举了比较重要的约束条件。

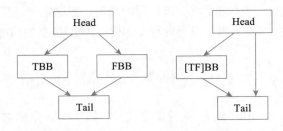

① 控制流形态：只有满足特定控制流
形态的代码才能执行优化，当前只支持对
如图 9-8 所示的两种控制流形态做优化。

图 9-8 能够执行 If-Conversion 的两种控制流形态

② Head 基本块中的条件跳转语句：跳转语句中的跳转条件是可明确分析的，要求相应
的目标硬件由明确的状态寄存器来实现指令的跳转，比如 x86 后端的 EFLAGS 寄存器。

③ 硬件支持 select 指令：Tail 中的 φ 函数需要被重写为 select 指令，以便将控制流转
换成顺序指令。

④ TBB 和 FBB 不能有活跃入参（Liveins）的物理寄存器：TBB、FBB 和 Head 基本块
之间的指令依赖只能是虚拟寄存器间的数据依赖关系。

⑤ TBB 和 FBB 不能有访存指令：TBB 和 FBB 指令会被移入 Head 基本块中，访存指
令的移动可能会影响之后的访存一致性。

下面以代码清单 9-12 中所示的源码为例，来看看 LLVM 中 If-Conversion 的优化过程。

代码清单 9-12　If-Conversion 的优化过程

```
int MUL(int x, int y, bool flag) {
    int aaa = y * x;
    int z = 0;
    int q = 0;
    if (flag) {
        z = y * x;
        q = x * aaa;
    } else {
        z = y + x;
        q = x + aaa;
    }
    return z * q;
}
```

当编译器执行到 If-Conversion 的 Pass 前时，代码清单 9-12 对应的 MIR 如代码清单 9-13
所示。

代码清单 9-13　与代码清单 9-12 对应的 MIR（If-Conversion 优化前）

```
Function Live Ins: $edi in %6, %esi in %7, $edx in %8
bb.0.entry:
```

```
successors: %bb.1, %bb.2;
    Liveins: $edi, $esi, $edx
    %8:gr32 = COPY $edx
    %7:gr32 = COPY $esi
    %6:gr32 = COPY %edi
    %0:gr32 = nsw IMUL32rr %7:gr32, %6:gr32, implicit-def dead $eflags
    TEST32rr %8:gr32, %8:gr32, implicit-def $eflags
    JCC_1 %bb.2, 4, implicit-def $eflags
    JMP_1 %bb.1

bb.1.if.then:
; Predecessors: %bb.0
 Successors: %bb.3
    %1:gr32 = nsw IMUL32rr %0:gr32, %6:gr32, implicit-def dead $eflags
    JMP_1 %bb.3

%bb.2.if.else:
; Predecessors: %bb.0
 Successors: %bb.3
    %2:gr32 = nsw ADD32rr %7:gr32, %6:gr32, implicit-def dead $eflags
    %3:gr32 = nsw ADD32rr %0:gr32, %6:gr32, implicit-def dead $eflags

%bb.3.if.end:
; Predecessors: %bb.2, %bb.1
    %4:gr32 = PHI %2:gr32, %bb.2, %0:gr32, %bb.1
        %5:gr32 = PHI %3:gr32, %bb.2, %1:gr32, %bb.1
    %9:gr32 = nsw IMUL32rr %4:gr32, %5:gr32, implicit-def dead $eflags
    $eax = COPY %9:gr32
    RET 0, $eax
```

此时的控制流和支配树分别如图 9-9a 和图 9-9b 所示。

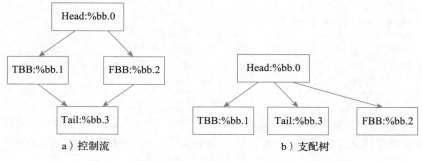

a）控制流　　　　　　　　　　　b）支配树

图 9-9　代码清单 9-12 对应的控制流和支配树

If-Conversion 执行步骤如下。

1）按照支配树进行后序遍历，依次判断出节点 %bb.1、%bb.2、%bb.3 都不符合 If-Conversion 的优化形态。

2）继续遍历，直至 Head = %bb.0，TBB = %bb.1，FBB = %bb.2，Tail = %bb.3。

3）从后向前遍历基本块 Head 指令，在 Head 中找到指令插入位置，以便能将基本块 TBB 和 FBB 的指令移到 Head 中，插入位置为指令 TEST32rr %8:gr32, %8:gr32 之前。

4）将 TBB 和 FBB 中除 Terminate 以外的指令移入 Head 中。此时，函数的 MIR 如代码清单 9-14 所示，移动的指令使用蓝色标出。

代码清单 9-14　将 TBB 和 FBB 中除 Terminate 以外的指令移入 Head 中

```
Function Live Ins: $edi in %6, %esi in %7, $edx in %8
bb.0.entry:
successors: %bb.1, %bb.2;
    Liveins: $edi, $esi, $edx
    %8:gr32 = COPY $edx
    %7:gr32 = COPY $esi
    %6:gr32 = COPY %edi
    %0:gr32 = nsw IMUL32rr %7:gr32, %6:gr32, implicit-def dead $eflags
    %2:gr32 = nsw ADD32rr %7:gr32, %6:gr32, implicit-def dead $eflags
    %3:gr32 = nsw ADD32rr %0:gr32, %6:gr32, implicit-def dead $eflags
    %1:gr32 = nsw IMUL32rr %0:gr32, %6:gr32, implicit-def dead $eflags
    TEST32rr %8:gr32, %8:gr32, implicit-def $eflags
    JCC_1 %bb.2, 4, implicit-def $eflags
    JMP_1 %bb.1

bb.1.if.then:
; Predecessors: %bb.0
    Successors: %bb.3
    JMP_1 %bb.3

%bb.2.if.else:
; Predecessors: %bb.0
    Successors: %bb.3

%bb.3.if.end:
; Predecessors: %bb.2, %bb.1
    %4:gr32 = PHI %2:gr32, %bb.2, %0:gr32, %bb.1
        %5:gr32 = PHI %3:gr32, %bb.2, %1:gr32, %bb.1
    %9:gr32 = nsw IMUL32rr %4:gr32, %5:gr32, implicit-def dead $eflags
    $eax = COPY %9:gr32
    RET 0, $eax
```

将基本块 Tail 中的 φ 函数用搜索（select）指令（本例中是 CMOV32rr）进行重写替换，将相应的搜索指令插入 TEST32rr %8:gr32, %8:gr32 之后，并删除原先的 φ 函数，如代码清单 9-15 所示。

代码清单 9-15　将 select 指令插入 Test32rr 后

```
Function Live Ins: $edi in %6, %esi in %7, $edx in %8
bb.0.entry:
successors: %bb.1, %bb.2;
    Liveins: $edi, $esi, $edx
```

```
    %8:gr32 = COPY $edx
    %7:gr32 = COPY $esi
    %6:gr32 = COPY %edi
    %0:gr32 = nsw IMUL32rr %7:gr32, %6:gr32, implicit-def dead $eflags
    %2:gr32 = nsw ADD32rr %7:gr32, %6:gr32, implicit-def dead $eflags
    %3:gr32 = nsw ADD32rr %0:gr32, %6:gr32, implicit-def dead $eflags
    %1:gr32 = nsw IMUL32rr %0:gr32, %6:gr32, implicit-def dead $eflags
    TEST32rr %8:gr32, %8:gr32, implicit-def $eflags
    %4:gr32 = CMOV32rr %0:gr32, %2:gr32, 4, implicit $eflags
    %5:gr32 = CMOV32rr %1:gr32, %3:gr32, 4, implicit $eflags
    JCC_1 %bb.2, 4, implicit-def $eflags
    JMP_1 %bb.1

bb.1.if.then:
; Predecessors: %bb.0
Successors: %bb.3
    JMP_1 %bb.3

%bb.2.if.else:
; Predecessors: %bb.0
 Successors: %bb.3

%bb.3.if.end:
; Predecessors: %bb.2, %bb.1
    %9:gr32 = nsw IMUL32rr %4:gr32, %5:gr32, implicit-def dead $eflags
    $eax = COPY %9:gr32
    RET 0, $eax
```

删除基本块 TBB、FBB 以及基本块 Head 中的跳转指令，并将 Tail 和 Head 合并成一个基本块，最终经 If-Conversion 优化后的 MIR 如代码清单 9-16 所示。

代码清单 9-16　与代码清单 9-12 对应的 MIR（If-Conversion 优化后）

```
Function Live Ins: $edi in %6, $esi in %7, $edx in %8
bb.0.entry:
successors: %bb.1, %bb.2;
    Liveins: $edi, $esi, $edx
    %8:gr32 = COPY $edx
    %7:gr32 = COPY $esi
    %6:gr32 = COPY %edi
    %0:gr32 = nsw IMUL32rr %7:gr32, %6:gr32, implicit-def dead $eflags
    %2:gr32 = nsw ADD32rr %7:gr32, %6:gr32, implicit-def dead $eflags
    %3:gr32 = nsw ADD32rr %0:gr32, %6:gr32, implicit-def dead $eflags
    %1:gr32 = nsw IMUL32rr %0:gr32, %6:gr32, implicit-def dead $eflags
    TEST32rr %8:gr32, %8:gr32, implicit-def $eflags
    %4:gr32 = CMOV32rr %0:gr32, %2:gr32, 4, implicit $eflags
       %5:gr32 = CMOV32rr %1:gr32, %3:gr32, 4, implicit $eflags
    %9:gr32 = nsw IMUL32rr %4:gr32, %5:gr32, implicit-def dead $eflags
    $eax = COPY %9:gr32
    RET 0, $eax
```

最后还要更新支配树和循环分析结果，由于细节较多，限于篇幅，这里不再展开。最后提一点，LLVM 实现的 If-Conversion 算法是一个简化版本，比较复杂的 If-Conversion 算法可以参考论文"On Predicated Execution"⊖。

9.7　循环不变量外提

LICM（循环不变量外提）优化通过减少不必要的重复运算，达到减少执行指令的目的。以代码清单 9-17 中的代码为例，每次循环迭代都为 tmp 变量赋一个常量值。实际上，赋值操作可以提到循环外面，这样仅需要进行一次赋值即可。

代码清单 9-17　循环不变量外提示例

```
void test()
{
    for (int i = 0; i < 10; ++i) {
        int tmp = 100;
        cout << tmp + i << endl;
    }
}
```

循环不变量外提优化的基本步骤如下。

1）识别自然循环（参考第 5 章）。

2）识别自然循环中的循环不变量。在自然循环中，若表达式仅被定义了一次，且这个定义在循环过程中是不变的，那么这个表达式就是循环不变的。

3）判断循环不变量是否可以外提。若要外提，则表达式需要满足如下条件。

① 表达式支配所有循环退出点。

② 循环中表达式是唯一的定义点。

③ 定义点支配所有使用点。

4）将满足条件的循环不变量提到循环外，将可外提的表达式提到一个新的基本块中，并将该块放在循环之前，调整相应的跳转逻辑。

9.8　公共子表达式消除

在编译优化过程中，如果存在一个表达式 E 之前被计算过，且从之前的计算点到当前程序的执行点，E 用到的所有变量的值都没有发生过变化，那么 E 就被称为公共子表达式。E 的值不需要再进行重复运算，可直接重用，这种优化称为公共子表达式消除（即 CSE）。如果优化的范围仅在基本块内，则称为局部公共子表达式消除（local common subexpression

---

⊖　具体请参见 https://web.eecs.umich.edu/~mahlke/courses/583f12/reading/HPL-91-58.pdf。

elimination）；如果优化范围在函数范围内覆盖了多个基本块，则称为全局公共子表达式消除（global common subexpression elimination）。

公共子表达式消除为编译器提供了以下收益。

1）优化代码大小：消除了冗余的代码序列，直接减少代码量。

2）减少代码执行时间：减少了重复的运算，可以让程序的执行效率得到提升。

3）助力其他优化：消除了无用的表达式，可以简化数据流、控制流的分析过程；消除冗余指令也让编译器可以更充分地使用指令的并发特性，以优化 CPU 的资源利用。

4）减少寄存器压力：多余的变量将被替代，代码需要使用的寄存器数量将会减少。

如图 9-10a 所示，在左侧的表达式序列中，b 和 c 有相同的表达式：$a + 6 \times 2$。在计算从 b 到 c 的过程中，变量 a 的值没有发生变化，所以 c 直接复用 b 的计算结果即可。因此，可以消除表达式 $c = a + 6 \times 2$，将 $e = a + c$ 替换为 $e = a + b$。进一步，d 和 e 产生了相同的表达式，且在计算从 d 到 e 的过程中，变量 a 和 b 的值没有发生过变化，因此可继续消除表达式 $e = a + c$，e 直接复用 d 的计算结果。公共子表达式消除的示意图如图 9-10b 所示。

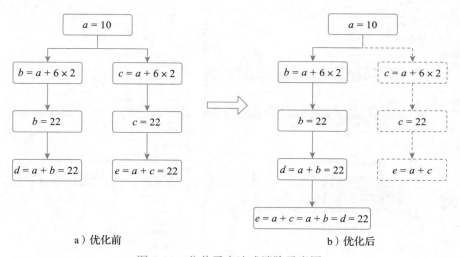

a）优化前　　　　　　　　　　　　　　b）优化后

图 9-10　公共子表达式消除示意图

考虑有代码清单 9-18 所示的 IR 片段，该片段中 cse 函数接受 5 个入参，函数体内存在 3 个基本块。其中，基本块 bb.0 中的 %a 与基本块 bb.1 中的 %c 都以 %x 和 %y 作为输入进行加法运算，但两个输入的顺序不同，而 %b 和 %d 的表达式完全相同。该 IR 片段将用于演示基本块之间的公共子表达式消除，即全局公共子表达式消除。

代码清单 9-18　公共子表达式消除示例

```
define void @cse(i32 %x, i32 %y, i32* %p1, i64* %p2, i1 %cond) {
bb.0:
    %a = add i32 %x, %y
```

```
    store i32 %a, i32* %p1
    %b = zext i32 %a to i64
    store i64 %b, i64* %p2
    br i1 %cond, label %bb.1, label %bb.2

bb.1:
    %c = add i32 %y, %x
    store i32 %c, i32* %p1
    %d = zext i32 %a to i64
    store i64 %d, i64* %p2
    br label %bb.2

bb.2:
    ret void
}
```

这里使用 RISC-V-64 架构进行说明，启动该架构的编译选项为：llc -mtriple=riscv64。在 goldbolt 中可以看到，经过公共子表达式消除优化前后的 MIR 变化如图 9-11 所示。

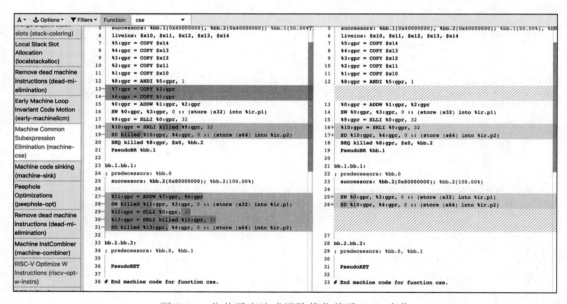

图 9-11　公共子表达式消除优化前后 MIR 变化

在公共子表达式消除优化前的 MIR 中，%1~%5 分别对应函数的 5 个入参。可以看到，%0 与 %11 的表达式中，操作数顺序不同，但由于它们的 MIR 操作为加法指令 ADDW，加法指令的两个操作数交换位置不影响结果（加法交换律），故而 %11:gpr = ADDW %7:gpr, %6:gpr 等价于 %11:gpr = ADDW %6gpr, %7:gpr，又因为 %6 复制了 %1,%7 复制了 %0，从 %7 和 %6 被赋值一直执行到当前 %11 节点的过程中，%1 和 %2 未发生变化，所以可将 %11 进一步转换为 %11:gpr = ADDW %1gpr, %2:gpr。该转换结果与 %0 节点的表达式完全相同，所以 %11 将被作为公共子表达式消除，后面用到 %11 的地方都会用 %0 替代。同理，%9 和 %12 表达式相同，%12 被消除并用 %9 替代，%13 节点被转换为 %13:gpr = SRLI killed %9:gpr, 32，转换结果与 %10 节点处的表达式相同，所以 %13 也会被消除，并使用 %10 替代。最终生成如图 9-11 中右侧所示的序列。

> 🔍 **注意** 公共子表达式消除优化不仅可以作用于 MIR，也可以作用于 LLVM IR 上。

9.9　代码下沉

代码下沉是为了减少执行的代码，例如定义的变量只在一个分支语句中使用，那么将变量定义下沉到分支中可以有效减少执行的代码。代码下沉的示意图如图 9-12 所示。

图 9-12　代码下沉示意图

在图 9-12 左侧的图中，变量 v1 只在一个分支中使用，故将 v1 的定义下沉到使用它的分支中，得到如图 9-12 右侧图所示的结果。

在代码下沉的 CFG 中，下沉代码所在的基本块必须有多个后继基本块，否则没有下沉的必要。具体实现如下。

1）针对 COPY 指令进行优化（即进行 COPY 指令合并）。对于 dst = COPY src 这样的指令，如果 src 不是通过 COPY 指令定义，并且 src 和 dst 寄存器类型相同，则可以将所有的 dst 替换为 src，从而优化 COPY 指令。

2）对于一般的指令：

① 后端允许下沉，例如 ARM 后端对 CMP 指令有特殊约定，在一些情况下不能下沉。

② 不能移动的指令，不允许下沉。

③ 聚合指令，不允许下沉。

④ 用于保证实现 NULL Check（判空校验的指令）功能，不允许下沉。

⑤ 如果定义和使用寄存器的指令在同一个基本块中，不允许下沉（仅仅下沉定义寄存器指令，而不下沉使用寄存器的指令会导致程序逻辑错误）。

⑥ 指令必须下沉到当前基本块的一个后继基本块，并且下沉指令的目标基本块必须支配所有使用该指令定义的寄存器，否则程序逻辑会存在错误，不能下沉。

⑦ 只有存在收益的场景才能下沉，收益场景主要如下。

❑ 下沉的基本块不能逆支配指令下沉前的基本块，由于不存在逆支配约束，因此下沉后的指令次数少于下沉前指令执行的次数，否则需要进一步判断收益。

❑ 指令下沉前位于内部循环，下沉后位于外部循环。下沉后指令执行次数能大幅减少，若执行次数不能大幅减少则不能下沉。

❑ 下沉的基本块逆支配指令下沉前的基本块，如果下沉后指令定义的寄存器是用在 φ 函数中的，则可以继续下沉。

❑ 下沉的基本块逆支配指令下沉前的基本块，同时指令还可以再下沉并且有收益，则继续下沉。

> 注意 下沉的基本块逆支配指令下沉前的基本块，但指令不属于循环，则不能下沉。

❑ 下沉的基本块逆支配指令下沉前的基本块，并且当前指令属于循环，下沉后指令中操作数的活跃区间变小或者寄存器压力没有增加则可以下沉。⊖

⑧ 若下沉后的基本块存在关键边，判断是否可以拆分关键边：能拆分则规划如何拆分关键边，不能拆分关键边则不能下沉。

⑨ 计算下沉指令的位置（通常是 φ 函数后的第一条指令），并下沉代码。

⑩ 拆分关键边，并更新拆分边后的频率。

3）进行循环的特别情况处理，如果参数 SinkInstsIntoCycle 为 True（默认为 False），则进行下沉处理。

在循环中，候选的下沉指令必须同时满足：

❑ 是循环不变量。

❑ 可以安全移动。

❑ 不能下沉 GOT、常量。

❑ 不是聚合指令。

❑ 只有一处定义。

> 注意 下沉循环指令需要满足支配属性，否则逻辑不正确。

9.10 窥孔优化

窥孔优化主要是做一些琐碎的、细粒度的优化，优化策略和优化模式会随着目标架构的指令特征的变化而变化。窥孔优化的基本过程如下。遍历每一条待优化指令，然后判断每一条待优化指令与相关指令组成的指令序列是否存在可以优化的模式。如果是，则将匹配的指令序列转换成更高效的新指令序列；如果没有匹配上，则不做优化。因为窥孔优化

⊖ 例如，使用和定义寄存器的指令位于同一循环，但是寄存器压力没有超过预定义的阈值——寄存器压力模型并不准确，仅仅是一种估计方法。

需要遍历每条指令，所以它的时间复杂度随着需要匹配的指令序列的复杂度增加而增加。此外，因为窥孔优化针对特定指令场景，所以通用性不高。如果待编译代码具有较多的可优化指令序列，则优化效果明显；反之则效果一般。

LLVM 在后端提供了一个多架构共用的窥孔优化 Pass，里面有 10 个左右的子优化项，下面简单介绍一下每个子优化项进行优化的条件和效果。

1）操作数可交换指令优化：这个优化是为了在寄存器分配之后消除循环依赖产生的冗余复制指令而做的前置优化，主要是将循环里一些满足条件的三元操作数指令的两个源操作数交换位置。具体优化条件如下。

条件 1：三元操作数指令和循环头里的 φ 函数形成了循环数据依赖（即 φ 函数用到了三元操作数指令的目的寄存器，三元操作数指令也使用了 φ 函数的目的寄存器）。

条件 2：三元操作数的目的操作数和其中一个源操作数共用寄存器（即指令汇编形如 add r1, r1, r2）。

条件 3：三元操作数指令的两个源操作数是可交换的。

条件 4：在使用三元操作数指令时，φ 函数的目的操作数不是条件 2 中共用寄存器的源操作数。

如图 9-13 所示，ADD 指令满足上述条件，所以优化后 ADD 指令的 %2 和 %1 两个操作数就互换位置了。

图 9-13　操作数可交换指令优化示意图

2）寄存器合并不友好指令优化：旨在识别和处理一些伪指令和拆分指令（如 REG_SEQUENCE、INSERT_SUBREG 和 EXTRACT_SUBREG）以及 Bitcast 指令。因为通过这些指令无法看出寄存器的使用情况，寄存器合并优化不会对它们进行处理，所以将它们称为寄存器合并不友好指令。此优化就是为了识别出这些指令，然后在满足一定条件的情况下，可将这些指令转换为 COPY 指令，从而提高后续寄存器的合并优化（该优化是主要针对 COPY 指令）的效果。

3）比较指令优化：如果目标架构减法指令具有直接设置条件码的特性，则可用带条件码的减法指令替代一部分比较指令，因此在比较指令与减法指令相邻且操作数相关的时候，可以将两者合并，从而消除冗余的比较指令。

4）选择指令优化：将选择指令优化成与或、异或等逻辑运算指令。

5）条件跳转指令优化：将条件跳转指令和其他的指令合并，生成另一种形式的条件跳转指令，从而删除冗余的指令。例如在 AArch64 后端可以将 and 和 cbnz 合并成 tbnz，如

图 9-14 所示。

图 9-14　将 and 和 cbnz 指令合并示意图

6）寄存器合并友好指令优化：将目的操作数和源操作数不同的寄存器类型的 COPY 指令优化成相同的寄存器类型的 COPY 指令，便于后面进行寄存器合并优化。如图 9-15 所示，可以将第二条 COPY 指令变成从 A 复制的 COPY 指令，从而避免了跨寄存器的复制操作。

图 9-15　COPY 指令优化示意图

7）删除冗余复制优化：对于连续的 COPY 指令，如果第二个 COPY 指令的源寄存器是第一个 COPY 指令中源寄存器的子寄存器，则可以删除第二条 COPY 指令，并将用到第二条 COPY 指令的目的寄存器的地方替换为第一条 COPY 指令中目的寄存器的子寄存器，用例如图 9-16 所示。

图 9-16　删除冗余复制优化示意图

8）位扩展指令优化：当位扩展指令的源操作数寄存器还有其他使用点时，在满足数据流正确的情况下，将其他使用点替换为使用 COPY 位扩展指令的目的操作数寄存器。完成这个优化后，后续可以进一步做寄存器合并优化。

9）常量折叠优化：做立即数的常量折叠。

10）load 指令优化：这个优化针对的是"寄存器 – 内存"架构指令集中的内存加载指令（即 load 指令），因为这种指令集中的指令大部分都是可以直接操作内存的，所以在一些场景下可以将 load 指令折叠到运算指令里，从而减少生成代码的指令数。优化的主要过程如下。

① 遍历函数中的每条 load 指令，并判断 load 指令是否满足以下条件。

❑ load 指令具有可折叠属性（在指令信息中描述）。

❑ 有一条指令 I 使用了 load 指令加载结果寄存器，并且这条指令 I 具有等价的可以直接操作内存的指令 I'。

❑ load 指令到指令 I 之间没有其他指令会改变 load 指令结果寄存器中的值。

② 如果满足①中的条件，则将指令 I 转变成指令 I' 的形式，并且如果 load 指令没有其

他使用点，就可以直接将其删除。

除了上述的通用优化外，不同的目标架构也会根据自身架构特征新增一个或多个窥孔优化 Pass，如 AArch64 新增了 Aarch64MIPeephole Pass。因为这类 Pass 都是架构相关的，只有用到特定架构的时候才会用到它们，此处不再过多描述，读者可以根据需要阅读相关代码。

9.11　本章小结

本章主要介绍 LLVM 代码生成过程中基于 SSA 形式的编译优化，涵盖尾代码重复、栈槽分配、If-Conversion、代码下沉等优化算法，并通过示例演示了各算法的主要功能。

寄存器分配

为什么需要寄存器分配？要回答这个问题需要回顾一下计算机存储层次结构相关知识。由于不同存储介质成本和访问速度不同，为了让计算机既能高速访问存储又能保持高性价比，通常都会使用层次化存储结构，成本和访问速度如图 10-1 所示。

一般来说，程序中定义的访存变量个数远远大于寄存器的个数。大多数硬件体系结构在程序执行时总是需要将变量放入寄存器，但因为寄存器价格昂贵且个数较少，所以需要设计和实现高效的算法，将程序执行过程中的访存变量都映射到寄存器中。这个过程称为寄存器分配。

图 10-1　存储结构和空间示意图

在 LLVM 中，寄存器分配阶段的目的就是将 MIR 中使用的虚拟寄存器（一般来说虚拟寄存器对应用户程序中的变量）映射到目标机器的物理寄存器上。因为硬件的物理寄存器数量总是有限的，用户开发的应用程序中使用的变量总是大于物理寄存器的个数，所以寄存器分配最主要的两个工作可以总结为：

1）当存在可用的物理寄存器时，将变量映射到物理寄存器中。

2）当没有可用的物理寄存器时，将已经分配寄存器的变量重新放入内存中，得到一个空闲的寄存器，并为当前变量分配该寄存器，这一过程称为溢出（spill）。

通过简单的寄存器分配描述，可以看到寄存器分配的复杂性在于：选择合适的寄存器进行溢出处理。因为溢出过程需要引入额外的内存操作指令，所以寄存器分配衡量的目标之一就是整体溢出成本最低（遗憾的是，寄存器分配已经被证明为 NP 问题）。

在 LLVM 中，寄存器分配共有 4 种分配算法，分别是 Fast、Basic、Greedy 和 PBQP

（Partitioned Boolean Quadratic Problem，划分布尔二次问题）。

1）Fast：默认在 O0 优化级编译下使用，以函数为粒度进行寄存器分配，每个基本块都可以使用全部的物理寄存器。在寄存器分配时并不会考虑变量的活跃区间，遇到变量无法分配的情况则溢出。

2）Basic：实验性质的寄存器分配，以函数为粒度进行寄存器分配。基于变量活跃区间进行寄存器分配，首先对活跃区间按照权重进行排序，按照权重从高到低逐一分配。在寄存器分配时：如果可以为虚拟寄存器分配物理寄存器，则直接分配；如果不可以为虚拟寄存器分配物理寄存器，则选择将虚拟寄存器暂存在栈中，并将使用虚拟寄存器的地方重新插入加载指令（从栈中加载数据）。通常该分配算法并不会在生产环境中使用，而是用于性能基准分析和比较新型寄存器分配算法的优劣。

3）Greedy：这是 LLVM 中默认的分配器，以函数为粒度进行寄存器分配。和 Basic 算法相比，Greedy 在寄存器溢出实现上更为复杂，因为它要努力生成最小溢出成本的代码。

4）PBQP：基于 PBQP 实现的寄存器分配器，以函数为粒度进行寄存器分配。这个分配器通过构造一个 PBQP 来表示寄存器分配问题（将活跃变量区间等约束转换为方程组），然后通过对 PBQP 求解来获得结果，再将求解结果映射回寄存器分配。

寄存器分配和编译优化密切相关，可以设置 -regalloc 的值（basic、fast、pbqp、greedy）选择寄存器分配算法。

10.1　寄存器分配流程解析

寄存器分配需要依赖一些前置 Pass，按照实现中的依赖特性，可以将 4 种分配算法分为两类，其中 Fast 算法是单独一类，其他三种算法是另一类。

10.1.1　Fast 算法执行流程

Fast 算法依赖非常简单，仅仅依赖 PHI Elimination 和 Two Address Instruction 两个 Pass，如图 10-2 所示。

图 10-2　Fast 算法执行过程中的 Pass

Fast 算法本身比较简单，不需要依赖变量的生命周期进行高质量的寄存器分配。

10.1.2　Basic 算法执行流程

相比 Fast 算法，其他三种算法较为复杂，这里以 Basic 算法为例介绍寄存器分配的执行过程。Greedy 与 PBQP 的执行过程和 Basic 基本相同，唯一的区别是算法本身实现不同，导致依赖的 Pass 稍有区别，如图 10-3 所示。

图 10-3　Basic 算法执行分配寄存器的过程

图 10-3 有几个需要说明的地方。

1）图中使用三个虚框将整个寄存器分配过程中的 Pass 分为 3 类。

① 图 10-3 左侧的 Pass 是所有寄存器分配算法都需要的。

② 特定寄存器算法依赖的 Pass 以及寄存器分配算法 Pass，这里显示的是 Basic 算法相

关依赖，Greedy 和 PBQP 的依赖有所不同。

③ 寄存器分配后的优化 Pass，例如执行复制传播、循环变量外提。

2）图 10-3 只画出了部分执行 Pass，这些 Pass 是 Basic 算法直接依赖的 Pass，而这些依赖的 Pass 还会依赖其他的 Pass，因篇幅有限，所以并未出现在图中。例如 Simple Register Coalescer 会依赖其他的 Pass，如 Slot Index Analysis、Live Interval Analysis、MachineInfoLoop 等，虽然这些 Pass 并未出现在图中，但也是寄存器分配中的关键步骤，会被执行。例如，Slot Index Analysis 可能在流程中被重复调用——既直接服务于 Basic 算法，也间接通过 Simple Register Coalescer 发挥作用。关于这些 Pass 的详细作用与执行顺序，将在 10.2 节深入讲解。

3）有些 Pass 会出现多次，原因可能有多种：有些 Pass 在使用后结果发生了变化，所以需要重新计算；有些 Pass 是被依赖的 Pass，在后续某些 Pass 被显式地调用；有些 Pass 是变换 Pass，因为执行其他的 Pass 带来优化机会，故重新运行。注意，当分析 Pass 出现多次时，如果分析 Pass 的结果没有变化，则不会重新运行分析 Pass（对变换 Pass 不适用）。

4）寄存器分配算法框架中还提供了两个挂载点——寄存器重写预处理（PreRewrite）和虚拟寄存器映射（PostRewrite），用于在寄存器分配后为不同的后端提供额外的功能，允许后端在虚拟寄存器和物理寄存器映射过程中进行特殊的处理。

图 10-2 和图 10-3 给出了不同寄存器分配算法的全景图，根据全景图还需要回答两个问题。

1）这些 Pass 在寄存器分配中起到的作用是什么？如果在寄存器分配过程中不引入相关的 Pass 是否可行，为什么？

2）这些 Pass 之间的顺序是否必须按照图中顺序执行，是否可以调整 Pass 的执行顺序？如果允许调整 Pass 顺序，调整的位置是否有约束，约束是什么？

为了回答上面两个问题，首先看一看每个 Pass 的主要功能是什么，然后再对每个 Pass 进行深入的分析。

1. 前置依赖分析 Pass

通用寄存器分配的前置依赖分析包括以下步骤，其中括号内为对应的 Pass 名。

1）Dead 和 Undef 子寄存器检测（Detect Dead Lane）：在一些涉及子寄存器使用指令（Copy、Phi、Extract_SubReg、Insert_SubReg、Reg_Sequence）的场景中，指令序列可能存在寄存器死亡（Dead）或者未定义（Undef）的情况。而这些情况是寄存器合并非常重要的应用场景：死亡寄存器的活跃区间变小，更容易合并寄存器；未定义寄存器不用做额外处理，在寄存器分配时选择一个可用的物理寄存器即可。所以，寄存器分配阶段首先对指令进行分析获得子寄存器的状态。

2）隐式定义指令处理（Process Implicit Def）：将所有用到隐式定义的指令的地方设置为 Undef（未定义），并且删除该指令；在寄存器分配阶段简化设置为 Undef 的寄存器的分配过程。

3）不可达基本块消除（Unreachable Machine Block Elim）：对 MIR 进行不可达代码消

除，消除后要保证不影响程序的正确性。不可达基本块可以通过分析 CFG 得到。

4）活跃变量分析（Live Variables Analysis）：在寄存器分配阶段仅对活跃变量进行分配，不活跃变量不需要进行寄存器分配。

5）循环信息分析（Machine Loop Info）：基于 MIR 分析函数中的循环，循环信息可用于后续的分析和优化 Pass（例如基本块频率计算等）。

6）Phi 消除（Phi Elimination）：因为此时 MIR 是 SSA 形式，在汇聚节点存在 φ 函数，但是没有硬件支持 φ 函数，所以需要将 φ 函数消除才能进行寄存器分配。

7）活跃变量区间分析（Live Intervals Analysis）：计算活跃变量的生命周期区间，只为生命周期区间内活跃的变量分配寄存器，如果变量不在活跃区间（变量生命周期区间不连续）内，说明此时变量不活跃，不需要分配寄存器（可以将已经分配的物理寄存器重新提供其他变量使用）。

8）二地址指令变换（Two Address Instruction）：将三地址指令变换为二地址指令，因为一些硬件架构不支持三地址指令。注意：该 Pass 实际执行情况依赖于 TD 文件中二地址指令的定义（通过 Constraints 属性），如果没有指令定义相关属性，该 Pass 会被跳过。

9）寄存器合并（Simple Register Coalescing）：对 MIR 进行寄存器合并处理。寄存器合并指的是形如 %0 = COPY %1 这样的指令，可以尝试将虚拟寄存器 %1 和 %0 合并使用一个虚拟寄存器，从而减少指令数量和使用的寄存器。

10）无关子寄存器重命名（Rename Disconnected Independent Subregister）：在 MIR 中可能存在独立使用的多个子寄存器（即子寄存器不会组合在一起使用），可以将子寄存器对应的虚拟寄存器重命名，以减少寄存器分配压力（为子寄存器分配不同的物理寄存器，可以减少寄存器溢出的概率）。该优化只适用于部分后端，只有在后端支持子寄存器，且子寄存器有联合使用的场景才有意义。一些后端（例如 BPF）支持 64 位、32 位寄存器，虽然 32 位寄存器和 64 位寄存器的低位相同，但是 64 位寄存器的高 32 位不是子寄存器，所以 BPF 后端不会真正执行该 Pass。

11）机器指令调度（Machine Instruction Scheduler）：分析 MIR 中的数据依赖，并按照指令调度算法重新对 MIR 进行排序，此处该 Pass 的主要目的是减少寄存器分配的压力。注意，有些后端不支持指令调度，如 BPF 和 WASM 后端。在 WASM 的实现中提到，指令调度影响了寄存器分配的性能；对 BPF 后端来说，笔者猜测是因为指令调度的效果依赖于虚拟机的 JIT 实现。

2. 不同分配算法依赖的 Pass

下面以 Basic 算法为例介绍特定寄存器分配算法依赖的 Pass，具体如下。

1）调试信息⊖分析（Debug Variables Analysis）：调试信息不应该影响寄存器分配，所以

⊖ 调试指令的生成依赖于编译选项，在编译过程中是通过参数 "-g" 生成调试指令的。由于调试本身知识也非常复杂，限于篇幅，本书不展开介绍。

在寄存器分配时不会处理调试相关的指令，但编译出来的文件中会有一些需要额外处理的调试信息，以确保调试信息和指令正确关联。在寄存器分配之前找到调试指令，并记录调试指令的作用域（即指令的活跃区间），然后删除调试指令。在寄存器分配结束后，根据原调试指令的作用域重新插入调试指令（新插入的调试指令会使用已经分配的物理寄存器替换原指令的虚拟寄存器）⊖。

2）指令编号（Slot Indexes Analysis）：为指令进行编号，指令的编号在活跃区间中使用。

3）活跃变量区间分析（Live Interval Analysis）：计算活跃变量的生命周期区间，供寄存器分配使用。

4）寄存器合并（Simple Register Coalescing）：对 MIR 进行寄存器合并处理，以优化指令数量；该 Pass 主要是为了优化 φ 函数消除以及二地址指令变换过程中引入的大量 COPY 指令。

5）机器指令调度（Machine Instruction Scheduler）：分析 MIR 中的数据依赖，并按照指令调度算法重新对 MIR 进行排序。⊖

6）活跃栈变量分析（Live Stack Slot Analysis）：在寄存器分配过程中，栈变量是指在寄存器溢出后被临时存入栈空间的变量。该 Pass 不需要真正地分析活跃变量，仅需分配数据结构，并记录寄存器溢出后虚拟寄存器和栈变量的映射信息即可。

7）别名分析结果使用（Alias Analysis Results Wrapper）：在寄存器分配过程中会使用别名分析的结果，确保移动后的指令正确。（如果指令使用的变量产生别名，则需要在指令移动时确保变量不冲突，否则会出现错误。）

8）支配树分析（Machine Dominator Tree）：基于 MIR 分析函数中的支配树信息，支配树不仅仅在循环信息分析中被使用，在后续的多个 Pass 中也会被使用（例如在移动指令时一定会使用支配树信息）。

9）循环信息分析（Machine Natural Loop Analysis）：基于 MIR 分析函数中的循环，循环信息可用于后续的 Pass（如基本块频率计算等）。

10）虚拟寄存器映射（Virtual Register Map）：记录寄存器分配过程中虚拟寄存器和物理寄存器之间的映射关系，在寄存器分配完成后进行虚拟寄存器重写时会使用这个信息。该 Pass 不需要对指令进行真正的分析，仅需分配相关数据结构的内存，用于记录寄存器分配过程中虚拟寄存器和物理寄存器的映射关系。

11）活跃寄存器组合信息（Live Register Matrix）：记录寄存器分配过程中虚拟寄存器的

⊖　根据调试信息分析的说明，我们可以得到两个有用的信息：第一，该 Pass 会记录调试指令的作用域，如果在该 Pass 运行后，指令被修改、删除或者位置发生变化，可能会影响后续重新插入的调试指令的准确性，这意味着最好在该 Pass 执行以后不要修改指令；第二，重新插入的调试指令必须在寄存器重新执行完之后才能执行，此时才能准确获得调试指令中使用的物理寄存器信息。

⊖　注意，如果图 10-3 中的三个虚线框从左到右分别代表三个阶段，我们可以发现第二阶段和第一阶段都存在活跃变量区间、机器指令调度等 Pass，笔者猜测第二阶段中的 Pass 和分配算法密切相关，而第一阶段则是为了执行三种算法。如果在第一阶段运行后的前置依赖 Pass 没有修改，在第二阶段也不会真正执行。

分配信息，包含了虚拟寄存器和物理寄存器的映射、虚拟寄存器溢出的栈位置等信息，供寄存器分配使用后，还可以供虚拟寄存器重写使用。

12）Basic 寄存器分配算法（Basic Register Allocator）：为指令中使用的虚拟寄存器分配物理寄存器，如果遇到无法分配的情况，还需要选择合适的虚拟寄存器溢出到栈空间。

13）寄存器重写预处理（Hook point for PreRewrite）：为不同的后端提供挂载点，允许后端在寄存器映射之前做特殊的处理。

14）寄存器映射（Virtual Register Rewritter）：将虚拟寄存器映射为物理寄存器，并重写指令。

15）寄存器分配评价（Register Allocation Scoring）：通过该 Pass 对寄存器分配后的结果进行评价，评价的方式是计算寄存器分配后各种指令（如 load、store、ReMaterial、copy）的总成本，并在计算过程中为不同类型的指令设置不同的权重。由此计算得到的总成本越小，说明寄存器分配后的性能越高。该 Pass 典型的应用场景是 MLGO（Machine-Learning Guided Optimization，机器学习指导的优化），通过机器学习不断迭代以获取最优的寄存器分配结果。

3. 分配后依赖的 Pass

寄存器分配后还可以进行优化，主要包含以下 Pass。

1）栈槽着色分配（Stack Slot Coloring）：在寄存器分配过程中会遇到寄存器溢出的情况，需要使用栈空间暂存变量，在使用栈空间的过程中可以继续优化：如两个栈变量的活跃区间不重叠，则可以重用该栈槽空间。

2）寄存器分配后重写处理（Hook Point for PostRewrite）：为不同的后端提供挂载点，允许后端在寄存器映射之后进行独有的处理。

3）机器复制传播（Machine Copy Propagation）：在寄存器分配后，会引入少量的 COPY 指令[⊖]，这样的 COPY 指令经过复制传播优化可以消除，减少生成的指令数。

4）循环不变量外提（Machine LICM）：在寄存器分配后再次执行循环不变量外提，可能是机器复制传播等 Pass 执行后出现了新的优化机会。

4. 依赖 Pass 分类

不同的后端对 Pass 的处理又有所不同，可以将寄存器分配过程中涉及的 Pass 分为两类。

1）适用于所有后端的 Pass：基于寄存器分配算法和后端架构抽象的 Pass。可以进一步分为如下三类。

① 修改原始 MIR 或者生成新 MIR 的 Pass，例如 φ 函数消除、二地址指令转换等。

② 为寄存器分配算法运行提供用于数据分析的 Pass，例如 Slot Index Analysis、Live

⊖ 形如 ax = COPY bx 的指令。原因可能有多种，例如某些后端 ABI 要求在函数返回时需要使用特定的寄存器，对于这样的情况会产生额外的 COPY 指令。

Interval Analysis 等。

③ 用于资源分配的 Pass，这些 Pass 分配的资源将在寄存器分配过程中或结束后被使用，例如 Live Stack Slot Analysis、Virtual Register Map、Live Register Matrix 等。

2）适用于部分后端的 Pass：部分后端支持的功能比较简单，或者某些特性并不适用于这些后端。例如 Rename Disconnected Independet Subregister、Machine Instruction Scheduler，它们并不适用于 BPF、WASM 后端。

下面将介绍寄存器分配中的主要 Pass，如果这些 Pass 依赖了其他的 Pass，也会展开介绍。

5. 寄存器分配示例介绍

为了演示方便，本章统一采用代码清单 10-1 所示的示例代码演示寄存器分配，该代码实现了从 0～9 求和的运算。

代码清单 10-1　从 0～9 进行求和运算的源码

```
int sum() {
    int res = 0;
    for (int i = 0; i < 10; i++) {
        res += i;
    }
    return res;
}
```

使用命令生成 LLVM IR，而 IR 可以是包含 φ 函数的 SSA 形式，也可以是不包含 φ 函数的 SSA 形式[⊖]。一般来说，中端优化、后端优化都是基于包含 φ 函数的 SSA 形式 IR 进行的。在中端优化时可以通过 opt -mem2reg 将不包含 φ 函数的 SSA 形式的 IR 转化为包含 φ 函数的 SSA 形式的 IR，代码清单 10-1 对应的未经优化的 SSA 形式的 IR 如代码清单 10-2 所示。

代码清单 10-2　代码清单 10-1 对应的 SSA 形式的 IR（未经优化）

```
define i32 @sum() {
entry:
    br label %for.cond

for.cond:                         ; preds = %for.inc, %entry
    %i.0 = phi i32 [ 0, %entry ], [ %inc, %for.inc ]
    %res.0 = phi i32 [ 0, %entry ], [ %add, %for.inc ]
    %cmp = icmp slt i32 %i.0, 10
    br i1 %cmp, label %for.body, label %for.end

for.body:                         ; preds = %for.cond
```

⊖　不包含 φ 函数的 SSA 形式的 IR 并没有违反 SSA 的语义，只不过变量都放在内存中，访问都是通过 Load/Store 指令完成的，所以是在聚合点直接访存而不是通过 φ 函数。

```
    %add = add nsw i32 %res.0, %i.0
    br label %for.inc

for.inc:                        ; preds = %for.body
    %inc = add nsw i32 %i.0, 1
    br label %for.cond

for.end:                        ; preds = %for.cond
    ret i32 %res.0
}
```

> 注意　LLVM 后端也可以基于不包含 φ 函数的 SSA IR 生成代码，这里不展开讨论⊖。

经过指令选择后，此时输出的 MIR 如代码清单 10-3 所示。

代码清单 10-3　代码清单 10-1 对应的 MIR

```
# Machine code for function sum: IsSSA, TracksLiveness

bb.0.entry:
    successors: %bb.1(0x80000000); %bb.1(100.00%)

    %4:gpr = MOV_ri 0

bb.1.for.cond:
; predecessors: %bb.0, %bb.2
    successors: %bb.2(0x7c000000), %bb.4(0x04000000); %bb.2(96.88%), %bb.4(3.12%)

    %0:gpr = PHI %4:gpr, %bb.0, %7:gpr, %bb.2
    %1:gpr = PHI %4:gpr, %bb.0, %2:gpr, %bb.2
    %5:gpr = SLL_ri %0:gpr(tied-def 0), 32
    %6:gpr = SRA_ri %5:gpr(tied-def 0), 32
    JSGT_ri killed %6:gpr, 9, %bb.4
    JMP %bb.2

bb.2.for.body:
; predecessors: %bb.1
    successors: %bb.1(0x80000000); %bb.1(100.00%)

    %2:gpr = nsw ADD_rr %1:gpr(tied-def 0), %0:gpr
    %7:gpr = nsw ADD_ri %0:gpr(tied-def 0), 1
    JMP %bb.1

bb.4.for.end:
; predecessors: %bb.1
```

⊖　不包含 φ 函数的 SSA IR 在指令选择阶段会引入额外的内存访问，例如将局部变量放在帧对象中，用于
　　将 load/store 指令转化为栈帧操作。

```
$r0 = COPY %1:gpr
RET implicit $r0
```

> **注意**　这里所说的指令选择是指整个指令选择阶段及随后进行的一些优化，而不是单指"指令选择"。实际上，在"指令选择"后还会执行一些优化（例如前期尾代码重复优化会将一些基本块进行合并），更多内容可参考第 9 章。

10.2　寄存器分配涉及的 Pass

以 Basic 算法为例，涉及的 Pass 超过 30 个，在 BPF 后端的实现中部分 Pass 会被跳过。由于 Pass 众多，因此本节不会全部展开详细介绍，仅介绍寄存器分配过程中涉及的几个重要 Pass。

10.2.1　死亡和未定义子寄存器检测

该 Pass 的主要目的是分析处于 Dead、Undef 状态的子寄存器，识别这些寄存器将有助于寄存器分配，识别到的死亡寄存器可以不再分配物理寄存器；而未定义的寄存器则可以使用任意一个物理寄存器。

下面通过代码清单 10-4 所示的代码片段来演示该 Pass 的效果。

代码清单 10-4　死亡 / 未定义子寄存器检测示例

```
%0 = some definition
%1 = IMPLICIT_DEF
%2 = REG_SEQUENCE %0, sub0, %1, sub1
%3 = EXTRACT_SUBREG %2, sub1
   = use %3
```

首先来看死亡信息是如何计算的。该过程使用了典型的后向数据流分析手段，识别死亡寄存器需要先识别使用中的寄存器，没有被使用的寄存器则被认为死亡。分析时从出口指令开始，例如在代码清单 10-4 中，因为 %3 被其他指令使用，所以 %3 使用的寄存器 %2 也应该是活跃的。但是 %3 的定义是 EXTRACT_SUBREG %2, sub1，该指令仅使用了 %2 的 sub1 部分。而 %2 由 REG_SEQUENCE 指令定义的 %0 和 %1 构成，寄存器 %0 没有被使用，则认为寄存器 %0 是死亡的。上述分析过程如图 10-4 所示。

再来看如何分析未定义寄存器的信息，这是一个典型的前向数据流分析。例如在代码清单 10-4 中，%0 操作数是显式定义的，%1 操作数是隐式定义的，%2 使用了隐式定义的操作数 %1，同样 %3 也使用了隐式定义的操作数 %2。使用了隐式定义操作数的寄存器实际上是未定义的，所以 %3 是未定义的。但是此时 %2 并不是未定义的，这是因为 %2 使用

了 %0 这个被显式定义的操作数。上述分析过程如图 10-5 所示。

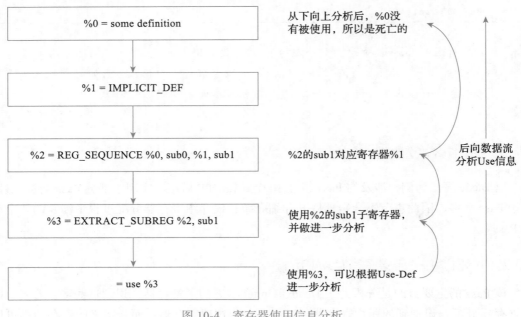

图 10-4　寄存器使用信息分析

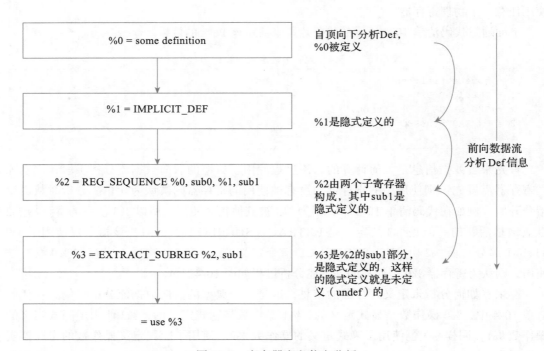

图 10-5　寄存器定义信息分析

分析死亡和未定义的寄存器信息的数据流方程非常简单，和 3.3.1 节及 3.3.2 节非常类似。对于大量使用子寄存器的代码（例如 GPU），在寄存器分配过程中使用该类 Pass，性能会有提升。

10.2.2　隐式定义指令处理

后端除了显式定义一些寄存器外，还可能隐式定义一些寄存器。隐式定义的寄存器指令一般是 MIR 中未定义的指令⊖，在寄存器分配时需要将这些隐式定义指令删除，避免被其他指令使用，所以需要对 Def-Use 链中的操作数进一步处理。基本思路如下。

1）如果隐式定义指令定义的寄存器为虚拟寄存器，则将 Def-Use 链中 Use 的 MO（Machine Operand，机器指令操作数）设置为 Undef 状态，同时对类 COPY 指令（COPY、PHI、SUB_REGSEQUENCE、EXTRACT_SUBREG）进行复制传播优化（即递归处理 MO 的定义寄存器），然后删除该隐式定义指令。

2）如果隐式定义指令定义的寄存器为物理寄存器，如 Def-Use 链中 Use 的寄存器是 Def 的寄存器或其子寄存器，则将 Use 的寄存器设置为 Undef 状态，然后删除该指令。

3）如果机器指令中的所有 MO 都是未定义的，则删除该指令。

因为隐式定义指令会被删除，而死亡和未定义子寄存器检测需要根据隐式定义信息计算出 Undef 状态的子寄存器，所以需要先执行死亡和未定义子寄存器检测，然后再执行隐式定义指令删除。例如，在代码清单 10-4 中，死亡和未定义子寄存器检测先于隐式定义指令处理，%3 可以被删除，而使用 %3 的指令被修改为处于 Undef 状态的 MO。

10.2.3　不可达 MBB 消除

在寄存器分配中的前置依赖 Pass 中有不可达 MBB 消除 Pass，活跃变量分析也依赖该 Pass。使用该 Pass 进行死代码删除可以减少无效计算与寄存器分配等工作。

不可达 MBB 的识别非常简单，在遍历 CFG 时，只要能从 Entry 开始遍历到的 MBB 都是可达的，遍历不到的 MBB 就是不可达的。

不可达的 MBB 属于死代码，当发现不可达 MBB 时，需要将其删除。如果不可达 MBB 属于循环，则删除 MBB 会影响循环结构。所以在删除不可达 MBB 时需要更新支配信息、循环结构以及影响的 φ 函数。

对代码清单 10-3 来说不存在不可达 MBB，所以本 Pass 的执行不会对 MIR 产生任何影响。

⊖　例如 LLVM 中有一个典型的指令 INSERT_SUBREG，它使用方式形如 "%2 = INSERT_SUBREG %0, %1, subidx" 的指令。该指令是将 %1 插入 %0 中编号为 subidx 的子寄存器中，并返回为 %2。因为 %1 在这个指令中没有定义，所以 %1 被设置为隐式定义指令。

注意 在中端优化时一般会进行死代码删除优化（如中端优化的 SimplifyCFG），那么在代码生成阶段为什么还需要对该 Pass 进行优化？主要原因是后端优化可能会引入不可达 MBB，例如尾代码重复等。

10.2.4 活跃变量分析

后续多个 Pass 直接依赖活跃变量分析，例如寄存器分配类 Pass 只针对活跃变量进行分配。

活跃变量分析需要先找出那些在一条指令结束后立即无效（Dead）的寄存器集合，还需要找出那些在当前指令中使用，但执行这条指令后就不再使用的寄存器集合（被当前指令杀死）。简单来说，活跃变量的信息是在函数范围内对每个虚拟寄存器以及指令中使用的物理寄存器进行分析。分析结果是识别寄存器在何时死亡、何时被杀死，活跃变量分析中不需要计算寄存器的 Def 和 Use 信息，主要是因为 MIR 是 SSA 形式的，天然包含这些信息。

LLVM 在计算活跃变量时也采用了不动点算法，但是和传统的不动点算法有所不同，这是一个前向数据流分析，在第 3 章介绍数据流分析示例时提到活跃变量分析通常采用后向数据流分析。

为什么这里采用了前向数据流分析？其主要原因是 LLVM 中收集的信息以及对信息的定义稍微有些复杂，大概的规则如下。

1）寄存器的活跃信息使用一个集合保存，在集合中存放的是 MBB，表示寄存器在整个 MBB 都是活跃的。如果寄存器在同一个 MBB 中被定义和使用，在 MBB 外也不再活跃（即被杀死），那么此寄存器不会存放在该集合中。

2）我们使用一个集合保存寄存器被杀死的信息，在集合中存放的信息形式是 MIR，表示寄存器在此 MIR 后不会再被使用。

3）如果 φ 函数是最后使用寄存器的指令，这条 φ 函数指令不会出现在保存杀死信息的集合中。相反，其前驱基本块的相关信息应该加入活跃信息集合中。

4）如果寄存器在同一个 MBB 中被定义和使用，并且仅在后继基本块的 φ 函数中被再次使用，则会出现寄存器的活跃集合为空，同时寄存器的杀死信息集合也为空（φ 函数不会更新杀死信息）的情况。这是因为寄存器在 MBB 的最后一条指令处仍然都是活跃的，但是在进入后继基本块后不再活跃。

基于这些规则，后向数据流分析并不适用，只能使用前向数据流分析，实现大概可以总结如下。

1）以函数为粒度，依次处理每个 MBB 中的基本块。

2）遍历 MBB 中每条机器指令，收集指令中的 Def 和 Use 寄存器，如果是 φ 函数，仅仅收集 Def 寄存器。

3）对所有的 Use 寄存器进行处理：需要通过不动点方式遍历虚拟寄存器前驱基本块，

将其前驱基本块加入寄存器的活跃集合中，直到遍历完所有的前驱基本块；物理寄存器的
处理稍微有些麻烦，还需要额外处理其子寄存器。

4）对所有的 EC[⊖] 寄存器进行处理：处理物理寄存器可能发生 EC 的情况。

5）对所有的 Def 寄存器进行处理：虚拟寄存器默认先定义后使用，使用以后寄存器会
被杀死（所以需要先处理 Use 寄存器，这样就可以保证最后杀死的信息总是指向最后一条
指令）；物理寄存器也需要类似地处理其子寄存器。

对于机器指令中出现的物理寄存器的处理稍微有些不同。

1）在指令选择过程会生成 MBB 的 LiveIn 和 LiveOut，这里的 LiveIn 和 LiveOut 主要
是物理寄存器。LiveIn 值通常是放置在寄存器中的函数参数，LiveOut 值是放在寄存器中的
返回值。在活动区间分析时，我们通常会设定一个虚拟指令来定义 LiveIn 值；如果某个基
本块的最后一条指令是 return，那么它将被标记为具有 LiveOut 属性。LiveIn 和 LiveOut 集
合会影响活跃变量的计算。

2）假设物理寄存器只在单一的基本块中存活，这种分析相对简单，是针对局部的
分析。

3）有些物理寄存器不是可分配的（例如栈指针寄存器或条件码寄存器），这些寄存器不
会被分析（它们在指令选择阶段进行构建，以保证其正确性）。

4）物理寄存器在处理 Def、Use 时需要考虑子寄存器的情况。例如 x86 中若先定义了
EAX，但是定义后不再使用 EAX，而是分别使用了其子寄存器 AH 和 AL；或者先定义了
AL 和 AH，但是未使用 AL 和 AH，而是使用了它们的父寄存器 EAX。对于这样的情况，
需要处理子寄存器的活跃集合和杀死集合。

对代码清单 10-3 中的 MIR 执行活跃变量分析后，活跃变量信息打印如代码清单 10-5
所示，其中 killed（加粗部分）表示在此指令以后虚拟寄存器不会再被使用。

代码清单 10-5 活跃变量分析后

```
# Machine code for function sum: IsSSA, TracksLiveness

bb.0.entry:
    successors: %bb.1(0x80000000); %bb.1(100.00%)

    %4:gpr = MOV_ri 0

bb.1.for.cond:
; predecessors: %bb.0, %bb.2
successors: %bb.2(0x7c000000), %bb.3(0x04000000); %bb.2(96.88%), %bb.3(3.12%)

    %0:gpr = PHI %4:gpr, %bb.0, %7:gpr, %bb.2
    %1:gpr = PHI %4:gpr, %bb.0, %2:gpr, %bb.2
    %5:gpr = SLL_ri %0:gpr(tied-def 0), 32
```

⊖ EC 是 Early-Clobber 的缩写，指的是寄存器内容在指令执行后被破坏。

```
    %6:gpr = SRA_ri killed %5:gpr(tied-def 0), 32
    JSGT_ri killed %6:gpr, 9, %bb.3
    JMP %bb.2

bb.2.for.body:
; predecessors: %bb.1
    successors: %bb.1(0x80000000); %bb.1(100.00%)

    %2:gpr = nsw ADD_rr killed %1:gpr(tied-def 0), %0:gpr
    %7:gpr = nsw ADD_ri killed %0:gpr(tied-def 0), 1
    JMP %bb.1

bb.3.for.end:
; predecessors: %bb.1

    $r0 = COPY killed %1:gpr
    RET implicit killed $r0
```

10.2.5 Phi 消除

第 2 章详细介绍了 SSA 析构算法，主要有关键边拆分、Briggs、Sreedhar 等 SSA 析构算法。关键边拆分带来的可能问题是在循环内部产生了额外跳转，这有可能降低性能（LLVM 支持关键边拆分，会对循环中的关键边进行特殊处理）。Briggs 算法可能产生较多的 COPY 指令，而 Sreedhar 算法实现较为复杂。LLVM 采用的是 Briggs 算法，但是其实现还有一些地方值得我们进一步讨论，例如：

1）LLVM 的 φ 函数消除和标准的 Briggs 算法稍有不同，标准的 Briggs 算法解决了 Swap 问题，而 LLVM 并没有考虑 Swap 问题。原因是 LLVM IR 不接受 φ 函数存在循环依赖[⊖]的情况，LLVM 后端会拒绝为这样的 IR 生成代码，这也意味着 SSA 析构时不需要考虑 Swap 问题。

2）LLVM 也尝试了实现 Sreedhar 算法，称为 Strong Phi Elimination，在 LLVM 2.9 版本中引入，但是在 LLVM 3.3 版本中又将其移除，最主要的原因是经过较长时间的尝试后，该算法还是不够稳定，并且缺乏维护者[⊜]。

3）在 φ 函数析构的实现中，通过参数选项来控制是否执行关键边拆分。这引出了两个问题：第一，在编译器中端优化过程中，通常会执行一些优化（例如部分冗余消除、循环优化等）来进行关键边拆分，那么此处还有必要进行关键边拆分吗？第二，从算法的正确性来说，LLVM 为什么提供选项控制关键边拆分（是否不拆分关键边，也不会影响正确性）？

① 对于第一个问题，有两种情况需要考虑：首先，因为 LLVM 后端可以接收没有优化的 IR 作为输入，所以此时的 IR 仍然可能有关键边，也有可能已经执行的优化中没有进行

⊖ 关于这个问题更多的讨论可以参见 https://github.com/llvm/llvm-project/issues/27092。

⊜ 关于 Sreedhar 算法可以参考 https://lists.llvm.org/pipermail/llvm-dev/2012-June.txt。

关键边拆分。在这两种情况下，作为后端输入的 IR 可能仍存在关键边。其次，在指令选择阶段完成后会执行尾代码重复优化，该优化会改变 CFG 结构，在这个过程中可能会引入新的关键边。

② 第二个问题的答案是，进行关键边拆分可以减少寄存器分配过程中的溢出。我们可以通过一个简单的例子比较一下关键边拆分和不进行关键边拆分对寄存器分配的影响。假设一个程序对应的待析构 CFG 如图 10-6 所示。

采用 Briggs 算法进行 SSA 析构过程如图 10-7a 所示；析构完成后的结果如图 10-7b 所示。在图 10-7b 基本块 2 中，x 和 x_1 存在冲突，即 x 和 x_1 需要两个不同的寄存器。

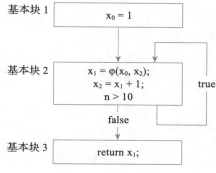

图 10-6　待析构的 CFG

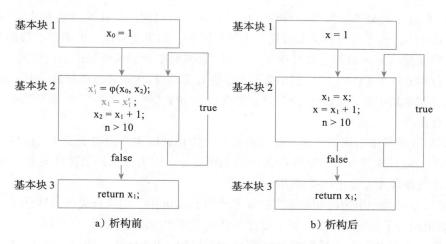

图 10-7　Briggs 析构过程和结果示意图

进行关键边拆分后再执行 Briggs 算法，析构过程如图 10-8a 所示；析构完成后的结果如图 10-8b 所示。在图 10-8b 的基本块 2 中，x 和 y 不冲突，可以占用同一个寄存器，这减少了寄存器分配的压力。

LLVM 中的 φ 函数消除实现会依赖其他的 Pass（主要是活跃变量），但是在 φ 函数消除过程中新增了 COPY 指令，等价于引入了新的变量。这意味着执行 φ 函数消除后很多之前的分析都会变得无效，例如活跃变量、指令编号、变量活跃区间、支配树信息、循环信息等。为了减少重复计算、分析这些信息，在 φ 函数消除过程中插入 COPY 指令可以增量更新这些分析信息。

φ 函数消除的第一步是尝试进行关键边拆分，在拆分过程中有几个值得注意的地方。

1）LLVM 并不处理循环体中的关键边，原因主要是循环关键边拆分后会引入新的跳转指令，对代码布局不友好。

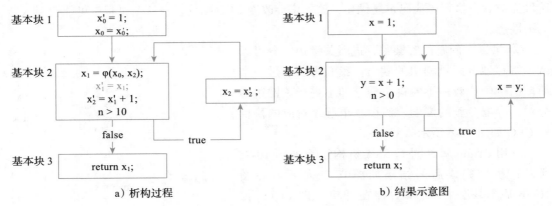

图 10-8 进行关键边拆分后再执行 Briggs 算法示意

2）在非循环的关键边拆分过程中，如果 φ 函数引用的变量在关键边对应的前驱基本块的 LiveOut 中，则不需要拆分关键边。主要原因是，如果变量位于前驱基本块的 LiveOut 中，则说明变量除 φ 函数外还被其他指令使用（φ 函数不会影响变量的活跃区间），即便对关键边进行拆分产生 COPY 指令仍不会有助于寄存器合并。（关键边拆分后，引入新的基本块，在新的基本块中插入 COPY 指令，会发现该 COPY 指令定义的变量是活跃的，不能执行寄存器合并。）

3）如果 φ 函数中引用的变量不在当前基本块的 LiveIn 中，说明变量仅仅在其他前驱基本块中活跃。除特殊情况外，这样的关键边无须拆分，因为变量的活跃区间并不冲突；只有不可归约的循环才需要进行关键边拆分。

4）如果 φ 函数中引用的变量在当前基本块的 LiveIn 中，则进行关键边拆分。

5）如果执行了关键边拆分，则需要更新活跃变量和活跃变量的活跃区间。

当执行 φ 函数消除时，根据 Briggs 算法进行析构，析构后更新相关分析信息。唯一需要注意的是变量活跃区间的计算，在消除一个前驱基本块时可能无法准确计算（因为其他前驱基本块可能会定义活跃变量区间），所以需要进行特殊处理（最典型的场景就是循环体中的关键边）。

对代码清单 10-3 所示的 MIR 执行 φ 函数消除后，得到的结果如代码清单 10-6 所示。

代码清单 10-6 执行 φ 函数消除后的结果

```
# Machine code for function sum: NoPHIs, TracksLiveness

bb.0.entry:
    successors: %bb.1(0x80000000); %bb.1(100.00%)

    %4:gpr = MOV_ri 0
    %8:gpr = COPY %4:gpr
```

```
        %9:gpr = COPY killed %4:gpr

bb.1.for.cond:
; predecessors: %bb.0, %bb.2
successors: %bb.2(0x7c000000), %bb.3(0x04000000); %bb.2(96.88%), %bb.3(3.12%)

        %1:gpr = COPY killed %9:gpr
        %0:gpr = COPY killed %8:gpr
        %5:gpr = SLL_ri %0:gpr(tied-def 0), 32
        %6:gpr = SRA_ri killed %5:gpr(tied-def 0), 32
        JSGT_ri killed %6:gpr, 9, %bb.3
        JMP %bb.2

bb.2.for.body:
; predecessors: %bb.1
        successors: %bb.1(0x80000000); %bb.1(100.00%)

        %2:gpr = nsw ADD_rr killed %1:gpr(tied-def 0), %0:gpr
        %7:gpr = nsw ADD_ri killed %0:gpr(tied-def 0), 1
        %8:gpr = COPY killed %7:gpr
        %9:gpr = COPY killed %2:gpr
        JMP %bb.1

bb.3.for.end:
; predecessors: %bb.1

        $r0 = COPY killed %1:gpr
        RET implicit killed $r0
```

> **注意**　该 Pass 是寄存器分配必需的，无论使用哪一种寄存器分配算法都需要用该 Pass，因为目前尚没有后端可以直接支持 φ 函数生成机器代码。

10.2.6　二地址指令变换

除了一些很特别的情况（比如函数调用、Phi 指令）外，机器指令都是三地址码。这意味着：每一条指令最多使用两个源寄存器并定义一个目的寄存器。

然而一些目标架构的指令集使用的是二地址码指令，即指令中定义的目的寄存器同时也是源寄存器，比如 x86 架构中一条指令形如 ADD %EAX, %EBX，其功能是将寄存器 EAX 和 EBX 的值加起来，并将结果放入 EAX 中，即 %EAX = %EAX + %EBX。

为了正确处理这种指令集，LLVM 后端必须将三地址码指令变换为二地址码指令，这个 Pass 也是寄存器分配所必需的，必须在寄存器分配之前执行。该 Pass 执行后，输出的 MIR 就不再是 SSA 形式。比如，有一条 MIR 指令：%a = ADD %b, %c，经过该 Pass 变换后，结果如代码清单 10-7 所示的两条指令。

代码清单 10-7　二地址指令变换结果

```
%a = COPY %b
%a = ADD %a, %c
```

该 Pass 会以函数为粒度，针对基本块中的每一条指令尝试执行二地址变换。那所有的指令是否都需要执行二地址变换？如果不是，什么样的指令才需要真正执行二地址变换？

简单的回答是，只有部分 MIR 指令才需要执行二地址变换，这一类指令都定义在 TD 文件。TD 文件通过关键字 Constraints 来指定哪些指令需要变换，同时该关键字还指定了如何进行变换。以 BPF 后端中 add 指令为例，它有两种指令格式，如代码清单 10-8 所示。

代码清单 10-8　add 指令的两种格式

```
add dst, src2, imm
add dst, src2, src1
```

因为 add 指令的第二个参数可以是立即数也可以是寄存器，当第二个参数是立即数时意味着目的寄存器和源寄存器无法共用，所以在设计时让第一个寄存器和目的寄存器相同，以实现寄存器的共用。

eBPF 中 ADD 指令对应的 TD 代码片段如代码清单 10-9 所示：

代码清单 10-9　ADD 指令对应的 TD 代码片段

```
let Constraints = "$dst = $src2" in {
let isAsCheapAsAMove = 1 in {
    defm ADD : ALU<BPF_ADD, "+=", add>;
    ......
}
```

其中 Constraints 字段表明 ADD 相关指令中的 dst 和 src2 共用一个寄存器。代码清单 10-10 中定义了 ADD_rr 和 ADD_ri 两条指令的 TD 代码片段，解释了为什么 src2 和 dst 可以共用一个寄存器（因为 src1 的位置可能是寄存器，也可能是一个立即数）。

代码清单 10-10　定义 ADD_rr 和 ADD_ri 两条指令的 TD 代码片段

```
multiclass ALU<BPFArithOp Opc, string OpcodeStr, SDNode OpNode> {
    def _rr : ALU_RR<BPF_ALU64, Opc,
                (outs GPR:$dst),
                (ins GPR:$src2, GPR:$src),
                "$dst "#OpcodeStr#" $src",
                [(set GPR:$dst, (OpNode i64:$src2, i64:$src))]>;
    def _ri : ALU_RI<BPF_ALU64, Opc,
                (outs GPR:$dst),
                (ins GPR:$src2, i64imm:$imm),
                "$dst "#OpcodeStr#" $imm",
                [(set GPR:$dst, (OpNode GPR:$src2, i64immSExt32:$imm))]>;
    ......
}
```

对于有 Constraints 约束的指令，TableGen 在处理 TD 代码时，会为对应的指令生成 TiedOperand 的属性。在指令选择阶段生成相关的指令时，会根据指令属性为对应的操作数添加 TiedOperand 属性。这样，在二地址变换阶段只要判断 MIR 指令中操作数的属性就能知道是否需要进行变换了。

> 注意 在新的编译器后端实现中，什么情况下需要让指令支持二地址指令变换？简单地说，需要根据指令集中指令的定义来确定。以 eBPF 为例，它有自己的虚拟指令集，在指令集中定义了指令的格式，参见图 B-1。
>
> 指令只支持 src 和 dst 两个寄存器，所以对于 MIR 中有 3 个寄存器的指令都要做二地址指令变换。故除了上述介绍的 ADD 这类的 ALU 指令外，eBPF 中的跳转、移位等指令都需要执行变换。

1. LLVM 中二地址变换的执行流程

二地址变换的执行流程如下。

1）预处理：把 LLVM 中支持的特殊指令（如 REG_SEQUENCE）变换成 COPY 指令；对所有的 COPY 指令进行收集，便于后续处理 COPY 链指令。

2）收集 MIR 指令中存在 TiedOperand 属性的操作数：这些操作数包含了可以共用的寄存器（这意味着要插入 COPY 指令）。

3）确认是否需要进行二地址指令变换：在一些场景中，如果不进行指令变换可能取得更好的性能，对于这样的场景可以放弃进行二地址指令变换。

4）变换指令：对于需要进行二地址指令变换的指令，为包含 TiedOperand 属性的操作数插入 COPY 指令，同时更新该操作数的变量活跃区间。

5）后处理：把 LLVM 中的特殊指令（如 INSERT_REG）转换为 COPY 指令，并更新变量活跃区间。

2. 二地址变换值得注意的问题

在二地址指令变换过程中有几个实现上的问题，值得读者注意。

1）在上述第 3 步需要判断是否可以进行二地址变换，为什么？它的主要目的是什么？

简单来说，该功能是实现二地址指令变换过程的一些小优化。主要有以下几个场景。

场景 1：在一些场景中使用三地址指令性能更好，如果几个连续的指令按照二地址指令格式进行变换反倒性能更差，那么这样的场景不应该进行变换。x86 后端的示例如代码清单 10-11 所示。

代码清单 10-11 不应进行二地址变换的 x86 后端示例

```
%reg1024 = COPY r1
%reg1025 = COPY r0
%reg1026 = ADD %reg1024, %reg1025
 r2            = COPY %reg1026
```

如果按照二地址指令格式进行变换，最后获得的执行代码如代码清单 10-12 所示。

代码清单 10-12　对代码清单 10-11 进行二地址变换后

```
addl       %esi, %edi
movl       %edi, %eax
ret
```

但代码清单 10-11 使用三地址指令可以获得更高的执行性能，例如使用 leal 指令，得到执行代码如代码清单 10-13 所示。

代码清单 10-13　代码清单 10-11 使用三地址指令（leal 指令）

```
leal (%rsi,%rdi), %eax
ret
```

场景 2：能够进行二地址指令转换的 MIR 必须和 TD 中定义的格式一致，但是指令生成阶段产生的 MIR 可能和 TD 文件中定义的不完全一致。如果能对 MIR 做一些变换，且变换后满足二地址指令变换的要求，那么也将获得收益。要使用该功能，必须在后端对应的 TD 文件中对指令进行定义。TD 文件基于指令的 isCommutable 属性和 isConvertibleToThreeAddress 的值来确定是否可以进行二地址指令变换或者三地址指令变换，如代码清单 10-14 所示。

代码清单 10-14　在 TD 中定义是否可以进行指令变换

```
let Defs = [EFLAGS],
    isCommutable = 1,                   // X = ADD Y,Z --> X = ADD Z,Y
    isConvertibleToThreeAddress = 1 in // 可以被转换为 LEA 指令
def ADD32rr  : I<0x01, MRMDestReg, (outs GR32:$dst),
                                   (ins GR32:$src1, GR32:$src2),
                "add{l}\t{$src2, $dst|$dst, $src2}",
                [(set GR32:$dst, (add GR32:$src1, GR32:$src2))]>;
```

上述代码片段是指，当遇到指令"X = ADD Y, Z"时，如果变换为"X = ADD Z, Y"（调整 Y 和 Z 的顺序），则可以继续进行二地址指令变换。

场景 3：判断是否有利于指令调度优化，从而减少 COPY 指令生成。例如将待转换的指令（会产生 COPY 指令）和最后一条使用该指令中的 Def 寄存器的指令放在一起，这样对寄存器合并更加友好。策略有两种（见图 10-9）：将待转换的指令向下移动到最后一条使用 Def 状态寄存器的指令（killed 指令）前面，或将最后一条使用 Def 状态寄存器的指令（killed 指令）向上移动，直到当前指令的后面。

这两种策略有一些共同的地方：当指令移动时需要考虑指令之间的依赖性不变，否则移动后的结果不正确。两者不同的地方在于：指令向下移动时还可以再做一些激进的优化，例如可以将指令与直接相邻的 COPY 指令一起向下移动。

2）为什么在预处理时转换 REG_SEQUENCE，而在后处理时转换 INSERT_SUBREG？这样的顺序有什么含义？

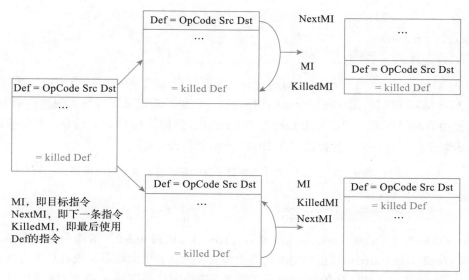

图 10-9 二地址指令变换过程中的指令调度优化

REG_SEQUENCE 通过一系列子寄存器生成一个新的寄存器，例如 " %dst = REG_SEQUENCE %v1, ssub0, %v2, ssub1"，执行效果等价于代码清单 10-15。

代码清单 10-15 与 REG_SEQUENCE 等价的代码片段

```
undef %dst:ssub0 = COPY %v1
%dst:ssub1 = COPY %v2
```

INSERT_SUBREG 则对原来寄存器的一部分进行重新赋值，例如 " %reg = INSERT_SUBREG %reg, %subreg, subidx"，等价于 " %reg:subidx = COPY %subreg"。

REG_SEQUENCE 本质上是在重构一个新的寄存器（所以第一次使用时有 Undef 的标志），而 INSERT_SUBREG 只是把原来的寄存器进行部分改写。这意味 REG_SEQUENCE 本质上等价于 COPY 指令，这些 COPY 指令可以用于判断是否需要进行指令转换，而 INSERT_SUBREG 不会影响指令转换。

> 注意 在 LLVM 的实现中，经过变换的第二条指令的 %a 必须表示为 ADD %a[def/use], %c，表示寄存器操作数 %a 既作为指令的目的操作数（Def），也作为指令的源操作数（Use）。

3. LLVM 中二地址指令变换的实现

最后再看一下针对不同的指令如何进行二地址指令变换？

1）针对形如 " vreg0 = opcode vreg1(tied), imm/vreg" 的指令进行变换，添加 COPY 指令，并替换原指令中的源寄存器，最后变成如代码清单 10-16 所示的形式。

代码清单 10-16　　添加 COPY 指令并替换原指令中源寄存器

```
vreg0 = COPY vreg1
vreg0 = opcode vreg0, imm/vreg
```

2）针对形如 "vreg0 = opcode vreg1(tied), killed vreg2" 的指令进行变换，此时 vreg2 的标记为 killed，说明后面没有指令再使用 vreg2。如果后端定义了特殊实现进行指令变换，则直接使用后端的定义，否则会用 verg2 替换 vreg0，然后添加 COPY 指令，并替换原本指令中的源寄存器。最后变成如代码清单 10-17 所示的形式。

代码清单 10-17　　对 killed 寄存器类型的指令进行变换后的形式

```
vreg0 = COPY vreg2
vreg0 = opcode vreg1(tied), vreg0 //这里一般会调整verg0和verg1的位置
```

3）针对形如 "vreg0 = opcode killed vreg1(tied), killed vreg2" 的指令进行变换。由于 verg1 和 vreg2 都是 killed，这里要判断用哪个替换 verg0 有更大收益。收益计算方式为：确定 vreg1 和 vreg2 的属性，比较它们的定义位置（较短生命周期的 vreg 更有吸引力）；满足收益条件可以进行指令变换，用一个 vreg 替换 vreg0，不满足替换收益的指令则直接放弃替换。如果后端定义了特殊实现进行指令变换，则直接使用后端的定义；否则添加 COPY 指令，并替换原指令中的源寄存器。

4）后端特殊约定的指令，需要在后端中实现对原指令的特定变换。例如 x86 的后端指令 "A = SHRD16rri8 B, C, I" 将被变换成 "A = SHLD16rri8 C, B, (16 − I)"，转换后的指令可以使用符号寄存器，这种转换可能带来性能优势。

4. 二地址指令变换示例

对代码清单 10-3 执行二地址指令变换的结果如代码清单 10-18 所示。

代码清单 10-18　　代码清单 10-3 经二地址指令变换后的结果

```
%5:gpr = SLL_ri %0:gpr(tied-def 0), 32
prepend: %5:gpr = COPY %0:gpr
rewrite to: %5:gpr = SLL_ri %5:gpr(tied-def 0), 32
%6:gpr = SRA_ri killed %5:gpr(tied-def 0), 32
prepend: %6:gpr = COPY %5:gpr
rewrite to: %6:gpr = SRA_ri %6:gpr(tied-def 0), 32
%2:gpr = nsw ADD_rr killed %1:gpr(tied-def 0), %0:gpr
prepend: %2:gpr = COPY %1:gpr
rewrite to: %2:gpr = nsw ADD_rr %2:gpr(tied-def 0), %0:gpr
%7:gpr = nsw ADD_ri killed %0:gpr(tied-def 0), 1
prepend: %7:gpr = COPY %0:gpr
rewrite to: %7:gpr = nsw ADD_ri %7:gpr(tied-def 0), 1
```

10.2.7　指令编号

寄存器分配是基于活跃变量的生命周期，在计算生命周期之前需要给每一条指令（MIR）进行编号，之后基于编号计算变量的活跃区间。

指令编号本身的逻辑非常简单，对 MachineFunction 中的基本块进行遍历，对基本块中的每一条 MIR 进行编号。在实现中有以下几个小的技巧。

1）特殊机器指令处理：在寄存器分配时会将调试指令等特殊指令删除，所以这些指令不需要进行编号。而 MIR 中的 MBB 承担了管理数据结构的责任，为 MBB 赋值一个编号，可以方便计算其他机器指令的范围。

2）指令编号间隔：通常为每一条机器指令编号时，一般按照顺序增量编号，但在后续的编译优化、指令调度等处理中可能会添加新的机器指令。假设为每一条机器指令顺序编号，则每次添加指令以后都会导致重新计算指令编号（因为遍历的活跃区间是根据指令编号计算得到的）。为了尽可能地减少添加指令、重新计算指令编号的影响，在指令编号时并不是顺序编号，而是间隔一定的数量，在实现中每两条指令的间隔为 4，当要插入新的指令时总是从中间开始插入，所以这个间隔能保证插入的两条新指令都不会与原来指令编号冲突（通常来说这样已经足够）。另外，在插入超过两条新指令后，可以从相邻的指令开始调整指令编号，而不是从第一条指令开始调整。

3）指令状态：LLVM 实现为每条指令设置了 4 种状态：Slot_Block、Slot_EarlyClobber、Slot_Register、Slot_Dead，分别表示基本块、Clobber（定义完成前使用）、寄存器和死亡（在指令输出时分别用 B、E、R、D 代替）。由于每一条指令都有 4 种状态，再假设指令编号间隔为 4，所以实际上在 Pass 执行完后，每一条指令之间的编号间隔可扩展为 16（16 = 4 ×4，即间隔 4 条指令，每条指令都可能有 4 种状态）。

以代码清单 10-3 中的 IR 为例，经过指令编号后，输出如代码清单 10-19 所示（考虑篇幅原因，仅截取部分输出内容）。

代码清单 10-19　代码清单 10-3 经指令编号后

```
# Machine code for function sum: NoPHIs, TracksLiveness, TiedOpsRewritten

0B    bb.0.entry:
      successors: %bb.1(0x80000000); %bb.1(100.00%)

16B   %4:gpr = MOV_ri 0
32B   %8:gpr = COPY %4:gpr
48B   %9:gpr = COPY killed %4:gpr

64B   bb.1.for.cond:
      ; predecessors: %bb.0, %bb.2
      successors: %bb.2(0x7c000000), %bb.3(0x04000000); %bb.2(96.88%), %bb.3(3.12%)

80B   %1:gpr = COPY killed %9:gpr
```

```
......
208B   bb.2.for.body:
    ; predecessors: %bb.1
    successors: %bb.1(0x80000000); %bb.1(100.00%)

224B     %2:gpr = COPY killed %1:gpr
......
336B     bb.3.for.end:
    ; predecessors: %bb.1

352B     $r0 = COPY killed %1:gpr
368B     RET implicit killed $r0
```

10.2.8   变量活跃区间分析

变量活跃区间分析是计算变量的活跃区间,在寄存器分配阶段通过变量的活跃区间判定两个(或多个)虚拟寄存器能否使用同一个物理寄存器。具体的思路是:如果两个变量的活跃区间完全不相同,则它们可以使用同一个物理寄存器,因为在一个时刻只有一个变量活跃,所以两个变量可以交替使用同一个物理寄存器;如果两个变量的活跃区间重叠或者部分重叠,则它们不能使用同一个物理寄存器。在寄存器分配过程中所有的物理寄存器都分配完毕(映射一个变量),此时如果有新的变量需要分配寄存器,但是该变量和所有已经分配寄存器的变量都产生活跃区间的重叠或者部分重叠,则无法为新变量分配寄存器(这种情况称为寄存器冲突),必须在已经分配的寄存器中挑选一个并将其值暂存放在栈中,这个过程称为寄存器溢出。由此可见,变量活跃区间分析是寄存器分配中重要的前置工作之一。

LLVM 设计了一些数据结构来存储变量活跃区间,并且实现了较为复杂的算法来计算活跃区间,限于篇幅对算法不再展开介绍。

以代码清单 10-3 为例,经过活跃区间分析后得到的结果如代码清单 10-20 所示。

代码清单 10-20   经活跃区间分析后得到的结果

```
%0 [96r,256r:0)   0@96r weight:0.000000e+00
%1 [80r,224r:0)[336B,352r:0)   0@80r weight:0.000000e+00
%2 [224r,240r:0)[240r,304r:1)   0@224r 1@240r weight:0.000000e+00
%4 [16r,48r:0)   0@16r weight:0.000000e+00
%5 [112r,128r:0)[128r,144r:1)   0@112r 1@128r weight:0.000000e+00
%6 [144r,160r:0)[160r,176r:1)   0@144r 1@160r weight:0.000000e+00
%7 [256r,272r:0)[272r,288r:1)   0@256r 1@272r weight:0.000000e+00
%8 [32r,64B:0)[64B,96r:2)[288r,336B:1)   0@32r 1@288r 2@64B-phi weight:0.000000e+00
%9 [48r,64B:0)[64B,80r:2)[304r,336B:1)   0@48r 1@304r 2@64B-phi weight:0.000000e+00
```

10.2.9   寄存器合并

在寄存器分配过程中为了提高分配性能和效率,可以进行分配前优化,其中一个关键的动作就是寄存器合并。寄存器合并指的是，对形如 %1 = %2 这样的赋值语句中的寄存器进行合并，MIR 中使用伪指令 COPY 描述这样的赋值语句。这里实际上存在两个问题。

1）为什么 IR 中会有形如 %1 = %2 这样的代码？

在寄存器分配过程中，可能会因为一些操作产生额外的复制指令，例如在 φ 函数消除过程中，需要将 φ 函数转化为复制指令；在二地址指令变换中也会产生大量的复制指令；此外在一些后端中，对参数函数值的处理通常会增加复制指令，例如 x86 后端根据 ABI 约定，函数返回值需要使用 EAX 返回，一般会产生 EAX = %i 这样的指令，可将计算结果 %i 赋值到 EAX 中。

2）如何合并以及合并后的影响是什么？

对于这样的赋值指令最直接的做法就是删除它们，并将其他 IR 指令中使用 %1 寄存器的地方全部替换为 %2 寄存器。这一过程看起来和中端编译优化的复制传播优化一样，但实际并不相同。在寄存器合并时，需要考虑能否合并寄存器，如果寄存器的活跃区间冲突，即源寄存器和目的寄存器同时活跃，一般来说它们不能合并（有一些特殊场景可以解决寄存器区间冲突，让它们尽量合并）。另外，由于寄存器合并后会导致寄存器的活跃区间变大，这可能会导致寄存器分配过程中产生更多的冲突（区间变大后，和其他寄存器活跃区间重叠的概率会变高），进而导致在寄存器分配过程中发生溢出。

传统的寄存器合并算法主要使用启发式推断来决定是否可以合并寄存器，启发式推断的依据是寄存器合并后是否会导致溢出。在 LLVM 中，寄存器合并称为简单寄存器合并，主要原因是在寄存器合并时并不考虑可能导致的溢出问题。但 LLVM 的实现也有自己的特色，下面稍微介绍一下其实现思路：如果 COPY 指令中的源寄存器和目的寄存器的活跃区间不冲突，则进行寄存器合并；如果指令中源寄存器和目的寄存器活跃区间存在冲突，则尝试消除冲突，对于能消除冲突的 COPY 指令也进行合并。另外由于此时的 MIR 经过了指令选择，指令中既存在物理寄存器也存在虚拟寄存器，在实现中需要对物理寄存器和虚拟寄存器分别进行处理。具体的过程大致如下所示。

1）对基本块进行排序，优先处理循环内的基本块。本步的目的是保证执行频率高的指令能够优先获得执行机会[⊖]。显然对循环内的基本块执行寄存器合并（减少指令）获得的收益更高，所以实际上会按照循环的层次对基本块进行排序。

2）如果源寄存器和目的寄存器都是物理寄存器，则寄存器不能合并。原因是此时指令中使用的物理寄存器是指令选择阶段为满足 ABI 约定指定的寄存器，如果合并相关寄存器则会导致指令无法满足 ABI 约定，所以此时不能合并。

3）如果源寄存器和目的寄存器中有一个是物理寄存器、另一个是虚拟寄存器，此时可以尝试进行合并，只要物理寄存器和虚拟寄存器的活跃区间不冲突即可，LLVM 会使用物

　　⊖　这是由于寄存器合并后变量活跃区间会变大，先合并的寄存器发生冲突的概率小、后合并的寄存器发生冲突的概率大。

理寄存器替代虚拟寄存器。

> 注意 虚拟寄存器和物理寄存器合并后并不会修改物理寄存器的活跃区间。

4）如果源寄存器和目的寄存器都是虚拟寄存器，当两个寄存器的活跃区间不冲突，则可以直接合并；当两个寄存器的活跃区间冲突，在满足一些条件时仍然可以进行合并，例如：

① 源寄存器和目的寄存器可以复制使用，主要指的是：源寄存器和目的寄存器相同，源寄存器和目的寄存器使用了子寄存器且子寄存器相同。

② 两条不同的 COPY 指令使用了相同的源寄存器，且两个目的寄存器的活跃区间相同，则可以删除一条 COPY 指令（本质上就是两个目的寄存器进行了合并）。

③ 定义了 Implicit-Def 属性的 φ 函数可以移除虚拟寄存器，所以需要执行寄存器合并操作。

④ 其他一些复杂场景，例如由于子寄存器导致的活跃区间冲突，但是子寄存器没有使用等场景下也可以合并寄存器。

虚拟寄存器合并的方法也很简单：将目的寄存器用源寄存器替代，同时更新源寄存器的活跃区间。

下面介绍寄存器合并的过程，首先对基本块进行排序。

找到 COPY 指令然后判定是否可以合并。例如在指令"%1:gpr = COPY %9:gpr"（参考代码清单 10-6）中，尝试将该指令的 %1 合并到 %9，由于 %1 和 %9 都是虚拟寄存器，所以需要判断两个寄存器的活跃区间是否冲突，其中 %1 与 %9 的活跃区间分别是 [80r, 224r:0)、[336B, 352r:0) 和 [48r, 64B:0)、[64B, 80r:2)、[304r, 336B:1)（参考代码清单 10-20）。可以看出 %1 和 %9 的活跃区间并不冲突，所以可以合并 %1 和 %9。合并动作包含三步：① 删除该 COPY 指令；② 使用 %9 替换所有使用 %1 的指令，例如使用 %1 的指令为"%2:gpr = COPY %1:gpr"，需要将指令中的 %1 替换为 %9，最后指令变成"%2:gpr = COPY %9:gpr"；③ 更新 %9 的活跃区间。最后 %9 的活跃区间为 [48r, 64B:0)、[64B, 224r:2)、[304r, 336B:1)、[336B, 352r:2)。注意区间合并并不是简单地进行集合并集，除了完成集合的合并外还会尝试将区间集合中的区间进行合并，例如 %1 中的区间 [80r, 224r:0) 和 %9 中的区间 [64B, 80r:2) 最后合并成 [64B, 224r:2)）。类似地处理其他 COPY 指令，在该例中还有以下 COPY 指令，如代码清单 10-21 所示。

代码清单 10-21　对代码清单 10-20 中的 COPY 指令进行活跃区间合并

```
%0:gpr = COPY %8:gpr
%5:gpr = COPY %8:gpr // 原始指令为 "%5:gpr = COPY %0:gpr"，由于 %0 和 %8 进行了合并
%6:gpr = COPY %5:gpr
%2:gpr = COPY %9:gpr // 原始指令为 "%2:gpr = COPY %1:gpr"，由于 %1 和 %9 进行了合并
%7:gpr = COPY %8:gpr // 原始指令为 "%7:gpr = COPY %0:gpr"，由于 %0 和 %8 进行了合并
```

```
%8:gpr = COPY %4:gpr
%9:gpr = COPY %8:gpr // 原始指令为 "%9:gpr = COPY %2:gpr", 由于 %2 和 %9 进行了合并
$r0 = COPY %9:gpr    // 原始指令为 "$r0 = COPY %1:gpr", 由于 %1 和 %9 进行了合并
%6:gpr = COPY %8:gpr // 原始指令为 "%5:gpr = COPY %0:gpr", 由于 %0 和 %8 进行了合并、%5 和
                          %6 进行了合并
```

其中有些 COPY 指令可以合并，有些因为活跃区间冲突不可以合并。例如 %0 可以和 %8 合并；而 %5 和 %8 存在活跃区间冲突无法合并；%5 和 %6 可以合并，这里是 %5 合并到 %6，原因是合并时总是期望把活跃区间小的合并到活跃区间大的虚拟寄存器；%2 和 %9 可以合并；%7 和 %8 可以合并；%8 和 %4 可以合并；%9 和 %8 活跃区间冲突不可以合并，但是会继续尝试进行优化处理，由于 "%8:gpr = MOV_ri 0" 的执行成本和 COPY 指令相比可能更低，其属性为可重新物化（isReMaterializable）；r0 和 %9 无法合并（因为 r0 并不保留寄存器，而是进行参数传递，不符合合并规则）；%6 和 %8 存在冲突无法合并。合并后删除了 %0、%1、%2、%3、%4、%5、%7 以及相关的 COPY 指令，最后只剩下 %6、%8 和 %9 三个虚拟寄存器，剩下的寄存器在合并后需要更新其活跃区间。

> 💡 **提示** 可重新物化指在寄存器中重新生成如常数之类的值的过程，重新计算这些值会比溢出寄存器再取回更有效，在寄存器分配时会详细介绍这一属性的使用。由于具有该属性，所以上述示例会将 COPY 指令修改为 MOV 指令，即 "%9:gpr = MOV_ri 0"，修改以后可以对 %8 的活跃区间进行优化缩减，这样更有利于寄存器分配。

10.2.10　MBB 的频率分析

寄存器分配过程中不可避免地涉及寄存器溢出。LLVM 中的"溢出成本"依赖于指令的执行频率，其设计出发点是指令执行的频率越高，说明涉及的变量越应该保留在寄存器中，那么程序执行的效率将越高。指令的执行的频率和 MBB 的执行频率完全一致（根据 MBB 的定义，一个基本块中的指令会顺序依次全部执行），所以问题转化为求解 MBB 的执行频率。

求解 MBB 的执行频率大概分为两种方式。

1）通过 perf 等工具为 LLVM IR 添加元数据，元数据中包括了分支、循环指令执行的频率，用元数据中的数据计算出 MBB 的执行频率。该方法通常需要得到更为精确的执行频率，但是需要额外执行程序并收集数据，然后将收集的数据转换为元数据注入 LLVM IR 中，过程稍显冗长。

2）根据程序的结构，设计启发式算法"猜测"MBB 的执行频率。该方法比较简单，但是"猜测"的结果可能与实际执行的结果有较大的误差。

这里以启发式算法为例介绍 LLVM 如何计算 MBB 的频率，CFG 如图 10-10 所示。

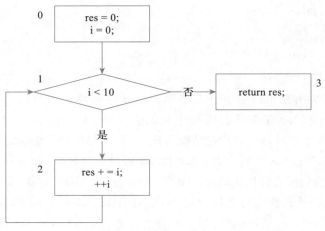

图 10-10 MBB 频率计算示例的 CFG

在静态预测中，主要根据程序的结构来"猜测"边的权重，然后通过权重的比值转换边的执行频率，而程序的结构可以分为以下 3 种。

1）顺序：顺序执行的基本块权重一致，例如图 10-10 中边 0 → 1 这样的边。

2）分支：主要有 if 和 switch 两种，以 if 分支为例，静态预测并不知道两个分支执行的概率情况，所以会认为两个分支的执行概率相同，那么两个分支会均分父节点（if 节点）的权重。本例中没有独立的分支（图 10-11 中的分支作为循环的一部分），而 switch/case 中每个 case 从句的概率也是均等的。

3）循环：一般来说，循环体执行的次数更多，所以循环体应该有更高的权重，在静态预测中，统一设置循环体的权重是循环退出边权重的 31 倍。循环还需要考虑嵌套循环的处理，内部循环指令的权重比外部循环指令权重要高。

在 LLVM 的实现中，质量（这里使用 Mass 表示，在分支概率计算时使用 Weight 表示）的计算有一个特点，即每一层所有分支的质量总和等于父节点的质量。在实现过程中初始 MBB（图 10-11 中为 0#）的质量为 0x FFFF FFFF FFFF FFFF（32 位无符号数的最大值），按照顺序、分支、循环三种结构依次处理并计算质量，据此得到上述示例质量计算示意图如图 10-11 所示。

 注意　Mass1# = Mass2# + Mass3#，且 Mass2# = 31 * Mass3#。

每个基本块的质量计算完成后再将质量转换为频率。这个转换算法比较简单，但是其实现并不直观，涉及移位、取整（饱和计算⊖）、不同类型边的处理等，这里不展开介绍数学

⊖ 饱和计算指的是在四则运算的基础上增加取整操作，即当计算结果发生溢出时（包括向上、向下溢出），用计算结果取数据类型的上限或者下限。

处理过程，在处理完成后，MBB 的频率信息如图 10-12 所示。

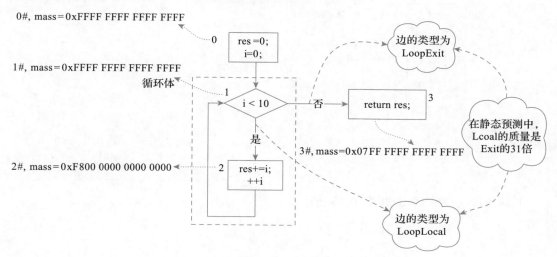

图 10-11 MBB 质量计算示意图

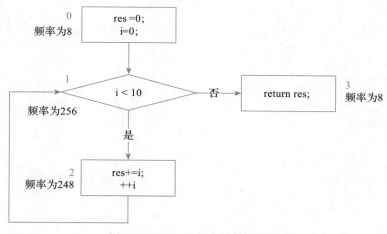

图 10-12 MBB 频率计算示意图

> 📝 **注意** 静态预测的结果和实际情况有所出入。本例代码中循环的次数是常量，为 10 次，即循环体执行 10 次，循环退出执行 1 次，两者的比值为 10 : 1。而静态预测采用固定的比值，默认为 31 倍。当然读者也可以优化这一逻辑，例如通过分析循环信息来尝试计算已知的循环次数。

另外，在处理过程中还需要考虑嵌套循环，保证嵌套循环中的内部频率更高。我们看另外一个典型的冒泡排序的示例，如代码清单 10-22 所示。

代码清单 10-22　冒泡排序

```
void bubbleSort(int a[], int length) {
    int i, j;
    for (i = 0; i < length -1; ++i ) {
        for (j = 0; j < length - i -1; ++j) {
            if(a[j] > a[j+1]) {
                int temp = a[j];
                a[j] = a[j+1];
                a[j+1] = temp;
            }
        }
    }
}
```

代码片段对应的 CFG 如图 10-13 所示。

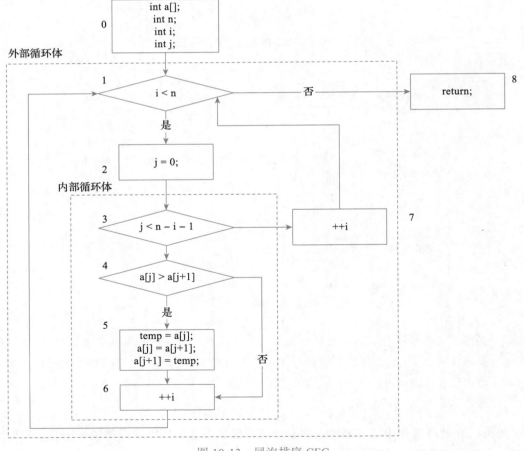

图 10-13　冒泡排序 CFG

按照静态预测的计算方法得到 MBB 的频率如图 10-14 所示。

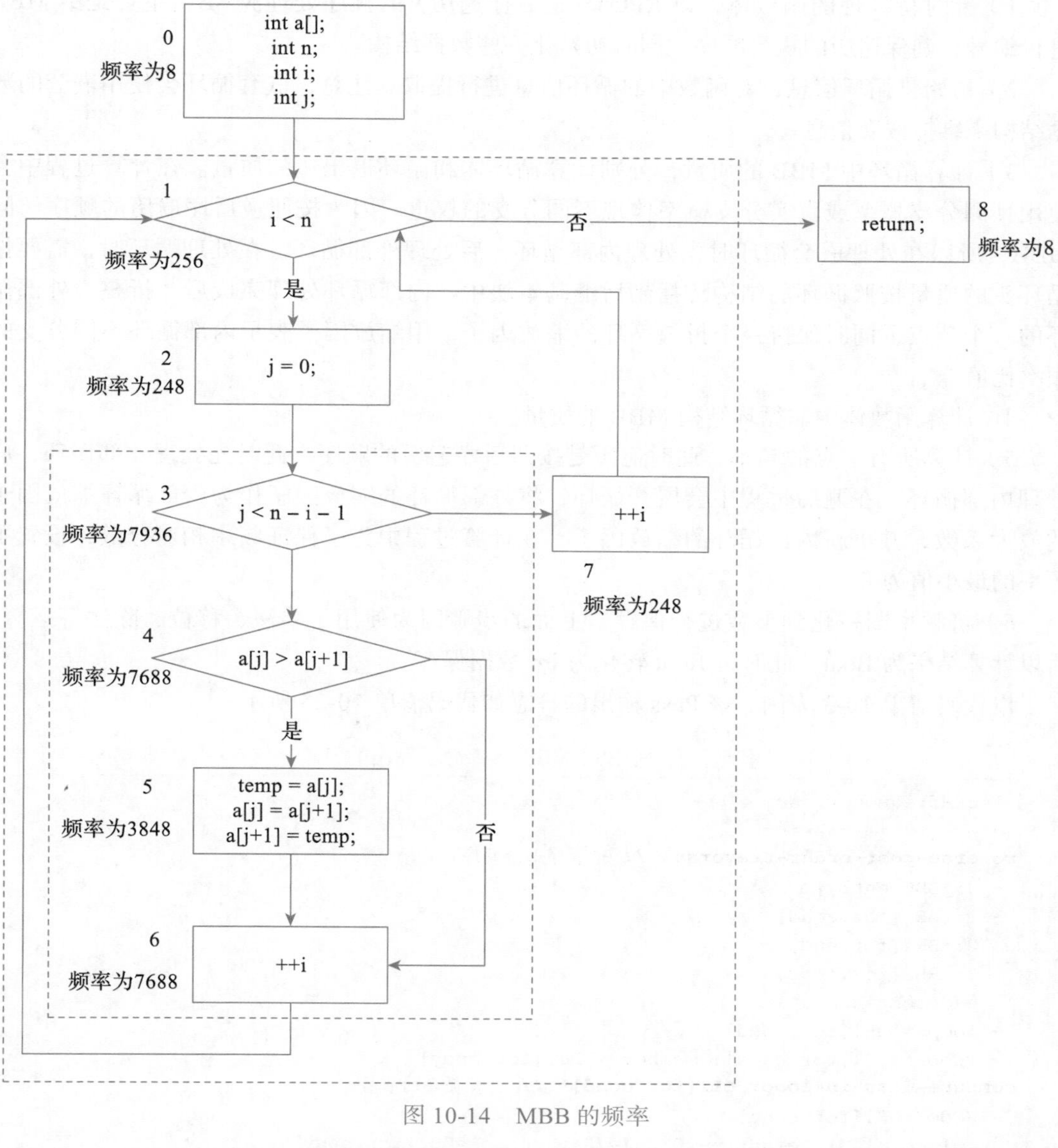

图 10-14　MBB 的频率

图 10-15 中的内部循环的执行频率明显高于外部循环的执行频率。其中，#3 的频率为 #2 的频率乘以 32 ；而 #4 为内部循环的执行体，所以执行频率是 #7 的执行频率的 31 倍；而 #5 因为分支缘故，其执行频率为 #4 的 1/2 ；#6 是汇聚点，所以执行频率为真 / 假两个分支的和。

为了体现内部循环的重要性，LLVM 实现了稍微有点复杂的算法，算法的大概步骤如下。

1）针对待处理的函数体，以 RPOT（逆后序遍历）的顺序处理 MBB，主要是给 MBB 进行编号，确保遍历的执行顺序，同时初始化一些数据结构。

2）初始化循环信息，对函数中的循环信息进行提取。注意，嵌套循环会使用嵌套的数据结构来维持嵌套信息。

3）计算循环中 MBB 的质量，分别计算循环体和循环退出边的质量。在计算过程中会使用预测分支概率或真实分支概率体现不同分支的权重。因为按照逆后序遍历的顺序访问 MBB，所以在处理嵌套循环时先处理内部循环，后处理外部循环。在处理循环时，需要把循环头的质量按照循环的结构传播到后继基本块中。内部循环处理完成后，折叠为外部循环的一个节点，同时保持一个折叠循环的缩放因子，用缩放因子表示内部循环不同分支的频率比值[⊖]。

4）计算函数体中非循环结构 MBB 的质量。

5）计算所有节点的频率，此时遍历是按照后序遍历的顺序。此时先处理外部循环，后处理内部循环。在遍历过程中会展开循环，将外部循环的缩放因子作为内部循环缩放因子的放大系数，并更新内部循环的缩放因子。在计算过程中为了保证频率相对分散，设置了频率的最小值为 8。

6）将频率归一化到整数进行保存。上面的步骤因为使用了乘法、移位、除法等运算，所以计算结果为 float，此时将 float 转化为 int 数据保存。

以代码清单 10-3 为例，该 Pass 输出的日志如代码清单 10-23 所示。

代码清单 10-23　MBB 频率分析输出的日志

```
block-frequency: sum
====================
reverse-post-order-traversal // 逆后序遍历顺序
 - 0: BB0[entry]
 - 1: BB1[for.cond]
 - 2: BB4[for.end]
 - 3: BB2[for.body]
loop-detection
 - loop = BB1[for.cond]
 - loop = BB1[for.cond]: member = BB2[for.body]
compute-mass-in-loop: BB1[for.cond]* // 计算循环的质量
 - node: BB1[for.cond]
  => [ local  ] weight = 2080374784, succ = BB2[for.body]
  => [ exit   ] weight = 67108864, succ = BB4[for.end]
  => mass:  ffffffffffffffff
  => assign 07ffffffffffffff (f800000000000000) [exit] to BB4[for.end]
  => assign f800000000000000 (0000000000000000) to BB2[for.body]
 - node: BB2[for.body]
```

─────────────

⊖ 注意：该方法处理在不可归约时存在一些缺点，具体可以参考代码注释。

```
   => [ local  ] weight = 2147483648, succ = BB1[for.cond]
   => mass:  f800000000000000
   => assign f800000000000000 (0000000000000000) to BB1[for.cond]
compute-loop-scale: BB1[for.cond]*  // 质量计算完成后会计算分支缩放因子
 - exit-mass = 07ffffffffffffff (ffffffffffffffff - f800000000000000)
 - scale = 32.0
packaging-loop: BB1[for.cond]* // 将循环体折叠为一个节点，如果有外部循环则继续处理
 - node: BB2[for.body]
compute-mass-in-function // 计算非循环节点的质量
 - node: BB0[entry]
   => [ local  ] weight = 2147483648, succ = BB1[for.cond]
   => mass:  ffffffffffffffff
   => assign ffffffffffffffff (0000000000000000) to BB1[for.cond]
 - node: BB1[for.cond]
   => [ local  ] weight = 576460752303423487, succ = BB4[for.end]
   => mass:  ffffffffffffffff
   => assign ffffffffffffffff (0000000000000000) to BB4[for.end]
 - node: BB4[for.end]
   => mass:  ffffffffffffffff
unwrap-loop-package: BB1[for.cond]*: mass = ffffffffffffffff, scale = 32.0
// 计算频率，展开循环
   => combined-scale = 32.0
 - BB1[for.cond]: 1.0 => 32.0
 - BB2[for.body]: 0.96875 => 31.0
float-to-int: min = 1.0, max = 32.0, factor = 8.0
 - BB0[entry]: float = 1.0, scaled = 8.0, int = 8
 - BB1[for.cond]: float = 32.0, scaled = 256.0, int = 256
 - BB4[for.end]: float = 1.0, scaled = 8.0, int = 8
 - BB2[for.body]: float = 31.0, scaled = 248.0, int = 248
block-frequency-info: sum  // 将频率转化为整数
 - BB0[entry]: float = 1.0, int = 8
 - BB1[for.cond]: float = 32.0, int = 256
 - BB2[for.body]: float = 31.0, int = 248
 - BB4[for.end]: float = 1.0, int = 8
```

10.2.11　寄存器分配：直接分配与间接分配

做完寄存器分配前相关的准备工作后就可以进行寄存器分配了。

直接分配中除了需要完成寄存器的映射外，还需要在分配过程中处理溢出的情况（溢出通常需要考虑插入 store/load 的位置）。也就是说，直接分配把寄存器映射和溢出放在一起处理，从这个角度来看需要一次性处理的工作稍多。

而间接分配本质上是将寄存器映射和寄存器溢出分开。一方面在寄存器分配过程中仅仅保留虚拟寄存器到物理寄存器的直接映射，并没有修改原指令；另一方面在处理溢出时考虑最优方案。例如放置 store/load 的位置，由于原指令没有变化，因此整个 IR 中相关分析都可以直接使用，一旦将虚拟寄存器替换为物理寄存器后，一些分析信息就会发生变化。

代码清单 10-3 中的代码经过寄存器合并后有三个虚拟寄存器 %6、%8、%9。使用 Basic 算法对三个虚拟寄存器进行分配，在分配之前首先对三个虚拟寄存器的活跃区间计算权重（参见 10.3 节），然后按照权重从高到低依次进行分配，顺序为 %6、%8、%9。

BPF 后端共有 10 个可以分配的物理寄存器：r0～r9。本例指令相对比较简单，不涉及寄存器溢出，唯一值得注意的是示例中有一个返回值必须使用 r0，所以 %9 应该尽量使用 r0。在分配的时候根据寄存器的活跃区间进行分配，即依次为 %6、%8、%9 进行分配，最后得到的结果是 r1、r2 和 r0（参见 10.4 节）。

10.2.12 将虚拟寄存器映射到物理寄存器

经过寄存器分配后，所有虚拟寄存器都会映射一个物理寄存器。除此之外，在合适的位置插入 store/load 指令已处理寄存器溢出。所以，此时只需将指令中的虚拟寄存器替换成物理寄存器即可。

经过寄存器分配后，%6、%8、%9 分别映射到物理寄存器 r1、r2 和 r0。所以只需要依次遍历指令并替换虚拟寄存器即可。除此以外，该 Pass 还会执行几个额外的操作，例如：

1）更新基本块 LiveIn 信息：根据活跃区间的覆盖范围计算基本块 LiveIn 的物理寄存器（后续的 Pass 会使用）。

2）更新指令的属性：对于使用子寄存器的指令，在替换为物理寄存器后需要重新更新指令中操作数的属性。因为在寄存器分配时，可能为虚拟寄存器分配更大的物理寄存器单元。

3）删除冗余 COPY 指令：在物理寄存器完成替换后可能产生一些形如 $r0 = COPY $r0 的指令，这样的 COPY 指令是冗余的，是可以删除的。

以代码清单 10-3 为例，虚拟寄存器相关指令需要被替换为物理寄存器，例如对于指令 "%8:gpr = MOV_ri 0" 来说，在寄存器分配阶段已经知道使用 r2 替换 %8，所以经过本 Pass 处理后，指令变成为 "$r2 = MOV_ri 0"，其他指令都是进行类似处理。

10.2.13 栈槽着色

栈槽着色可以简单地理解为对栈帧中局部变量进行排布，LLVM 中栈槽着色的主要目的是优化栈空间的分配。本节介绍的栈槽着色仅适用于寄存器分配过程中有寄存器溢出的场景，如果没有发生寄存器溢出则本 Pass 不会执行，而 9.3 节介绍的栈槽着色主要用于分配栈变量。

栈槽着色的主要思路和 9.3 节基本相同，唯一的区别是此处栈槽着色时需要考虑变量的权重。其中，权重包含静态权重和动态权重：静态权重指的是在寄存器分配过程中溢出变量的权重；动态权重是根据变量的执行频率计算得到。静态权重越大说明变量溢出的成本越高，动态权重越大说明执行过程中变量使用的次数越多。由此可见应尽量少对权重大的变量栈槽做额外的处理，例如让两个变量重用同一个栈槽。

下面通过一个例子简单演示本 Pass 的作用。假设在寄存器分配过程中有三个变量发生溢出，分别溢出到三个栈槽中。为了方便介绍，用三个变量 a、b、c 表示，在寄存器分配过程中变量溢出的顺序为 a、b、c，它们占用的栈槽分别为 0、1、2。

假设变量 a、b、c 的活跃区间分别是 $[0, 64]$、$[0, 16]$、$[16, 96]$，溢出权重分别是 10、5和 20。首先按照溢出权重降序排序，得到 c、a、b，这个顺序是栈槽的分配顺序。然后对 c进行分配，此时栈槽为空，所以 0 号栈槽用于存放 c；接着分配 a，因为 c 和 a 存在活跃区间冲突，所以为 a 分配一个新的栈槽：1 号；最后分配 b，由于 b 的活跃区间和 c 不冲突，即 c 和 b 可以共用一个栈槽。栈槽着色示意图如图 10-15 所示。

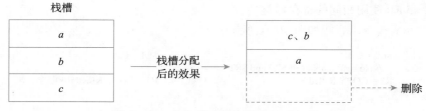

图 10-15　寄存器溢出栈槽着色示意图

> 注意　LLVM 为不同的栈设计了不同的栈空间（用不同的 StackID 表示），例如 WASM 中的 local 变量也可能溢出，和栈变量的溢出要分别对待（因为它们位于不同的栈空间）。

栈槽着色算法实现如下。

1）计算每一个栈变量的权重（包含静态权重和动态权重），并根据权重降序排序。

2）按照权重从大到小依次进行栈槽着色。在着色过程中，首先判定是否可以重用已经着色的栈槽；栈变量的活跃区间不重叠，则说明变量可以使用同一个槽位；如果不能重用槽位，则分配新的槽位。

3）根据重新分配的槽位更新原指令中操作数的信息。使用 store/load 溢出指令对栈槽进行操作。因为此时栈槽发生了变化，所以必须更新指令操作数信息。

4）删除无用的槽位信息。例如，在栈槽分配过程中发现有两个栈变量可以共用一个栈槽，那么有一个栈槽就是多余的，则可以删除多余的栈槽。

5）可以做一些更为激进的优化。例如，栈槽分配以后，COPY 指令使用的源寄存器和目的寄存器用的是同一个栈槽则可以删除，再如 store 指令以后执行的 load 指令都使用同一个栈槽，表明 store 指令是死代码，可以删除。

代码清单 10-3 中的示例在寄存器分配过程中不涉及溢出，所以也不涉及栈槽着色。

10.2.14　复制传播

可以简单地认为，复制传播是针对 COPY 指令的窥孔优化。在执行寄存器分配前一般都会执行复制传播，此处和前面的复制传播有一个明显的不同：此处指令不再是 SSA 形式，所以实现会更复杂。

复制传播主要通过后向传播和前向传播实现。

1. 后向传播

后向传播的实现思想：针对基本块从后向前扫描，满足条件的 MIR 可以被删除。后向传播主要处理 Def 操作数，当找到 COPY 指令，且 COPY 指令符合 R1 = COPY R0 形式，则该指令是有机会删除的。其中 R0、R1 是指物理寄存器。当满足以下条件时，COPY 指令可以删除：

1）两条 MIR 之间没有指令对操作数使用过提前占用（early clobber）操作。

2）R1 和 R0 使用相同的寄存器类型。

删除 COPY 指令示意图如图 10-16 所示。

```
$R0 = OP ...                                              $R1 = OP ...
... // No read/clobber of $R0 and $R1    ⟶
R1 = COPY Killed R0                                       R1 = COPY Killed R0 删除
```

图 10-16　后向传播删除 COPY 指令示意图

2. 前向传播

前向传播的实现思路是：针对基本块从前向后扫描，满足条件的 MIR 可以被删除，主要用于处理 Use 操作数。可能的场景如下。

1）当遇到两条相同的 COPY 指令，且中间没有操作对源寄存器进行覆盖（clobber）；或者存在两条构成循环的 COPY 指令，这些指令在执行过程中没有提前占用源寄存器，如图 10-17 所示。

```
%ecx = COPY %eax
... nothing clobbered eax.    ⟶    %ecx = COPY %eax
%eax = COPY %ecx


%ecx = COPY %eax
... nothing clobbered eax.    ⟶    %ecx = COPY %eax
%ecx = COPY %eax
```

图 10-17　对两条相同的 COPY 指令或循环的 COPY 指令进行前向传播处理

2）当找到 COPY 指令后，在满足一定条件时可以替换寄存器。替换的条件主要要求源寄存器没有发生过提前占用，源寄存器和目的寄存器类型相同，且目的寄存器是唯一的定义点，如图 10-18 所示。

```
%reg1 = COPY %reg0              %reg1 = COPY %reg0 删除
...                       ⟶    ...
... = OP %reg1                  ... = OP %reg0
```

图 10-18　对没有提前占用的 COPY 指令进行前向传播处理

代码清单 10-3 中并没有符合复制传播条件而需要进行优化的 COPY 指令。

10.2.15 循环不变量外提

不能进行循环不变量外提的情况如下。

1）隐式定义的寄存器，并且不是死亡的，不能外提。

2）定义的寄存器可以安全移动，且不能有负面影响，例如不包含 volatile store/load、call 指令。或者 load 指令所在的基本块被所有循环中的必经节点支配（必经节点可以通过支配树得到），否则不能外提。

3）指令定义的寄存器在循环（多个基本块）中被重复定义，则该指令不能外提。

4）从栈槽中进行读操作的 load 指令不能外提。

5）early clobber 定义的指令不能外提。

同样，可以引出问题：在此阶段执行的循环不变量外提和基于 SSA 形式执行的循环不变量外提有什么区别？简单回答如下：

1）由于此时 MIR 不再是 SSA 形式，所以在判断定义是否被多次定义时相对复杂，我们需要遍历整个循环来检查每个在 MIR 指令中定义的变量。而基于 SSA 形式的循环不变量外提则直接根据 SSA 的特性来判断：在循环中定义的变量若非常量，则不能外提。

2）在基于 SSA 形式下进行循环不变量外提时，外提操作有可能增加寄存器压力，所以对于循环不变量是否外提会有额外的控制机制。而此时只要识别到循环不变量都会外提。

代码清单 10-3 中并没有符合循环不变量外提优化条件的指令。

10.3　Fast 算法实现

Fast 算法仅有两个必需的 Pass，分别是 φ 函数消除和二地址指令变换。它以基本块为粒度进行分配，变量仅在当前基本块中活跃，跨基本块的变量都通过栈帧传递，为虚拟寄存器分配好物理寄存器以后会直接修改原来的指令。

10.3.1　Fast 算法实现思路

Fast 算法的思路：以基本块为粒度进行寄存器分配，为从一个基本块传递到其他基本块的活跃变量（LiveOut）插入 store 指令，并将该变量对应的寄存器存入栈中，从而确保下游基本块中所有的物理寄存器都是可分配的。在下游基本块中，为来自其他基本块的活跃变量（LiveIn）插入 load 指令，并将这些变量从栈中加载到寄存器。

Fast 算法的具体实现过程如下。

1）先处理 Def 寄存器。

❑ 如果 Def 用的是虚拟寄存器，对于首次定义的虚拟寄存器，当有可用物理寄存器时则直接分配，若没有可用的物理寄存器则进行溢出（寻找一个溢出成本最低的寄存器），然后再分配。在寄存器分配过程中，如果虚拟寄存器是跨基本块活跃的（即是当前基本块的 LiveOut 变量），需要插入 store 指令。如果虚拟寄存器在后面的指令中被使用，且后续有 reload 指令，则说明此时发生了溢出，需要插入 store 指令，最后再为虚拟寄存器分配物理寄存器。

❑ 如果 Def 用的是物理寄存器，则直接分配。（如果指定的物理寄存器被占用，会尝试寻找下一个同类的物理寄存器；否则将发生溢出。）

2）处理指令中的 Use 寄存器。

❑ 对于特殊的指令，例如指令处于 Undef 状态，则进行特殊处理，只需要取任意一个符合分配类型要求的物理寄存器即可，无须考虑物理寄存器是否空闲。例如，对于形如 op undef %x, %x 的这类指令，我们可以选择一个物理寄存器。

❑ 对于一般的指令，如果虚拟寄存器是首次使用，试让 COPY 指令使用 Def 物理寄存器，若不能使用则进行寄存器分配；非 COPY 指令则直接进行寄存器分配（可能需要溢出）。如果虚拟寄存器不是首次使用，则说明本指令中使用了两次该虚拟寄存器，直接使用已经分配的物理寄存器即可。

3）收集源寄存器和目的寄存器中相同的 COPY 指令，为后续的优化处理做准备（寄存器全部分配完成后删除冗余指令）。

4）当寄存器全部分配完成后，不再为前驱基本块的 Bundle 指令分配虚拟寄存器，直接使用已经分配的物理寄存器。

5）处理每一个基本块的 LiveIn 变量，即插入 Load 指令将栈帧的数据重新加载到物理寄存器中。

这里遇到的第一个问题是，为什么 Fast 算法在分配变量过程中采用逆序遍历基本块？这里主要有两个目的。

1）从后向前处理，为后续可能的优化提供帮助。如果 Def 寄存器不是跨基本块活跃，则一定是 dead 状态；如果 Use 寄存器不发生溢出、不跨基本块活跃，则一定是 killed 状态。由此可见，逆序遍历处理方便设置寄存器的活跃区间。

2）方便处理 Bundle 指令。已经为前驱基本块中 Bundle 指令相关的虚拟寄存器分配了物理寄存器，不需要再次分配。

当然，reload 和 spill 指令的逆序遍历处理稍微复杂。在溢出物理寄存器时，要插入 reload 指令，而后在 Def 寄存器之后恰当的位置为物理寄存器插入 spill 指令。传统的处理方法是可以在溢出点执行 spill 操作，在使用点执行 reload 操作。

10.3.2 示例分析

本节仍然以代码清单 10-3 为例演示寄存器分配。在寄存器分配前，代码清单 10-3 对应的 MIR 如代码清单 10-24 所示。

代码清单 10-24　寄存器分配前对应的 MIR

```
# Machine code for function sum: NoPHIs, TracksLiveness, TiedOpsRewritten

bb.0.entry:
    successors: %bb.1(0x80000000); %bb.1(100.00%)

    %4:gpr = MOV_ri 0
    %7:gpr = COPY %4:gpr
    %8:gpr = COPY %4:gpr
    JMP %bb.1

bb.1.for.cond:
; predecessors: %bb.0, %bb.3
successors: %bb.2(0x7c000000), %bb.4(0x04000000); %bb.2(96.88%), %bb.4(3.12%)

    %1:gpr = COPY %8:gpr
    %0:gpr = COPY %7:gpr
    %5:gpr = COPY %0:gpr
    %5:gpr = SLL_ri %5:gpr(tied-def 0), 32
    %6:gpr = COPY %5:gpr
    %6:gpr = SRA_ri %6:gpr(tied-def 0), 32
    JSGT_ri killed %6:gpr, 9, %bb.4
    JMP %bb.2

bb.2.for.body:
; predecessors: %bb.1
    successors: %bb.3(0x80000000); %bb.3(100.00%)

    %2:gpr = COPY %1:gpr
    %2:gpr = nsw ADD_rr %2:gpr(tied-def 0), %0:gpr
    JMP %bb.3

bb.3.for.inc:
; predecessors: %bb.2
    successors: %bb.1(0x80000000); %bb.1(100.00%)

    %3:gpr = COPY %0:gpr
    %3:gpr = nsw ADD_ri %3:gpr(tied-def 0), 1
    %7:gpr = COPY %3:gpr
    %8:gpr = COPY %2:gpr
    JMP %bb.1

bb.4.for.end:
; predecessors: %bb.1

    $r0 = COPY %1:gpr
    RET implicit $r0
```

由于篇幅缘故，不能对所有指令的寄存器分配过程进行演示，这里仅仅针对 bb.0.entry

和 bb.1.for.cond 这两个基本块进行演示，但通过这两个基本块的演示能完全覆盖 Fast 算法的主要知识点，例如寄存器分配、寄存器溢出、寄存器重新加载等。

对基本块 bb.0.entry 利用 Fast 算法进行寄存器分配，示意图如图 10-19 所示。

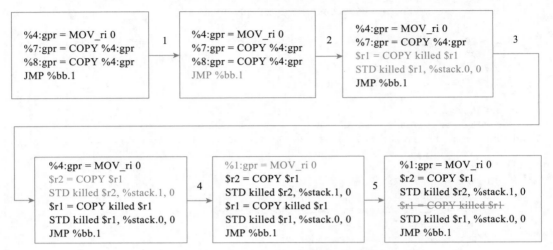

图 10-19 基本块 bb.0.entry 的寄存器分配

图 10-20 中共计 5 步操作，分别演示了 4 条指令的分配以及对冗余指令删除的过程。Fast 算法是自下向上依次遍历指令进行寄存器分配的，下面看看处理过程。

1）处理指令"JMP %bb.1"。因为 JMP 不需要寄存器分配，所以无须进行额外处理。

2）处理指令"%8:gpr = COPY %4:gpr"。先为 Def 寄存器 %8 分配物理寄存器，在分配过程中会根据 TD 文件定义的分配顺序依次选择物理寄存器。由于 BPF 后端定义的 GPR 寄存器为 11 个，可用于分配的寄存器为 r0～r9，但是 r0 比较特殊——用于传递返回值，所以 TD 文件定义寄存器分配的实际顺序为 r1～r5、r0、r6～r9。

此时所有的物理寄存器都可用，故为 %8 选择 r1。因为 %8 在后续基本块（如在基本块 bb.1.for.cond）中被使用，所以需要对 %8 进行特殊处理——将 r1 存储到栈中，在后续活跃的基本块中使用时再加载到寄存器。紧接着插入一条 store 指令——STD killed $r1, %stack.0, 0；同时，在此指令以后不再使用 r1，所以将 r1 设置 killed 状态，这也意味着 r1 可以被再次分配。

接下来为 MIR 指令中的 Use 寄存器 %4 分配物理寄存器，因为这是一条 COPY 指令，在后续的优化中很可能会删除冗余指令，而此时 r1 是可以被分配的，所以优先为 %4 分配寄存器 r1。另外，因为后续基本块不使用 4%，即在此指令后新分配的 r1 不再活跃，所以可以为分配的 r1 设置 killed 状态，因此产生最终的指令序列为：

```
$r1 = COPY killed $r1
STD killed $r1, %stack.0, 0
```

> 注意　此处跨基本块活跃变量的处理和寄存器溢出的处理完全相同。

3）处理指令"%7:gpr = COPY %4:gpr"。同样先为 Def 寄存器 %7 分配物理寄存器，由于 r1 分配给了 %4，因此从剩余可用的物理寄存器中为 %7 分配 r2。同样，由于 %7 在后续基本块中被使用，需要将 r2 存储到栈中（通过插入 store 指令"STD killed $r2, %stack.1, 0"实现），r2 自此以后可以被再次分配。

类似的是，为指令中的 Use 寄存器 %4 分配寄存器，因为 %4 已经分配了 r1，所以无须再次分配。此时产生的最终指令序列为：

```
$r2 = COPY $r1
STD killed $r2, %stack.1, 0
```

> 注意　"$r2 = COPY $r1"中的 r1 不能被设置 killed 状态，因为它在后续的指令中会被使用。

4）处理指令"%4:gpr = MOV_ri 0"。同样先为 Def 寄存器 %4 分配物理寄存器，因为 %4 已经分配了 r1，所以也无须再次执行寄存器分配，此时产生的指令为：

```
$r1 = MOV_ri 0
```

5）删除冗余的 COPY 指令：经过前面 4 步处理，基本块的所有指令中的虚拟寄存器都已经分配完成了。但是整个基本块中仍然有冗余 COPY 指令，需要进行删除。冗余 COPY 指令指的是源寄存器和目的寄存器相同的 COPY 指令，例如"$r1 = COPY $r1"这样的指令。至此，基本块 bb.0.entry 完成了寄存器分配。

基于 Fast 算法对基本块 bb.1.for.cond 进行寄存器分配的示意图如图 10-20 所示。

基本块 bb.1.for.cond 共 8 条指令，图 10-20 中共 10 步。其中，8 步演示了指令的寄存器分配，1 步演示了基本块如何处理活跃变量流入的情况，还有 1 步演示了删除冗余指令。寄存器分配是自下向上依次进行指令遍历的，下面看看处理过程。

1）处理指令"JMP %bb.2"。因为 JMP 不需要寄存器分配，所以无须进行寄存器分配处理。

2）处理指令"JSGT_ri killed %6:gpr, 9, %bb.4"。指令的 Use 虚拟寄存器为 %6，此时所有的物理寄存器都可用，因为活跃区间涉及的其他基本块的寄存器都会被存储到栈中，所以为 %6 选择物理寄存器 r1。由于此后 r1 不再使用，故而将 r1 设置为 killed 状态。产生的指令序列为：

```
JSGT_ri killed $r1, 9, %bb.4
```

3）处理指令"%6:gpr = SRA_ri %6:gpr(tied-def 0), 32"。指令的 Def 虚拟寄存器为 %6，因为已经为 %6 选择物理寄存器 r1，所以得到分配的结果如下。

```
$r1 = SRA_ri $r1(tied-def 0), 32
```

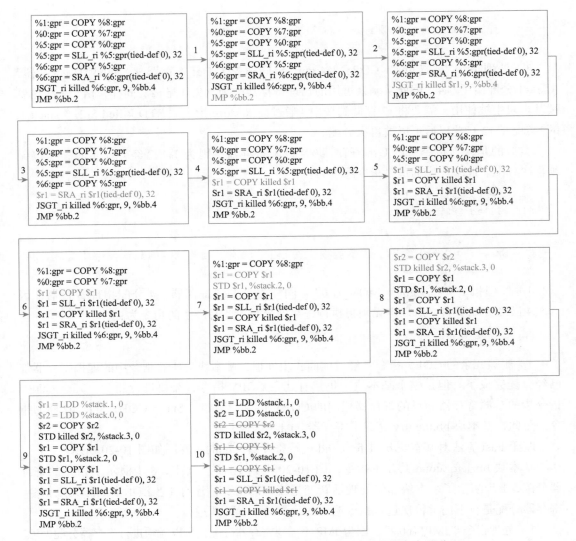

图 10-20 基于 Fast 算法对基本块 bb.1.for.cond 进行寄存器分配

注意 虽然此处 %6 是一个 Def 寄存器，但是 %6 不在其他基本块中使用，所以无须插入 store 指令。

4）处理指令" %6:gpr = COPY %5:gpr"。指令的 Def 寄存器为 %6，因为 %6 已经分配了物理寄存器 r1，继续处理 Use 寄存器 %5。因为该指令是 COPY 指令，所以尽量尝试为 %5 分配 r1；同时因为 %5 不在其他基本块中活跃（此处 %5 是最后出现的位置），所以将 r1 设置为 killed 状态。产生的指令序列为：

```
$r1 = COPY killed $r1
```

5）处理指令"%5:gpr = SLL_ri %5:gpr(tied-def 0), 32"。依次处理指令中的 Def 寄存器 %5 和 Use 寄存器 %5，发现 %5 已经分配了物理寄存器 r1，故而产生的指令序列为：

```
$r1 = SLL_ri $r1(tied-def 0), 32
```

6）处理指令"%5:gpr = COPY %0:gpr"。指令的 Def 寄存器为 %5，因为 %5 已经分配了物理寄存器 r1，继续处理 Use 寄存器 %0。因为该指令是 COPY 指令，所以尽量尝试为 %0 分配 r1；又因为 %0 在其他基本块中活跃，所以不会设置 r1 为 killed 状态。产生的指令序列为：

```
$r1 = COPY $r1
```

7）处理指令"%0:gpr = COPY %7:gpr"。指令的 Def 寄存器为 %0，因为 %0 已经分配了物理寄存器 r1。继续处理 Use 寄存器 %7，因为该指令是 COPY 指令，所以尽量尝试为 %7 分配 r1。又因为 %7 在其他基本块中活跃，所以为 r1 执行 store 指令。产生的指令序列为：

```
$r1 = COPY $r1
STD $r1, %stack.2, 0
```

8）处理指令"%1:gpr = COPY %8:gpr"。指令中的 Def 寄存器为 %1，需要从可分配的寄存器中选择一个物理寄存器，按照分配顺序，为 %1 分配 r2。继续处理 Use 寄存器 %8，因为该指令是 COPY 指令，所以尽量尝试为 %8 分配 r2。又因为 %8 在其他基本块中活跃，所以需要为 r2 插入 store 指令。同时，因为 %1 寄存器没有被使用，所以 store 指令中 r2 被设置了 killed 状态，产生的指令序列为：

```
$r2 = COPY $r2
STD killed $r2, %stack.3, 0
```

9）处理基本块流入的活跃变量。最后需要处理从其他基本块流入的活跃变量（本例插入 store 指令的是 bb.0.entry）。基本块中活跃的寄存器在插入 store 指令时会记录虚拟寄存器和其对应的槽位信息，所以此时只需要根据虚拟寄存器重新从栈中加载对应的槽位即可。产生的指令序列为：

```
$r1 = LDD %stack.1, 0
$r2 = LDD %stack.0, 0
```

> 注意　此处产生的指令和基本块 bb.0.entry 中的 store 指令是完全对应的，包括使用的虚拟寄存器、栈槽点位置等信息。例如在 bb.0.entry 中，%8 插入的槽位是 %stack.0.0，此时为 %8 分配了 r2，所以需要从栈中的 stack.0.0 槽位读取数据到 r2；%7 插入的槽位是 %stack.1.0，此时为 %7 分配了 r1，所以需要从栈中的 stack.10 槽位为 r1 加载数据。

10）删除冗余的 COPY 指令。删除源寄存器和目的寄存器中相同的 COPY 指令。

10.4 Basic 算法实现

以线性扫描为基础的寄存器分配算法是 LLVM 中最重要的分配算法。LLVM 3.0 以前的版本实现了基础的线性扫描算法，从 LLVM 3.0 版本开始对线性扫描算法进行了优化，实现了 Basic 算法和 Greedy 算法。两种算法都是以线性扫描为基础，只不过 Basic 算法的实现较为简单，但是它展示了如何基于 LLVM 变量活跃区间实现寄存器分配。另外，通常也把 Basic 算法作为寄存器分配算法性能的基准。本节着重介绍 Basic 算法的原理，通过示例演示寄存器分配、溢出等过程。读者通过本节的学习，可以了解 Basic 算法的主要思想。

10.4.1 算法实现思路

Basic 算法基本上以线性扫描算法为基础，但是做了少许的修改，整个算法包含两个重要的步骤：分配和溢出处理。

1. 分配思路

1）寄存器分配以函数为粒度。

2）计算函数中活跃变量以及变量的活跃区间。

3）计算变量区间的权重，让权重高的变量优先分配，权重低的变量后分配，这样能保证寄存器溢出时整体溢出成本最低。

4）按照权重从高到低依次对变量的活跃区间进行分配。

① 获取所有可以被分配的物理寄存器，依次尝试为变量（指虚拟寄存器）分配物理寄存器。

❑ 如果物理寄存器还没有被占用，则可以直接分配。

❑ 如果物理寄存器已经被占用，则计算物理寄存器的活跃区间和待分配变量活跃区间是否冲突。

❑ 如果不冲突，则可以为变量分配该物理寄存器，并返回。

❑ 如果发生冲突则无法分配物理寄存器，并且该物理寄存器不是 ABI 约定的寄存器，则将物理寄存器加入优先待溢出的寄存器队列中。

② 使用优先待溢出的寄存器进行分配，如果发现当前变量活跃区间的权重大于优先待溢出物理寄存器的权重，则优先分配该物理寄存器给权重高的变量，并将已经分配了物理寄存器的活跃变量进行溢出。

③ 如果当前变量已经溢出，则说明无法完成寄存器分配。

④ 当前变量尚未溢出，则溢出当前变量，并且将溢出过程中产生的新变量添加到待分配队列。

⑤ 如果发生寄存器溢出，对溢出过程中插入的代码位置进行优化，保证溢出代码的成本最低。

2. 溢出处理思路

1）在 Def 寄存器处直接添加 store 指令，在 Use 寄存器前添加 load 指令。

2）找到真正需要溢出的虚拟寄存器。主要是考虑 COPY 指令，直接溢出最初定义处的虚拟寄存器，中间的 COPY 指令都变成 load 指令，这样可以有效缩短变量的活跃区间。

3）判断使用虚拟寄存器的指令是否可以重新物化，如果可以则无须溢出虚拟寄存器，而是重新执行指令。此时可以定义新的虚拟寄存器，这些新的虚拟寄存器在重新物化后需要重新分配；如果无法重新物化，则仍然需要溢出原来的虚拟寄存器。

4）溢出时要首先分配栈槽，并更新栈槽的活跃区间（栈槽的活跃区间在后向优化还会使用），然后遍历所有的操作数，并进行以下操作：

① 在 Def 处插入 store 指令。

② 在 Use 处先生成一个新的虚拟寄存器，再插入 load 指令（使用新的虚拟寄存器进行栈帧数据的加载），最后使用新的寄存器重写 / 替换（rewrite）原始指令的 Use 寄存器。

10.4.2　示例分析

为了更好地展示 Basic 算法的原理，本节构造了一个特殊的用例，这个例子借助了后端的调用约定，使得寄存器在分配过程中发生了溢出。同时，该例中也展示了重新物化的功能。示例代码如代码清单 10-25 所示。

代码清单 10-25　Basic 算法示例的源码

```
void bubbleSort(int arr[], int n)
{
    int i, j;
    for (i = 0; i < n - 1; i++)
    {
        // 最后一个 i 元素已经放好了
        for (j = 0; j < n - i - 1; j++)
        {
            if (arr[j] > arr[j + 1])
            {
                swap(&arr[j], &arr[j + 1]);
            }
        }
    }
}
```

这是一段用于完成冒泡排序的示例代码，该示例为了完成两个变量的交换调用了函数 swap。按照 eBPF 的调用约定，函数调用时使用 r1～r5 传递参数、r0 传递返回值、r10 传递栈帧基地址。在调用函数 swap 时会占用上述寄存器。这些寄存器在调用过程中即使没有被真正使用也会被占用，这是编译器根据调用约定决定的，这些寄存器属于 Caller-Saved（调用者保存）寄存器。这样构造的用例可以占用更多的通用寄存器，这是为了方便演示寄存器不足而需要进行栈溢出的场景。对应的 LLVM IR 如代码清单 10-26 所示。

代码清单 10-26　代码清单 10-25 对应的 LLVM IR

```
define dso_local void @bubbleSort(i32* %0, i32 %1) {
    br label %3
3:                                              ; preds = %31, %2
    %.01 = phi i32 [ 0, %2 ], [ %32, %31 ]
    %4 = sub nsw i32 %1, 1
    %5 = icmp slt i32 %.01, %4
    br i1 %5, label %6, label %33
6:                                              ; preds = %3
    br label %7
7:                                              ; preds = %28, %6
    %.0 = phi i32 [ 0, %6 ], [ %29, %28 ]
    %8 = sub nsw i32 %1, %.01
    %9 = sub nsw i32 %8, 1
    %10 = icmp slt i32 %.0, %9
    br i1 %10, label %11, label %30
11:                                             ; preds = %7
    %12 = sext i32 %.0 to i64
    %13 = getelementptr inbounds i32, i32* %0, i64 %12
    %14 = load i32, i32* %13, align 4
    %15 = add nsw i32 %.0, 1
    %16 = sext i32 %15 to i64
    %17 = getelementptr inbounds i32, i32* %0, i64 %16
    %18 = load i32, i32* %17, align 4
    %19 = icmp sgt i32 %14, %18
    br i1 %19, label %20, label %27
20:                                             ; preds = %11
    %21 = sext i32 %.0 to i64
    %22 = getelementptr inbounds i32, i32* %0, i64 %21
    %23 = add nsw i32 %.0, 1
    %24 = sext i32 %23 to i64
    %25 = getelementptr inbounds i32, i32* %0, i64 %24
    %26 = call i32 bitcast (i32 (...)* @swap to i32 (i32*, i32*)*)(i32* %22, i32* %25)
        br label %27
27:                                             ; preds = %20, %11
    br label %28
28:                                             ; preds = %27
    %29 = add nsw i32 %.0, 1
    br label %7
30:                                             ; preds = %7
    br label %31
31:                                             ; preds = %30
    %32 = add nsw i32 %.01, 1
    br label %3
33:                                             ; preds = %3
```

```
        ret void
}

declare dso_local i32 @swap(...)
```

该代码片段经过指令选择、优化后生成的 MIR 用于寄存器分配。因为 MIR 篇幅较大，不在本书中直接提供，读者可以将上述 LLVM IR 直接使用 llc 命令编译（如果没有编译环境也可以通过 Compiler Explorer 网站查看生成的 MIR 结果），或者通过本书提供的源码获得。

这里再稍微介绍一下计算变量活跃区间权重的思路。首先变量活跃区间可能由多个区间组成，所以会先计算每一个区间的权重，然后将变量的多个区间权重进行累加，最后进行归一化处理。不同的分配算法权重计算方法略有差别，但是大体思路相同。算法会根据基本块执行的频率作为权重计算的依据。为每一条 Def/Use 寄存器指令计算权重（此时权重和基本块执行频率相同），在计算过程中除了执行频率外，还会根据一些情况调整权重的计算方式，主要包括如下情况。

1）如果发现指令位于循环内并且变量活跃区间跨越基本块，会将权重提升 3 倍（说明需要优先分配虚拟寄存器）。

2）如果指令是 COPY 指令，且在分配过程中有提示，可以稍微提升分配的优先级，将权重提高 1%。有分配提示的虚拟寄存器，应该尽量满足提示的要求，性能会更好。

3）如果指令有可重新物化属性，则将权重减少 50%。因为可重新物化属性表示指令可以重新以低成本加载，所以虚拟寄存器分配可以放在后面，即便是发生了溢出，成本也会比较低。

当变量活跃区间权重计算完毕并经过归一化处理后，会将权重按照从高到低进行排序，并依次进行分配。本例共有 18 个寄存器，它们的活跃区间和权重如代码清单 10-27 所示。

代码清单 10-27　活跃区间和权重

```
W1  [0B,32r:0)[1152r,1184r:2)[1184r,1184d:1) 0@0B-phi 1@1184r 2@1152r
W2  [0B,16r:0)[1168r,1184r:2)[1184r,1184d:1) 0@0B-phi 1@1184r 2@1168r
%6  [32r,1424B:0) 0@32r  weight:8.314162e-01
%7  [16r,1424B:0) 0@16r  weight:5.732281e-01
%11 [64r,1424B:0) 0@64r  weight:2.915245e-01
%12 [128r,144r:2)[144r,176r:0)[176r,208r:1)[208r,288r:3) 0@144r 1@176r 2@128r
    3@208r  weight:4.617143e-01
%15 [224r,240r:2)[240r,272r:0)[272r,288r:1) 0@240r 1@272r 2@224r  weight:INF（INF
    表示无穷大）
%18 [432r,448r:2)[448r,480r:0)[480r,608r:1)[608r,640r:3)[640r,656r:4) 0@448r
    1@480r 2@432r 3@608r 4@640r  weight:1.605641e+01
%22 [528r,544r:2)[544r,576r:0)[576r,656r:1) 0@544r 1@576r 2@528r
    weight:1.138545e+01
%26 [496r,512r:2)[512r,720r:0)[720r,752r:1)[752r,784r:3) 0@512r 1@720r 2@496r
    3@752r  weight:2.161664e+01
```

```
%28 [768r,784r:0)[784r,800r:1) 0@768r 1@784r  weight:INF
%31 [800r,832r:2)[832r,864r:0)[864r,960r:1) 0@832r 1@864r 2@800r
    weight:1.029643e+01
%34 [880r,912r:2)[912r,944r:0)[944r,960r:1) 0@912r 1@944r 2@880r  weight:INF
%36 [1008r,1024r:2)[1024r,1056r:0)[1056r,1088r:1)[1088r,1120r:3) 0@1024r 1@1056r
    2@1008r 3@1088r  weight:7.582891e+00
%38 [1104r,1120r:0)[1120r,1168r:1) 0@1104r 1@1120r  weight:4.183664e+00
%40 [48r,96B:0)[96B,1376r:2)[1376r,1424B:1) 0@48r 1@1376r 2@96B-phi
    weight:6.188670e-01
%41 [352r,384B:0)[384B,1248r:2)[1248r,1344B:1) 0@352r 1@1248r 2@384B-phi
    weight:2.466507e+00
%42 [336r,384B:0)[384B,1280r:2)[1280r,1344B:1) 0@336r 1@1280r 2@384B-phi
    weight:2.460708e+00
```

对活跃区间进行排序时，排序的主要依据是权重，当权重相同时根据区间顺序，下面依次来看这 16 个虚拟寄存器是如何进行分配的。

> 注意 本例中有两个物理寄存器 W1 和 W2（W1 和 W2 是 BPF 后端中 32 位的寄存器，在 64 位后端中实际是 r1 和 r2），它们不需要分配，所以不用参与排序。虚拟寄存器排序完成后的顺序为 %15、%28、%34、%26、%18、%22、%31、%36、%38、%41、%42、%6、%40、%7、%12、%11。

首先对 %15 进行分配，在分配前先确定可以使用的物理寄存器以及物理寄存器的分配顺序（主要在 TD 中定义，代码中也可以略作调整，例如按照寄存器参数的使用进行调整）。BPF 后端物理寄存器的分配顺序为 r1、r2、r3、r4、r5、r0、r6、r7、r8、r9。为了演示方便，我们先按照 ABI 约定计算物理寄存器已经使用的情况，如图 10-21a 所示。

从图 10-21 中可以看出，r1、r2、r3、r4、r5、r0 在一些区间中都被占用。例如，r1、r2 主要是被入参 W1 和 W2 占用，而 r3、r4、r5、r0 则是被 swap 函数占用。接下来对 %15 进行分配，由于 %15 有三个活跃区间：[224r, 240r:2)、[240r, 272r:0)、[272r,288r:1)，按照分配顺序优先使用 r1，此时 r1 的区间已经分配给 W1，所以 r1 和 W1 区间相同，而 W1 的区间为 [0B, 32r:0)、[1152r, 1184r:2)、[1184r, 1184d:1)，可以发现 %15 的区间和 r1 的区间并不冲突，所以可以将 r1 分配给 %15，如图 10-21b 中蓝色的方框所示，同时将 %15 的活跃区间更新到 r1 中，如图 10-21b 所示。

按照这种方法依次为 %28、%34、%26、%18、%22、%31、%36、%38、%41、%42、%6、%40、%7、%12、%11 分配寄存器。所有虚拟寄存器在分配时都是按照物理寄存器的可用分配顺序逐一检查是否冲突：如果不冲突则直接分配；如果冲突，则尝试分配下一个物理寄存器。按照这样的方式，虚拟寄存器 %28、%34、%26、%18、%22、%31、%36、%38、%41、%42、%6、%40 都可以找到一个物理寄存器，如图 10-22a 所示。

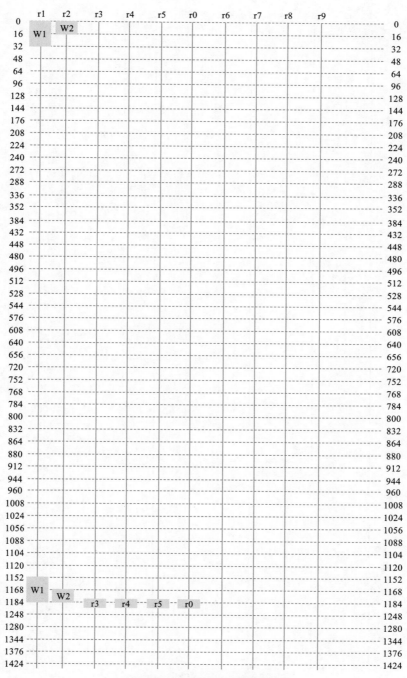

a）寄存器分配初始物理寄存器使用情况

图 10-21 初始状态下及分配 %15 后的物理寄存器使用情况示意图

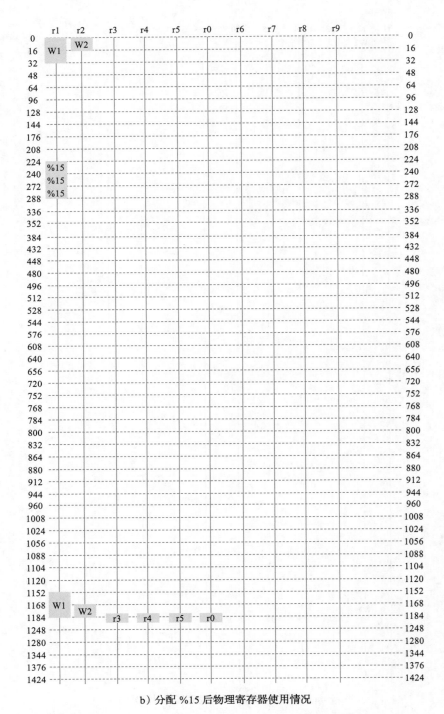

b) 分配 %15 后物理寄存器使用情况

图 10-21　初始状态下及分配 %15 后的物理寄存器使用情况示意图（续）

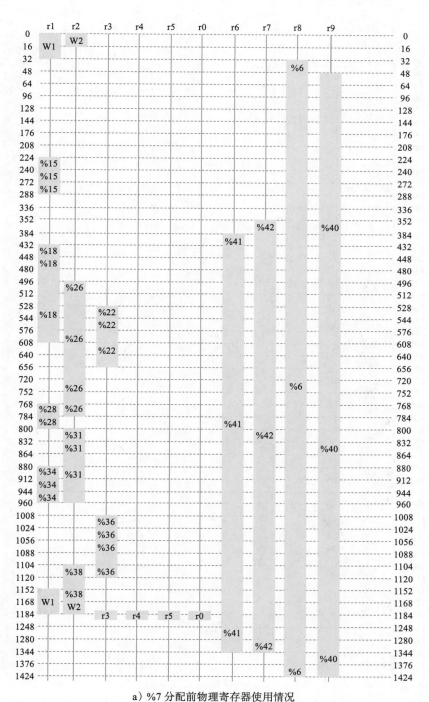

a）%7 分配前物理寄存器使用情况

图 10-22 %7 分配前后物理寄存器使用情况示意图

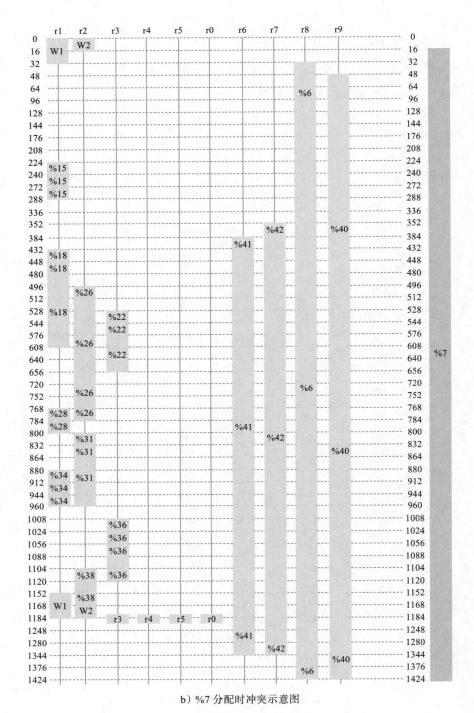

b）%7 分配时冲突示意图

图 10-22　%7 分配前后物理寄存器使用情况示意图（续）

在为 %7 分配时出现了问题。因为 %7 寄存器的活跃区间和所有的物理寄存器 r0～r9 都有冲突（见图 10-22b 中蓝色矩形块），所以无法为 %7 分配物理寄存器。此时需要进行寄存器溢出操作。LLVM 实现的溢出称为 InlineSpiller，其含义是在溢出处理中直接插入 store 指令和 load 指令，而不是先暂存溢出指令，最后进行指令插入和替换。对 %7 的溢出处理是先找到定义 %7 的指令——%7:gpr = COPY \$r2。之后，在溢出时将 r2 的值放入栈中，后续在使用 %7 的地方增加 load 指令从栈中加载数据即可。所以指令被替换为 STD \$r2, %stack.0, 0，同时该栈槽需要与虚拟寄存器 %7 保持同样的活跃区间（本节提及的指令可参见本书 GitHub 上的网站提供的源码 10-26.mlir）。

接下来处理所有使用 %7 的指令。第一条指令是 "%18:gpr = ADD_rr %18:gpr(tied-def 0), %7:gpr"。对于这样的指令需要将栈槽中的数据加载到寄存器，然后再使用。简单的做法是：将栈槽中的数据加载到一个新的虚拟寄存器，在本例中下一个虚拟寄存器编号为 43，所以可以在本指令之前插入 %43:gpr = LDD %stack.0, 0，然后将原来指令中使用 %7 的地方替换为 %43，指令更新为 %18:gpr = ADD_rr %18:gpr(tied-def 0), killed %43:gpr。

使用 %7 的第二条指令是 "%12:gpr = COPY %7:gpr"。按照上述逻辑，可以插入 %44:gpr = LDD %stack.0, 0，然后将第二条指令中的 %7 替换为 %44，更新为 "%12:gpr = COPY killed %44:gpr"。看到这里读者会发现，这里使用的新寄存器 %44 可以通过复制传播进行消除，这样的 COPY 指令可以直接从栈槽中加载，而不是通过新的临时寄存器进行中转。所以最终生成的指令为 "%12:gpr = LDD %stack.0, 0"。

当所有使用 %7 的指令处理完成后，将新增的虚拟寄存器重新插入到待分配队列中。当然对于新增的虚拟寄存器还要注意：新增寄存器的权重非常大（无穷大），因为这个寄存器是用于从栈中重新加载数据，该虚拟寄存器不可以再次被溢出。如果该虚拟寄存器可以再次被溢出，会导致死循环。另外，由于指令之间的编号默认间隔为 16，当新插入一个指令时，其编号通常是足够的，无须重新为指令进行编号（指令的活跃区间都不需要更新）。新增的寄存器 %43 的活跃区间为 [456r, 480r)，其权重为无穷大，并将 %43 插入到待分配队列（插入过程会根据活跃区间重新排序）。

因为 %43 的权重最大，所以接下来就是为 %43 分配物理寄存器，按照活跃区间冲突的分析，可以为 %43 分配 r2。得到的结果如图 10-23 所示。

简单总结一下：由于 %7 活跃区间过长，和所有物理寄存器都发生了冲突，所以将 %7 的定义替换为 store 指令。在使用 %7 的地方，用 load 指令将数据加载到一个新的虚拟寄存器，并替换原来使用的操作数。从逻辑上看，%7 的活跃区间根据使用的情况进行了划分，活跃区间的划分将可以大大减少活跃区间的冲突，从而完成寄存器分配。

另外，在 store 指令中需要同步记录原始虚拟寄存器的活跃区间，目的是在后续的优化 Pass 栈槽着色中进一步优化栈空间的分配。

接下来继续为虚拟寄存器 %12 分配物理寄存器，由于 %12 的区间为 [128r, 144r:2)、[144r, 176r:0)、[176r, 208r:1)、[208r,288r:3)，和 r1 冲突，但和 r2 不冲突，所以为 %12 分

配物理寄存器 r2，本步示意图略。

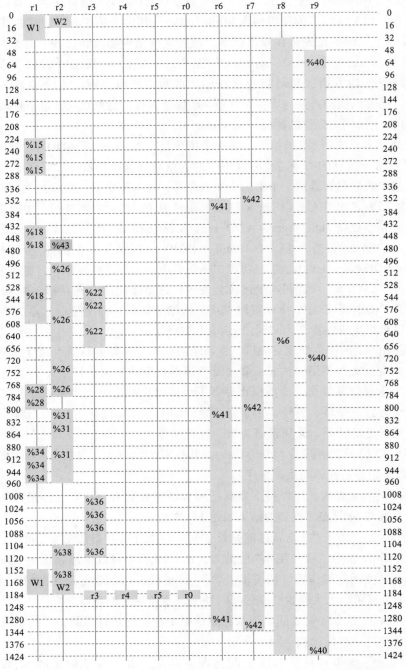

图 10-23　%7 溢出后新增 %43 和 %44，优先为 %43 分配寄存器

再接下来需要为 %11 分配物理寄存器，因为 %11 的活跃区间为 [64r, 1424B:0)，和所有的物理寄存器产生冲突，所以需要溢出 %11。同样，先处理定义 %11 的指令再处理使用 %11 的指令。但是定义 %11 的指令为 %11:gpr = LD_imm64 -4294967296。这条指令非常特殊，因为 BPF 后端文件对 LD_imm64 指令做了标记，设置了重新物化属性，如 let isReMaterializable = 1, isAsCheapAsAMove = 1 in { def LD_imm64 : LD_IMM64<0, " = ">。设置该属性的含义是，如果发现该指令定义的虚拟寄存器发生溢出，可以再次直接调用该指令，而不是采用寄存器溢出的方式，因为直接调用该指令的成本可能更低。因为定义 %11 的指令存在重新物化属性，所以暂时不处理该指令，而是先处理两条使用 %11 的指令——%12:gpr = ADD_rr %12:gpr(tied-def 0), %11:gpr 和 %22:gpr = ADD_rr %22:gpr(tied-def 0), %11:gpr。重新物化的处理方式也非常简单：申请一个新的虚拟寄存器，并直接再次运行该指令（本例中为 LD_imm64，即插入一条新的 LD_imm64 指令），然后将原指令中使用 %11 虚拟寄存器的地方替换为使用新的虚拟寄存器。

指令 "%12:gpr = ADD_rr %12:gpr(tied-def 0), %11:gpr" 经过变换后为：%44:gpr = LD_imm64 -4294967296，%12:gpr = ADD_rr %12:gpr(tied-def 0), killed %44:gpr。

指令 "%22:gpr = ADD_rr %22:gpr(tied-def 0), %11:gpr" 经过变换后，变成：%45:gpr = LD_imm64 -4294967296，%22:gpr = ADD_rr %22:gpr(tied-def 0), killed %45:gpr。

经过重新物化处理以后引入了新的虚拟寄存器，所以同样需要将新的虚拟寄存器插入到待分配队列进行分配。其中 %44 和 %45 的活跃区间分别为 [152r, 176r:0) 和 [536r,544r:0)，权重都为无穷大（下一轮优先分配），将 %44、%45 重新插入到待分配队列中。

最后再对定义 %11 的指令进行删除，因为没有任何指令再使用 %11。

接下来为 %44、%45 分配物理寄存器，方法同上。其中，r1 分配给 %44，r4 分配给 %45，示意图如图 10-24 所示。

至此，所有的虚拟寄存器都完成了分配。

值得一提的是，Basic 算法的最后还有一个优化过程，针对溢出指令进行优化。优化的思路主要是在保证正确的前提下（这样的优化主要是基于支配树进行的，以确保执行路径正确），将溢出产生的 store 指令移动到执行频率低的基本块中。本例不涉及指令移动，所以不再展开介绍。

最后再来回顾一下 LLVM 中实现的 Basic 算法是否存在不足？根据图 10-21a 发现，虽然 r3、r4、r5 和 r0 为满足 Caller-Saved 的约定被占用了，但是并没有被使用。而实际上，swap 函数仅仅有两个参数，按照 ABI 约定仅传递 r1 和 r2 即可，即 r3、r4、r5、r0 在此处仅仅为了满足 Caller-Saved 的约定，导致后续的 %7、%11 在分配时都产生了寄存器溢出，而这些溢出动作本质上是可以避免的。为此可以对 Caller-Saved 的机制进行优化，典型的优化就是 Caller-Saved 和 Callee-Saved 混合机制。目前在 LLVM 的过程间寄存器分配中实现，可以参考 Inter-Procedural Register Allocation，即 IPRA 的相关实现。

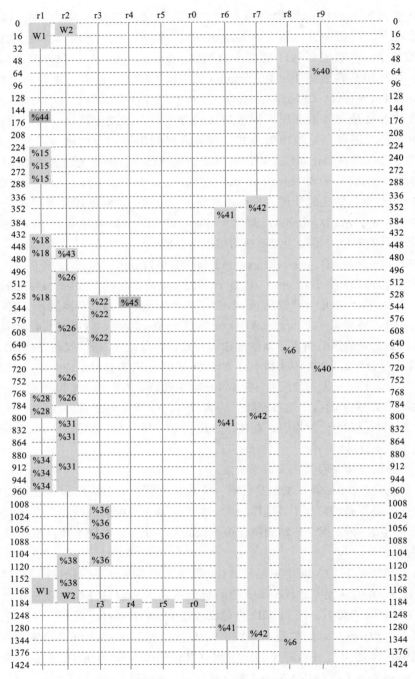

图 10-24　为 %44 和 %45 分配物理寄存器

10.5　Greedy 算法实现

由于寄存器分配算法（例如图着色、线性扫描等算法）在设计之初的关注点是如何设计算法，能够使所有的变量都分配到寄存器中（尽可能少地溢出）。实际上，寄存器在分配过程中会产生大量的溢出（特别是针对大型应用）。因此，LLVM 将设计重心进行了微调，主要关注如何高效溢出，这是 Greedy 算法的起源。Greedy 算法分配流程如图 10-25 所示。

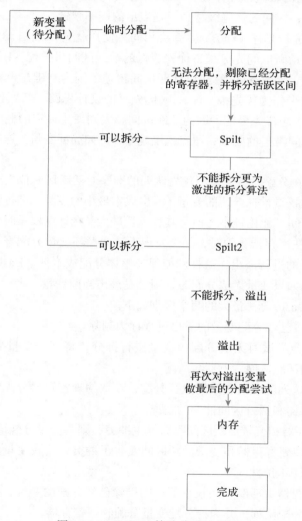

图 10-25　Greddy 算法分配流程图

注意图 10-25 描述的是 Greddy 算法分配中的最长路径，涉及分配、拆分、溢出等步骤，在一些简单场景中可能并不需要拆分和溢出就可以完成分配。（简单场景使用 Greedy 算法效果并不好，也不是本书讨论的重点。）

从流程图中可以看到，Greedy 算法在溢出前会尝试进行寄存器拆分（Split 和 Split2），而如何拆分也是 Greedy 算法的关键。

10.5.1 Greedy 算法实现思路

Greedy 算法总体思想可以总结如下。

1）计算活跃区间的权重，计算方法在 Basic 算法中已经介绍过。简单总结：权重越大，活跃区间优先级越高；区间的优先级越高，则溢出的概率越低。

2）对活跃区间进行排序（和 Basic 算法相同，使用优先队列自动完成排序）。在优先队列中，优先级高的活跃区间先分配，优先级低的活跃区间后分配。Basic 算法使用活跃区间的权重作为优先级，而 Greedy 算法以活跃区间覆盖范围为基础，再辅以执行状态进行调整，最后以得到的结果作为优先级。Greedy 优先级的设计思路：活跃区间覆盖范围越广的变量（例如全局变量）越优先分配，因为活跃区间越大则发生冲突的概率越大，优先分配可以减少大范围活跃区间溢出的概率；覆盖范围越小（例如局部变量）越后分配，因为发生冲突的概率小。

3）Greedy 算法在分配时首先按照优先队列的顺序对活跃区间依次进行分配，当发生溢出时通过活跃区间的权重挑选合适的变量（溢出成本最小的变量）进行溢出。例如循环中使用的变量，其活跃区间可能比较小，但是其权重比较大（在计算权重时会对循环中的活跃区间进行权重放大）；在寄存器分配时，如果发现无法为循环变量分配寄存器，则应该选择一个权重比循环变量低的进行溢出，这样就能保证整体分配成本低。Basic 算法按照权重从高到低依次分配变量，如果变量无法分配时，则总是溢出当前变量。

Greedy 算法和 Basic 算法最大的两个区别如下。

① Greedy 算法将已经分配变量的溢出过程称为剔除。

② Greedy 算法会尝试对无法分配的变量进行拆分，将一个变量变成两个或者多个变量，由此缩短变量的活跃区间，然后再分配。

4）依次从优先队列获取活跃区间进行分配，获取物理寄存器分配顺序，根据分配顺序计算每一个物理寄存器和活跃区间冲突的情况。

① 如果物理寄存器和变量活跃区间没有发生冲突，则为变量分配该物理寄存器。

② 如果所有的物理寄存器和变量活跃区间发生了冲突，比较变量活跃区间和物理寄存器已经分配变量活跃区间的权重。

❑ 如果物理寄存器中活跃区间权重低，则剔除已经分配的变量，并将已经分配的变量重新加入到分配队列，并为待分配变量分配物理寄存器。

❑ 如果待分配变量权重最低，则重新计算待分配变量的优先级，并将待分配变量标记为拆分状态，重新插入到分配队列中。

③ 如果待分配变量是拆分状态，计算对变量拆分是否有收益。

❑ 如果有收益，则选择合适的算法进行拆分，将一个变量拆分成两个或者多个变量，同时先计算每一个变量活跃区间的权重，然后计算变量的队列优先级，再将变量插入到待分配队列中，然后重复分配过程。

❑ 如果没有收益，则进行溢出，在 Def 处插入 store 指令，并在使用处插入 load 指令。执行 load 指令插入操作会引入新的虚拟寄存器（store 无须引入新的虚拟寄存器），需要重新计算活跃区间、队列优先级，并将新的虚拟寄存器插入到待分配队列，然后重复分配过程。

和 Basic 算法相比，Greedy 算法包含了额外的剔除和拆分操作。剔除比较简单，而拆分则非常复杂，这也是 Greedy 算法的核心，直接影响 Greedy 算法的分配效率。下面着重介绍一下拆分的思想。

10.5.2 算法实现的核心：拆分

Greedy 算法的拆分方式分为两种：局部拆分和全局拆分。其中，局部拆分主要处理活跃区间落在一个基本块的情况，需要对活跃区间或者单条指令进行拆分。全局拆分主要处理活跃区间跨基本块的情况，需要对活跃区间或者单个基本块进行拆分。

1. 单基本块局部拆分

单基本块局部拆分的思路如下。

1）计算虚拟寄存器在基本块的信息，包含指令数、定义点（Def）、使用点（Use）、循环信息等。

2）如果基本块中 Use 的数量小于 2，则不会进行局部拆分。只有一条 Def-Use 链的情况也无须进行局部拆分，因为强行拆分会导致成本变高。

3）以虚拟寄存器的 Def、Use 为依据，假设每两条指令形成一个拆分区间，计算区间已经分配变量的权重，该权重记为 GapWeight。

4）针对待分配变量的新区间权重（记为 EstWeight），如果 EstWeight 权重大于已经分配的 GapWeight，则说明该区间可以拆分，也意味着可以把已经分配的变量剔除。

5）尽可能地扩大溢出区间。如果连续多个区间的权重都大于已经分配变量的权重（GapWeight），说明连续区间可以放在一起拆分。

6）拆分区间需要增加新的变量，并且更新变量的区间、权重，并且重写相关指令。

7）将新的变量重新插入到待分配队列，重新进行分配。

下面通过一个简单的示例介绍一下局部拆分的思想。假设一个基本块中有 1 个 Def、3 个 Use，仅仅演示一个物理寄存器 R1 和虚拟寄存器发生冲突的情况。R1 已经分配给了 2 个变量：V1 和 V2。在局部拆分的时候，优先找一个权重更大的区间，然后对该区间尽可能地扩展，形成更大的区间。局部拆分是以权重作为依据，对权重最大的进行拆分。拆分还可以针对权重、区间大小选择不同的策略，会产生完全不同的拆分结果。拆分示意图如图 10-26 所示。

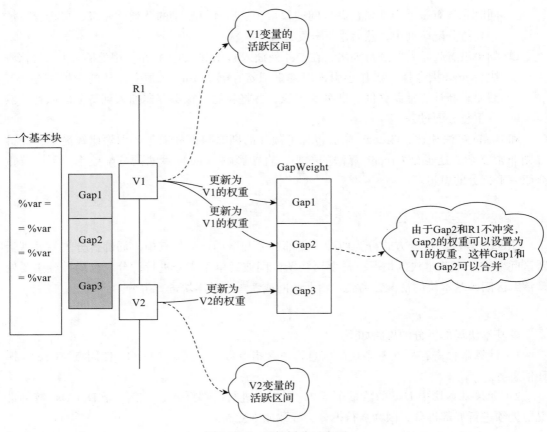

图 10-26 局部拆分示意图

因为图 10-26 中有 1 个 Def，3 个 Use，所以形成 3 个区间，分别记为 Gap1、Gap2、Gap3。分别计算它们的权重，并和 GapWeight（V1 和 V2 的权重）比较，如果区间的权重大于 GapWeight，说明拆分性能更好。由于 Gap2 和 R1 无冲突，因此会和前一个区间合并。

本例会形成两个可能拆分的区间（Gap1 + Gap2、Gap3），这两个区间只可能有一个权重比 R1 中 V1 或 V2 的权重大。如果权重都比 V1 和 V2 大，可以将 V1 和 V2 同时剔除，那么 R1 就可以分配给变量 %var。假设 Gap3 权重更大，按照同样的思路，对依次可分配的物理寄存器进行分析，最后找到一个比 R1 更大的权重且能溢出 Gap3 的物理寄存器，尝试进一步扩展 Gap3 的区间。本例中的 Gap3 是最后一个区间，所以不会进一步扩展 Gap3。最后对 Gap3 所在的区间进行拆分，插入 COPY 指令，如代码清单 10-28 所示：

代码清单 10-28　Gap3 处理后

```
%new = COPY %var
= %new
```

在区间拆分时可能存在无限循环问题，为应对这一问题最严格的约束是，若拆分前的指令数大于拆分后的指令数，则拆分过程一定是可以收敛的。但是这样太严格，会导致很多区间无法拆分，所以设计了一个状态 Split2，只允许 Split2 之前的状态进行拆分；在 Split2 状态下，只允许接受拆分后产生更少指令数的处理。

2. 指令局部拆分

指令局部拆分主要解决无法进行单基本块局部拆分的情况，仅在寄存器类型可以提升的情况下插入 COPY 指令，这将有助于进行溢出处理。

3. 区域拆分

由于变量活跃区间跨多个基本块，拆分的目的是尽量生成小的活跃区间，让这些小的活跃区间能够分配到物理寄存器。但是问题在于如何划分可以使生成的总体代价[⊖]最小。假设在所有的活跃区间中变量有 N 处使用，那么拆分的方法有 $N!$（N 的阶乘）种，显然需要寻找一个近似求解拆分的方法。

4. 基本块全局拆分

基本块全局拆分主要针对无法进行区域全局拆分的情况，尝试进行基本块全局拆分，例如处理基本块中有调用、异常处理、汇编跳转等指令。在这些指令之前进行活跃区间拆分可以减少因 ABI 约定导致的冲突。

10.5.3　区域拆分之 Hopfield 网络详解

区域拆分是 Greedy 算法中最重要的环节，也是体现"贪婪"的关键所在。本节首先通过简单的示例演示 Greedy 算法的思想，然后介绍 Greedy 在 LLVM 中的实现逻辑，最后通过一个具体的示例演示 Hopfield 网络 LLVM 中的实现。

Greedy 算法解决冲突的粒度是基本块，当一个基本块中有多个冲突点时可以合并成一个冲突点，所以问题就变成了寻找一个合适的基本块进行溢出。如何寻找最合适进行溢出的基本块？首先需要定义"合适"的意义，最有效的方法是评估溢出后总体执行成本最低（溢出发生后增加了 store 或者 load 指令，因此执行成本会增加）。而执行成本可以通过基本块的执行频率进行估算。例如循环体的执行频率高，在循环体中溢出会导致执行成本增加。

因为判断最佳基本块非常困难，所以 LLVM 采用了 Hopfield 网络求解极值来作为最值。

Hopfield 网络于 1982 年提出，它是一个全连接网络（每一个神经元都和其他所有神经元相连接），属于离散型神经网络。1985 年，作者又提出连续型神经网络并解决了 TSP 问题（Travelling Salesman Problem，旅行商问题）。离散型神经网络和连续型神经网络的区别

　⊖　总体代价可以定量分析，例如插入 load/store 指令数最少，或者是执行插入 load/store 指令数最少。例如，在循环中插入 load/store 指令和在循环外插入 load/store 指令的执行成本明显不同。

在于激励函数不同。LLVM 中使用的是离散型神经网络，下面仅关注离散型神经网络。离散型神经网络是二值神经网络，神经元的输出值只取（1，0）或者（+1，–1）。由 3 个神经元组成的离散型 Hopfield 网络如图 10-27 所示。

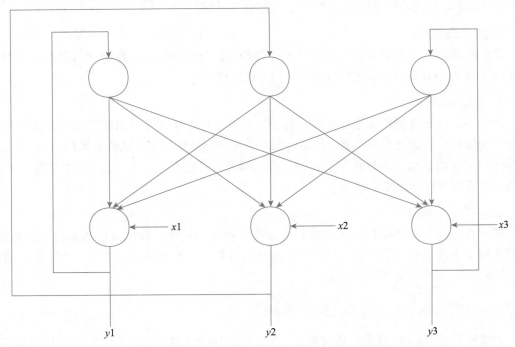

图 10-27　3 个神经元组成的离散型 Hopfield 网络

原始的论文中 $y1$、$y2$、$y3$ 的取值为（1，0），本书取值采用（+1，–1）。下面尝试对 Hopfield 网络进行简单的推导，首先定义激励函数 $f(x)$ 如下：

$$f(x) = \begin{cases} +1, x \geq \theta \\ -1, x < \theta \end{cases}$$

激励函数是符号函数，其含义：如果神经元的输出信息大于阈值 θ，那么神经元的输出取值为 +1；如果神经元的输出信息小于阈值 θ，则神经元的输出取值为 –1。根据网络模型，可以得到每个神经元的输出，记为 y'，例如第一个神经元 y_1' 的值为：

$$y_1' = w_{11}y_1 + w_{21}y_2 + w_{31}y_3 + \cdots + w_{n1}y_n$$

计算得到神经元输出后，需要通过激励函数计算真正的输出 y_1，为 $y_1 = f(y_1' + \theta_1)$。那么所有的 y_i 都可以通过如下公式描述：

$$y_i = f\left(\sum_{j=1}^{n} w_{ji}y_j + \theta_i \right)$$

其中，w_{ji} 是 Hopfield 网络边的权重，θ_i 是神经元输出节点的阈值。由于 Hopfield 网络是反馈型神经网络（输出是下一次的输入），如果没有对网络加以约束，该神经网络会一直迭代运算下去。假设网络存在一个停止条件：神经元的状态都不再改变，此时就是 Hopfield 网络的稳定状态。Hopfield 的稳定状态可以通过如下公式表示：

$$Y = \{y_1, y_2, y_3, \cdots, y_n\}$$

Hopfield 网络最关键的工作是证明 y_i 经过迭代能够收敛，并且 y_i 收敛于极小值或者最小值。Hopfield 的原始论文对矩阵 w 约束为：矩阵 w 是以 $i = j$ 为对角线的对称矩阵，且 w_{ii} 为 0，则可以证明 Hopfield 网络经过有限次迭代后一定可以收敛。因此可以将输出 y_i 修正如下：

$$y_i = f\left(\sum_{j \neq i}^{n} w_{ji} y_j + \theta_i\right)$$

下面对 Hopfield 网络的收敛性进行简单的证明。假设第 i 个神经元的输入为 y_i'，输出为 y_i。对于 y_i' 和 y_i 来说只有两种可能：

1）两者符号相同（都是 +1 或者 –1），例如输入 y_i' 为 –1，输出 y_i 也是 –1，即 $y_i' = y_i$。

2）两者符号不相同（一个是 +1，另一个是 –1），例如输入 y_i' 为 –1，输出 y_i 是 +1，即 $y_i' = -y_i$。根据符号函数的定义，当 $\sum_{j=1}^{n} w_{ji} y_j + \theta_i > 0$ 时，输出 y_i 是 1，所以有 $y_i\left(\sum_{j=1}^{n} w_{ji} y_j + \theta_i\right) > 0$；当 $\sum_{j=1}^{n} w_{ji} y_j + \theta_i < 0$ 时，输出 y_i 是 –1，所以也有 $y_i\left(\sum_{j=1}^{n} w_{ji} y_j + \theta_i\right) > 0$。

因此可以构造一个函数 t，记为：

$$t = y_i\left(\sum_{j=1}^{n} w_{ji} y_j + \theta_i\right) - y_i'\left(\sum_{j=1}^{n} w_{ji} y_i + \theta_i\right)$$

则一定有 $t \geq 0$，证明非常简单。如果两者符号相同，则 $t = 0$，因为 $y_i' = -y_i$。说明差值 t 不发生变化；如果两者符号不相同，则有 $t = 2y_i\left(\sum_{j=1}^{n} w_{ji} y_j + \theta_i\right)$，由于 $y_i\left(\sum_{j=1}^{n} w_{ji} y_j + \theta_i\right) > 0$，故 $t > 0$。

假设一个 Hopfield 网络所有节点的和定义如下：

$$\text{Sum} = \sum_i y_i\left(\sum_{j \neq i} w_{ji} y_i + \theta_i\right) = \sum_{i, j \neq i} w_{ji} y_i y_j + \sum_i \theta_i y_i$$

对于 Sum 可以证明其有上界，其值为：

$$\text{Sum}_{max} = \sum_{i, j \neq i} |w_{ji}| + \sum_i |\theta_i|$$

原因是 y 的取值为（+1，–1），那么 $y_i y_j$ 的值不超过 1。$|w_{ji}|$ 表示矩阵的行列式的绝对值，$|\theta|$ 表示阈值的绝对值，因此 Sum_{max} 存在上界。

另外，用 ΔSum 表示两次迭代之间的变动，由于 $\Delta \text{Sum} \geq 0$，说明每次迭代计算得到的和总是增加的，同时和也存在上界，所以经过有限次迭代后，和最终能达到一个稳定值，因此可以说 Sum 是收敛的。

而 Hopfield 网络在提出的时候是通过能量进行求解，并且获得稳定的解。能量来自物理学概念，在自旋玻璃态（也称为磁无序）中，系统的能量可以表达为：

$$E = -\frac{1}{2}\sum_{ij} w_{ji}x_i x_j - \sum_i \theta_i x_i$$

能量在物理学中是一个负值，有具体的物理含义。简单来说，能量是在一个相对的坐标系中计算得到，因为将无穷远处定义为坐标的原点，由此计算得到的能量为负值。自旋玻璃态的系统能量最终收敛于一个稳定的值[⊖]。物理学中能量总是趋于稳定的，也就是说只要构造能量函数，就总是可以得到 Hopfield 网络的一个稳定的解[⊖]。

可以看出通过构造 Hopfield 网络、设计相应的系数矩阵、对能量进行迭代求解，经过有限次迭代后，网络能量最后达到一个极值或者最值。而寄存器分配过程中的拆分也是在计算一个最合适的拆分位置，也是一个求最值的过程，因此可以近似地将 Hopfield 的极值（最值）解作为寄存器拆分的最优解。

10.5.4　使用 Hopfield 网络求解拆分

要使用 Hopfield 网络求解最佳拆分位置，需要如下三步。

1）将变量活跃区间拆分并转换为 Hopfield 网络，定义网络连接方式、权重、能量函数。

2）对能量函数进行迭代求解，当网络收敛时获得极值或者最值。

3）将求解结果再映射到寄存器拆分的位置。

下面看看 LLVM 中如何使用 Hopfield 网络实现区域拆分。

1. 构建 Hopfield 网络

进入寄存器拆分阶段的前提是，变量活跃区间一定是跨基本块，且和所有可使用的物理寄存器都发生了冲突。那么该如何构建 Hopfield 网络，并借助 Hopfield 网络完成最优的拆分？可以分为选择网络节点和选择网络边与权重两步。

（1）选择网络节点

首先对变量活跃区间进行分析。

假设以 CFG 中的基本块作为网络节点，用基本块之间的控制信息作为边，网络节点有输入、输出两个字段，分别表示该基本块在输入、输出时使用寄存器或者发生溢出，如图 10-28 所示。

⊖　论文 "On the Convergence Properties of the Hopfield Model" 证明了系数矩阵 w 满足对称性（$w_{ij}= w_{ji}$），且下对角线为 0（$w_{ii} = 0$）的网络经过迭代，最后是可以收敛的。具体请参考：https://authors.library.caltech.edu/30372/1/BRUprocieee90.pdf。

⊖　关于 Hopfield 网络的更多信息可以参考 CMU 课件：https://deeplearning.cs.cmu.edu/F22/document/slides/lec25.Hopfield.pdf。

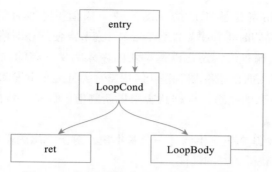

图 10-28 以基本块作为 Hopfield 网络节点

这里会遇到一个问题,由于 CFG 存在回边,此时如果以基本块为粒度,当基本块的不同输入边状态不同时,基本块的输入状态就无法确定。所以,LLVM 引入了边束(EdgeBundle)的概念,目的是将同一个基本块的输入划分到一个边束,同一个基本块的输出划分到一个边束,然后将边束作为网络节点。边束的实现算法也比较简单,为每一个基本块定义输入、输出两个编号,两个相邻的基本块的输出等于下一个基本块的输入,由此将该基本块的输入编号和其他基本块的输出编号划分成一个等价类,并重新编号。例如对图 10-28 所示的 Hopfield 网络节点进行编号后,结果如图 10-29 所示。

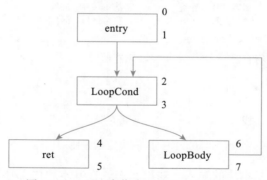

图 10-29 以边束作为 Hopfield 网络节点

进行等价类划分后,编号 0 没有等价类,假设新的编号为 #EB0;编号 1、编号 2 和编号 7 是等价类,假设新的编号为 #EB1;编号 3、编号 4 和编号 6 是等价类,假设新的编号为 #EB2;编号 5 没有等价类,假设新的编号为 #EB3。

Hopfield 网络以边束作为网络节点进行构建。从图 10-29 中可以看出基本块和边束之间存在映射关系,对以边束形成的 Hopfield 网络进行求解后得到的是边束的最优值,后续还需要将边束再映射到基本块。

有了网络节点,接下来需要考虑如何对节点进行连接以形成边。网络是以边束进行构建,首先需要定义每个边束节点的阈值。以基本块的频率作为阈值,因为边束节点包含多个基本块,所以应该将边束中所有基本块的频率都累加到边束的阈值中。

为了区别边束使用寄存器还是栈，设计两个阈值（也称为偏置）分别记为 BiasP、BiasN。当节点使用寄存器时将频率累加到 BiasP，当节点使用栈时将频率累加到 BiasN。

如何设置边束初始偏置值？还是以基本块的输入为例，将输入映射到一个边束中时，如果可以建立基本块输入时的寄存器状态（使用寄存器还是使用栈），那么就可以把该基本块的输入状态对应到边束的状态，根据状态来更新阈值。那基本块的状态该如何确定？可以通过以下规则来定义。

1）如果变量从一个基本块流出到另一个基本块，对于流出的基本块或者流入的基本块来说，使用寄存器可以获得较好的性能。

2）如果变量和物理寄存器发生冲突，那么可以根据基本块指令的定义、使用情况来确定状态：

❑ 冲突区间指令开始位置在基本块开始之前，使用栈。
❑ 冲突区间指令开始位置在基本块指令定义之前，推荐使用栈。
❑ 冲突区间指令结束位置在基本块结束指令后，使用栈。
❑ 冲突区间指令结束位置在基本块指令使用之后，推荐使用栈。
❑ 其他情况使用寄存器。

上述规则可以使用图 10-30 描述。

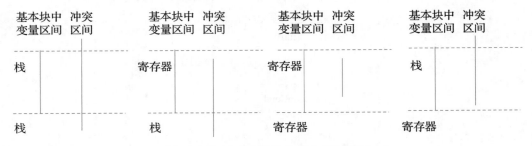

图 10-30　冲突区间决定指令使用情况

这里定义的状态是基本块的输入、输出状态。在基本块内部还可能存在冲突，这种冲突是局部冲突。Hopfield 网络中的优化不考虑局部冲突，而是在网络训练完成后重新计算执行总成本（其中局部冲突会在基本块中增加额外指令，导致执行成本增加），并根据总成本来确定是否选择该网络。

为此 LLVM 定义了 5 种状态。

❑ DontCare：基本块不关心该变量，或者变量已经死亡。
❑ PrefReg：优先使用寄存器。
❑ PrefSpill：优先使用栈。
❑ PrefBoth：使用寄存器和栈都可以。
❑ MustSpill：必须使用栈。

根据边界约束更新 BiasP 或者 BiasN：当边界约束为 PrefReg 时，将基本块的执行频率更新到 BiasP；当边界约束为 PrefSpill 时，将基本块的执行频率更新到 BiasN；当边界约束为 MustSpill 时，将 BiasN 设置为最大。这样，边束输出值 Value 依赖 BiasN 和 BiasP：如果 BiasP 大于 BiasN，则为 +1；如果 BiasN 大于 BiasP，则为 −1。（实际上 Value 值还有 0，主要是为了防止迭代过程的误差放大，在最后 0 也是被当作 −1 对待。）

例如在图 10-29 中，基本块 entry 和 ret 对应的边束为 EB0、EB1、EB2、EB3，如图 10-31 所示：

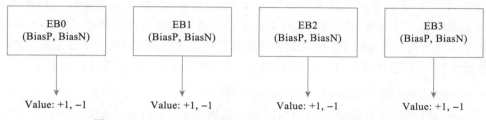

图 10-31　图 10-29 中基本块 entry 和 ret 对应的边束信息

（2）选择网络边、权重

以边束建立了 Hopfield 的网络节点，但这些节点还是孤立的点，该如何为这些节点建立边并进行关联？

Hopfield 网络边的关联是以边束为粒度构建的，但是边束又依赖基本块，所以需要先将边束信息转换为基本块，再根据基本块的边界约束情况将基本块映射到边束，最后再为边束建立关联。通常一个边束包含多个基本块，当各个基本块的边界约束为寄存器时，说明这些基本块的边束可以和其他的基本块边束直接相连。具体方法如下。

1）根据 UsedBlocks（定义和使用基本块）中每一个块的边界约束，找到所有使用寄存器的边束（这些边束在初始情况下使用了寄存器）。

2）将边束中包含的 LiveThroughBlocks（活跃基本块，但未定义和使用）都找出来，再分析 LiveThroughBlocks 中的每个基本块和物理寄存器的区间冲突情况。

① 对于所有没有冲突的基本块，找到对应的边束，并为这些边束建立关联，同时更新频率。

② 对于有冲突的基本块，更新边束的频率。

在图 10-29 中，UsedBlock 为基本块 entry 和 ret。其中，entry 的输入、输出边界约束为 DontCare、PrefReg；ret 输入、输出的边界约束为 PrefReg、DontCare。根据边界约束为寄存器找到边束 EB1、EB2。再根据 EB1、EB2 找到基本块 LoopCond 和 LoopBody，然后对基本块和物理寄存器的区间进行冲突分析。为了简单起见，假设基本块 LoopCond 和 LoopBody 与物理寄存器不冲突，所以它们对应的边束 EB1 和 EB2 会关联。边的权重也是基本块的执行频率。

2. 选择能量函数以及迭代求解极值

根据 Hopfield 网络的定义，能量函数如下：

$$E = -\sum_i \theta_i X_i - \frac{1}{2} \sum_i \sum_j X_i X_j \text{Feq}_{ij}$$

其中 X_i 为 Hopfield 网络的节点，Feq_{ij} 是 Hopfield 网络中节点 X_i 和节点 X_j 之间边的执行频率。

那接下来就需要对能量函数进行迭代，求解极值。通常迭代的方法是，每次根据能量函数公式计算 E 和 ΔE（两次迭代间的能量变动），如果 ΔE 满足一定条件，则终止迭代。LLVM 采用的是工业界常见的迭代求解方法，记录所有边束节点的状态，迭代计算每个节点的输出，当所有节点输出不再变化时，说明迭代可以终止，能量收敛于极小值（意味着执行成本最小）[⊖]。当迭代终止时，节点输出值表示边束节点使用寄存器或者溢出。

3. 将 Hopfield 网络的解映射到寄存器拆分位置

当 Hopfield 网络迭代终止，将边束的输出值映射到 LiveThroughBlocks 中的每一个基本块的边界约束上。如果所有边束节点的输出都不是寄存器，说明无法进行贪婪分配；如果存在边束节点的输出为寄存器，说明有基本块的输入或者输出直接使用寄存器，不需要溢出。

10.5.5　示例分析

和 Basic 算法相同，本节使用代码清单 10-25 的示例。由于 Basic 算法和 Greedy 算法前置依赖也相同，因此都会计算活跃变量、变量活跃区间、支配树、基本块执行频率等信息，这里不再赘述。

Greedy 首先也需要计算活跃区间的权重，计算方法和计算结果在 Basic 算法中已经介绍过。Greedy 算法会计算变量（指虚拟寄存器）的优先级，然后按照优先级的顺序进行分配。变量优先级的计算方式是以活跃区间的范围为基础，当遇到拆分等情况，会调整变量优先级的计算方式。例如，虚拟寄存器 %7 的活跃区间为 [16r, 1424B]，其优先级为 1424 − 16 = 1408；%36 活跃区间为 [1008r, 1024r:2)、[1024r, 1056r:0)、[1056r, 1088r:1)、[1088r, 1120r:3)，其优先级为 1024 − 1008 + 1056 − 1024 + 1088 − 1056 + 1120 − 1088 = 112。依此类推，计算所有虚拟寄存器的优先级，并将虚拟寄存器加入分配队列（和 Basic 算法使用的分配队列相同，都是 PriorityQueue，会基于优先级自动进行排序）中。本例中所有虚拟寄存器的优先级计算完成后，插入待分配队列的顺序为 %7、%6、%41、%38、%40、%11、%42、%26、%12、%15、%18、%22、%28、%31、%34、%36，

⊖　该方法可以减少计算 E 和 ΔE 的成本，但该方法是收敛的充分条件，而非必要条件。即通过该方法一定可以确定 Hopfield 网络能量可收敛，但也可以使用其他的数学函数，只要能保证结果收敛，这里只是寻找一个能量函数作为优化目标。

这也是进行寄存器分配的顺序。

在分配之前，按照 ABI 约定，r1、r2、r3、r4、r5、r0 存在活跃区间，初始状态和 Basic 算法的初始状态完全相同，如图 10-21a 所示。

首先分配 %7。注意，Basic 算法会关注 COPY 指令是否存在分配提示。由于 %7 被用在 COPY 指令（%7:gpr = COPY $r2）中，且来源于物理寄存器 r2，所以在分配 %7 时也会优先为 %7 分配物理寄存器 r2。但是 %7 的活跃区间与 r1、r2、r3、r4、r5、r0 都冲突，按照物理寄存器分配顺序，r6 和 %7 不冲突，所以先临时为 %7 分配 r6。在 Greedy 算法中，已经分配的物理寄存器还可能被剔除，所以这里是"临时"分配。%7 分配后，物理寄存器的使用情况如图 10-32 所示。

类似地，依次为 %6、%41、%38、%40 分配物理寄存器。临时分配结果如图 10-33 所示。

接下来为虚拟寄存器 %11 分配物理寄存器。%11 的活跃区间为 [64r, 1424B:0)，和所有的物理寄存器都发生了冲突。注意，这里 %11 的优先级为 1360，远大于 %6、%41、%38、%40 的优先级，但是为什么 %11 放在 %6、%41、%38、%40 后面分配？原因是 %6、%41、%38、%40 都有寄存器提示，所以会提升其优先级。此时需要判断 %11 的权重，如果权重大于已经分配的虚拟寄存器的权重，则可以剔除已经分配的虚拟寄存器；否则，只能暂时将 %11 重新插回到待分配队列，在重新插回待分配队列的过程中需要修改 %11 的优先级，否则下一个仍然选择 %11，导致无限循环。为此，Greedy 算法引入了一些状态，例如将重新插入待分配队列的虚拟寄存器状态设置为 Split。根据不同的状态来调整优先级，对于拆分状态的虚拟寄存器，其优先级会降低。本例中 %11 的权重小于 %7、%6、%41、%38、%40，所以无法为 %11 分配物理寄存器，修改并重新计算 %11 的优先级，并重新插回待分配队列。

上面提到的优先级是每个虚拟寄存器的值，优先级的布局示意图如图 10-34 所示。

图 10-34a 和图 10-34b 的不同点在于跨基本块的活跃区间和分配策略的优先级。图 10-34a 是跨基本块的活跃区间优先级更高，优先分配；图 10-34b 是分配策略优先级更高，优先分配。可以通过参数 GreedyRegClassPriorityTrumpsGlobalness 指定两者的优先级，默认是跨基本块的优先级更高。

分配策略的默认值为 0，可以为每一个寄存器类型指定其分配策略，如代码清单 10-29 所示。

代码清单 10-29　为每一个寄存器类型指定其分配策略

```
def ACCRC : RegisterClass<"PPC", [v512i1], 128, (add ACC0, ACC1, ACC2, ACC3,
    ACC4, ACC5, ACC6, ACC7)>
{
    let AllocationPriority = 63;
    let Size = 512;
}
```

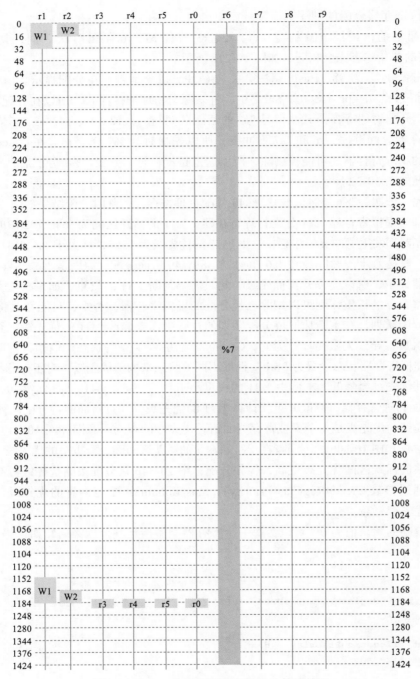

图 10-32 %7 分配物理寄存器后的使用情况

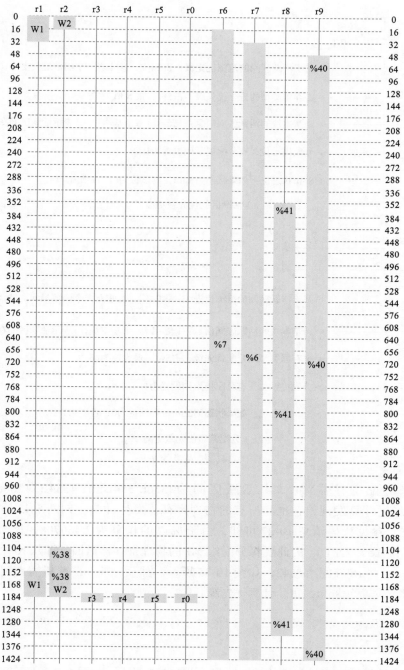

图 10-33 %6、%41、%38、%40 分配物理寄存器后的使用情况

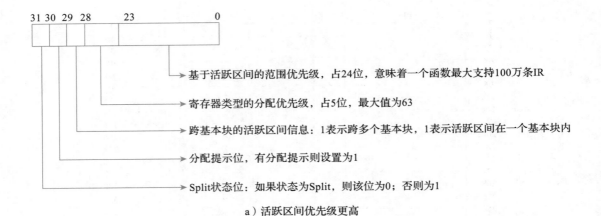

a）活跃区间优先级更高

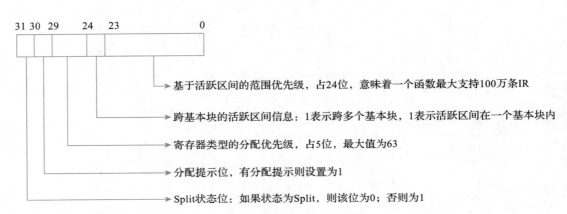

b）分配策略优先级更高

图 10-34 优先级的布局

接下来分配寄存器 %42，其活跃区间为 [336r, 384B:0)、[384B, 1280r:2)、[1280r, 1344B:1)。经过计算发现，它也和所有的物理寄存器发生冲突。判断 %42 是否需要剔除其他寄存器，参见代码清单 10-27 可知，由于 %42 的权重为 2.460708，比 %7 的权重大（%7 的权重为 0.5732281），因此要将分配给 %7 的物理寄存器撤回，即从 r6 中剔除已经分配的 %7，并且将 r6 分配给 %42，如图 10-35 所示。然后，将 %7 重新插入到待分配队列（将 %7 的状态设置为 Split，重新计算优先级）。

> 注意 此时尚不会更新 %7 的状态，因为虽然 %7 被剔除，但是当再次为 %7 分配寄存器时，仍然可能分配成功。

需要再次选择一个高优先级的活跃区间，此时 %7 最大，但是 %7 和所有的物理寄存器发生冲突。然后判断是否需要为 %7 剔除其他虚拟寄存器。通过权重计算发现 %7 的权重最小，所以将 %7 的状态修改为 Split，重新插入到待分配队列。

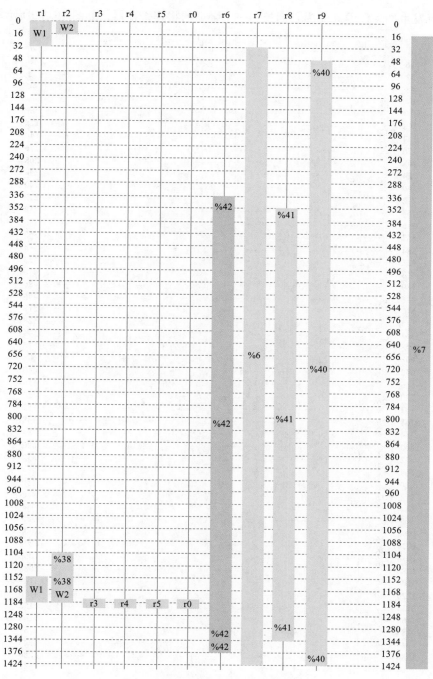

图 10-35　%42 将 %7 逐出并使用 r6

接着继续分配 %26、%12、%14、%18、%22、%28、%31、%36，这些虚拟寄存器分

配时都没有发生冲突，因此能为它们找到一个合适的物理寄存器，如图 10-36 所示。

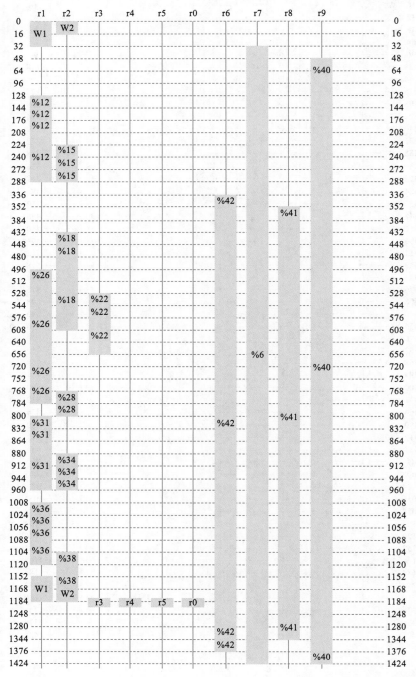

图 10-36 %26、%12、%14、%18、%22、%28、%31、%36 分配寄存器后的使用情况

然后继续分配，此时 %7 是最高优先级的虚拟寄存器，并且此时 %7 的状态为 Split，表示需要对 %7 进行拆分，然后再分配寄存器。

再次选择 %7，并为 %7 分配物理寄存器。首先对 %7 的活跃区间进行分析，为了便于理解，来看 %7 定义、使用情况的 CFG，如图 10-37 所示。

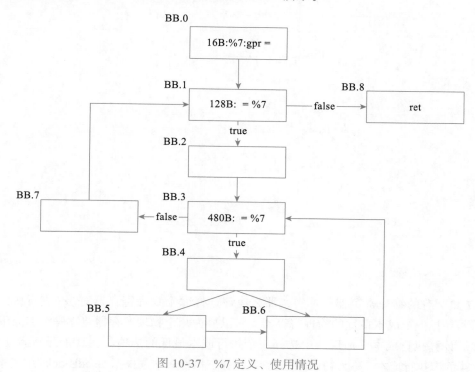

图 10-37 %7 定义、使用情况

根据 CFG 可以得到：

❑ UsedBlocks：基本块 0、1、3（BB.0 即为基本块 0，后续表述与此类似，不再提示）。

❑ LiveThroughBlocks：基本块 2、4、5、6、7。

为了构建 Hopfield 网络，需要根据 CFG 建立边束，如图 10-38 所示。

得到的边束信息如代码清单 10-30 所示。

代码清单 10-30 边束信息

```
#0: BB.0
#1: BB.0.out BB.1.in  BB.7.out
#2: BB.1 BB.2 BB.8
#3: BB.2 BB.3  BB.6
#4: BB.3 BB.4 BB.7.in
#5: BB.4 BB.5 BB.6
#6: BB.8
```

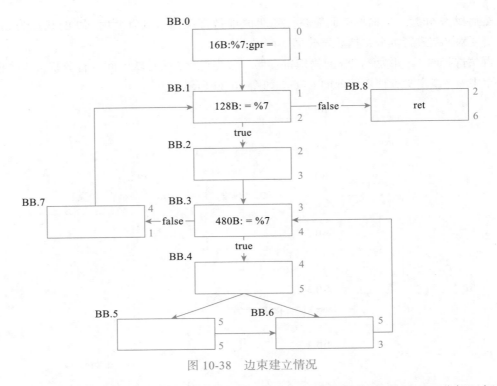

图 10-38　边束建立情况

%7 和所有的物理寄存器都冲突，那么应该选择哪个物理寄存器对 %7 进行区间拆分呢？需要寻找一个成本最优的物理寄存器，所以要为每个物理寄存器建立一个 Hopfield 网络，然后计算执行成本，最后从中选择一个执行成本最低的选项。在真正开始拆分之前，首先计算静态执行成本（称为初始静态成本）。静态执行成本是根据 UsedBlocks 中基本块的执行频率计算得到的，本例计算得到的初始静态执行成本为 1025。后续物理寄存器拆分时也会计算其静态执行成本，只有物理寄存器拆分的静态成本小于初始静态成本时才会构建 Hopfield 网络来动态计算成本。

依次使用物理寄存器 r2、r1、r3、r4、r5、r0、r6、r7、r8、r9 计算拆分 %7 后的成本，最后选择拆分后成本最小的物理寄存器。

> 注意　因为 %7 存在 COPY 指令，涉及物理寄存器 r2 和 r1，会优先将 %7 分配到 r2、r1 中，所以它们的顺序更靠前。

优先使用 r2 拆分 %7，根据图 10-36 知道 r2 已经被 6 个虚拟寄存器使用：%15、%18、%28、%34、%38 和入参 W2。

首先计算拆分前的静态执行成本，根据 UsedBlocks 中每个基本块的 Def、Use 指令和 r2 已经分配的区间确定冲突的存在情况。如果存在冲突，则需要分别增加一条 store、load 指令，而增加一条指令会导致其所在的基本块相应地根据其执行频率增加静态执行成本。

本例中基本块 1 与基本块 3 分别和 r2 中已经分配的 %15 及 %18 冲突，因此需要增加额外指令，经过计算 r2 的静态执行成本为 2016，大于初始静态执行成本 1025，所以放弃考虑 r2。

同样，在分析 r1 时，发现其静态执行成本为 1025，所以放弃考虑 r1。

下面分析 r3。首先计算静态执行成本，由于 r3 和 UsedBlocks 中的基本块 0、1 没冲突，和基本块 3 有冲突，计算得到静态执行成本为 992，小于 1025，所以可以继续计算动态成本。

UsedBlocks 为 0、1、3，为这 3 个基本块初始化边界约束，基本块的边界约束的计算方式在前面已经介绍过，得到的结果如图 10-39 所示。

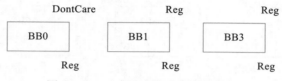

图 10-39　三个基本块边束初始状态

建立边束，根据图 10-38，得到基本块 0、1、3 的边束为 0、1、2、3、4，并根据基本块的频率为边束初始化 BiasP 和 BiasN。由于边束 0 的边界约束为 DontCare，表示边束并不影响 Hopfield 网络，所以边束 0 在 Hopfield 网络构建中被忽略；基本块 3 的输出边束为 4，但是其边界约束为 MustSpill，所以边束 4 也在 Hopfield 网络构建中被忽略。边束 1、2、3、4 分别覆盖的基本块为 0、1、7，1、2、8，2、3、6。只有基本块 7、2、6 属于 LiveThroughBlocks，所以 Hopfield 网络的边束会以这三个基本块为基础。因为物理寄存器 r3 已经被部分占用，所以需要判断 r3 和基本块 7、2、6 的冲突情况，从而决定是否添加边束的关联：

❑ 边束 7 和 r3 不冲突，对应的边束为 EB1 和 EB4，所以它们之间可以建立关联，其权重本质上是基本块的执行频率。

❑ 边束 2 和 r3 不冲突，对应的边束为 EB2 和 EB3，所以它们之间可以建立关联，其权重本质上是基本块的执行频率。

❑ 边束 6 和 r3 不冲突，对应的边束为 EB3 和 EB5，所以它们之间可以建立关联，其权重本质上是基本块的执行频率。

最终得到的 Hopfield 网络的初始状态如图 10-40 所示。

对 Hopfield 网络进行迭代，迭代本质上就是计算能量（在实现中是跟踪是否有节点发生状态变化），最后得到一个稳定的结果，EB1、EB2 和 EB3 输出结果为 +1（表示这些边束对应基本块的输入、输出使用了寄存器）。由此动态成本为 992，最后得到总成本为 1984。

然后依次计算 r4、r5、r0、r6、r7、r8、r9 的成本，最后发现 r4 的总成本最低，所以选择 r4 对 %7 进行拆分。r4 形成的 Hopfield 网络稳定后，得出 EB1、EB2、EB3、EB4 和

EB5 的输出结果为 +1。

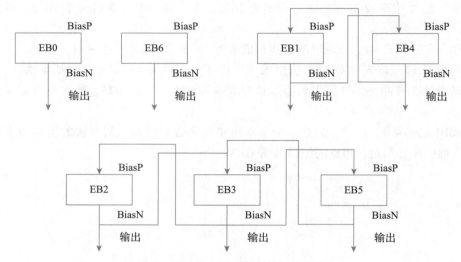

图 10-40 Hopfield 网络的初始状态

根据最优结果开始拆分 %7，过程如下。

1）对 UsedBlocks 进行拆分（本质上对应了静态执行成本）。基本块 0、1、3 和 r4 都不冲突，所以可以使用 r4。为了能够统一处理，先引入一个新的虚拟寄存器，再将虚拟寄存器插入到待分配队列，最后为该虚拟寄存器分配 r4。

2）对 LiveThroughBlocks 进行拆分（本质上对应了动态成本），选择输出结果为 +1 的边束，再将这些边束映射到基本块。本例中基本块 7、2、6、4、5 在边界（基本块的 LiveIn 和 LiveOut）都使用了寄存器，所以要做的就是在和 r4 的区间发生冲突的基本块内插入 store、load 指令。因为基本块 7、2、6、4 和 r4 已经分配的区间都不冲突，所以不会插入额外指令。而基本块 5 的活跃区间是 [992B, 1216B]，和 r4 在区间 [1184r, 1184d) 有冲突（这里有 call 指令，采用 Caller-Saved 的寄存器分配），所以需要在基本块 5 中插入 store、load 指令。

因为在 call 指令之前和之后分别插入一条指令，此时还不知道插入的指令使用的虚拟寄存器是否需要溢出（因为这个活跃区间特别小，可能存在一个可用的物理寄存器），所以更通用的做法是引入新的虚拟寄存器并插入 COPY 指令（后续再为虚拟寄存器分配物理寄存器）。在基本块编号 1184（对应 call 指令的位置）之前，新声明一个虚拟寄存器 %43，并执行 %43= COPY %44 以保存 %44 的值。在编号 1184 之后再使用 COPY 恢复 %44（%44 = COPY %43），同时需要为新的指令进行编号。

最后使用新引入的虚拟寄存器重新更新指令，然后把虚拟寄存器加入待分配队列，再为新的虚拟寄存器分配物理寄存器。

为了方便读者理解寄存器拆分的过程，下面截取执行 %7 拆分时的日志，对日志进行简单的分析，见代码清单 10-31。

代码清单 10-31 对 %7 进行拆分的日志

```
// 对 %7 进行分配
selectOrSplit GPR:%7 [16r,1424B:0) 0@16r  weight:5.732281e-01 w=5.732281e-01
// %7 优先分配到 r2、r1 中，这是因为 %7 来自参数，而该参数使用 r2 传递
hints: $r2 $r1
// 由于前面已分配过 %7，所以此时 %7 的状态为 RS_Split
RS_Split Cascade 1
// 对 %7 的活跃区间进行分析，Def、Use 指令分别在三个基本块 0、1、3 中，基本块 2、4、5、6、7
// 属于 LiveThrough Blocks
Analyze counted 3 instrs in 3 blocks, through 5 blocks.
// 本节并没有介绍压缩的概念，它涉及使用 UsedBlocks 和 LiveThroughBlocks 直观构建 Hopfield
// 网络（暂时不考虑物理寄存器的具体分配）。通过 Hopfield 网络的迭代计算，理论上能够促进 CFG 的结构
// 简化或 "压缩"。尽管这并非其直接目的，而是一种潜在效应。本例并不会真正地执行压缩步骤。
Compact region bundles, v=4, none.
// 计算 %7 的初始静态执行成本（仅仅依赖于 UsedBlocks 所在的基本块的频率）
Cost of isolating all blocks = 1025.0
// 用 r2 拆分 %7，首先计算静态执行成本，依赖于 UsedBlocks 和 r2 是否冲突。如果冲突，说明要插入新
// 的指令，由此计算静态执行成本，为 2016，大于初始静态成本，所以不会选择 r2 拆分（因此也不会进一
// 步构建 Hopfield 网络）
$r2     static = 2016.0 worse than no bundles
// 用 r1 拆分 %7，静态执行成本为 1025，也不会使用 r1 拆分 %7
$r1     static = 1025.0 worse than no bundles
// 用 r3 拆分 %7，静态执行成本为 992，进一步构建 Hopfield 网络，然后计算总执行成本为 1984
// Hopfield 网络的输出边束为 EB1、EB2 和 EB3，输出结果为 +1。r3 总成本大于 1025，所以也不会使用
// r3 拆分 %7
$r3     static = 992.0, v=5, total = 1984.0 with bundles EB#1 EB#2 EB#3.
// 用 r4 拆分 %7，静态执行成本为 0，进一步构建 Hopfield 网络，然后计算总执行成本为 961，Hopfield
// 网络的输出边束为 EB1、EB2、EB3、EB4 和 EB5，输出结果为 +1。r4 总成本大于 961，所以 r4 是拆分
// %7 的候选之一
$r4     static = 0.0, v=5, total = 961.0 with bundles EB#1 EB#2 EB#3 EB#4 EB#5.
// 用 r5 拆分 %7，和 r4 的过程相同。r5 也是拆分 %7 的候选之一
$r5     static = 0.0, v=5, total = 961.0 with bundles EB#1 EB#2 EB#3 EB#4 EB#5.
// 用 r0 拆分 %7，和 r4 的过程相同。r0 也是拆分 %7 的候选之一
$r0     static = 0.0, v=5, total = 961.0 with bundles EB#1 EB#2 EB#3 EB#4 EB#5.
// 用 r6 拆分 %7，其静态执行成本过大，不会成为候选寄存器
$r6     static = 1984.0 worse than $r4
// 用 r7 拆分 %7，在构建 Hopfield 网络过程中发现所有边束的输出都是 -1，说明使用 r7 拆分也不会取得
// 更好的收益
$r7     no positive bundles
// 用 r8 拆分 %7，其静态执行成本过大，不会成为候选寄存器
$r8     static = 1984.0 worse than $r4
// 用 r9 拆分 %7，在构建 Hopfield 网络过程中发现所有边束的输出结果都是 -1，r9 也不会成为候选寄存器
$r9     no positive bundles
// 因为 r4 是第一个候选寄存器，并且总体执行成本最低，所以选择 r4 来拆分 %7
Split for $r4 in 5 bundles, intv 1.
// 拆分后会引入一两个新的活跃区间
splitAroundRegion with 2 globals.
// 因为基本块 0 和 r4 不冲突，所以不会引入新的指令
```

```
%bb.0 [0B;96B), uses 16r-16r, reg-out 1, enter after invalid, defined in block
    after interference.
    selectIntv 1 -> 1
    useIntv [16r;96B): [16r;96B):1
```
// 基本块 1 和 r4 不冲突, 所以不会引入新的指令
```
%bb.1 [96B;320B) intf invalid-invalid, live-through 1 -> 1, straight through.
    selectIntv 1 -> 1
    useIntv [96B;320B): [16r;320B):1
```
// 因为基本块 3 和 r4 不冲突, 所以不会引入新的指令
```
%bb.3 [384B;688B) intf invalid-invalid, live-through 1 -> 1, straight through.
    selectIntv 1 -> 1
    useIntv [384B;688B): [16r;320B):1 [384B;688B):1
```
// 因为基本块 7 和 r4 不冲突, 所以不会引入新的指令
```
%bb.7 [1344B;1424B) intf invalid-invalid, live-through 1 -> 1, straight through.
    selectIntv 1 -> 1
    useIntv [1344B;1424B): [16r;320B):1 [384B;688B):1 [1344B;1424B):1
```
// 因为基本块 2 和 r4 不冲突, 所以不会引入新的指令
```
%bb.2 [320B;384B) intf invalid-invalid, live-through 1 -> 1, straight through.
    selectIntv 1 -> 1
    useIntv [320B;384B): [16r;688B):1 [1344B;1424B):1
```
// 因为基本块 6 和 r4 不冲突, 所以不会引入新的指令
```
%bb.6 [1216B;1344B) intf invalid-invalid, live-through 1 -> 1, straight through.
    selectIntv 1 -> 1
    useIntv [1216B;1344B): [16r;688B):1 [1216B;1424B):1
```
// 因为基本块 4 和 r4 不冲突, 所以不会引入新的指令
```
%bb.4 [688B;992B) intf invalid-invalid, live-through 1 -> 1, straight through.
    selectIntv 1 -> 1
    useIntv [688B;992B): [16r;992B):1 [1216B;1424B):1
```
// 因为基本块 5 和 r4 冲突, 所以需要在基本块中引入新的指令。冲突位置是 [1184r;1184d),
// 所以会插入新的虚拟寄存器, 插入位置在 1176r (1184 编号对应 call 指令, 前面一条指令的编号为 1168,
// 所以插入的新的指令编号是 1184 和 1168 之间的位置: 1176)
```
%bb.5 [992B;1216B) intf 1184r-1184d, live-through 1 -> 1, create local intv for
    interference.
    selectIntv 1 -> 1
    enterIntvAfter 1184d: valno 0
    useIntv [1192r;1216B): [16r;992B):1 [1192r;1424B):1
    selectIntv 1 -> 1
    leaveIntvBefore 1184r: valno 0
    useIntv [992B;1176r): [16r;1176r):1 [1192r;1424B):1
Single complement def at 1176r
```
// 因支配关系优化而插入的 COPY 指令, 在本例中不涉及该类指令的优化
```
Removing 0 back-copies.
```
// 重写指令, 将原来 %7 替换为 Index 虚拟寄存器 %44, 并新插入 %43 用于解决冲突
```
    blit [16r,1424B:0): [16r;1176r)=1(%44):1*%bb.0>%bb.1>%bb.2>%bb.3>%bb.4>%bb.5
    [1176r;1192r)=0(%43):0 [1192r;1424B)=1(%44):0*%bb.5>%bb.6>%bb.7
    rewr %bb.0    16r:1    %44:gpr = COPY $r2
    rewr %bb.3    480B:1   %18:gpr = ADD_rr %18:gpr(tied-def 0), %44:gpr
    rewr %bb.1    128B:1   %12:gpr = COPY %44:gpr
    rewr %bb.5    1192B:0  %44:gpr = COPY %43:gpr
    rewr %bb.5    1176B:1  %43:gpr = COPY %44:gpr
```

```
Main interval covers the same 8 blocks as original.
// 将新的虚拟寄存器 %43、%44 重新入栈，用于后续分配
queuing new interval: %43 [1176r,1192r:0) 0@1176r  weight:2.333197e+00
Enqueuing %43
queuing new interval: %44 [16r,96B:0)[96B,384B:1)[384B,1176r:2)[1192r,1216B:3)
    [1216B,1344B:4)[1344B,1424B:2) 0@16r 1@96B-phi 2@384B-phi 3@1192r 4@1216B-phi
    weight:1.120592e+00
Enqueuing %44
```

10.6　PBQP 算法实现

PBQP 是一个 NP 完全优化问题，目前有不少方法用于获得 PBQP 最优解或者次优解。在寄存器分配过程中，可将寄存器分配问题转化为 PBQP 问题，通过求解 PBQP 获得寄存器分配方案。本节首先介绍 PBQP 以及求解方案，然后通过示例演示 LLVM 中的 PBQP 的实现。

10.6.1　PBQP 介绍

PBQP 起源于运筹学中的二次分配问题，可以形式化地定义为如式（10-1）所示的形式：

$$\min\left(\sum_{i=1}^{n}\sum_{j=1}^{n}\boldsymbol{X}_i^{\mathrm{T}}\boldsymbol{C}_{ij}\boldsymbol{X}_j\right) \tag{10-1}$$

其中 $\boldsymbol{X}_i$ 和 $\boldsymbol{X}_j$ 分别表示两个向量，$\boldsymbol{C}_{ij}$ 表示 $\boldsymbol{X}_i$ 和 $\boldsymbol{X}_j$ 之间的系数矩阵，并且对于 $\boldsymbol{X}_i$ 和 $\boldsymbol{X}_j$ 有：任意的元素其值域只能是 0 或者 1，并且整个向量的和为 1，可形式化表示为：

$$\boldsymbol{X}_{ij}\in\{0,1\}\text{ 且 }\sum_{j=1}^{n}\boldsymbol{X}_{ij}=1$$

该方程是对现实问题的抽象，可以通过一个简单的例子来解释该公式。假设有 n 个工厂，工厂之间需要运输货物，不同货物的运输成本不同。有任意两个工厂 i 和 j，它们之间运输成本使用矩阵 $\boldsymbol{C}_{ij}$ 表示，运输的货物分别使用 $\boldsymbol{X}_i$ 和 $\boldsymbol{X}_j$ 表示，那么工厂 i 和 j 之间的最小成本是：

$$\min\left(\boldsymbol{X}_i^{\mathrm{T}}\boldsymbol{C}_{ij}\boldsymbol{X}_j\right)$$

推广到 n 个工厂之间的最小成本则如式（10-1）所示。

矩阵 $\boldsymbol{C}_{ij}$ 中的成本值可为任意数，分为三种情况。

1）大于 0，表示两个工厂之间的运输成本。

2）小于 0，一般情况下两个工厂之间的运输成本不会为负数，但可以考虑这样的一种特殊情况：假设两个工厂合并成一个工厂后产生的货物不变，但因规模效益导致成本降低。此时进行工厂合并可获得的收益更大。这种情况下可以将工厂之间的运输成本设置为负数。

3）∞，表示两个工厂间无法进行运输。

对式（10-1）再做一个扩展，假设每个节点本身都有构建成本，第 i 个节点的成本用 S_i 表示，那么再考虑节点的构建成本后，最小成本公式如式（10-2）所示：

$$\min\left(\sum_{i=1}^{n}\sum_{j=1}^{n}X_i^{\mathrm{T}}C_{ij}X_j + \sum_{i=1}^{n}S_iX_i\right) \qquad (10\text{-}2)$$

10.6.2 寄存器分配和 PBQP 的关系

使用 PBQP 求解寄存器分配首先需要将寄存器分配问题转化成 PBQP 方程。在寄存器分配过程中有三个场景，分别是分配、溢出和寄存器合并。

首先来看分配。两个变量能否使用一个物理寄存器的前提是：两个变量的活跃区间是否冲突，如果冲突，则它们无法使用同一个寄存器；否则说明它们可以使用同一个寄存器。如果无法使用同一个物理寄存器，则说明它们之间的成本为无穷大 ∞；如果变量可以使用寄存器，则成本为 0。因此可以根据变量活跃区间情况构建成本矩阵，矩阵的维度为物理寄存器的个数，假设物理寄存器有 k 个，则任意两个变量之间的成本矩阵为 C_{kk}。

接下来考虑溢出。由于每个变量都可能溢出，可以根据基本块的执行频率等情况计算溢出成本，假设记为 C_0。通过数学变换，将溢出成本设计成 $k+1$ 长度的向量，记为 $S_i(C_0, 0, ..., 0)$。同时将分配成本矩阵 C_{kk} 变换为 C_{k+1k+1}（并且成本矩阵的第一行和第一列都是 0），这样溢出成本和分配矩阵维度相同，可以进行矩阵运算。

最后考虑寄存器合并问题。在寄存器分配过程中除了考虑溢出外，还需要考虑寄存器合并（10.2.9 节介绍了简单的寄存器合并）。这里提到的合并是指在分配过程中的寄存器合并，本节不展开讨论为什么在寄存器分配过程中需要合并。寄存器合并的本质是将两个变量分配到同一个物理寄存器，如果发生了寄存器合并，则意味着可以减少指令数，从而减少分配成本。因此，当发生寄存器合并时，可以设计一个合并矩阵，记为 M_{k+1k+1}，然后将矩阵中可以发生合并的物理寄存器的位置记为负值。

结合这 3 种情况，最后寄存器分配的成本可以表示为：

$$\min\left(\sum_{i=1}^{n}\sum_{j=1}^{n}X_i^{\mathrm{T}}(C_{ij}+M_{ij})X_j + \sum_{i=1}^{n}S_iX_i\right)$$

合并 C_{ij} 和 M_{ij}（变量 i、j 的合并矩阵）后，上述公式和式（10-2）相同，因此寄存器分配问题可以转化为 PBQP 问题进行求解。

10.6.3 PBQP 问题求解

因为 PBQP 问题是 NP 完全问题，穷举法的时间复杂度为 $O(n^n)$，所以一般都是采用启发式算法获得近似最优解，例如经典的单纯形算法，但是该算法复杂性比较高。本节介绍通过归约（reduction）和反向传播（back propagation）求解 PBQP 的方法。

在进行求解时，可以先把方程转化为图的形式，这样更容易理解。归约的方式总是能得到最优解，只有三种情况可以进行归约，分别为零度归约、一度归约和二度归约。下面通过示例演示归约处理方法。

零度归约（也称为 R_0）指的是图中节点没有边与之关联，那么可以从节点的构建成本中选择一个最小值作为节点的最小值。其节点构建成本和矩阵系数分别如图 10-41 所示，节点 0 选择成本 0、节点 1 选择成本 2。注意，这里的构建成本是向量 S_i 的值。在寄存器分配中，通常该向量保存的是溢出成本和所有可使用物理寄存器的成本。

图 10-41　零度归约的节点构建成本和矩阵系数示意图

一度归约（也称为 R_1）指的是图中节点只有一条边与其他节点关联，那么可以将节点的构建成本和系数矩阵转移到另一个节点中。例如图 10-42 中节点 0 只有一条边和节点 1 关联，节点 1 则有两条边和其他节点关联。因此一度归约的关键是如何将节点 0 的成本合并到节点 1，然后移除两者之间的关联边。

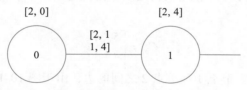

图 10-42　一度归约前的节点和边的成本状态

根据式（10-2）可以计算节点 1 在消除节点 0 和节点 1 关联边后的成本。

节点 1 的成本计算方式如下：

$$\begin{bmatrix} 2 + \min(2+2, 0+1) \\ 4 + \min(2+1, 0+4) \end{bmatrix} = \begin{bmatrix} 3 \\ 7 \end{bmatrix}$$

进行一度归约后的成本状态如图 10-43 所示。

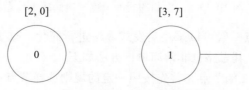

图 10-43　一度归约后的节点成本状态

二度归约（也称为 R_2）指的是图中节点只有两条边与其他节点关联，那么可以将节点的构建成本和系数矩阵转移到另外两个节点中。例如在图 10-44 中，节点 1 有两条边分别与节点 0 和节点 2 关联，节点 0 和节点 2 都有三条边和其他节点关联。二度归约的关键是如何将节点 1 的成本合并到节点 0 和节点 2 之间的关联边上，然后移除原来的关联边。

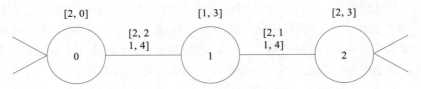

图 10-44　二度归约前的节点和边的成本状态

根据式（10-2）可以计算节点 0 和节点 2 的关联边成本。

$$C_{02}[0][0] = \min(S_{10} + C_{01}[0][0] + C_{12}[0][0], S_{11} + C_{01}[0][1] + C_{12}[0][1]) = 5$$

$$C_{02}[0][1] = \min(S_{10} + C_{01}[0][0] + C_{12}[1][0], S_{11} + C_{01}[0][1] + C_{12}[1][1]) = 4$$

$$C_{02}[1][0] = \min(S_{10} + C_{01}[1][0] + C_{12}[0][0], S_{11} + C_{01}[1][1] + C_{12}[0][1]) = 4$$

$$C_{02}[0][1] = \min(S_{10} + C_{01}[1][0] + C_{12}[1][0], S_{11} + C_{01}[1][1] + C_{12}[1][1]) = 3$$

其中 C_{01}、C_{02}、C_{12} 分别表示节点 0 和节点 1、节点 0 和节点 2、节点 1 和节点 2 之间的成本矩阵。S_{10} 和 S_{11} 分别表示节点 1 的构建成本向量的第一个和第二个元素，最后得到 C_{02} 如下：

$$C_{02} = \begin{bmatrix} 5 & 4 \\ 4 & 3 \end{bmatrix}$$

消除节点 0 和节点 1、节点 1 和节点 2 之间的边，由于图 10-44 中节点 0 和节点 2 之间没有边，所以先为节点 0 和节点 2 建立关联边。如果节点 0 和节点 2 之间有边，则将新产生的成本和原来的成本相加即可。最后得到的成本状态如图 10-45 所示。

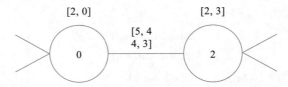

图 10-45　二度归约后的节点和边的成本状态

对于大于二度的节点一般可以采用启发式算法进行简化，这里以 LLVM 的实现为例介绍反向传播的处理方法。其思路也非常简单，方法如下。

1）对于关联边大于 2 的节点，首先按照一定的规则选择节点（也可以随机选择），将选择的节点放入一个栈中，然后将与节点相关联的边都删除，如果出现因为边删除而可以使用 R_0、R_1 和 R_2 归约方法进行处理的节点，则先处理这些节点，并且将这些节点也压入栈中；如果没有可以归约的节点，则继续选择图中节点并删除相关联的边，直到最后剩余的

节点可以使用 R_0、R_1 和 R_2 归约方法进行处理。

2）此时栈顶存放的节点可以归约，然后依次从栈顶弹出节点，并且反向依次重构图，在重构的过程中根据已经处理的节点计算栈顶节点的成本，从而得到最小成本。

10.6.4　寄存器分配问题建模示例

假设有 4 个变量：X、Y、Z 和 W，只有两个物理寄存器 R0 和 R1，并且 X 和 Y、X 和 W 活跃区间冲突，Z 和 Y、Z 和 W 活跃区间冲突，Y 和 W 活跃区间冲突。

每个变量可能有 3 种选择——溢出、R0、R1，所以每个变量的成本向量都有 3 个元素。X 使用 $[X0, X1, X2]$ 表示溢出成本、选择 R0 的成本、选择 R1 的成本；变量 Y、Z 和 W 类似。由此可以得到每个节点的构建成本。

根据 PBQP 构建图的规则，当变量之间有冲突时，两个变量有边进行关联。接下来需要为关联边添加矩阵。由于有 2 个物理寄存器，为了便于矩阵计算，将矩阵的行和列的长度设置为物理寄存器个数加 1，即行和列都是 3，其中第一行和第一列的值都是零。接下来需要判断变量 X、Y、Z、W 可用的物理寄存器是否发生冲突。假设 X、Y、Z、W 都可以使用 R0 和 R1，此时对应的系数矩阵如下：

$$\begin{bmatrix} 0 & 0 & 0 \\ 0 & \infty & 0 \\ 0 & 0 & \infty \end{bmatrix}$$

其中矩阵元素 $C[1][1]$ 和 $C[2][2]$ 都是 ∞，说明当两个变量同时使用一个物理寄存器时成本为无穷大，表示无法将两个变量同时分配到同一个物理寄存器上。类似的是，$C[1][2]$ 和 $C[2][1]$ 都是 0，表示两个变量分别使用 R0、R1 时的成本为 0。根据以上信息，下面开始构建 PBQP 方程如图 10-46 所示。

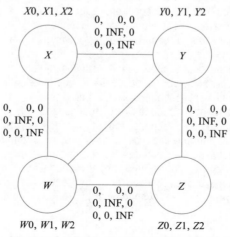

图 10-46　4 个变量、两个物理寄存器构建的 PBQP 方程示意图

当构建完成就可以对 PQBP 进行求解。

10.6.5　PBQP 实现原理以及示例分析

本节使用代码清单 10-25 进行 PBQP 实现原理讲解。由于 Basic 和 PBQP 算法前置依赖也相同，都会计算活跃变量、变量活跃区间、支配树、基本块执行频率等信息，这里不再赘述。

使用 PBQP 方法求解寄存器分配问题可以分为 4 步。

1. 将寄存器分配问题映射为 PBQP

首先计算节点的构建成本，由于 BPF 后端可以使用的物理寄存器为 r0～r9 共计 10 个，再加上一个溢出成本，所以构建成本向量的长度为 11。

但是在 LLVM 实现中对构建成本向量做了优化，如果发现变量的活跃区间和物理寄存器发生了冲突，说明永远不可能将物理寄存器分配给该变量，所以构建成本以及相关系数矩阵都可以移除该物理寄存器相关的信息。

对本节的例子来说，有共计 16 个虚拟寄存器需要分配（2 个物理寄存器无须处理，相当于它们已经完成了分配），对应的构建成本如代码清单 10-32 所示。

代码清单 10-32　节点的构建成本

```
 0 (GPR:%6):  [ 1.332566e+01, 1.000000e+00, 1.000000e+00, 1.000000e+00, 1.000000e+00 ]
 1 (GPR:%7):  [ 1.171968e+01, 1.000000e+00, 1.000000e+00, 1.000000e+00, 1.000000e+00 ]
 2 (GPR:%11): [ 1.087457e+01, 1.000000e+00, 1.000000e+00, 1.000000e+00, 1.000000e+00 ]
 3 (GPR:%12): [ 1.323200e+01, 0.000000e+00, 0.000000e+00, 0.000000e+00, 0.000000e+00,
               0.000000e+00, 1.000000e+00, 1.000000e+00, 1.000000e+00, 1.000000e+00, 0.000000e+00 ]
 4 (GPR:%15): [ INF, 0.000000e+00, 0.000000e+00, 0.000000e+00, 0.000000e+00,
               0.000000e+00, 1.000000e+00, 1.000000e+00, 1.000000e+00, 1.000000e+00, 0.000000e+00 ]
 5 (GPR:%18): [ 1.545077e+02, 0.000000e+00, 0.000000e+00, 0.000000e+00, 0.000000e+00,
               0.000000e+00, 1.000000e+00, 1.000000e+00, 1.000000e+00, 1.000000e+00, 0.000000e+00 ]
 6 (GPR:%22): [ 7.831273e+01, 0.000000e+00, 0.000000e+00, 0.000000e+00, 0.000000e+00,
               0.000000e+00, 1.000000e+00, 1.000000e+00, 1.000000e+00, 1.000000e+00, 0.000000e+00 ]
 7 (GPR:%26): [ 1.829331e+02, 0.000000e+00, 0.000000e+00, 0.000000e+00, 0.000000e+00,
               0.000000e+00, 1.000000e+00, 1.000000e+00, 1.000000e+00, 1.000000e+00, 0.000000e+00 ]
 8 (GPR:%28): [ INF, 0.000000e+00, 0.000000e+00, 0.000000e+00, 0.000000e+00,
               0.000000e+00, 1.000000e+00, 1.000000e+00, 1.000000e+00, 1.000000e+00, 0.000000e+00 ]
 9 (GPR:%31): [ 7.177857e+01, 0.000000e+00, 0.000000e+00, 0.000000e+00, 0.000000e+00,
               0.000000e+00, 1.000000e+00, 1.000000e+00, 1.000000e+00, 1.000000e+00, 0.000000e+00 ]
10 (GPR:%34): [ INF, 0.000000e+00, 0.000000e+00, 0.000000e+00, 0.000000e+00,
               0.000000e+00, 1.000000e+00, 1.000000e+00, 1.000000e+00, 1.000000e+00, 0.000000e+00 ]
11 (GPR:%36): [ 6.308023e+01, 0.000000e+00, 0.000000e+00, 0.000000e+00, 0.000000e+00,
               0.000000e+00, 1.000000e+00, 1.000000e+00, 1.000000e+00, 1.000000e+00, 0.000000e+00 ]
12 (GPR:%38): [ 2.673466e+01, **-4.805000e+02**⊖, 0.000000e+00, 0.000000e+00,
```

⊖　注意，负值表示发生了寄存器合并，在 PBQP 算法中默认不启用寄存器合并，可以通过设置参数 pbqp-coalescing 启动。

```
                  0.000000e+00, 1.000000e+00, 1.000000e+00, 1.000000e+00, 1.000000e+00, 0.000000e+00 ]
    13 (GPR:%40): [ 1.309433e+01, 1.000000e+00, 1.000000e+00, 1.000000e+00, 1.000000e+00 ]
    14 (GPR:%41): [ 2.233253e+01, 1.000000e+00, 1.000000e+00, 1.000000e+00, 1.000000e+00 ]
    15 (GPR:%42): [ 2.230354e+01, 1.000000e+00, 1.000000e+00, 1.000000e+00, 1.000000e+00 ]
```

其中虚拟寄存器 %6、%7、%11、%40、%41 和 %42 的活跃区间与物理寄存器 r0～r5 冲突，只有 r6、r7、r8 和 r9 这 4 个物理寄存器可用，所以它们的长度为 5。虚拟寄存器 %38 的长度为 10，原因是 %38 和物理寄存器 r1 冲突，所以 r1 不可用，即 r2～r9、r0 共计 9 个物理寄存器可用，再加上溢出操作，故它的长度为 10；其他虚拟寄存器则可以使用 r0～r9 共计 10 个物理寄存器，再加上溢出操作，故长度为 11。

这里以 %42 为例，介绍一下其构建成本。如代码清单 10-32 最后一行所示，42% 的构建成本为 [2.230354e+01, 1.000000e+00, 1.000000e+00, 1.000000e+00, 1.000000e+00]，其中第一个元素的值为 22.30354。这个值基本上是根据基本块的执行频率计算得到，该值越大说明溢出成本越高；后面的 4 个元素都是 1，这是为了区分物理寄存器中的 Caller-Saved、Callee-Saved（将 Calllee-Saved 寄存器成本设置为 1，从而保证 PBQP 优先使用 Caller-Saved 寄存器）类型。

注意，虚拟寄存器 %38 的成本为 [2.673466e+01, –4.805000e+02, 0.000000e+00, 0.000000e+00, 0.000000e+00, 1.000000e+00, 1.000000e+00, 1.000000e+00, 1.000000e+00, 0.000000e+00]，第一个元素是溢出成本，第二个元素的值为 –480.5，因为存在指令 $r2 = COPY %38，所以 %38 对应 r2 的成本减去基本块的执行频率（说明了 %38 优先选择 r2）。接下来是 r3～r9、r0（%38 不能使用 r1 是因为它们之间有冲突），这个顺序和物理寄存器的分配一致。注意，如果 COPY 指令的目的寄存器和源寄存器都是虚拟寄存器，会将成本计算到系数矩阵中。

接下来根据变量的活跃区间为 16 个变量构建 PBQP 图。如果两个变量之间有冲突，则它们之间存在关联边。例如 %42 的活跃区间为 [336r, 384B)、[384B, 1280r)、[1280r, 1344B)，除了 %12（活跃区间为 [128r, 144r)、[144r, 176r)、[176r, 208r)、[208r, 288r)）、%15（活跃区间为 [224r, 240r)、[240r, 272r)、[272r, 288r)）外，%42 和 %6、%7、%11 等共计 13 个虚拟寄存器都有冲突（区间有部分重叠）。因此 %42 有共计 13 条边，有 13 个节点存在关联，根据冲突关系构建 PBQP 图如图 10-47 所示（共计 78 条边）。

在构建 PBQP 图的过程中，需要同步构建关联边的系数矩阵，仍然以 %42 为例。%42 和 %6 成本向量的长度都是 5，它们都可以用 r6～r9，因此边 %42 和 %6 之间的系数矩阵是 5 行、5 列，如表 10-1 所示。

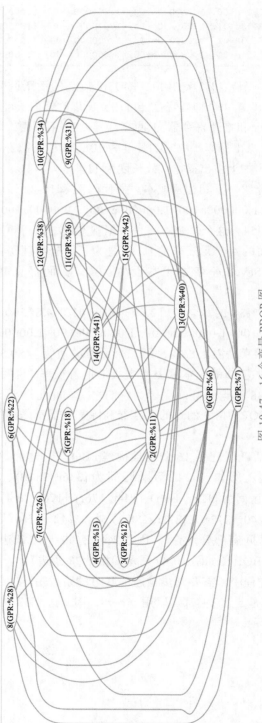

图 10-47 16 个变量 PBQP 图

表 10-1　%42 和 %6 的系数矩阵

%42	%6				
	溢出	r6	r7	r8	r9
溢出	0.000000E+00	0.000000E+00	0.000000E+00	0.000000E+00	0.000000E+00
r6	0.000000E+00	INF	0.000000E+00	0.000000E+00	0.000000E+00
r7	0.000000E+00	0.000000E+00	INF	0.000000E+00	0.000000E+00
r8	0.000000E+00	0.000000E+00	0.000000E+00	INF	0.000000E+00
r9	0.000000E+00	0.000000E+00	0.000000E+00	0.000000E+00	INF

%42 和 %38 的成本向量长度分别是 5 和 10，因此边 %42 和 %38 之间的系数矩阵是 10 行、5 列，如表 10-2 所示。

表 10-2　%42 和 %38 的系数矩阵

%38	%42				
	溢出	r6	r7	r8	r9
溢出	0.000000E+00	0.000000E+00	0.000000E+00	0.000000E+00	0.000000E+00
r2	0.000000E+00	0.000000E+00	0.000000E+00	0.000000E+00	0.000000E+00
r3	0.000000E+00	0.000000E+00	0.000000E+00	0.000000E+00	0.000000E+00
r4	0.000000E+00	0.000000E+00	0.000000E+00	0.000000E+00	0.000000E+00
r5	0.000000E+00	0.000000E+00	0.000000E+00	0.000000E+00	0.000000E+00
r6	0.000000E+00	INF	0.000000E+00	0.000000E+00	0.000000E+00
r7	0.000000E+00	0.000000E+00	INF	0.000000E+00	0.000000E+00
r8	0.000000E+00	0.000000E+00	0.000000E+00	INF	0.000000E+00
r9	0.000000E+00	0.000000E+00	0.000000E+00	0.000000E+00	INF
r0	0.000000E+00	0.000000E+00	0.000000E+00	0.000000E+00	0.000000E+00

2. 求解 PBQP

求解过程需要按照一定的顺序，具体为：

（1）处理图中节点度小于 3 的可归约节点

在处理可归约节点时，首先将节点压入栈中，然后进行归约计算，更新成本或者系数矩阵。由于在图 10-47 中，初始阶段没有任何节点的度小于 3，所以不会进行归约。

（2）处理可分配节点

可分配节点是 LLVM 实现中的一种优化方案。以 BPF 后端为例，它有 10 个物理寄存器可以使用，因此前 10 个变量总是可以优先使用物理寄存器。在处理可分配节点时，首先将节点压入栈中，然后将节点相关的边从图中删除，并对关联节点进行状态更新，如果发现节点的度小于 3，则将节点加入可归约节点中，等待处理。

在本例中，由于变量节点 3～节点 12（对应的变量如图 10-47 所示）可分配的物理寄存器更多，所以将节点 3～节点 12 依次压入栈中，并且在图中将关联边删除。此时栈中的元素为节点 3～节点 12。

（3）处理溢出节点

当变量超过后端允许的最大物理寄存器个数后，后续的变量都需要进行溢出处理。在处理可分配节点时，首先选择一个溢出成本最低的节点进行处理，先将节点压入栈中，然后将节点相关的边从图中删除，并对关联节点进行状态更新。如果发现节点的度小于 3，则将节点加入可归约节点中，等待处理。

节点 0、1、2、13、14、15 是溢出节点（这 6 个节点可分配的物理寄存器个数更少），按照溢出权重依次处理，溢出权重从小到大顺序为节点 2、1、0、13、14、15，所以节点 2、1、0 会被依次压入栈中，在图中删除关联边。此时，图中只剩下节点 13、14、15，这三个节点的度都小于 3，所以它们会被作为可归约节点进行处理。此时栈中元素为节点 3～节点 12、节点 2、1、0、13、14、15。

（4）进行反向传播

这一步会依次访问栈中元素，重构图，并计算、更新节点的成本。

1）根据栈先进后出的特性，栈顶元素为 15，并且 15 已经进行了归约计算，所以为节点 15 选择第一个可用的寄存器，即 r6。之后，依次处理栈元素 14、13，分别选择寄存器 r7、r8。

2）处理节点 0，首先重构图，将与节点 0 相关联的边都重新添加上，此时节点 0 和节点 13、14、15 建立关联边，因为节点 13、14、15 都已经选择了寄存器，其边的系数都已经计算完成，所以可以计算节点 0 的系数矩阵，并且进行构建成本求和，选择最小的元素作为节点 0 的物理寄存器。由于 r9 尚未使用，计算完成后 r9 对应的成本最小，所以为节点 0 选择 r9。

3）处理节点 1，以和步骤 2 同样的方式重构图，此时节点 1 和节点 13、14、15、0 都建立了关联边，计算节点 1 的构建成本，得到第 0 个元素（表示溢出）的成本最小，所以选择溢出。以同样的方式处理节点 2，最后节点 2 也会溢出。

4）依此类推，处理栈中其他元素。

对节点 1 进行反向传播的示意图如图 10-48 所示。

节点 1 的成本计算方法如下：

$$[11.71968, 1, 1, 1, 1] + M_{1-0}[\text{Node0.Selection}] + M_{1-13}[\text{Node13.Selection}] +$$
$$M_{1-14}[\text{Node14.Selection}] + M_{1-15}[\text{Node15.Selection}]$$

其中，Node0.Selection 指的是节点 0 选择寄存器对应的行，矩阵 M_{1-0} 表示节点 0 和节点 1 之间的系数矩阵。可以根据矩阵找到对应的向量，由于节点 0 选择了物理寄存器 r9（r9 对应系数矩阵的第 4 行），而系数矩阵中 $M_{1-0}[4]$ 的向量为 $[0, 0, 0, 0, \infty]$。类似地，节点 13 选择物理寄存器 r8，而系数矩阵中 $M_{1-13}[3]$ 的向量为 $[0, 0, 0, \infty, 0]$；节点 14 选择物理寄存器 r7，而系数矩阵中 $M_{1-14}[2]$ 的向量为 $[0, 0, \infty, 0, 0]$；节点 15 选择物理寄存器 r6，而系数矩阵中 $M_{1-15}[1]$ 的向量为 $[0, \infty, 0, 0, 0]$。因此，节点 1 的构建成本为 $[11.71968, \infty, \infty, \infty, \infty]$，此时第 0 个元素对应的成本最低，而索引 0 表示溢出。

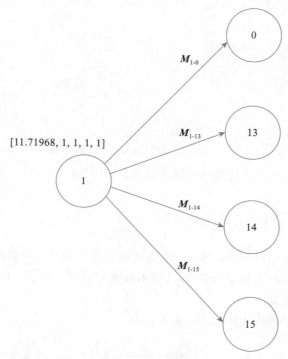

图 10-48　对节点 1 进行反向传播示意图

3. 将 PBQP 求解得到的结果映射为寄存器分配的结果

在求解 PBQP 的过程中已经为每个虚拟寄存器分配一个物理寄存器或者进行溢出，所以直接使用求解 PBQP 的结果即可。

4. 如果需要执行寄存器溢出，插入 store、load 指令

在本例中，节点 1 和节点 2 发生溢出，分别对应虚拟寄存器 %7 和 %11，PBQP 的溢出和 Basic 算法一致，可以参考 Basic 算法中的溢出处理。%7 会真正地发生溢出，%11 会使用物化指令进行替代，它们分别引入了新的虚拟寄存器。

因为如果发生了溢出，就意味着增加 store、load 指令时会引入新的虚拟寄存器，所以出现溢出时还会继续迭代执行上述过程，直到 PBQP 求解过程不再出现溢出，则迭代终止。

本例经过第一轮迭代后得到的分配结果如代码清单 10-33 所示。

代码清单 10-33　第一轮迭代后得到的分配结果

```
VREG %6 -> R9
```

```
VREG %7 -> SPILLED (Cost: 1.719684e+00, New vregs: %43 )
VREG %11 -> SPILLED (Cost: 8.745734e-01, New vregs: %44 %45 )
VREG %12 -> R2
VREG %15 -> R1
VREG %18 -> R3
VREG %22 -> R1
VREG %26 -> R2
VREG %28 -> R1
VREG %31 -> R2
VREG %34 -> R1
VREG %36 -> R1
VREG %38 -> R2
VREG %40 -> R8
VREG %41 -> R7
VREG %42 -> R6
```

所以本例会继续执行上述过程直到没有溢出，不再赘述。

10.7　扩展阅读：图着色分配

目前生产环境中使用最广泛的寄存器分配方法主要有两类：图着色、线性扫描。LLVM以线性扫描为主，PBQP适用于DSP等具有不规则寄存器的场景；GCC则以图着色为主。本节将简单介绍图着色算法。

假设有一个图，节点和边如图10-49所示。

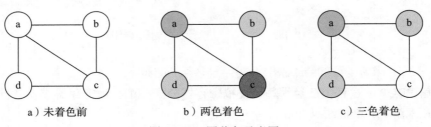

　　a）未着色前　　　　　　b）两色着色　　　　　　c）三色着色

图 10-49　图着色示意图

现在对图进行着色，要求相邻节点不能使用同一个颜色。如果使用两种颜色对图进行着色，则无法对图进行完全着色，如图10-49b所示。从图10-49b可以发现，我们无法为节点c寻找一个颜色。如果使用三种颜色进行着色，则可以找到一个着色方案，保证相邻节点使用了不同颜色，如图10-49c所示，这个图称为三可着色图。

寄存器分配问题可以等价于图着色。将变量看作图中的节点，如果两个变量的活跃区间有冲突，则在它们之间建立边。一条边上的两个节点不能使用同一个寄存器，因此寄存器问题的抽象模型是图着色。对于图着色有很多的理论分析，也有很多教材进行了详细介绍，本节仅简单介绍基于图着色的寄存器分配方法，整理流程如图10-50所示。

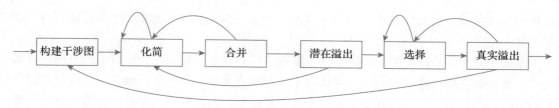

图 10-50 图着色分配算法流程

主要步骤简单介绍如下[⊖]。

1）构建：构建指的是计算变量的活跃区间，并根据变量活跃区间构建冲突图（也称为干涉图，英文翻译为 Interference Graph）。冲突图中的节点是变量，如果两个变量的活跃区间有重叠，则两个变量之间有边相连。

2）化简：化简指的是在冲突图中有一些变量边的个数比较少，可以直接优先进行着色，将这些节点放入待着色栈中进行着色。

> 注意 化简是有风险的，可能会造成原本可以着色的节点因为化简而溢出，因此有乐观化简和悲观化简的方法。

3）合并：合并指的是在冲突图中有一些变量边是由 COPY 指令引入的，通过合并可以减少指令数，合并也可能减少边的个数，从而使得冲突图可以直接着色。

> 注意 如图 10-50 所示，通常在化简和合并步骤会进行循环迭代，以尽可能简化冲突图。

4）潜在溢出：化简和合并结束时，有两种可能：第一，所有节点都可以使用 K 个寄存器进行着色（通过节点边的个数可以判断是否可以着色）；第二，有节点无法进行 K 着色，所以需要标记为潜在溢出。

5）选择：从栈中弹出节点进行着色。

6）真实溢出（actual spill）：如果栈中弹出的节点无法着色，则执行真实的溢出。

最后读者可以思考一个问题，为什么 LLVM 不采用图着色算法？Jakob 给出了解释：图着色算法是目前已知算法中效率最高的算法。但是该算法过于复杂，主要表现在：

❏ 构造干涉图太耗时。

❏ 算法更多关注如何进行溢出、如何实现通用性，而非关注如何高效地分配。

❏ 对于寄存器类型需要建模，比较复杂。

不难发现，不使用图着色算法的根本原因是图着色算法要先构造好完整的干涉图，才能在图上着色，而干涉图的构造代价太过高昂。应该说，图着色过程中的大部分开销都集中在干涉图的构造阶段。因此，虽然图着色生成的代码质量很高，但是对讲究编译效率的

⊖ 更多知识请参考 CMU 课件：http://www.cs.cmu.edu/afs/cs/academic/class/15745-s06/web/handouts/15745-registeralloc.pdf。

现代编译器来说，其时间成本是不可忽视的。对编译时间更加敏感的 JIT 编译器来说，则更是如此。

除此之外，人们在实际的编译工作中发现了另外一个问题。由于在目前所有的硬件架构中，寄存器的数目都是有限的，因此对于大型程序来说，寄存器不够用可以说是必然存在的情况。换句话说，大型程序一定会产生大量溢出。问题就在这里——图着色算法把重点放在解决"如何把所有的程序变量尽可能地分配到寄存器中"，但如果程序一定会大量产生溢出，那么关注"如何高效地溢出"将会比关注"如何尽量减少溢出"更有价值。例如，可以关注如何选择溢出的变量，以达到尽可能减少对性能的影响这一问题。这一着重点的改变，就是目前 LLVM 中 Greedy 算法进行寄存器分配的中心思想。

10.8　4 种算法对比

本章着重介绍了 LLVM 中寄存器分配相关算法的原理和实现，不同的算法有其独特的作用，本节对相关算法做一个简单的总结。

读者可能关心的第一个问题是哪种算法性能最好？

不同的算法因为特点不同，在不同的场景中表现的效果不同。以本章使用的代码清单 10-25 为例，来看一下哪种算法生成的指令数最少。4 种寄存器分配算法生成的指令数比较如表 10-3 所示。

明显 Fast 算法生成的指令数最多，Basic 算法和 PBQP 算法生成的指令数最少，Greedy 算法居中。

那是否可以说 Greedy 算法并没有 Basic 和 PBQP 算法优秀？答案是否定的，因为众多测试表明 Greedy 算法优于

表 10-3　4 种寄存器分配算法
生成的指令数比较

算法	指令数
Fast	73
Basic	58
Greedy	60
PBQP	58

Basic 算法，那为什么不适用于冒泡排序？原因是 Basic 算法进行冒泡排序只有很少的溢出，而 Greedy 算法是以面向溢出进行优化的，使用冒泡排序作为评估用例对 Greedy 算法并不公平，单单依靠指令数并不能判断哪种算法最好。也有学者对 LLVM 实现的寄存器分配算法进行了分析，Xavier 在 2012 年发表的论文" A Detailed Analysis of the LLVM's Register Allocators"[一]比较了 LLVM 的 4 种寄存器分配算法效果，这里直接引用论文的数据（或者根据论文的原始数据简单地求平均值）。

论文使用 LLVM 项目附带的测试套件（llvm-test-suit[二]）进行基准测试，分别对运行性能、编译时间、溢出和高速缓存（Cache）进行了比较，下面看一下论文的结论。

[一]　请参考论文："A Detailed Analysis of the LLVM's Register Allocators"。
[二]　测试套件地址为 https://github.com/llvm/llvm-test-suite。

（1）运行性能

对论文中的原始测试用例的数据进行了平均，两两比较了分配算法的效果，如表 10-4 所示。

表 10-4　4 种分配算法运行性能效果比较（单位为 %）

比较组	参照组			
	Basic 算法	Fast 算法	Greedy 算法	PBQP 算法
Basic 算法	—	**−1.78751**	**−1.88257**	**−0.58114**
Fast 算法	—	—	**−0.06629**	1.803714
Greedy 算法	—	—	—	1.573143

在表 10-4 中，数值小于 0 表示所在行的算法优于列的算法，反之则是列的算法优于行的算法。例如，第一行表示相比 Fast、Greedy、PBQP 算法，Basic 算法性能分别提升 1.78751%、1.88257% 和 0.58114%。

单从运行性能看，Basic 算法和 Fast 算法优于 Greedy 算法、PBQP 算法。但是进一步分析，还是可以发现偏离度（即方差）比较大。例如，相比 Fast、Greedy、PBQP 算法，Basic 算法在某些测试用例中，性能最大提升 35%，而在另外一些测试用例中，性能下降达到 14%。

（2）编译时间

对论文中的原始测试用例的数据进行了平均，两两比较了分配算法的效果，如表 10-5 所示。

表 10-5　4 种分配算法编译时间的效果比较（单位为 %）

比较组	参照组			
	Basic 算法	Fast 算法	Greedy 算法	PBQP 算法
Basic 算法	—	**−3.02886**	**−1.25171**	7.307429
Fast 算法	—	—	**−2.221143**	10.66057
Greedy 算法	—	—	—	8.339429

从平均值来看，Basic 算法、Fast 算法编译时间快，Greedy 算法和 PBQP 算法编译时间慢，而 PBQP 算法最慢。

1）溢出次数：因为作者并未提供详细的子项数据，所以无法提供平均值，这里根据作者图表中的 3 个例子，可以得到结论 Greedy 算法平均溢出次数最少，PBQP 算法和 Basic 算法基本相同，Fast 算法最多。

2）高速缓存访问命令和失效次数：作者统计了 4 种算法高速缓存的表现情况，如表 10-6 所示。

表 10-6　4 种分配算法高速缓存的效果比较（单位为次）

访存状态	Basic 算法	Fast 算法	Greedy 算法	PBQP 算法
#L1 accesses	1.6271e11	1.6557e11	1.6143e11	1.6234e11
#L2 accesses	1.7575e09	1.7588e09	1.7626e09	1.7554e09
#L3 accesses	4.3266e08	4.3283e08	4.3158e08	4.3396e08
#L1 misses	1.2042e09	1.2072e09	1.2103e09	1.2055e09
#L2 misses	4.1910e08	4.1942e08	4.2158e08	4.2065e08
#L3 misses	2.5694e08	2.5148e08	2.4788e08	2.5172e08

从高速缓存角度看，Greedy 算法并不占优。

从运行性能、编译时间、高速缓存数据来看，大家公认的 Greedy 算法似乎并不占优。最后作者比较了指令数、执行时钟周期和 CPU 停滞的次数，如表 10-7 所示。

表 10-7　4 种分配算法的指令数、执行时钟周期、CPU 停滞次数的效果比较（单位为个数）

对比角度	Basic 算法	Fast 算法	Greedy 算法	PBQP 算法
指令数	174.6408e11	173.2006e11	**169.7774e11**	174.8864e11
执行时钟周期	162.7124e9	165.569e9	**161.426e9**	162.345e9
CPU 停滞次数	969.983e8	941.754e8	**936.860e8**	952.324e8

表 10-7 是所有测试项的累计，而不是平均。从总的累计数据上看，Greedy 算法明显占优，这也说明对于复杂的系统，更推荐使用 Greedy 算法。

> 注意　作者在论文中并未提及使用的 LLVM 版本，论文发表的时间为 2012 年，据此推测 LLVM 的版本为 3.0。由于最近 10 余年来，这 4 种算法变动不太大，所以该测试结果仍然具有参考意义。

最后，将 4 种算法的优劣稍微总结一下，便于读者进一步理解，如表 10-8 所示。

表 10-8　4 种分配算法的对比小结

分配算法	优点	不足
Fast	简单，以基本块为粒度的分配算法，跨基本块之间的变量都会通过栈传递，是学习寄存器分配的入门算法	不适用于生产环境
Basic	实现了以变量活跃区间评估优先级的分配方式，以函数为粒度，是研究 LLVM 寄存器分配算法的基础	不适用于生产环境

（续）

分配算法	优点	不足
Greedy	以寄存器溢出优化为核心，尝试通过 Hopfield 网络将溢出成本降至最低	算法复杂，在 Hopfield 网络优化时以基本块为粒度进行位置拆分。如果不考虑基本块内部情况，在一些场景中基本块内部会出现大量冗余的 COPY 指令
PBQP	非常适合不规则寄存器的分配，直接构造 PBQP 方程即可。在 LLVM 的实现中允许后端扩展寄存器分配约束，例如 ARM 后端 A57 的分配中为一些指令增加分配约束	在 LLVM 的实现中，有一些地方还可以根据场景进一步优化，例如 PBQP 求解过程中设计了三个变量处理队列，分别是可归约、可分配和溢出，在处理可分配和溢出队列时，它们的顺序由变量可用的物理寄存器个数决定，实际上设计并不完全合理，例如可尝试根据溢出成本决定顺序

10.9 本章小结

本章对 LLVM 寄存器分配的 4 种算法进行了详细介绍，并在最后对这 4 种算法从性能和编译时间等维度进行了对比，解析了这些算法各自的优点和不足。

函数栈帧生成和非 SSA 形式的编译优化

本章主要讨论编译器在寄存器分配后、代码生成前所做的工作，可以概括为以下 4 部分。

1）函数栈帧的生成以及相关的优化，包括 MIR 下沉、栈帧范围收缩、栈帧前言 / 后序的插入（Prologue/Epilogue Inserter）。

2）针对 MIR 的编译优化，包括分支折叠（Branch Folder）、尾代码重复、复制传播。

3）指令变换和调度，包括隐式空检查（Implicit Null Check）、指令调度（PostRA Machine Scheduler 或者 PostRA Scheduler）。

4）机器码生成前优化，包括基本块位置调整（Block Placement）、XRay 插桩（XRay Instrument）、函数布局（Funclet Layout）、栈活跃性分析（Stack Map Liveness）、公共函数提取（Machine Outliner）。

本章执行的一些优化算法和前面章节介绍的相关优化算法非常类似，如第 9 章的前期尾代码重复与本章的尾代码重复属于同一算法；第 8 章的 PreRA Scheduler 与本章的 PostRA Scheduler 非常类似。那么本章和前面章节介绍的算法的区别是什么？简单来说可以总结为以下两点。

1）都是针对 MIR 进行优化，但是 MIR 属性不同。第 8 章、第 9 章介绍的优化算法针对的 MIR 具有 SSA 属性，而本章介绍的算法针对的 MIR 不再具有 SSA 属性，因此导致算法实现不同。

2）算法实现时考虑的重心有所不同。例如第 8 章的 PreRA Scheduler 需要考虑在调度过程中如何避免增加寄存器的压力，如果指令调度增加了寄存器压力，编译器可能会放弃指令调度，而本章介绍的指令调度则无须考虑寄存器压力（因为此时寄存器已经分配完毕）。

由于部分算法在前面章节已经介绍，因此本章在介绍相关算法时更侧重算法实现的不同点，下面对这 4 部分工作分别进行介绍。

11.1　函数栈帧生成以及相关优化

函数栈帧生成指的是为满足后端调用约定，在函数调用时为函数生成执行栈，以便保证程序执行的正确性。

在函数栈帧最终确定之前还可以对生成的函数栈帧进行优化，在 LLVM 实现中主要有代码下沉和栈帧范围收缩优化。为了便于读者理解代码下沉和栈帧范围收缩，本节先介绍栈帧生成。

11.1.1　栈帧生成

栈帧生成中最重要的工作有以下 3 个。

1）对 CSR 进行处理：这是达成调用约定所需的最主要工作之一。

2）完成栈帧布局：在栈帧布局确定之前，通过栈索引来访问栈对象（假定栈对象存放在一个数组中）；当栈帧布局确定后，可基于栈寄存器的偏移来访问栈对象。

3）函数前言 / 后序生成：前言通常是为函数建立新的栈帧，后序则是为了销毁函数栈帧。

首先来看函数前言和后序。假设有一个代码片段——求平方运算 square 函数，如代码清单 11-1 所示。

代码清单 11-1　求平方运算：square 函数

```
int square(int num) {
    return num * num;
}
```

在 AArch64 系统生成的 square 函数的相应汇编代码如代码清单 11-2 所示（编译级别为O0）。

代码清单 11-2　square 函数对应的 AArch64 汇编代码

```
square:                                    // @square
    sub     sp, sp, #16
    str     w0, [sp, #12]
    ldr     w8, [sp, #12]
    ldr     w9, [sp, #12]
    mul     w0, w8, w9
    add     sp, sp, #16
    ret
```

该代码片段中第一条指令（sub sp, sp, #16）和倒数第二条指令（add sp, sp, #16）分别是函数的前言和后序代码。

栈帧生成的主要工作可以总结如下。

1）计算 Save、Restore 的位置，默认 Save 和 Restore 分别位于函数的入口和函数的出口（函数的出口可能有多个，所以每个出口位置都需要进行栈帧销毁）。当栈帧范围收缩时，可以重新调整 Save、Restore 的位置，后续章节会介绍。

2）根据后端约定计算函数使用的 CSR（需要遍历函数，函数中修改的 CSR 才需要保存）以及为 CSR 分配的对应栈槽，如果函数没有使用 CSR 则不需要分配栈槽。

3）在 Save 和 Restore 基本块中为需要保存的 CSR 插入 COPY 指令，用于保存和恢复 CSR，同时更新路径中 CSR 影响到的基本块。基本块中需要记录 LiveIn 和 LiveOut 寄存器，它们是基本块的入口和出口寄存器。

4）根据栈使用的方向、对齐粒度等，为栈对象计算真实的偏移值。

5）插入函数的前言和后序代码，主要是为了保存和恢复栈寄存器。

6）将栈对象的偏移值和栈寄存器关联，这样所有的栈对象都可以通过栈寄存器访问得到。

11.1.2　代码下沉

此处执行的代码下沉指的是寄存器分配后的下沉优化。实际上 LLVM 共计有 4 个代码下沉相关的优化，分别是在中端执行的下沉（有两种下沉优化），基于 SSA 形式的 MIR 进行的寄存器分配前下沉和基于非 SSA 形式的 MIR 进行的寄存器分配后下沉。由于中端相关优化不在本书覆盖范围内，因此本节仅仅简单比较不同实现的差异。

在寄存器分配后的下沉优化中，LLVM 仅会尝试下沉 COPY 指令，在 COPY 指令下沉后，可能会在后续的栈帧范围收缩或者复制传播环节带来的新优化机会。下沉优化的实现也有诸多限制，仅能针对有限场景进行优化。

1. 允许代码下沉场景

假设基本块（MBB）A 中有一个 COPY 指令，当遇到下面的情况之一可以进行下沉，如图 11-1 所示。

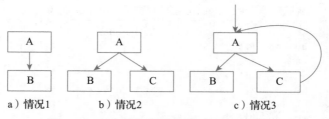

a）情况1　　　　b）情况2　　　　　c）情况3

图 11-1　寄存器分配后代码下沉的三种情况

1）在图 11-1a 中，由于 B 是 A 的唯一后继基本块，当 COPY 指令定义的寄存器在 B 中活跃时，则可以将 COPY 指令下沉。

2）在图 11-1b 中，基本块 A 有两个后继节点 B、C，当 COPY 指令定义的寄存器在 B 或者 C 中活跃时，则可以将 COPY 指令下沉到该寄存器唯一活跃的基本块中。

3）在图 11-1c 中，基本块 A 有两个后继节点 B、C，同时 C 的后继节点是 A，该情况和图 11-1b 的情况相同，只有 COPY 指令定义的寄存器在 B 或者 C 中活跃才能下沉 COPY 指令。

2. 禁止代码下沉场景

基本块 A 中的 COPY 指令不可以下沉的情况可以分为 3 种，如图 11-2 所示。

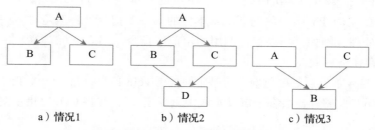

a）情况1　　　b）情况2　　　c）情况3

图 11-2　寄存器分配后不能代码下沉的三种情况

1）在图 11-2a 中，基本块 A 有两个后继节点 B、C，如果 COPY 指令定义的寄存器在 B 和 C 中同时活跃，则不能下沉（如果下沉，将产生额外的 COPY 指令）。

2）在图 11-2b 中，基本块 A 有两个后继节点 B、C，如果 COPY 指令定义的寄存器在 B 和 C 中都不活跃，但是在其汇聚节点 D 中活跃，也不能下沉。通常这种情况会在中端下沉优化环节处理。

3）在图 11-2c 中，基本块 A 和 C 都有后继节点 B，COPY 指令定义的寄存器在 B 中活跃，也不能下沉指令到基本块 B 中。因为程序执行路径可能从基本块 C 到基本块 B，直接将 COPY 指令下沉到基本块中会导致逻辑错误。PreRA Machine Sinking（寄存器分配前）会使用边分割来处理这样的场景。

3. 代码下沉算法

代码下沉（即 PostRA Machine Sinking，发生在寄存器分配后）算法主要针对函数中的每一个基本块进行如下处理。

1）从下向上依次遍历基本块的指令，当遇到 Call 指令时终止下沉（原因是无法确定 Call 之前的指令是否会受到 Call 指令的影响），然后处理下一个基本块。

2）当指令不是 COPY 时，通过记录指令定义和使用的寄存器来处理下一条指令。

3）如果是 COPY 指令，当 COPY 定义的寄存器不可以重命名时（不可重命名的寄存器一般是为了满足后端约束而指定的寄存器），通过记录指令定义和使用的寄存器来处理下一条指令。

4）判断 COPY 指令是否和已经遍历的指令存在寄存器依赖，如果当前 COPY 指令中定义的寄存器被后续的指令（已经遍历过的指令）使用或者重新定义（modified），则不能下沉，需要转而处理下一条指令。

5）经过前面 4 步处理后，现在 COPY 指令可能可以下沉了，还需要为下沉的 COPY 指令寻找一个基本块。对 COPY 指令定义的寄存器进行分析，按照图 11-1 和图 11-2 中可以下沉、不可下沉的情况进行判定：如果可以寻找到一个合适的基本块，则进行下沉；否则，处理下一条指令。注意，COPY 指令下沉时，需要下沉到和当前所在基本块不同的基本块，否则下沉没有意义。

6）当 COPY 指令可以下沉时，需要从下沉的基本块中为 COPY 指令寻找一个插入位置。一般来说，将 COPY 指令放到下沉基本块的第一条指令处，但是对一些特殊后端可能需要进行特殊处理。例如，如果存在调用约定前序指令，那么下沉 COPY 指令不能和相关指令的寄存器存在读写依赖。

7）COPY 指令下沉后需要更新下沉基本块的 LiveIn 信息，将 COPY 指令定义的寄存器从 LiveIn 中删除（此寄存器会在下沉基本块中重新定义），并将 COPY 指令使用的寄存器增加到 LiveIn 中。

4. 中后端代码下沉比较

实际上 LLVM 除了一般的代码下沉，还有专门针对循环的代码下沉，下面简单地比较一下 LLVM 实现的 4 种下沉功能，如表 11-1 所示。

表 11-1　LLVM 中 4 种代码下沉功能比较

下沉方式	功　　能
Sink	属于中端优化，针对有多个后继节点的基本块（分支和循环）进行下沉优化。代码下沉后，有的分支可能不再被执行，从而达到减少代码执行的效果。 　　除了特殊指令（指 φ 函数、边界指令、异常指令等）外，其他代码在中端优化都可以进行下沉，下沉时寻找一个位置，该位置能支配所有 Use 下沉指令。 　　目前，在 LLVM 中执行中端代码下沉时，如果目的基本块中存在关键边，则不会对关键边进行拆分（如果不进行关键边拆分，则会导致代码错误），直接放弃下沉⊖
Loop Sink	属于中端优化，针对循环进行代码下沉。是和中端优化 LICM 相反的优化动作。在对循环代码下沉时，为了保证进行中的代码下沉不增加代码的执行成本，只会选择执行频率低的基本块作为下沉目的地，同时要求下沉目的地的执行成本小于循环头的执行成本，否则不会进行下沉
Machine Sinking	属于后端优化，针对有多个后继节点的基本块（分支和循环）进行下沉。通过代码下沉，有的分支可能不再被执行，从而可以减少代码的执行。它并不是中端优化 Sink 的替代，而是其补充
PostRA Machine Sinking	属于后端优化，仅仅针对 COPY 指令下沉，以帮助复制传播和栈帧收缩产生新的优化机会

⊖ 注意，代码下沉可能会导致寄存器压力变大，例如假设有 x = y + z 这样的指令进行代码下沉，变量 x 的生命周期变短，而 y 和 z 的生命周期变长，可能会增加寄存器压力。目前 LLVM 的中端优化不考虑寄存器分配，所以暂未考虑这样的情况。

11.1.3 栈帧范围收缩

栈帧范围收缩指的是优化函数前言和后序的位置，以便降低执行成本。11.1.1 节简单提到过函数前言和后序默认的插入位置，函数的前言一般位于 entry 基本块中，而后序一般位于函数返回基本块中（函数可能有多个返回基本块，每个返回基本块都需要插入后序）。

以这样方式插入函数前言和后序是否最优？答案是否定的，那该如何进行优化？下面分析一个简单的例子——getSqrt 函数分析（见代码清单 11-3），看看如何优化函数前言和后序的插入。

代码清单 11-3　优化函数前言和后序插入的代码示例

```
int getSqrt(int a) {
    int res = 0;
    if (a > 10) {
        res = fun(a);
    }
    return res;
}
```

针对上述代码片段，函数栈帧生成时需要在 entry 基本块中添加前言，在函数返回基本块中添加后序。以 x86-32 系统为例，产生的伪代码所构成的 CFG 如图 11-3 所示。

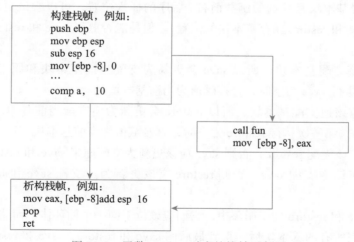

图 11-3　函数 getSqrt 对应的栈帧示例图

从图 11-3 中可以看出，函数前言和后序在一些执行路径中是冗余的，例如参数 a 小于 10 时，程序流是不会走右侧分支的，此时函数直接返回 0。在右侧分支中使用了栈对象，如果将函数前言和后序放在右侧分支中，那么当右侧分支不执行时将会有较好的性能提升。优化示意图如图 11-4 所示。

优化后发现，当右侧分支不执行时，和优化前相比执行的指令数得以大大减少，这种优化称为栈帧收缩。目前 LLVM 的实现可以简单总结如下。

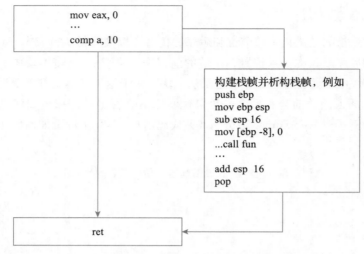

图 11-4 函数 getSqrt 栈帧生成位置优化情况

1）针对函数的基本块，以 RPOT 顺序遍历（RPOT 顺序将保证优先遍历叶子节点）基本块中的每一条指令：

① 如果指令没有使用 CSR 或者栈对象，则处理下一条指令。

② 否则说明基本块是候选的函数前言 / 后序的插入位置，可以尝试更新 save、restore 变量的位置（save 和 restore 保存基本块的位置）。但是能否更新 save 和 restore 指令的位置，依赖于以下判定。

❑ save 应该支配基本块，所以 save 会更新为支配当前基本块和原来 save 的基本块（第一次执行 save 为空时，直接赋值为当前基本块）。

❑ restore 应该逆支配基本块，所以 restore 会更新为逆支配当前基本块和原来 restore 的基本块（第一次执行 restore 为空时，直接赋值为当前基本块）。

❑ save 也应该支配 restore，否则 save 应该更新为支配原来 save 和 restore 的基本块。

❑ restore 应该逆支配 save，否则 restore 应该更新为逆支配 save 和原来 restore 的基本块。

❑ 如果 save 和 restore 处于循环中，它们应该位于同一个循环体，而非不同的循环体。

2）当处理完所有的基本块后，得到最后的 save 和 restore，save 和 restore 的执行成本应该低于 entry 基本块、exit 基本块的执行成本（执行成本通过执行频率计算），否则需要再更新一次 save 和 restore，更新的方法是：

① 如果 save 的基本块的执行成本高于 entry 基本块的执行成本，将 save 中的基本块更新为支配所有前驱的基本块，同时要求基本块执行成本低于 entry 基本块的执行成本。

② 如果 restore 的基本块的执行成本高于 exit 基本块的执行成本，将 restore 中的基本块更新为逆支配所有后驱的基本块，同时要求基本块执行成本低于 exit 基本块的执行成本。

注意　第 4 章介绍了支配和逆支配的概念，当支配成立时说明执行当前基本块一定会执行 save 变量保存的基本块；当逆支配成立时，执行当前基本块也一定会执行 restore 变量保存的基本块；反之都不成立。

上述算法当前的实现有一些限制，例如：

1）算法尽可能地寻找唯一的 save/restore 执行点，分别用于存放函数前言和后序，复杂的函数结构计算得到的 save 和 restore 中保存的基本块与 entry/exit 基本块的执行成本相同。

2）算法并未针对 CSR、栈操作分别处理，也导致丧失了一些优化机会。

栈帧范围收缩也有一些进一步优化的论文，例如 Chow Fred 基于数据流分析来优化函数前言和后序插入位置的论文[⊖]。LLVM 在早期也实现了该算法，但由于没有使用也没有测试，因此在 2009 年又被移除。

11.2　MIR 优化

在寄存器分配完成后执行的 MIR 优化有 3 个，分别是分支折叠、尾代码重复和复制传播。它们的主要功能如下。

1）分支折叠：通过优化跳转基本块的位置、MIR 指令提升等来消除跳转指令。

2）尾代码重复：将基本块中的代码提升到前驱基本块中，以便消除额外的跳转指令。

3）复制传播：对 COPY 指令进行优化，以消除冗余复制。

下面主要介绍分支折叠和尾代码重复。

11.2.1　分支折叠

分支折叠最早出现在硬件设计中，其目的是避免流水线被中断，通过将一些分支指令进行重排，从而达到消除跳转指令或者重排指令后不再中断流水线执行的效果。例如有两条指令，第二条指令为无条件跳转指令，可以将无条件跳转指令的目标折叠到第一条指令的后面，然后将无条件跳转指令删除，从而避免 CPU 执行过程中流水线的中断（参见第 8 章）。

在当前的 LLVM 实现中，分支折叠完成的工作不仅仅是单纯地对无跳转指令进行优化，还包括了其他优化，可以分为：

1）尾代码合并（Tail Merge Block）：和尾代码重复（参见第 9 章）做相反的优化动作。该优化能否执行依赖于后端。一般来说，如果后端允许修改 CFG 则可以执行，否则不能执行（例如 GPU 可能不允许修改 CFG）。

⊖　论文参考链接：https://dl.acm.org/doi/pdf/10.1145/960116.53999。

2）基本块优化：除了传统意义上的分支折叠，还包括死基本块删除、空基本块消除、相同分支基本块合并等。

3）代码提升：将公共代码向上提升，减少代码大小。

4）跳表优化：针对跳表进行优化。

下面对这 4 种分类分别进行介绍。

1. 尾代码合并

尾代码合并主要有 2 种情况。

（1）将函数中所有没有后继基本块的基本块进行合并

执行该优化的逻辑：如果函数中存在没有后继基本块的基本块（即作为出口），当有多个出口时，可以将公共指令合并到一个新的基本块中，这样可以减少代码量。例如，三个基本块 A、B、C 的尾部有部分代码相同，首先在所有可以合并的基本块中寻找尾代码重复最多的基本块，然后进行合并。示意图如图 11-5 所示。

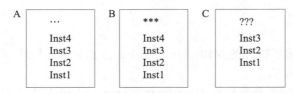

图 11-5　所有出口基本块的尾代码合并前示意图

基本块 A 和 B 尾部有 4 条指令相同，所以将 A 和 B 的尾代码进行合并，一般来说合并时会创建一个新的基本块，将相同代码放置在新的基本块中。实际上，编译器会选择一个基本块（本例中为基本块 A），从 A 拆分出基本块 D，并在 B 中添加一条无条件跳转指令（图 11-6 中为 jmp D），将基本块 D 设置为 A 的后继基本块（本质上要求拆分后的 A 和 D 直通）。得到的结果如图 11-6 所示。

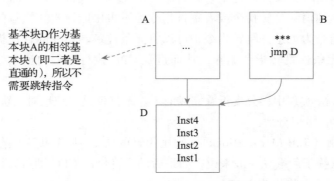

图 11-6　基本块 A 和 B 进行尾代码合并示意图

在图 11-6 中，基本块 C 和新创建的基本块 D 仍然有 3 条指令相同，所以还可以进行一轮新的尾代码合并，最终的结果如图 11-7 所示。

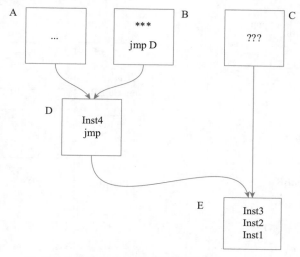

图 11-7　基本块 C 和 D 进行尾代码合并示意图

在图 11-7 中，假设选择基本块 C 进行分拆，由于基本块 C 和基本块 E 相邻，因此基本块 D 会添加一条无条件跳转指令 jmp。

（2）将基本块的多个前驱基本块进行合并

当一个基本块有多个前驱基本块时，可以尝试把多个前驱基本块的尾部代码进行合并。例如，假设有三个基本块 A、B、CurBB（表示当前正在处理的基本块），基本块 CurBB 的前驱为 A 和 B，A 和 B 有部分代码相同，可以将 A 和 B 的尾部代码合并到一个新的基本块中。示意图如图 11-8 所示。

尾代码合并时会创建一个新的基本块 D，假设 D 分别与 A、CurBB 相邻，得到的结果如图 11-9 所示。

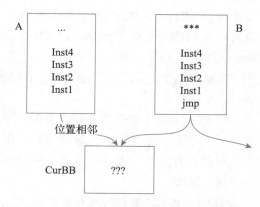

图 11-8　多个前驱基本块存在重复代码示意图

除了上述基本块的组织关系外，还有另外的场景。假设基本块 A 中有一个无条件跳转指令到基本块 CurBB，基本块 B 的结尾是条件跳转指令，CurBB 不是基本块 B 的直通基本块（即基本块 B 到基本块 CurBB 是通过条件跳转完成），另外基本块 A 和基本块 B 自底向上（除了最后的跳转指令外）存在部分相同指令序列，初始基本块示意图如图 11-10 所示。

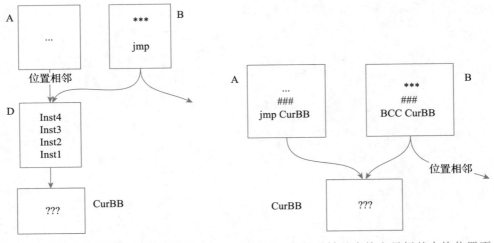

图 11-9 多个前驱基本块尾代码合
并示意图

图 11-10 条件跳转基本块和目标基本块位置不
相邻示意图

可以尝试调整基本块 B 和基本块 CurBB 的位置，使它们相邻，由于基本块 B 中包含一个跳转到 CurBB（BCC CurBB）的条件指令，可以将条件逻辑进行反转，使该跳转指令跳转到另外一个基本块 D（Reverse BCC D）。将基本块 A 和基本块 B 中相同的指令合并到基本块 AB 中，合并后的示意图如图 11-11 所示。

实际上，在尾代码合并过程中还有很多细节，例如：

1）在计算基本块是否可以合并时，不仅仅考虑相同指令数，还会考虑其他的因素，用于判断合并后是否有收益，收益可以通过针对场景的分析得到，例如：

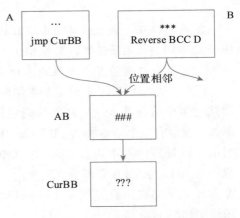

图 11-11 对图 11-10 中的基本块排布进行
合并优化

① 两个基本块有部分相同的指令，同时一个基本块被另一个基本块包含（有后继关系，且后继基本块的指令完全包含在另外一个基本块中），进行代码合并不仅可以减少代码，还不需要创建新的基本块。

② 当代码合并开启后，如果待合并的相同指令数较少时（通常阈值为两条指令，可以通过设置参数来执行激进的合并，以减少代码），会要求两个基本块都在冷路径中。因为如果基本块都在热路径中，为热路径增加跳转指令会影响执行效率。

2）对于要划分的基本块，目前是找一个执行成本最低的基本块进行划分（这样做相对公平），图 11-6 和图 11-8 演示了对基本块 A 进行的划分，新产生的基本块应该继承所有前驱基本块的执行频率。

3）更新新增的基本块的 LiveIn 等信息。

2. 基本块优化

基本块优化包括优化基本块和删除死基本块。而基本块优化又可以进一步细分为多种优化，包括空基本块消除、相同分支基本块合并、分支折叠等。下面简单介绍一下相关优化。

（1）空基本块消除

空基本块可以被移除，初始 CFG 如图 11-12a 所示，优化后的结果如图 11-12b 所示。

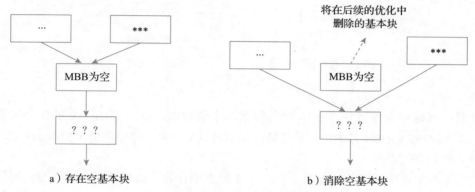

图 11-12　空基本块消除示意图

在空基本块消除过程中不需要引入额外的指令，但要保证基本块的相邻关系，否则优化会出错。

（2）相同分支基本块合并

如果基本块中的条件分支指令的两个分支的目的地是同一个基本块，可以将它们合并。示意如图 11-13 所示。

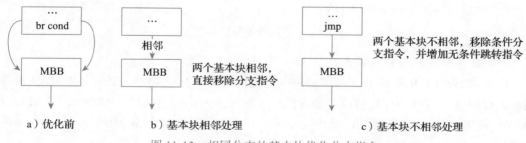

图 11-13　相同分支的基本块优化分支指令

在图 11-13a 中，两个条件分支指向同一个基本块，可以将条件分支移除，如果两个基本块相邻，则直接删除分支指令（见图 11-13b）。如果两个基本块不相邻，则增加一条无条件跳转指令（见图 11-13c，在后续的分支折叠中还可以尝试移除该指令）。

（3）基本块压缩

如果两个基本块相邻，且后继节点的前驱基本块只有一个，那么可以将后继节点和前驱基本块进行合并。基本块压缩的示意如图 11-14 所示。

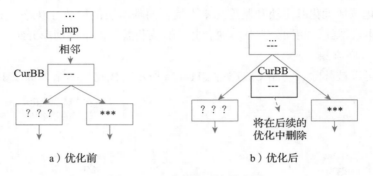

图 11-14 基本块压缩示意图

在图 11-14a 中，基本块 CurBB 和其前驱基本块相邻，可以将 CurBB 的指令完全移入到前驱基本块中，CurBB 基本块在后续的优化中可以被删除，得到的结果如图 11-14b 所示。

（4）条件分支移除

如果在基本块中，条件分支指令只在一个分支中存在，而另一个分支为空，则可以移除分支指令或者将其替换为无条件跳转指令，如图 11-15 所示。

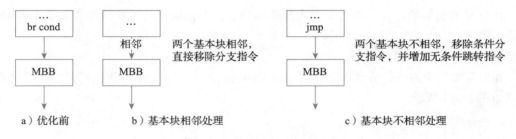

图 11-15 条件分支移除示意图

（5）条件分支的条件化简或反转

基本块 prevBB 中条件分支指令的两个分支同时存在，如果有一个分支和 MBB 相邻，则可以根据情况进行条件化简或者条件反转。如果 prevBB 的假分支为 MBB，且 MBB 和 prevBB 相邻，则进行条件化简；如果 prevBB 的真分支为 MBB，且 MBB 和 prevBB 相邻，则进行条件反转。条件分支的条件化简示意图如 11-16 所示。

如图 11-16a 所示，基本块 MBB 的前驱基本块 prevBB 的最后指令是条件分支指令，如果假分支指向 MBB，并且 MBB 和 prevBB 是相邻基本块，可以忽略指向 MBB 的跳转指令，将条件分支化简，只需要保留条件分支中指向真分支的条件，得到的结果如图 11-16b 所示。如果真分支指向 MBB，并且 MBB 和 prevBB 是相邻基本块，则忽略指向 MBB 的跳转指令，为此将条件分支逆转直接指向其假分支，得到的结果如图 11-16c 所示。

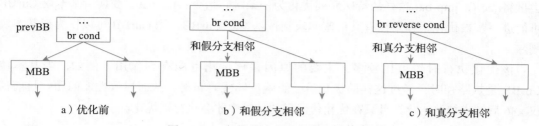

图 11-16　条件分支的条件化简示意图

如果 MBB 没有后继基本块，并且基本块 MBB 的后续基本块的相邻基本块是 prevBB 的真分支，可以反转基本块 prevBB 中的条件分支跳转指令，即将假分支变成真分支，并且让反转后的假分支和基本块 prevBB 相邻。条件分支反转示意图如图 11-17 所示。

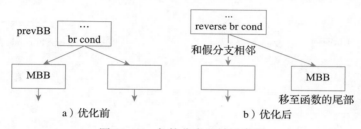

图 11-17　条件分支反转示意图

因为 MBB 没有后续基本块，所以 MBB 一定是出口（正常出口或者异常出口），可以将 MBB 移至函数尾部。典型的场景是在一个循环中，如果 MBB 属于异常处理，那么将 MBB 移至函数尾部将有利于冷热代码分离。在本例中，如果 prevBB 和 MBB 相邻，首先将条件分支反转，让假分支和 prevBB 相邻（由于分支条件反转，反转以后原来的假分支变成了真分支），然后将 MBB 移至函数尾部。

（6）连续跳转指令合并

如果基本块和前驱基本块组成的指令序列存在连续分支跳转，则在一定条件下可以将连续跳转指令进行合并，如图 11-18 所示。

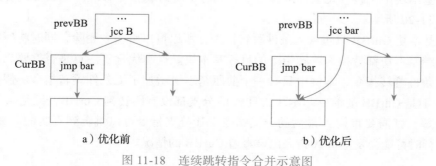

图 11-18　连续跳转指令合并示意图

在图 11-18a 中，prevBB 和 CurBB 两个基本块中存在特殊的序列。例如，x86 后端可以尝试将 jcc C; jmp bar 这样的特殊序列优化为一条跳转指令：jcc bar。变换后基本块 CurBB 可能进一步被优化，如果没有其他基本块到达基本块 CurBB，则 CurBB 可以作为死基本块删除。

该优化执行时约束比较多，主要的原因是该优化可能有副作用。例如，当基本块 CurBB 是热路径时，经过这样的优化后会影响后续代码布局，从而导致性能问题。目前仅仅 x86 后端支持该优化，且只在优化代码量的场景中才会执行该优化。

（7）循环中条件分支的条件反转

对循环中的分支进行优化，将条件分支中的真分支作为循环体，因为真分支预测执行的效率更高，可以获得较高的执行性能收益。如果循环中条件分支的假分支执行指向循环体，则对条件分支进行反转。循环条件反转示意图如图 11-19 所示。

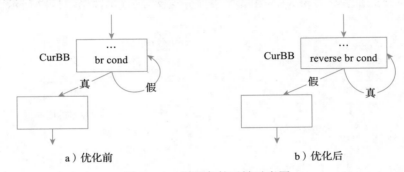

a）优化前   b）优化后

图 11-19　循环条件反转示意图

图 11-19a 的真分支指向循环结束的基本块，假分支指向循环体。将条件分支中的条件进行反转，得到的结果如图 11-19b 所示。假设图 11-19a 对应的代码为 Loop: xxx; jcc Out; jmp Loop，可以发现真分支为 Out，假分支指向循环体，将条件分支的条件反转，结果为 Loop: xxx; jncc Loop; jmp Out。循环执行时一般预测在真分支执行，将整个循环体和循环跳转排布在一起可以提高执行效率。

（8）无条件跳转指令移除

如果基本块中仅包含无条件跳转指令，则考虑将跳转指令移除。无条件跳转指令移除示意图如 11-20 所示。

因为基本块 CurBB 只包含无条件跳转指令，所以可以将指令删除，同时将所有前驱基本块的后继基本块都替换为跳转指令的目标基本块。这类优化要注意是否需要为前驱基本块增加无条件跳转指令，本例中只有一个前驱基本块增加了无条件跳转指令。假设有一个基本块 A 不是 CurBB 的前驱基本块，且 A 的分支都没有跳转到 CurBB，但是 A 和基本块 CurBB 相邻，则需要重构 A 最后的分支指令，让分支指令可以跳转到真实的后续基本块，否则在运行时可能会发生从 A 指令出口直通 CurBB 的情况。

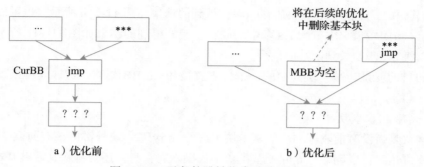

a）优化前　　　　　　　　　　b）优化后

图 11-20　无条件跳转指令移除示意图

（9）调整基本块相邻位置

如果遍历基本块的顺序（遍历顺序可以认为是代码生成的顺序，即执行的顺序），发现存在优化的机会，则可以调整基本块的位置，以消除分支指令。基本块位置调整示意图如图 11-21 所示。

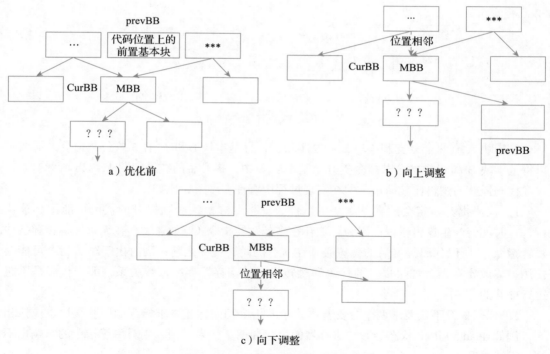

图 11-21　基本块位置调整示意图

假设原始 CFG 如图 11-21a 所示，基本块 CurBB 的代码位置上的前置基本块为 prevBB，但是 prevBB 基本块不需要相邻基本块（例如 prevBB 是出口基本块），那么可以将 CurBB 的位置进行调整，让 CurBB 和它真正相邻的基本块放在一起。可以向上调整 CurBB，让

CurrBB 和其中的一个前驱基本块放在一起，得到的结果如图 11-21b 所示。也可以向下调整 CurBB，让 CurBB 和其中一个后继基本块放在一起，得到的结果如图 11-21c 所示。如果允许，还可以将 prevBB 放到函数的最后。

调整的目的就是让基本块其中的一个分支直接和 CurBB 相邻，这样就可以减少一条分支指令。

（10）删除死基本块

死基本块是指没有前驱基本块的基本块（除了 entry 基本块外都应该有前驱基本块），说明基本块不可达，可以删除。删除死基本块不仅删除它自身，还会删除其后继基本块。

3. 代码提升

针对条件分支指令的场景，当基本块有多个后继基本块，尝试从后继节点提取公共代码，并将公共代码提升（上移）。假设有三个基本块 A、B、C，其 CFG 如图 11-22a 所示。

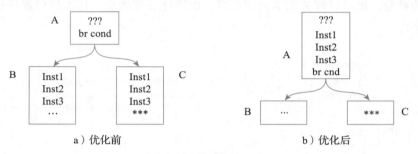

图 11-22　代码提升示意图

基本块 A 有两个分支基本块 B 和基本块 C，且基本块 B 和 C 有 3 条公共指令，那么可以将基本块 B 和 C 中的公共指令提升至基本块 A 中，提升后的结果如图 11-22b 所示。

代码提升的逻辑比较简单，但在实现过程中有许多细节，比如：

1）代码提升一定会放在基本块的条件分支指令之前，否则提升的代码可能不会被执行，这时就会产生逻辑错误。因为可能存在多条跳转指令（例如连续存在无条件跳转和条件跳转指令），所以代码提升后的位置必须在所有的跳转指令之前；同时由于跳转指令可能会使用、修改寄存器，如果提升的代码和跳转指令的寄存器存在依赖关系，那么代码是不能进行提升的。

2）代码提升不仅要求两个分支基本块中的指令相同，还要求指令的一些属性也应该相同，例如 dead、killed 状态会影响寄存器的生命周期。如果不同，则对后续指令的影响也不同，不能提升。

3）被提升的指令还需要更新指令的状态，例如要保证指令的 killed 状态设置正确（特别是和分支指令存在关联的情况下）。

4）被提升的指令应该是可以安全移动的（例如移动 volatile 类型的内存访问指令一般是不安全的，call 指令的移动一般也是不安全的）。

5）代码提升后，还需要保证两个分支基本块中 LiveIn 等信息仍是正确的。

4. 跳表优化

跳表优化是针对 switch-case 进行的优化，每一个 case 分支都有一个跳表项与之对应，可以将没有使用的跳表项移除。

11.2.2 尾代码重复

虽然尾代码重复会增加代码量，但是可能会带来一定的执行效率提升，并且为其他的优化提供更多可能（这里主要指 11.2.3 节介绍的复制传播）。同时，此时执行的尾代码重复限制更少，可以处理 call、ret 指令。例如图 11-23a 所示的情况在前期尾代码重复阶段不能被优化（存在 return 指令），而在此时可以被优化成如图 11-23b 的形式。

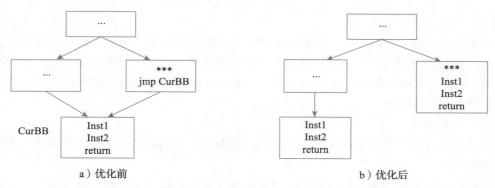

图 11-23　尾代码重复示意图

此处执行的尾代码重复优化和 9.1 节介绍的原理一致，主要区别是此时的约束更少（指可以处理 call、ret 指令），同时不再要求 MIR 保持 SSA 形式，实现更为简单，故不再展开介绍。

11.2.3 复制传播

这里执行的复制传播和 10.2.14 节中介绍的复制传播完全相同，只不过在后端进行其他优化的过程中会产生额外的 COPY 指令，出现了新的优化机会，所以会再次执行复制传播优化，具体内容不再介绍。

11.3　MIR 指令变换和调度

MIR 指令变换主要是针对 MIR 做变化处理，包括伪指令处理、隐式空指针检查、指令调度。

（1）伪指令处理

在指令选择以及寄存器分配完成后，理论上所有的 MIR 指令在后端中都有与之对应的指令。但是 LLVM 在 MIR 层面定义了伪指令，这些伪指令并不是真实的后端指令。所以需要一个额外的 Pass 将伪指令转变为后端对应的指令。常见的伪指令有 COPY、SUBREG_TO_REG 等。除此之外，各个后端也可以定义自己的伪指令（在 TD 文件中通过 isPseudo 进行定义）。为什么要定义伪指令？其目的是便于后端处理，例如 MIR 中定义了 ADJCALLSTACKDOWN、ADJCALLSTACKUP 伪指令，是为了便于在栈帧处理以前统一设置基于偏移的栈对象访问；MIR 中定义的 COPY 伪指令是为了将不同后端的复制、移动指令进行统一，方便优化和调度。有些伪指令在其他的优化过程已经处理，这里处理的是剩余的伪指令，不同后端的处理过程不同，例如 COPY 指令在不同的后端需要分别进行实现。

（2）隐式空指针检查

一些动态语言（例如 Java、JavaScript 等）在代码执行时都会进行额外的安全检查，其中空指针检查非常常见。空指针检查引入了隐式检查机制，如果指针对象为空，则进行异常处理（通常是 NullPointerException 异常）。该 Pass 就是为代码插入额外的空指针检查以及进行对应的异常处理。

（3）指令调度

经过寄存器分配后的 MIR 再次进行指令调度优化，此时仅考虑指令的并行性，不用考虑寄存器压力。

伪指令处理比较简单，本节不再介绍，而隐式空指针检查主要涉及动态语言，不在本书的讲解范围内，指令调度相关内容可以参考第 8 章。

11.4　MIR 信息收集及布局优化

在完成 MIR 变换以后，会针对 MIR 进行信息分析（用于过程间优化），并进行基本块粒度和函数粒度的优化。这些功能有垃圾回收信息收集、基本块布局优化、支持静态或者动态插桩、寄存器使用分析、异常基本块布局优化、动态栈布局信息收集、调试指令分析、公共代码提取等，对它们的主要功能描述如下。

1）垃圾回收信息收集：为了支持运行时进行垃圾回收，需要两类信息。第一类信息是在哪些地方（也称为安全点）可以执行垃圾回收动作，目前 LLVM 将函数调用视为安全点，会在函数调用前执行垃圾回收动作。第二类信息是识别栈中哪些对象是垃圾回收的根节点（通过 Tracing 算法遍历栈，从而识别堆空间中哪些对象是活跃的）。

2）基本块布局优化：根据基本块的关系、执行频率等信息，将基本块按照一定算法原则进行组织，从而达到较高的缓存利用率，实现高效率的分支跳转。

3）支持静态或动态插桩：编译器支持插桩是为了动态修改编译后的代码。目前 LLVM

支持 3 种插桩，分别是 FEntry、XRay 和 PatchableFunction。

① FEntry 插桩是允许外部提供 __entry__ 的函数实现，在链接时将外部 __entry__ 链接到二进制文件中，典型的应用是 Linux 的 ftrace 模块实现。FEntry 在函数头中预留了调用 __entry__ 的指令，若外部实现了该函数，则可以实现一些特殊的功能。

② XRay 是 LLVM 提供的对函数调用进行追踪的功能，在函数入口、出口插入记录运行时信息的函数。插桩阶段主要在函数入口、出口生成一些辅助指令，当运行时发现链接了 compiler-rt 库后，这些辅助指令会被替换为一段功能代码（跳转并执行相关的函数），类似于动态打补丁的功能。如果没有链接 compiler-rt 库，这些辅助函数的功能基本等价于 NOP 指令（空指令）。XRay 需要配合 compiler-rt 库使用。当然，还可以自定义相关的运行时函数以重写 compiler-rt 中相关的库函数。

③ PatchableFunction 允许通过参数控制，在函数头预留一定数量的空指令（类似于 XRay 的实现）或者通过插桩让函数跳转到别的地方执行（目前仅 x86-64 平台支持）。另外，可以通过外部工具（例如 ftrace）对 NOP 指令打补丁，从而实现一些额外的功能。

4）寄存器使用分析：旨在收集函数中的寄存器使用信息，用于过程间寄存器分配优化。处理思路是收集函数中的 Mask 寄存器（即在 callee 中未被保存的 CSR 寄存器）和 Clobber 寄存器信息。在 caller 侧分配时，这些信息都可以帮助识别 Mask 寄存器，从而让 caller 有更多可用的寄存器（callee 中没有使用的 CSR 可以在 caller 中使用）。

5）异常基本块布局优化：将异常处理基本块放在非异常基本块的后面（因为异常通常属于冷代码），从而提高执行效率。

6）动态栈布局信息收集：代码支持插桩操作，当执行插桩操作以后，可能需要使用栈布局信息，所以要收集栈布局信息。

7）调试指令分析：对活跃调试指令（DBG_VALUE）进行分析，计算调试指令的范围。

8）公共代码提取：将不同函数中的公共代码提取出来，生成新的函数，然后将公共代码删除，通过 call 指令访问新的函数。该优化主要是为了减少代码量。

9）函数中冷热代码分离：识别函数中冷、热代码后，将热代码放在一起、冷代码放在一起，提高指令缓存（Instruction Cache，iCache）和 TLB 的命中率，从而提升程序的执行性能。注意，由于该优化会将一个函数中的代码分离存放，为了保证正确性需要增加额外的跳转指令、函数栈信息、调试信息等，会导致代码量变多。

代码布局相关优化是近些年的研究热点，相关的优化方向包括基本块布局、公共代码提取、函数冷热代码分离。下面会介绍一下这 3 个方向的优化算法，本节涉及的其他优化相对简单，不再展开介绍。

11.4.1　基本块布局优化

基本块布局一般是指以 CFG 为基础将执行路径中执行频率高的基本块放在一起，重排基本块的顺序，以提高指令缓存的命中率。优化算法通常将 CFG 图中的基本块抽象为顶点

（记为 V），将基本块之间可达关系抽象为边（例如两个基本块间有边，表示可以从一个基本块到达另一个基本块，记为 E），基本块边的执行频率表示边的权重（记为 W），因此形成一个图 G = <V, E, W>，然后对图 G 进行优化。

当前 LLVM 的基本块布局优化不仅包含了基本块布局功能，还包含了基本块对齐功能。基本块对齐旨在让生成的代码尽量与缓存行对齐，从而提高执行效率。但是基本块对齐可能会导致代码量变大，因为在基本块对齐的过程中会插入用于对齐的 NOP 指令，因此这里仅讨论基本块布局，不再讨论基本块对齐。

目前 LLVM 有两种算法用于基本块布局优化：一种是基于链合并的思路，另一种是基于 ExtTSP（扩展 TSP）的思路。默认情况下并不会执行 ExtTSP 算法，如果要使用 ExtTSP 算法，需要在命令行设置参数 enable-ext-tsp-block-placement 为 true。

1. 链合并算法介绍

基本块布局优化最为典型的算法就是链合并，源自 20 世纪 90 年代 Pettis 和 Hansen 的论文 "Profile guided code positioning"。链合并的思路并不复杂，可以简单总结如下。

1）将每一个基本块都初始化为一个链。

2）根据 CFG 和执行的频率尝试将链进行合并，为链（记为 C1）的最后一个基本块寻找一条合并后效果最好的链（记为 C2），并将 C2 的第一个基本块接在 C1 的最后一个基本块后面，从而形成一条新的链。

3）将不能进行合并的链（例如无法找到合并效果最好的链）按照一定的顺序（例如 CFG 的遍历顺序）进行合并，最后形成基本块的布局。

4）在合并链的过程中，如果发现基本块的位置发生了变化（例如原来是相邻或者直通的基本块，现在不再相邻），可能需要插入无条件跳转指令来保证正确性。

LLVM 在实现中基本没有脱离上述思路，但针对循环做了特殊处理（优先合并循环构成的链），同时考虑了很多优化细节。目前该实现非常复杂，本节仅简单进行介绍，更多信息可以参考其他资料[⊖]。其实现流程大概可以总结如下。

1）为每一个顶点初始化一个链。

2）针对循环优化进行链合并，内层循环优先级更高。在合并时先尝试重新确定循环链的顺序，通过调整循环中基本块的顺序以减少循环中的跳转次数。另外，在合并的时候不仅考察当前链，还会比较其他链和当前链的交叉基本块的情况，然后做出最优的选择，最后在合并的时候还会尝试进行尾代码重复优化，即将整个基本块在不同的链中重复以减少跳转次数。

3）根据 CFG 图，进行链合并。

4）将还没有合并的链，按照 CFG 遍历顺序进行合并。

⊖ 例如在 YouTube 上有一个介绍基本块放置的视频，链接地址为 https://www.youtube.com/watch?v=s9KDITTI0Ro。

可以看到 LLVM 中的实现主要有几个增强点，下面分别介绍这几个增强点。

循环调整的目的是调整循环的基本块顺序，从而减少循环体中的跳转次数，示例的 CFG 如图 11-24 所示。

图 11-24 所示的基本块可能有不同的布局，假设 BB1 到 BB3 分支执行频率更高，那么布局可能是 BB0 → BB1 → BB3 → BB2 → BB4 → BB5。如果是这样的布局，可以发现 BB1 → BB2 不相邻，需要一条条件跳转指令；BB3 → BB4 不相邻，所以需要一条无条件跳转指令；同理，BB4 → BB1 不相邻，也需要一条无条件跳转指令。因此，需要两条无条件跳转指令、一条条件跳转指令。如果将程序的布局修正为：BB0 → BB3 → BB4 → BB1 → BB2 → BB5，可以发现 BB0 → BB1 不相邻，需要一条

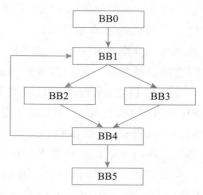

图 11-24　待进行基本块布局的 CFG

无条件跳转指令；BB1 → BB3 不相邻，需要一条条件跳转指令；BB4 → BB5 不相邻，也需要一条无条件跳转指令；BB2 → BB4 不相邻，需要一条无条件跳转指令。这样的布局需要三条无条件跳转指令、一条条件跳转指令。看起来后者多一条无条件跳转指令，应该不是最优的指令布局，但是继续分析一下，仅仅关注循环体，可以发现在前者的循环体中有三条跳转指令，分别是 BB1 → BB2、BB3 → BB4、BB4 → BB1（其中包含了 BB1 的分支指令、BB4 的分支指令），后者的循环体中有两条跳转指令 BB1 → BB3、BB2 → BB4（仅仅包含 BB1 的分支指令），所以后者对循环更为友好（如果循环执行次数更多，那么后者明显执行效率更高）。因此 LLVM 中首先对循环进行变换，变换后对循环构建链，关于循环变换更多示例可以参考 LLVM 代码○。

链路合并优化会考虑链路交叉的情况。假设有三个链 C1、C2、C3。其中 C1 是当前正在处理的链，C1 的最后一个基本块为 BB，BB 的后继基本块为链 C3 的开头基本块 Succ，而基本块 Succ 的前驱基本块除了 BB 外还有 SuccPred（位于链 C2 中），如图 11-25 所示。

当尝试将链 C1 和其他链合并时，可以将 C1 中最后一个基本块 BB 的后继基本块 Succ 所在的链 C3 作为和 C1 合并的候选链。但是 Succ 不仅仅是 BB 的后继基本块，也是 SuccPred 的后继基本块，所以需要考虑将

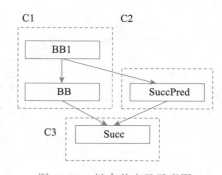

图 11-25　链合并交叉示意图

Succ 所在的链 C3 和 C1 放在一起，还是和 C2 放在一起。链合并时需要比较两个分支 BB → Succ 和 SuccPred → Succ 的执行频率，如果 BB → Succ 的执行频率比 SuccPred → Succ 的执行频率高，那么 C1 和 C3 应该放在一起，反之则 C2 和 C3 应该放在一起。这样的处理

　○　在 LLVM 代码提交中有更多变换示例：https://reviews.llvm.org/D43256。

在一般的链合并方法中也会使用。但是 LLVM 还处理了更为复杂的情况，如图 11-26 所示。

图 11-26 中同样假设 C1 是当前正在处理的链，其最后的基本块为 BB，而 BB 有两个后继基本块，分别为 S1、S2，而 S1、S2 同样分别有两个前驱基本块，分别为 BB、SuccPred。

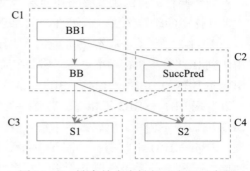

图 11-26 链合并多个链相互交叉示意图

对图 11-26 来说，不仅仅要考虑 BB → S1、BB → S2 的执行频率，还需要考虑 SuccPred → S1、SuccPred → S2 的执行频率，即要考虑 4 条路径的执行频率，并计算得到最优的结果。虽然是 4 条路径，但是可以归结为两种组合，分别是 BB → S1、SuccPred → S2（当 BB 和 S1 相邻时，SuccPred 不可能再和 S1 相邻，所以只能选择和 S2 相邻）和 BB → S2、SuccPred → S1，那么只要计算两种组合的执行频率，如果组合 BB → S1、SuccPred → S2 的执行频率更高，那么就选择 C1 和 C3 相邻、C2 和 C4 相邻。

最后 LLVM 实现的基本块布局优化还会判定是否可以进行尾代码重复，并根据重复的情况为不同的分支安排不同的基本块布局。在图 11-27 中，BB->Succ 相邻（图中用蓝色边表示），BB 还有其他的分支，最后其他分支经过基本块 C' 也达到 Succ（即 C' → Succ），但是 Succ 后面还有分支指令跳转到基本块 V 和 E，如图 11-27 所示。

假设路径 BB → Succ 到基本块 V 的执行概率更高，而路径 C' → Succ 到基本块 E 的执行概率也高。对于这样的情况，如果可以把基本块 Succ 进行尾代码重复优化，那么在不同的路径就可以进行不同的布局，如图 11-28 所示。

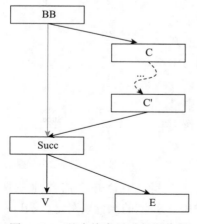

图 11-27 基本块布局进行尾代码
重复前示意图

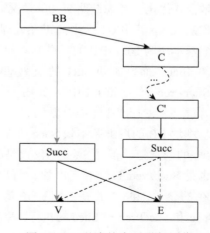

图 11-28 基本块布局进行尾代码重复优化后示意图

这样的布局既可以满足路径 BB → Succ → V 的执行效率，也能满足路径 BB → C →⋯

→ C′ → E 的执行效率。但是需要考虑 Succ 能否进行尾代码重复优化，只有 Succ 满足优化条件才能做这样的优化，另外还需要考虑优化以后该如何布局，即比较不同路径的执行概率。

2. ExtTSP 算法介绍

基本块布局优化问题可以抽象为 TSP（旅行商问题）模型，假设存在 CFG 图 $G = <V, E, W>$，求一个最大值（F），该最大值用下面的公式表示：

$$F = \sum_{(s, t)} w(s, t) \times \begin{cases} 1, \text{如果} \operatorname{len}(s, t) = 0 \\ 0, \text{如果} \operatorname{len}(s, t) > 0 \end{cases}$$

其中 s, t 表示基本块，(s, t) 表示从基本块 s 到基本块 t 有一条边，$w(s, t)$ 是边的权重（执行频率），而 $\operatorname{len}(s, t)$ 表示基本块 s 到基本块 t 的指令长度，如果基本块 s、t 相邻则长度为 0，如果基本块 s、t 之间存在指令，则指令长度大于 0。

求取指令长度和 TSP 求最大值是完全相同的，早期基本块布局的优化都是以 TSP 模型为基础求解最优基本块布局。在不同基本块的布局和性能关系的研究中，数据表明通过 TSP 模型得到的基本块布局展现出卓越的性能水平。（统计数据表明，优化结果和预测结果具有非常高的相关系数。）但是在 TSP 模型中存在个别数据和预测值有较大的偏差的情况，通过进一步分析，发现 TSP 模型主要考虑了执行频率高的基本块，但是并没考虑基本块中跳转指令的影响。假设 CFG 有 5 个基本块：B0、B1、B2、B3、B4，其执行频率如图 11-29 所示。

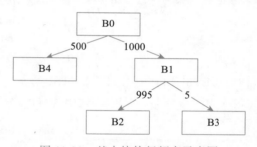

图 11-29 基本块执行频率示意图

在图 11-29 中，B0 到 B1 的执行频率为 1000，B0 到 B4 的执行频率为 500，所以优先将 B0 和 B1 排列在一起。同理，B1 到 B2 的执行频率为 995，B1 到 B3 的执行频率为 5，所以将 B1 和 B2 排列在一起。此时，基本块排列的顺序为 B0、B1 和 B2，而 B3、B4 无法同时和 B2 相邻（只有一个可以作为 B2 的后继基本块，因为 B2 已经有前驱基本块 B1），也无法同时和 B0 相邻（只有一个可以作为 B0 的前驱基本块，因为 B0 已经存在后继基本块 B1），B3、B4 是随机布局。假设 B3、B4 排在最后，可以得到两种布局方法，如图 11-30 所示。

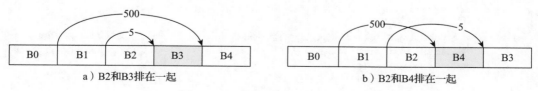

a）B2和B3排在一起　　　　　　　　　b）B2和B4排在一起

图 11-30 两种基本块布局示意图

按图 11-30a 和图 11-30b 所示的布局计算得到的 TSP 值是相同的。也就是说，这两个结果都被认为是最优的 TSP 结果。但是在实际情况中 TSP 结果可能并不相同，例如缓存行大小为 64B。为了分析方便，假设每个基本块都占有 16B，所以一条缓存行最多存放 4 个基本块。在图 11-30a 中，B0、B1、B2、B3 在一条缓存行中；而在图 11-30b 中，B0、B1、B2、B4 在一条缓存行中。B0 到 B4 的执行频率为 500（B0 到 B1 的执行频率 1000，B0 到 B4 的执行频率为 500，所以 B0 有 1/3 的概率执行到 B4），当程序执行 B0 到 B4 时，图 11-30a 所示的布局需要两条缓存行，图 11-30b 只需要一条缓存行，这意味着图 11-30a 所示的布局的高速缓存命中概率要比图 11-30b 所示的布局的更高。

因此有学者又提出了扩展 TSP（Extended-TSP，ExtTSP）模型，在 ExtTSP 中不仅仅考虑基本块的执行频率，还考虑跳转的方向和跳转的距离，最后得到修正的 ExtTSP 模型如下所示：

$$F = \sum_{(s,\,t)} w(s,\,t) \times \begin{cases} 1, & \text{如果} \operatorname{len}(s,\,t) = 0 \\ 0.1 \times \left(1 - \dfrac{\operatorname{len}(s,\,t)}{1024}\right), & \text{如果} 0 < \operatorname{len}(s,\,t) \leqslant 1024，并且 s < t \\ 0.1 \times \left(1 - \dfrac{\operatorname{len}(s,\,t)}{640}\right), & \text{如果} 0 < \operatorname{len}(s,\,t) \leqslant 640，并且 t < s \\ 0, & \text{其他情况} \end{cases}$$

LLVM 14.0 中引入了 ExtTSP 算法，代码清单 11-4 所示为该算法实现的伪代码。算法输入为图 $G = \langle V, E, W \rangle$，输出为排序序列。假设函数的入口基本块为 Entry。

代码清单 11-4　ExtTSP 算法的伪代码

```
Function ReorderBasicBlocks
    for v ∈ V do // 为每一个定点生成一个链，完成后，每个链仅仅包含一个定点
    Chains ← Chains ∪ (v);
    // 当链的个数大于 1 则进行链合并，最后只有一条链，这个链就是排序后的结果
    while |Chains| > 1 do
        for ci, cj ∈ Chains do // 在所有链中选取两个链，计算合并后的分值
            gain[ci, cj ] ← ComputeMergeGain(ci, cj );
        // 选择合并分值最高的两条链进行合并
        src, dst ← max gain[ci, cj ];
        // 合并两条链为新的链，并将原来的两条链删除
        Chains ← Chains ∪ Merge(src, dst) - {src, dst};
    // 只有一条链，链中基本块的顺序就是最后的顺序
    return ordering given by the remaining chain;

Function ComputeMergeGain(src, dst) // 计算两条链所有可能合并的分值，并选取分值最大的两条链合并
    // 将链 dst 合并到链 src 中。链 src 中的每一个基本块都要作为链 dst 的插入位置，以计算最大分值
    for i = 1 to blocks(src) do
        // 按照基本块的执行顺序将 src 拆分成 s1 和 s2，在序号 i 处打断链
        s1 ← src[1 : i];
        s2 ← src[i + 1 : blocks(src)];
```

$$
score_i = \max \begin{cases}
ExtTSP(s1,\ s2,\ dst), if\ Entry \notin dst \\
ExtTSP(s1,\ dst,\ s2), if\ Entry \notin dst \\
ExtTSP(s2,\ s1,\ dst), if\ Entry \notin s1,\ dst \\
ExtTSP(s2,\ dst,\ s1), if\ Entry \notin s1,\ dst \\
ExtTSP(dst,\ s1,\ s2), if\ Entry \notin src \\
ExtTSP(dst,\ s2,\ s1), if\ Entry \notin src
\end{cases}
$$

```
// 返回合并两条链后的净收益
    return max(scorei) - ExtTSP(src) - ExtTSP(dst);
```

在算法中，函数 ComputeMergeGain 仅仅拆分了链 src，然后计算两条链合并后的分值，并没有以 dst 为目标重新计算分值，算法也不是针对所有基本块布局构成的全空间进行搜索，所以得到的也只是最大可能的最优解（通常求不出最大值，所以只能求最优解）。在计算分值时，将 src 分成两个子链 s1、s2，和链 dst 进行排列组合布局，共计有 6 种可能的布局，然后分别计算分值，选取最大的分值作为拆分的最优解，最后根据所有的拆分子链，取最大的分值作为两条链合并的分值。注意算法将 Entry 基本块进行了排除，因为 Entry 基本块只能在最开头的位置。

相比 TSP 算法（LLVM 实现了该算法），ExtTSP 效果更优，因为 TSP 算法在计算分值时并不会拆分链，仅在链的头部、尾部计算合并后的分值，而 TSP 算法将 src 链进行拆分，之后和链 dst 进行位置布局组合取最优解，所以 ExtTSP 效果会更好，但是 ExtTSP 的计算量也明显更大，上述算法的复杂度为 $O(V^5)$。关于 ExtTSP 的更多内容可以参考原始论文[⊖]。

11.4.2　公共代码提取

公共代码提取指的是将多个函数中的公共代码片段提取成一个新函数，然后将多个函数中的公共代码片段删除，再调用新函数。可以看到，该优化和函数内联刚好相反，所以称为外联。和内联的作用相反，该优化通常会降低性能（由于增加了函数调用，因此在函数调用中还可能需要生成函数栈帧相关指令），但是会减少代码，所以该优化通常是 Os 优化等级的组合选项之一，也可以通过 enable-machine-outline=always 在其他编译级别中启用。

首先通过示例看看公共代码提取到底做了什么工作。假设有两个函数 func1、func2，如代码清单 11-5 所示。

代码清单 11-5　公共代码提取示例源码

```
int func1(int x) {
    int i = x;
    i = i * i;
    i += 1;
    i = i * i;
    i += 2;
    return i;
}
```

⊖　请参见 *A Newell and S. Pupyrev, Improved Basic Block Reordering*，于 2020 年发表在 IEEE Transactions on Computers 期刊上。

```
int func2(int x) {
    int i = x + 51;
    i = i * i;
    i += 1;
    i = i * i;
    i += 2;
    return i;
}
```

以 x86-64 平台为例，默认情况下生成的汇编代码如代码清单 11-6 所示。

代码清单 11-6　代码清单 11-5 对应的汇编代码

```
func1:                                      # @func1
        imul    edi, edi
        lea     eax, [rdi + 1]
        imul    eax, eax
        add     eax, 2
        ret
func2:                                      # @func2
        lea     eax, [rdi + 51]
        imul    eax, eax
        inc     eax
        imul    eax, eax
        add     eax, 2
        ret
```

可以看到 func1、func2 生成的汇编代码有相同的片段，如代码清单 11-7 所示。

代码清单 11-7　公共代码片段

```
imul    eax, eax
add     eax, 2
ret
```

如果可以将代码片段提取到一个公共函数，让 func1、func2 调用公共函数，就可以减少代码。在 Clang 或者 llc 中添加参数 -enable-machine-outliner=always，启用公共代码提取功能，以自动提取公共代码，得到结果如代码清单 11-8 所示。

代码清单 11-8　公共代码提取后

```
func1:                                      # @func1
        imul    edi, edi
        lea     eax, [rdi + 1]
        jmp     OUTLINED_FUNCTION_0         # TAILCALL
func2:                                      # @func2
        lea     eax, [rdi + 51]
        imul    eax, eax
        inc     eax
```

```
        jmp         OUTLINED_FUNCTION_0                    # TAILCALL
OUTLINED_FUNCTION_0:                      # @OUTLINED_FUNCTION_0
        imul        eax, eax
        add         eax, 2
        ret
```

可以看到编译器将 func1、func2 中的公共代码被提取成一个新的函数，名字为 OUT-LINED_FUNCTION_0，同时将 func1、func2 中的公共代码片段删除，并改成调用函数 OUTLINED_FUNCTION_0（这里使用 jmp 指令而非 call 指令，是进行了尾代码合并优化）。

没有使用公共代码提取功能产生的汇编指令共计 11 条，使用公共代码提取功能后产生的汇编指令是 10 条，所以使用公共代码提取后代码量可以减少。

因为公共代码提取优化需要寻找多个函数的公共代码片段，代码本质上可以看成字符串，将多个函数组合成一个大的字符串，然后在这个大字符串中寻找重复的代码片段，而代码片段实际上是一个子串，所以该问题就变成在字符串中寻找公共子串。假设一个函数为字符串 abc，另一个函数为字符串 ab，将两个字符串 abc、ab 组成一个新的字符串 abcab，只需要针对字符串 abcab 找出所有的公共子串 a、b 和 ab 即可。其中，a 分别位于第 1、4 位，b 分别位于第 2、5 位，ab 起始于第 1、4 位。

有许多方法求解该问题，例如暴力求解、动态规划、后缀树等，其中后缀树的查询性能表现非常优异，但是需要较多的内存空间。另外，构造后缀树难度也比较高，最简单的构造方法的复杂度为 $O(n^2)$，而 Ukkonen 设计了线性的构造方法，本节不讨论构造后缀树的方法，感兴趣的读者可以参考 11.5 节。

下面先来认识一下后缀树，然后了解如何通过后缀树快速找到公共子串，最后学习 LLVM 如何将多个函数中的公共代码提取转换为后缀树，以及将求解结果再转换为函数的过程。

1. 后缀树

后缀树是指所有字符串后缀子串构成的树形数据结构。假设有一个字符串 "abcab"，其后缀分别是 abcab（字符串本身）、bcab、cab、ab、b 共计 5 个子串。

> **注意**　子串 bca、bc、ca 等并不是字符串 abcab 的后缀。

为了演示方便，为每一个字符串添加一个显式的结束标记符号 $，这样可以让多个字符串共享存储空间，并且非常容易区分两个字符串。例如两个字符串 abc、ab，前者包含后者，当两个字符串共享存储空间时，由于 ab 被 abc 包含，只需要存储字符串 abc 即可，但是当遍历 abc 时无法确定它包含了字符串 ab。如果为它们添加字符串结束标记就变成了 abc$、ab$，当两者共享存储空间后，还能确定每一个独立的字符串。上述 5 个字符串用树表示如图 11-31 所示。

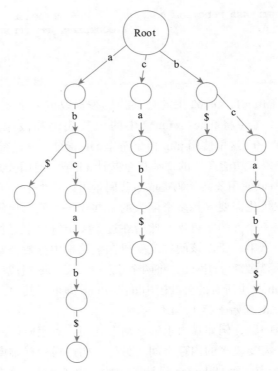

图 11-31 字符串 abcab 后缀树示意图

图中后缀树共计有 5 个分支，其中字符串的前缀相同时则共享其存储空间，例如字符串 ab$、abcab$ 共享 ab 的存储空间，在图中表现形式为使用相同的节点。

由于图 11-31 中大量的节点仅仅包含一个输入边和输出边，可以将这些节点进行压缩，形成的后缀树如图 11-32 所示。

压缩的后缀树在寻找字符串的公共子串时有非常好的效果。在后缀树中，从 Root 节点到任意一个中间节点构成的字符串都是公共子串。将图中后缀树的中间节点用蓝色节点表示，如图 11-33 所示。

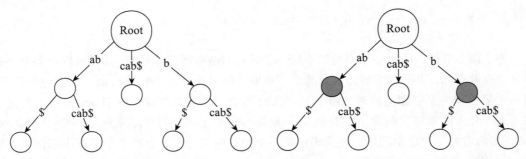

图 11-32 压缩的后缀树示意图   图 11-33 后缀树表示中的公共子串示意图

图 11-33 中有两个公共子串，分别是 ab 和 b，而 ab 是字符串 ab$、abcab$ 的公共子串，b 是字符串 b$、bcab$ 的公共子串。

> 注意　实际上字符串 ab$、abcab$ 的公共子串除了 ab 外还有 a，因为 ab 已经是公共子串，a 当然也是公共子串，所以 a 被 ab 包含，在压缩树中 a 被压缩到 ab 中。

当构造好后缀树后，只需要寻找从根节点到中间节点的路径就可以找到公共子串。如果在使用后缀树后再辅以字符的位置信息，则不仅可以找到公共子串，还能很容易地为每个公共子串找到对应的位置信息。

2. 为多个函数的指令构造后缀树

后缀树以字符串为基础进行构建，如果直接以函数代码作为字符串构造后缀树，性能会比较差，主要原因是函数代码中的一条指令包含多个字符。例如上面提到的 func1、func2 中的公共代码片段只有两条指令，而每一条指令包含了多个字符，直接以指令字符串为基础构造后缀树会产生大量的冗余，导致构造的后缀树性能很差。LLVM 中的公共代码提取会首先对指令进行处理：为每一条指令进行编号，将指令序列变成指令编号序列，同时用一个 < 指令，编号 > 二元组保存，在为指令编码时首先查询指令是否已经编号，如果已经编号则直接使用编号，这也意味着该指令和前面已经完成编号的指令重复。

例如上面的例子中，LLVM 将 func1、func2 编码后的序列为 0、1、2、3、4、-3、5、2、6、2、3、4、-2。其中 -3、-2 表示这些指令不能作为公共指令，例如函数栈帧相关的操作指令。然后基于编号构建后缀树，寻找公共子串。本例中的指令编号序列 2、3、4 是公共子串，需要进行公共代码提取。

> 注意　代码提取后不仅要在原来的位置插入额外的 call 指令或者 jmp 指令，可能还需要在提取的新函数中插入函数栈帧、ret 指令等，所以公共代码提取一定要判断收益，否则代码量可能变大。

接下来将公共代码变成函数，并设置函数属性，活跃寄存器信息（LiveIn、LiveOut）、函数栈帧构建、调试信息等。最后在原来函数中删除公共子代码片段，并使用 call 指令调用新函数或者使用 jmp 指令直接跳转至新函数。

11.4.3　函数冷热代码分离

目前 LLVM 关于冷热代码分离有两个相关的实现，分别是 BasicBlockSection 和 MachineFunctionSplitter，二者都依赖 Profile 信息。

1）BasicBlockSection 依赖 PMU（Performance Monitoring Unit，性能监控单元）信息，通过收集到的信息进行变化，再将变化后的信息作为编译输入，从而对基本块按照冷热进行分离。虽然该功能已经合并到 LLVM 主仓代码中，但是使用该功能还需要额外的 Profile

信息（一般是通过 perf 工具抓取原始信息后再进行处理），以前谷歌维护了开源的工具，但是目前该工具已经被谷歌删除[○]。

2）MachineFunctionSplitter（以下简称 MFS）则是依赖 Profile 信息，根据基本块对应的 Profile 信息判断基本块是否冷热，然后按照三个类型进行分区：热、冷、异常。

下面以 MFS 为例介绍如何进行函数代码的冷、热布局。假设有函数 foo 和 bar，其 CFG 如图 11-34 所示。

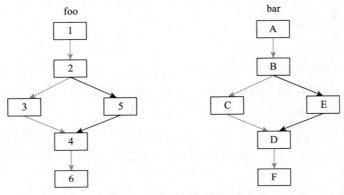

图 11-34　待进行冷、热布局的函数

假定函数 foo 和 bar 基本块热路径如图中蓝色路径所示，即函数 foo 中基本块 5 所在的分支执行频率比较低，函数 bar 中基本块 E 所在的分支执行频率也比较低。那么按照基本块布局优化，将一个函数中热路径上的基本块放在一起，冷基本块放在热基本块的后面。因此函数 foo 和 bar 的代码布局都是先放置热基本块再放置冷基本块：foo 函数的 1、2、3、4、6 基本块会放在前面，而 5 基本块放在后面，同时为了保障代码执行的正确性，会在相应基本块末端放置跳转指令。类似地，bar 函数也是一样。为了显示冷、热基本块的不同，基本块 5 和 E 使用灰色底色，此时得到的代码布局如图 11-35 所示。

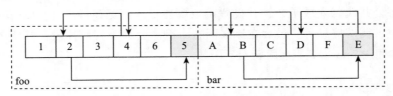

图 11-35　进行基本块布局优化的两个函数示意图

而 MFS 则是更进一步优化代码布局，把多个函数中的热代码放置在一起、冷代码放置在一起。此时得到的代码布局如图 11-36 所示。

为了区别冷、热代码，通常将热代码放在一个分区（指的是 ELF[○] 中的分区，这里用

　　○　参考 https://github.com/google/llvm-propeller。

　　○　可执行与可链接格式。

text.hot 表示）、冷代码放在另一个分区（用 text.unlikely 表示），在链接时再进行处理。

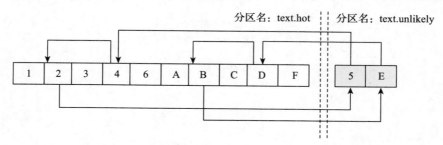

图 11-36　使用 MFS 优化的函数基本块布局示意图

简单来说，函数冷热代码分离功能实现主要包括：

1）通过编译优化 Pass 识别基本块的冷热信息，并设置基本块的冷、热标记。

2）根据冷、热标记对基本块进行冷、热分区划分，然后为一些基本块添加跳转指令（除了跳转指令外并不会添加函数栈帧等信息），并保留所有的执行路径。

3）在机器码生成时根据冷、热标记生成对应的机器码，生成的机器码会统一放在热代码的最后。

值得注意的是，在 LLVM 中端优化中有一个过程间优化 HCS（Hot-Cold Splitting，热 – 冷代码分离），作用也是分离冷、热代码，作用和基于机器码的代码分离非常类似。但是两者的效果有所不同，主要表现在如下方面。

1）HCS 能够处理的函数必须是满足 SESE（Single-Entry-Single-Exit，单入口 – 单出口）的代码片段。每一个 SESE 区域独立处理；MFS 则是跨函数进行布局。

2）HCS 会将分离的冷代码生成一个函数，并考虑函数调用时的参数和返回值传递；MFS 并不会将冷代码提取为独立函数，而是将多个函数的冷代码集中存放在一起，并添加了跳转指令，实现较为简单。

3）HCS 位于中端优化中，其他的优化（内联、CFG 简化等）会影响 IR，所以 HCS 和其他的优化需要考虑联动效果，而且一般要找到一个最为合适的 Pass 顺序是非常难的。MFS 是代码生成中优化的最后一步，优化机会大，且不需要和其他优化 Pass 协同（仅依赖于 Profile 信息）。

> **注意**　在 Google 的评估中，使用 HCS 后代码增加较多，使用 MFS 后代码略微增加；使用 HCS 性能并未明显提升，使用 MFS 性能明显提升（来自 iTLB 或者指令高速缓存收益）[⊖]。

Google 工程师同时给出了一个例子演示 HCS 和 MFS 的区别，如代码清单 11-9 所示。

⊖　请参考 https://groups.google.com/g/llvm-dev/c/RUegaMg-iqc/m/wFAVxa6fCgAJ。

代码清单 11-9　HCS 和 MFS 的区别

```
@i = external global i32, align 4

define i32 @foo(i32 %0, i32 %1) nounwind !prof !1 {
    %3 = icmp eq i32 %0, 0
    br i1 %3, label %6, label %4, !prof !2
4:                                                  ; preds = %2
    %5 =  call i32 @L1()
    br label %9
6:                                                  ; preds = %2
    %7 = call i32 @R1()
    %8 = add nsw i32 %1, 1
    br label %9
9:                                                  ; preds = %6, %4
    %10 = phi i32 [ %1, %4 ], [ %8, %6 ]
    %11 = load i32, i32* @i, align 4
    %12 = add nsw i32 %10, %11
    store i32 %12, i32* @i, align 4
    ret i32 %12
}

declare i32 @L1()
declare i32 @R1() cold nounwind

!1 = !{!"function_entry_count", i64 7} // 注意：要是有 MFS 或者 HCS 都必须有 Profile 数据
!2 = !{!"branch_weights", i32 0, i32 7}
```

这里以 x86-64 系统为例，通过命令行 clang -c -O2 -S -mllvm --enable-split-machine-functions -x ir 来对 11-9.ll 进行 MFS 处理，得到的结果如代码清单 11-10 所示。

代码清单 11-10　MFS 处理后的 11-9.ll

```
foo:                                    # @foo
        push    rbx
        mov     ebx, esi
        test    edi, edi
        je      .LBB0_3 // 跳转到冷代码基本块
        call    L1@PLT
.LBB0_2:
        mov     rax, qword ptr [rip + i@GOTPCREL]
        add     ebx, dword ptr [rax]
        mov     dword ptr [rax], ebx
        mov     eax, ebx
        pop     rbx
        ret
.LBB0_3:
        call    R1@PLT
        inc     ebx // 直接对 ebx 进行自增，冷、热基本块属于同一个函数，只不过冷代码位置布局在最后
        jmp     .LBB0_2
```

　　同样以 x86-64 系统为例，通过命令行 clang -c -O2 -S -mllvm --hot-cold-split -mllvm --hot-coldsplit-threshold=0 -x ir 来对 11-9.ll 进行 HCS 处理，得到的结果如代码清单 11-11 所示。

代码清单 11-11　HCS 处理后的 11-9.ll

```
foo:                                             # @foo
        push    rbx
        sub     rsp, 16
        mov     ebx, esi
        test    edi, edi
        je      .LBB0_2
        call    L1@PLT
.LBB0_3:
        mov     rax, qword ptr [rip + i@GOTPCREL]
        add     ebx, dword ptr [rax]
        mov     dword ptr [rax], ebx
        mov     eax, ebx
        add     rsp, 16
        pop     rbx
        ret
.LBB0_2:                                         # %codeRepl
        lea     rsi, [rsp + 12]
        mov     edi, ebx // 准备函数参数
        call    foo.cold.1 // 调用函数
        mov     ebx, dword ptr [rsp + 12] // 处理返回值
        jmp     .LBB0_3
foo.cold.1:                                      # @foo.cold.1
        push    rbp
        push    rbx
        push    rax
        mov     rbx, rsi
        mov     ebp, edi
        call    R1@PLT
        inc     ebp
        mov     dword ptr [rbx], ebp
        add     rsp, 8
        pop     rbx
        pop     rbp
        ret
```

　　基本块 6 是冷代码，HCS 会将其变换成一个新的函数。当然新函数不仅要构造函数栈帧，还需要进行读取参数、执行冷代码、处理返回值等一系列操作，通过代码清单 11-10 和代码清单 11-11 可以清楚地看出 MFS 和 HCS 的不同之处。

11.4.4　代码布局优化比较

　　近年来代码布局相关优化是编译优化的热点方向之一，和代码布局相关的优化方法主要有：局部优化、PGO（基于 Profile 的优化，Profile Guided Optimization）、LTO（链接时优化，

Link Time Optimization）、PLO（链接后优化，Post Link Optimization）。有些优化方法不仅仅在 LLVM 中端优化中存在，在后端优化中还存在；有些优化方法不仅仅在 LLVM 中存在，还在工具链中存在（例如 BOLT）。本节将对相关优化做一个简单的总结。为了便于读者理解 PGO、LTO、PLO 等相关概念，首先来看一下各类代码布局优化执行的时机，如图 11-37 所示。

图 11-37　编译阶段和优化方法

图 11-37 描述的是程序编译、执行过程，在编译阶段可以叠加 PGO，在链接阶段可以使用 LTO，在链接后针对二进制文件可以使用 PLO[⊖]，在运行时还可以使用 JIT 动态优化（JIT 不在本书的讨论范围内）。就代码布局来说，优化方法列举如下。

1）局部优化：主要指的是 LLVM 中端或者后端针对单个函数进行优化，比如 MBP 根据执行频率调整基本块顺序（执行频率可以来自 PGO，也可以来自静态预测数据）、提取公共代码。

2）PGO：通常有两种 PGO 实现：一种方法是对源代码进行插桩（插桩代码主要收集分支执行情况），然后编译、运行，可以得到分支执行情况，并根据分支执行情况对代码进行编译优化；另一种方法是借助硬件、操作系统的能力，最为典型的是通过 PMU 获取程序执行情况，借助执行信息进行编译优化。PGO 主要指的是编译阶段的优化，例如 MBP 可以基于 PGO 做更合适的代码布局优化。

3）LTO：通常也需要 Profile 信息，将 Profile 信息用于链接时优化，在链接时对函数、基本块进行优化，包括函数布局、基本块布局、函数拆分等。例如 LLVM 中的 Call Graph Sort、HCS 等都属于 LTO 优化。

4）PLO：在链接完成后，再次根据 Profile 信息对二进制文件进行优化，例如 LLVM 中的 BasicBlockSectionl、MFS 等都属于 PLO。除此以外，BOLT 也属于 PLO。

> 📷 注意　LTO、PLO 都是针对二进制文件进行的优化：一是二进制文件生成前进行的优化，二是二进制文件生成后的优化，两者使用的优化方法也很类似。为什么 PLO 还能作为流行的优化手段？Facebook 的研究团队在 2018 年发表的论文"BOLT: A Practical Binary Optimizer for Data Centers and Beyond"中介绍了为什么 PLO 在叠加 PGO、LTO 后还有较好优化效果。BOLT 项目针对二进制文件做了更多优化，例如针对代码布局实现了一系列算法——HFSort、C3、CodeSitechar、PH、PH.BB、TSP、ExtTSP 等，读者可以尝试使用 BOLT。

⊖ LLVM 中也实现了 PLO，被称为 Propeller，它和 BOLT 的作用基本一致，由谷歌的工程师发起该项目，目前已经合并到 LLVM 主干中。重新实现一个 PLO 的原因是 BOLT 是一个独立的工具，在使用过程需要额外的命令使能（使用稍微麻烦），最主要的原因是 BOLT 内存消耗比较多，且生成的代码较大，且存在冗余。

11.5　扩展阅读：后缀树构造和应用

虽然后缀树在求解很多字符串问题时表现优异，但是后缀树的构造比较复杂，直接基于后缀子串进行后缀树构造的时间与空间复杂度都很高（均为 $O(n^2)$）。对于大型字符串来说使用简单的算法构造后缀树不可接受，直到 1995 年 Ukkonen 实现了对字符串从左到右遍历一次构造后缀树的算法，使得后缀树有了广泛的应用，11.4 节提到的公共代码提取就是基于 Ukkonen 提出的后缀树实现。本节着重介绍 Ukkonen 后缀树的构造原理。

11.5.1　后缀树的构造

Ukkonen 算法比较难以理解，我们先介绍更为直观的构造算法，然后再介绍 Ukkonen 进行的优化工作。

1. 直观构造后缀树算法

构造后缀树的算法中引入了几个概念，分别是显式节点、隐式节点、尾部链表。

1）显式节点：所有后缀树中的节点，包含了叶子节点和内部节点（非叶子节点）。通常叶子节点是后缀字符串，非叶子节点是多个后缀字符串的共享公共字符串。

2）隐式节点：后缀字符串，但不是后缀树的叶子节点，而是后缀树的内部节点。

3）尾部链表：表示当前"尾部"节点构成的链表，在构造后缀树时会直接在尾部节点添加字符，并更新后缀树。

下面以 abcabxabcd$ 为例构造后缀树。从左至右依次遍历字符串，增量构造后缀树。

首先处理字符 a，因为字符串为 a，所以对应的后缀字符串也是 a，形成的后缀树如图 11-38 所示。

为了表示当前正在处理的节点位置，后缀树使用蓝色链表（就是上面提到的尾部链表，并将蓝色线关联至 Root 节点）来表示，当有新的字符添加至后缀树时，需要沿着

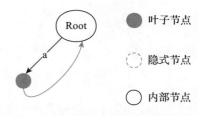

图 11-38　单字符 a 构成的后缀树

尾部链表进行插入。在当前的后缀树中，可以继续添加字符的尾部节点为 a 和 Root，用蓝色链表链接起来（当处理新的字符时，后缀字符串会自动更新，即需要分别更新 a 节点和 Root 节点）。

接着处理字符 b，此时字符串为 ab，后缀字符串为 ab、b。在当前的后缀树中，根据尾部链表的位置来更新后缀树，首先在节点 a 处添加字符 b，形成节点 ab；在链表指向的 Root 节点处，添加字符 b，形成一个新的节点 b。在后缀树中，可以继续添加字符的尾部节点为 ab、b 和 Root，用蓝色链表链接起来，如图 11-39 所示。

继续处理字符 c，直接在尾部链表依次添加字符 c，得到的后缀树如图 11-40 所示。

继续处理字符 a，直接在尾部链表依次添加字符 a，但是对 Root 节点来说已经有一个

从 Root 节点出发的路径 abca，因为要在后缀树中共享字符 a，所以需要特殊处理。处理方式为分裂公共节点，即为字符 a 生成一个新的内部节点，这样 a 和 abca 就能共享字符 a，得到的后缀树如图 11-41 所示。

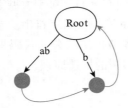

图 11-39　字符 ab 构成的后缀树

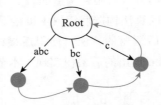

图 11-40　字符串 abc 构成的后缀树

继续处理下一个字符 b，直接在尾部链表依次添加字符 b，需要在内部节点判断是新增叶子节点还是往下移动字符串，重新产生新的隐式节点。在本例中，因为内部节点后面的一个字符为 b，所以向下移动字符。同时，在 bcab 路径上也要分裂节点 b，最后得到的后缀树如图 11-42 所示。

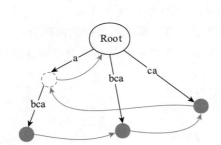

图 11-41　字符串 abca 构成的后缀树

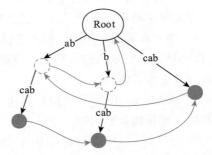

图 11-42　字符串 abcab 构成的后缀树

接着处理下一个字符 x，直接在尾部链表继续添加字符 x，在原来的隐式节点新增叶子节点，最后得到的后缀树如图 11-43 所示。

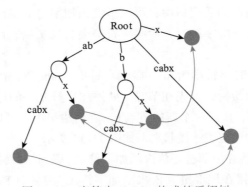

图 11-43　字符串 abcabx 构成的后缀树

按照同样的方法继续处理剩余的字符串 abcd，得到的后缀树如图 11-44 所示。

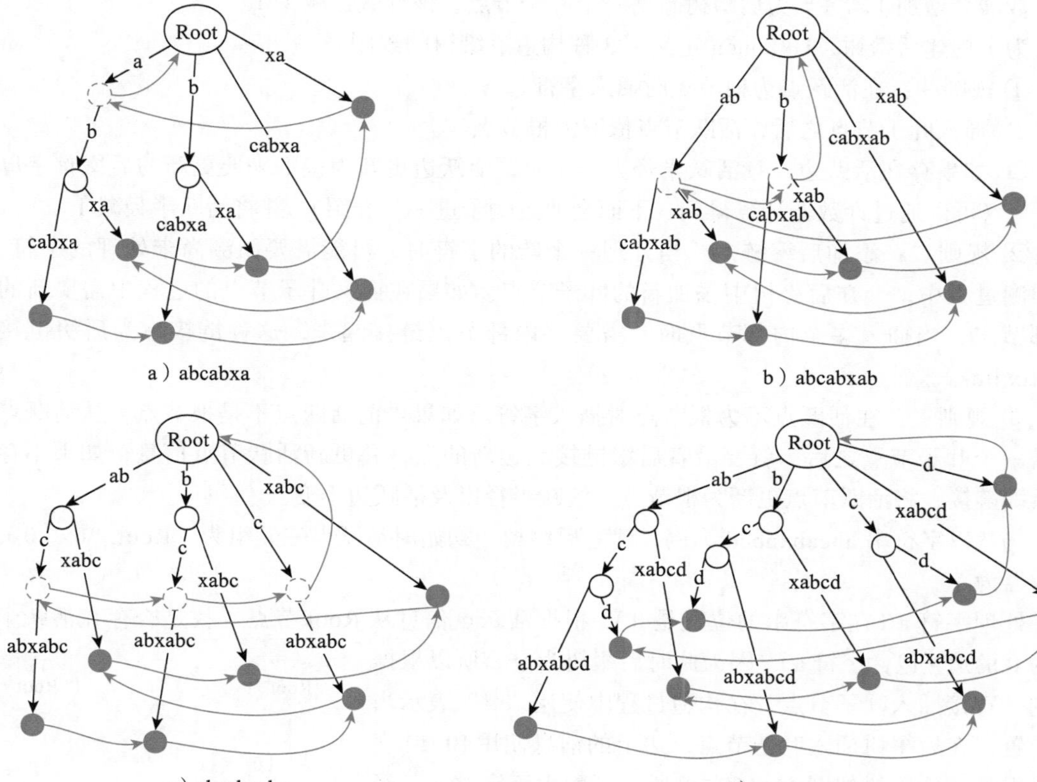
Root
a
b
xa
cabxa
a) abcabxa
ab
xab
cabxab
b) abcabxab
xabc
abxabc
c
c) abcabxabc
d
xabcd
abxabcd
d) abcabxabcd

图 11-44　不同字符串构成的后缀树

上述算法构造后缀树过程相对比较直观，通过尾部链表跟踪插入位置，遍历一次字符串就可以构造后缀树，但是在构造过程中每次添加新的字符串都需要遍历尾部链表，而随着字符越来越多，链表长度也随之增加，所以整体算法复杂度仍然是 $O(n^2)$。

2. Ukkonen 构造后缀树算法

Ukkonen 在基础算法上做了进一步优化，移除了尾部链表，引入了活跃点和计数器。

1）活跃点（active point）：这是一个三元组，包含了三个信息（活跃位置，活跃边，活跃半径）。活跃位置表示后缀树构建的起点位置；活跃边表示从起点位置出发由字符串形成的后缀字符串；活跃半径指活跃边的长度，和活跃边一起构成了一个后缀字符串，通常这是隐式节点。后缀树构造时的初始值为 (Root, '\0x', 0)，代表活跃位置是根节点，没有活跃边时活跃半径为 0。

2）计数器（remainder）：记录了在当前处理字符之前，尚未正式添加到后缀树的字符个数。因为每次处理字符串的一个字符都会在后缀树中增加新的叶子节点，所以计数器也表示尚未添加到后缀树的叶子节点数。后缀树在构造时的初始值为 1，每处理一个字符时，该计数器会增加 1，每当为后缀树新增一个叶子节点，该计数器减少 1。

为了构建后缀树，Ukkonen 定义了 3 种构造后缀树的规则。

① 规则一：在活跃点为根节点时插入字符。

❑ 插入叶子节点之后，活跃节点依旧为根节点。

❑ 如果存在活跃边，且活跃半径大于 1 时，活跃边更新为接下来要更新的后缀首字母（可以通过计数器计算得到，下面会通过例子进一步介绍），并将活跃半径减 1。

② 规则二：添加后缀链接。当处理一个新的字符时，可能需要回溯尚未处理的字符。在回溯过程中，会在后缀树中添加新的叶子节点。如果在插入叶子节点的过程中需要新的内部节点，当插入多个内部节点时，需要将内部节点链接起来，这种链接称为后缀链接（suffix link）。

③ 规则三：在活跃点不为根节点时插入字符。如果当前活跃点不是根节点，从活跃点新增一个叶子节点之后，就要沿着后缀链接到达新的点，并更新活跃节点信息；如果不存在后缀链接，将活跃节点更新为根节点，活跃半径以及活跃边不变。

仍然以字符串 abcabxabcd 为例，建立后缀树。初始时活跃点三元组为（Root, '\0x', 0），计数器为 1。

处理字符 a（在字符串的位置是 0），根据活跃点信息从 Root 节点寻找是否存在活跃半径为 0 的边（包含字符 a），因为此时后缀树为空，所以根据规则一直接插入叶子节点。在构造过程中使用 "#" 表示当前位置，在后缀树插入叶子节点，边上的信息使用 [0, #] 表示，得到的后缀树如图 11-45 左侧所示。而由于字符 a 已经处理过了，接着处理下一个字符，并将 "#" 更新为 1，所以此时 [0, #] 等价于 [0, 1]，刚好表示字符 a，所以等价的后缀树如图 11-45 右侧所示。

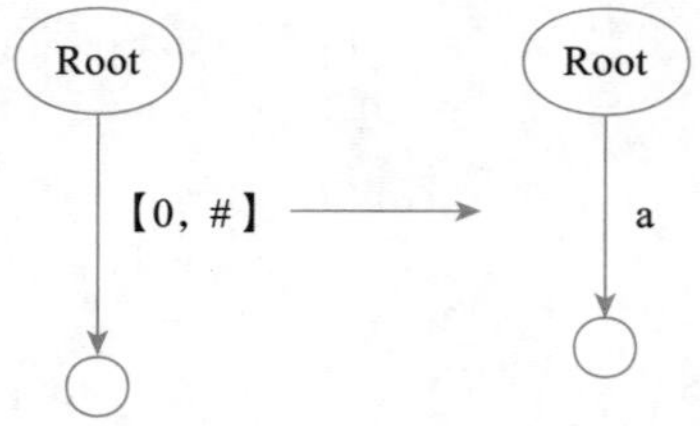

图 11-45　直接构造单字符 a 的后缀树

处理完字符 a 后，三元组为（Root, '\0x', 0），计数器为 0。接着处理第二个字符 b，计数器增加 1（为 1）。由于从 Root 只有一条边是字符 a，所以根据规则一在 Root 下插入叶子节点。处理完字符 b 后，三元组为（Root, '\0x', 0），计数器为 0。接着处理第三个字符 c，计数器增加 1（为 1）。同理在 Root 下插入叶子节点。处理完字符 c 后，三元组为（Root, '\0x', 0），计数器为 0。此时得到的后缀树如图 11-46 左侧所示，根据位置信息，实际上后缀树如图 11-46 右侧所示。

接下来处理下一个字符 a，三元组为（Root, '\0x', 0），计数器增加至 1。由于 Root 有三条边，分别是 a、b、c 开头，此时仅仅更新三元组为（Root, 'a', 1），计数器为 1。此时后缀树如图 11-47 所示。

实际上在后缀树中体现了当前字符子串（abca）的三个后缀 abca、bca、ca，但是并没有体现后缀串 a，它是一个隐式节点，使用活跃点和计数器表示（计数器为 1 表示后缀树还需要插入一个叶子节点）。接下来处理下一个字符 b，三元组为（Root, 'a', 1），计数器增加至 2。此时要比较从 Root 节点出发的边 a 是否继续包含 b，如果包含 b 则继续保持后缀树不变。刚好后缀树中有一条边为 abca，包含了字符串 ab，所以仅更新活跃点和计数器，活跃点为（Root, 'a', 2），计数器为 2。此时的后缀树如图 11-48 所示。

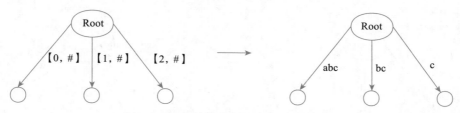

图 11-46　直接构造字符串 abc 的后缀树

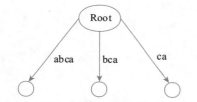

图 11-47　直接构造字符串 abca 的后缀树

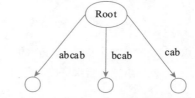

图 11-48　直接构造字符串 abcab 的后缀树

同理可以发现后缀树尚有两个字符未处理（计数器为 2），即后缀树还需要插入两个叶子节点。接下来处理下一个字符 x，三元组为（Root, 'a', 2），计数器增加至 3。由于从 Root 出发没有一条边包含 abx，所以需要拆分边，拆分位置由活跃点信息确定（从 Root 出发的边 a，活跃半径为 2，即字符 ab），在分割位置插入叶子节点，得到的后缀树如图 11-49 所示。

此时活跃点向前移动到下一个后缀字符 b，所以三元组为（Root, 'b', 1），计数器降至 2。由于从 Root 出发存在边 b，但是也没有边包含 bx，所以需要对边 b 进行拆分，得到的后缀树如图 11-50 所示。

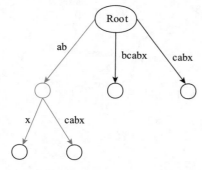

图 11-49　直接构造字符串 abcabx 的
后缀树对边 abcab 进行拆分

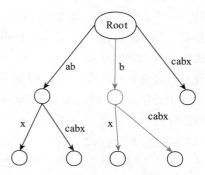

图 11-50　直接构造字符串 abcabx 的
后缀树对边 bcab 进行拆分

此时，在边 ab 和边 b 都创建了内部节点，根据规则二需要为它们创建后缀链接（通过后缀链接可以快速找到需要插入叶子节点的位置），如图 11-51 所示。

让活跃点向前移动，下一个后缀字符为空，所以三元组为（Root, '\0x', 0），计数器降至 1。从 Root 出发没有边 x，所以直接在 Root 下插入叶子节点，得到的后缀树如图 11-52 所示。

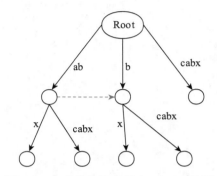

图 11-51　直接构造字符串 abcabx 的后缀树并建立后缀链接示意图

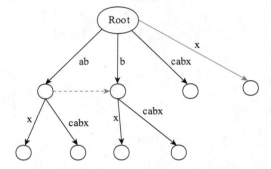

图 11-52　直接构造字符串 abcabx 的后缀树并在 Root 节点插入叶子节点示意图

此时三元组为（Root, '\0x', 0），计数器为 0。接下来处理第 7 个字符 a，由于从 Root 出发有边 a，所以仅更新活跃点和计数器信息，活跃点为（Root, 'a', 1），计数器为 1，后缀树不变。同样处理第 8 个字符 b，仅更新活跃点和计数器信息，活跃点为（Root, 'a', 2），计数器为 2，后缀树不变。接下来从 Root 沿着边 a 出发，活跃半径为 2，到达一个内部节点，所以将活跃点更新为当前内部节点，记为（node1, '\0x', 0），计数器为 2。注意，此时 node1 是后缀链接的起始点。处理第 9 个字符 c，仅更新活跃点和计数器信息，活跃点为（node1, 'c', 1），计数器为 3，后缀树不变。最后处理第 10 个字符 d，此时活跃点为（node1, 'c', 1），计数器信息计数器为 4。根据活跃点信息，由于此时没有一条边包含 cd，所以需要拆分边 c，并插入叶子节点，得到的后缀树如图 11-53 所示。

由于当前活跃点不是 Root，根据规则三沿着后缀链接继续处理，同时活跃点更新到后缀链接节点，假设节点记为 node2，则活跃点信息为（node2, 'c', 1），计数器降至 3。由于这时活跃点没有一条边包含 cd，所以需要拆分边，并插入叶子节点，得到的后缀树如图 11-54 所示。

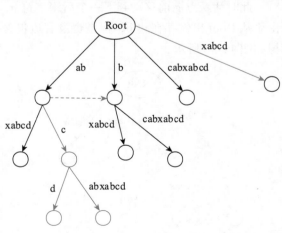

图 11-53　直接构造字符串 abcabxabcd 的后缀树对边 abcabxabcd 进行拆分

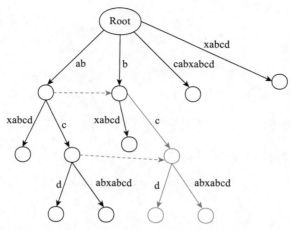

图 11-54　直接构造字符串 abcabxabcd 的后缀树对边 bcabxabcd 拆分示意图

　　继续沿着后缀链接寻找下一个插入叶子节点的位置，发现没有新的后缀链接，所以转至 Root 节点，活跃点信息为（Root, 'c', 1），计数器降至 2。根据活跃点信息，有一条边包含 c，但没有边包含 cd，所以需要先插入内部节点，增加后缀链接，然后再拆分边 c，并插入叶子节点，得到的后缀树如图 11-55 所示。

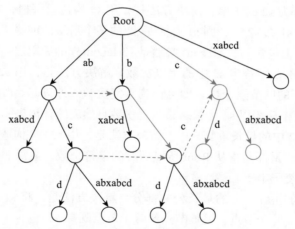

图 11-55　直接构造字符串 abcabxabcd 的后缀树对边 cabxabcd 进行拆分示意图

　　此时的活跃点信息为（Root, '\0x', 0），计数器降至 1。没有边包含字符 d，所以在 Root 增加叶子节点，得到的后缀树如图 11-56 所示。

　　至此后缀树构造完成。本节后缀树构造过程参考了 StackOver 示例⊖。

⊖　参见 https://stackoverflow.com/questions/9452701/ukkonens-suffix-tree-algorithm-in-plain-english。

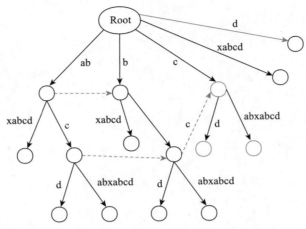

图 11-56 在根节点插入叶子节点示意图

11.5.2 后缀树的应用

后缀树在字符串处理中使用非常广泛，例如一些典型的字符串处理。

1）查找字符串是否在另一个字符串中，即一个字符串是否为另一个字符串的子串。假设查询字符串 s1 是否为 s2 的子串，解决方法是，用 s2 构造后缀树，在后缀树中搜索字串 s1 即可。原理是，若 s1 在 s2 中，则 s1 必然是 s2 的某个后缀的前缀。例如，s2 为 leconte、s1 为 con，判断 s2 是否包含 s1，s1(con) 必然是 s2(leconte) 的后缀之一"conte"的前缀。

2）求解字符串 s1 在字符串 s2 中的重复次数。解决方法是，用 s2+'$' 构造后缀树，搜索后缀树中 s1 节点下的叶节点个数，即可得到重复次数。原理是，如果 s1 在 s2 中重复了两次，则 s2 应该有两个后缀以 s1 为前缀，重复次数自然就统计出来了。

3）查找字符串 s2 中的最长重复子串。解决方法是，用 s2+'$' 构造后缀树，搜索后缀树中最深的非叶子节点。最深是指从 Root 所经历过的字符个数，最深非叶子节点所经历的字符连起来就是最长重复子串。

4）查找两个字符串 s1、s2 的最长公共部分。解决方法是，将 s1#s2$ 作为字符串构造后缀树，找到最深的非叶子节点，且该节点的叶子节点既有 #，也有 $。

11.6 本章小结

本章主要介绍 LLVM 进行寄存器分配的一些处理，包括：函数栈帧生成、代码下沉、栈帧范围收缩，以及基于非 SSA 形式的编译优化，如分支折叠、尾代码重复、代码布局等。本章详细介绍了代码布局相关的算法，例如基本块布局、公共代码提取、冷热代码分离等，最后还对公共代码提取中使用的后缀树构造进行了详细介绍。

第 12 章 Chapter 12

生成机器码

编译器执行完指令选择、调度、寄存器分配、编译优化等工作后，最后还需要将编译结果生成用于程序执行的机器码，并将其保存在文件中（这个文件通常称为可执行文件），这一过程称为机器码生成。

程序的执行是基于可执行文件。程序的执行是另外一个复杂的话题，不仅涉及链接、加载等技术，还和操作系统密切相关。不同的操作系统会定义不同的可执行文件格式，例如 Windows 中的可执行文件格式为 PE，Linux 中的可执行文件格式为 ELF，MacOS 中的可执行文件格式为 Mach-o。因为不同操作系统定义的可执行文件格式是公开的，所以编译器只需要按照不同平台生成对应的可执行文件即可。本章仅讨论如何生成机器码，不讨论程序执行的相关内容。

另外，因为机器码由 0、1 构成，没有可读性，在验证、分析编译结果时并不方便，所以编译器也提供了将编译结果生成汇编代码的功能，再由汇编器将汇编代码转换为机器码（不同的输出格式可以通过编译选项进行控制）。

机器码生成的输入为 MIR，输出为机器码或者汇编代码，在代码生成过程中还引入了新的中间表示 MC（机器代码），其过程如图 12-1 所示。

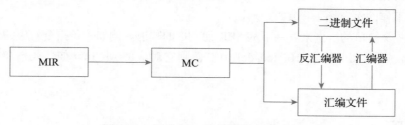

图 12-1　引入 MC 后的代码生成过程

本章首先介绍 MC，再介绍如何进行机器码生成。

12.1 MC

代码生成和后端强关联，MIR 转为 MC 由具体后端完成。例如，BPF 后端生成 MC 的功能由 BPFMCInstLower 实现，其过程如图 12-2 所示。

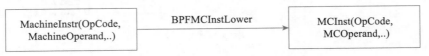

图 12-2 eBPF 后端生成 MC 过程

虽然 MCInst 和后端强关联，但是 MCInst 在设计时进行了抽象，可以描述所有的信息。MCInst 维护指令编码信息，仅包含操作码和指令所有的操作数，操作数本质上是一个 union 类型，用于描述寄存器编号、浮点数数值、立即数数值等信息。MC 层的 IR 介绍可参考附录 A。

读者看到这里可能有一个问题：为什么在代码生成过程中引入 MC 而不是直接使用 MIR[⊖]?

以指令为例来看看两者的不同之处：MIR 使用 MachineInstr 描述；MC 使用 MCInst 描述。

首先，相比 MachineInstr，MCInst 的结构更加简单，更关注代码生成的相关信息。

其次，在实现一个具体后端时，还需要实现相应的汇编器和反汇编工具。在汇编文件和二进制文件层面，指令信息非常有限，MCInst 作为汇编和反汇编的桥梁，其意义就体现出来了。

将二进制文件 out.o 反汇编生成 out.s 时，需要经过指令解码，生成 MCInst，然后经图 12-2 所示的生成 MC 的步骤，输出到汇编文件。而将文本文件 out.s 汇编成二进制文件 out.o 时将会经过文本解析，以生成 MCInst、指令编码，并最终输出到二进制文件。同时，这一过程对 LLVM 中的 JIT 过程非常有用（引入 MC 后就可以统一进行汇编、反汇编、JIT）。最后，在代码生成中还涉及可执行文件格式的相关信息，这些信息在 MC 中通过单独的结构（如 MCSection、MCSymbol 等）进行管理，使得代码更为清晰。引入 MC 后，反汇编和汇编工作的示意图如图 12-3 所示。

下面以一个简单的示例来看一下从 MIR 到 MC 的映射。例如一条指令对应的 MachineInstr 为 $r0 = nsw ADD_ri killed $r0(tied-def 0), 1，则它对应的 MCInst 如代码清单 12-1 所示。

⊖ 早期 LLVM 项目就是直接使用 MIR 进行机器码生成。

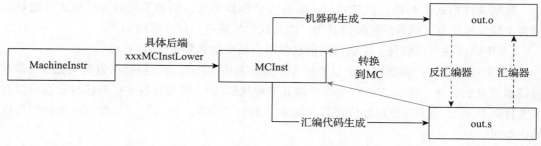

图 12-3　引入 MC 后，反汇编和汇编工作示意图

代码清单 12-1　机器指令 ADD_ri

```
r0 += 1                          # <MCInst #259 ADD_ri
                                 # <MCOperand Reg:1>
                                 # <MCOperand Reg:1>
                                 # <MCOperand Imm:1>>
```

MachineInstr 中的操作码 ADD_ri 表示寄存器和立即数相加的操作，与 MCInst 的操作码 ADD_ri 对应；$r0 对应 <MCOperand Reg:1>；1 是立即数，对应 MCInst 中的 <MCOperand Imm:1>。

12.2　机器码生成过程

编译器生成 MC 后就会真正进入代码生成阶段。因为不同的平台支持的可执行文件格式不同，所以针对每一种可执行文件格式都要有对应的机器码生成。LLVM 同时支持输出到汇编文件和二进制文件，之后分别由不同的类实现对 MCStreamer 的继承。MCStreamer 定义了公共接口，而每一种指示符分别有一个函数与每一种指示符对应，比如 emitInstruction、emitLabel、emitIntValue 等；不同文件格式通过定义类来实现个性化，类继承关系如图 12-4 所示。

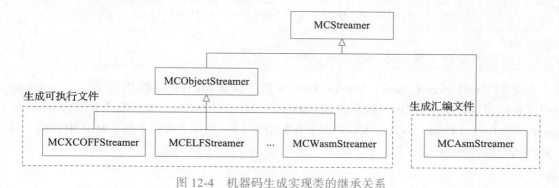

图 12-4　机器码生成实现类的继承关系

虽然文件格式不相同，但是它们还是有一些相似部分，例如不同的文件格式可能都会包含全局变量信息、函数的链接信息等。因此代码生成过程可以总结如下。

1）生成模块全局信息：模块全局信息包括全局变量和常量池等。

2）生成函数体：函数属性信息和指令信息。其中，函数属性包括函数的可见性（即对链接器可见的特性，控制该函数是否可供其他模块链接）、链接特性（在链接时是否可以在多文件间共享）、对齐（首地址应该以一定字节数对齐）等。指令信息是指每一条指令生成的机器码。

下面将以 BPF 后端为例，通过示例演示输出到汇编文件和二进制文件的过程。机器码生成示例源码如代码清单 12-2 所示。

代码清单 12-2　机器码生成示例源码

```
extern void swap(int &a, int &b);
int test(int a, int b)
{
    if (a > b) {
        return a;
    }
    swap(a, b);
    return a;
}
```

12.2.1　汇编代码生成

从 C 语言源码转换到汇编文件的编译命令为 clang++ --target=bpf -O2 -mllvm -print-after-all -S 12-2.cpp -o 12-2.s。输出前最后一个阶段的 MIR 如代码清单 12-3 所示。

代码清单 12-3　代码清单 12-2 对应的 MIR

```
# Machine code for function _Z4testii: NoPHIs, TracksLiveness, NoVRegs,
......
$r0 = MOV_rr $r1
STW $r2, $r10, -8 :: (store (s32) into %ir.b.addr, !tbaa !3)
STW $r0, $r10, -4 :: (store (s32) into %ir.a.addr, !tbaa !3)
$r2 = SLL_ri killed $r2(tied-def 0), 32
......
# End machine code for function _Z4testii.
```

经 BPFInstLower 处理后，MachineInstr 将被降级成 MCInst 层的 IR 格式。由于 Clang 中没有输出 MCInst 的选项，这里借助 llvm-mc 工具查看 MCInst IR。编译命令为 llvm-mc --arch=bpf --show-inst 12-2.s，MC 片段如代码清单 12-4 所示。可以看到，MIR 中的指令和 MC 中的指令一一对应。

代码清单 12-4 MC 片段

```
......
    r0 = r1                                          # <MCInst #347 MOV_rr
                                                 # <MCOperand Reg:1>
                                                 # <MCOperand Reg:2>>
    *(u32 *)(r10 - 8) = r2                           # <MCInst #378 STW
                                                 # <MCOperand Reg:3>
                                                 # <MCOperand Reg:11>
                                                 # <MCOperand Imm:-8>>
    *(u32 *)(r10 - 4) = r0                           # <MCInst #378 STW
                                                 # <MCOperand Reg:1>
                                                 # <MCOperand Reg:11>
                                                 # <MCOperand Imm:-4>>
    r2 <<= 32                                        # <MCInst #361 SLL_ri
                                                 # <MCOperand Reg:3>
                                                 # <MCOperand Reg:3>
                                                 # <MCOperand Imm:32>>
......
```

输出到汇编文件后，文件内容如图 12-5 所示。

```
.text
.file "test.cpp"                         文件信息
.globl _Z4testii                                    # -- Begin function _Z4testii
.p2align 3
.type _Z4testii,@function             函数头
_Z4testii:                                           # @_Z4testii
    .cfi_startproc
# %bb.0:                                              # %entry
    r0 = r1
    *(u32 *)(r10 - 8) = r2
    *(u32 *)(r10 - 4) = r0
    r2 << = 32
    r2 s >> = 32                          函数体
    r1 << - 32
    r1 s >> = 32
    if r1 s > r2 goto LBB0_2
# %bb.1:
    r1 = r10                                          # %if.end
    r1 += -4
    r2 = r10
    r2 += -8
    call _Z4swapRis_
    r0 = *(u32*)(r10 - 4)                             # %return
LBB0_2:
    exit
.Lfunc_end0:
    .size _Z4testii, .Lfunc_end0 _Z4testii
    .cfi_endproc
                                                     # -- End function
.addrsig
```

图 12-5 汇编文件内容

在汇编文件中，主要包含指令和指示符。

1. 指令信息

指令输出由 MCInstPrinter 定义接口，具体后端需继承 MCInstPrinter 类，并实现指令输出的接口。指令输出的具体实现是由 llvm-tblgen 自动生成的。与代码清单 12-3 和代码清单 12-4 逐条对应的汇编代码如代码清单 12-5 所示。

代码清单 12-5　与代码清单 12-3 和代码清单 12-4 逐条对应的汇编代码

```
......
    r0 = r1
    *(u32 *)(r10 - 8) = r2
    *(u32 *)(r10 - 4) = r0
    r2 <<= 32
```

2. 指示符信息

在图 12-5 中，.text 指示符是指接下来的信息存储在 .text section 中；.p2align 3 用于描述对齐信息，对齐方式为 2^3，即按 8 字节对齐。函数的对齐方式可按需指定，通常是在初始化过程中由继承自 TargetLowering 类的目标后端子类进行设置的，如 BPF 后端是在 BPFTargetLowering 的构造函数中设置。指示符信息作为指导汇编过程的信息，通常不占用二进制存储空间。由于指示符的分类比较多，这里不再展开介绍。

12.2.2　二进制代码生成

二进制代码生成和汇编代码生成过程基本类似，不同的是在二进制代码生成时需要根据文件进行布局，同时将所有的信息（指令和指示符）都变成二进制。本节以 ELF 文件格式为例进行介绍，ELF 文件也包含两部分信息：指令信息和指示符信息。

1. 指令信息

每条指令都有其对应的编码方式，编码信息保存在 xxxInstrInfo.td 文件中，最终由 llvm-tblgen 自动生成编码函数。一般的指令在编码阶段已经获取了编码的所有信息，包括操作码、寄存器或立即数等，可以直接完成指令编码过程。代码清单 12-3 对应的二进制汇编代码如代码清单 12-6 所示。

代码清单 12-6　代码清单 12-3 对应的二进制汇编代码

```
bf 10 00 00 00 00 00 00    r0 = r1
63 2a f8 ff 00 00 00 00    *(u32 *)(r10 - 8) = r2
63 0a fc ff 00 00 00 00    *(u32 *)(r10 - 4) = r0
67 02 00 00 20 00 00 00    r2 <<= 32
```

以赋值指令 r0 = r1 为例，其指令编码结构在 TD 文件中定义，如代码清单 12-7 所示。

代码清单 12-7　r0 = r1 的指令编码

```
Inst{63-60} = BPF_MOV(0xb)
Inst{59}    = BPF_X (0x1)
Inst{58-56} = BPF_ALU64 (0x7);
Inst{55-52} = src (1)
Inst{51-48} = dst (0)
```

其中，Inst{63-60} 表示对应 63～60 位设置的值为 0xb，其他指令编码含义与此类似。最后根据这个格式，可以得到寄存器赋值语句指令对应二进制的值：bf 10 00 00 00 00 00 00。

另外，一些指令引用了其他的符号（例如 jmp、call 指令等都需要一个目的地，这个目的地就是一个符号），当为这些指令编码时可能还不能获取全部信息（尚不知道目的地址信息），这就需要暂时将符号引用的信息保存下来，在后续获取符号信息之后再对该指令进行修正。大体上，符号引用包含函数内符号引用、函数间符号引用、模块内数据引用以及跨模块符号引用几种类型，不同的引用处理方法略有不同。

1）函数内符号引用（即引用的符号）属于该函数内部，但是在对当前指令编码的时候，被引用符号还未被处理，导致当前指令不能完成编码。例如函数内部的前向跳转指令，由于目标位置处于当前编码指令之后，只有处理到跳转目标指令处，才能计算出两条指令的相对偏移，进而实现对跳转指令的修正。

2）函数间符号引用即引用的符号不属于当前函数，但存在于当前编译的模块中。例如函数调用指令，在对当前函数进行汇编的过程中，目标函数可能存在未处理的情况。因而目标函数地址尚不能确定。

3）模块内的数据引用，类似于函数间的符号引用，不同的是数据的访问是跨区域（section）的访问。对函数间的符号引用而言，只要处理 .text section 以后，对应的函数间符号引用的指令就可以进行修正了。而存放数据的区域和存放代码的区域位于不同的区域中，这就使得只有在模型各个区域布局之后，才能对这些符号引用指令进行修正，例如静态数据或常量数据的引用。

4）跨模块符号引用，即引用外部符号。这里包括外部数据符号访问和外部函数符号访问。由于外部符号的具体实现在编译阶段无法获得，转而交由链接器实现符号的查找与链接。这里就涉及常说的重定位信息。即在编译阶段记录一些信息并传给链接器，以指导链接器进行指令修正。

上面是按照被引用符号的范围进行了分类，并简单解释了在什么时机可以获得被引用符号的信息。至于真正进行指令修正的时机则与具体的编译器实现有关。前面三种符号引用均处在被编译的模块内，因此指令修正过程比较直接；而跨模块引用涉及外部符号，处理方式有所不同。下面仍以代码清单 12-2 中的源码为例，分析对跨模块符号引用的处理。

编译与反汇编命令如代码清单 12-8 所示。

代码清单 12-8 编译与反汇编命令

```
clang++ --target=bpf -O2 -c test.cpp -o test.o
llvm-objdump -d test.o
readelf -r test.o
```

反汇编后的结果如图 12-6 所示。

```
test.o: file format elf64-bpf

Disassembly of section .text:

0000000000000000 <_Z4testii>:
       0: bf 10 00 00 00 00 00 00 r0 = r1
       1: 63 2a f8 ff 00 00 00 00 *(u32 *)(r10 - 8) = r2
       2: 63 0a fc ff 00 00 00 00 *(u32 *)(r10 - 4) = r0
       3: 67 02 00 00 20 00 00 00 r2 <<= 32
       4: c7 02 00 00 20 00 00 00 r2 s>>= 32
       5: 67 01 00 00 20 00 00 00 r1 >>= 32
       6: c7 01 00 00 20 00 00 00 r1 s>>= 32
       7: 6d 21 06 00 00 00 00 00 if r1 s > r2 goto + 6 <LBB0_2>
       8: bf a1 00 00 00 00 00 00 r1 = r10
       9: 07 01 00 00 fc ff ff ff r1 += -4
      10: bf a2 00 00 00 00 00 00 r2 = r10
      11: 07 02 00 00 f8 ff ff ff r2 += -8
      12: 85 10 00 00 ff ff ff ff call -1
      13: 61 a0 fc ff 00 00 00 00 r0 = *(u32 *)(r10 - 4)
0000000000000070 <LBB0_2>:
      14: 95 00 00 00 00 00 00 00 exit
```

图 12-6 反汇编后的结果

从图 12-6 中可以看到，第 7 行的前向跳转指令 goto 已经完成了指令修正（反汇编可以看到跳转的目标地址对应的符号），但第 12 行的 call 指令的当前填充值为 –1。由于 call 指令调用外部符号，会在重定位段中有一个记录。重定位段信息如图 12-7 所示。

```
Relocation section '.rel.text' at offset 0x178 contains 1 entry:
  Offset          Info           Type            Sym. Value    Sym. Name
000000000060  00050000000a R_BPF_INSN_DISP32 0000000000000000 _Z4swapRiS_

Relocation section '.rel.eh_frame' at offset 0x188 contains 1 entry:
  Offset          Info           Type            Sym. Value    Sym. Name
00000000001c  000200000002 R_BPF_INSN_32     0000000000000000 .text
```

图 12-7 重定位段信息

记录的符号引用信息需要明确如下几个问题。

1）需要修正的指令位置：描述需要修正的指令在二进制中的偏移。

2）符号引用的信息：描述指令引用了什么符号。

3）指令修正方式：描述在获取了被引用符号的地址后，如何修正指令。

指令位置用于在指令修正阶段明确哪些位置的指令需要进行修正，通常是指相较于代码段首地址的偏移，例如图 12-7 中的 0x60 表示位于 .text section 首地址偏移 96 字节的位置，每行占 8 个字节，刚好对应反汇编代码中的第 12 行。符号引用信息用于决定该指令引用了什么类型的符号，比如字符串或者常量。指令修正方式用于描述在获得引用符号信息后，如何修正指令。不同的指令有不同的编码方式，被引用的符号信息可能存在于指令编码的不同位域中。比如跳转指令和函数调用指令，在指令修正时要依据记录的指令修正方式，实现对指令位域的填充。LLVM 用于记录指令的符号引用的结构是 Fixup，详细信息可参考该类的实现。

2. 指示符信息

指示符信息在 12.2.1 节已经介绍，不过在生成二进制文件的过程中，对指示符的处理方式略有不同。例如在前面提到的汇编文件中，不同的区域可穿插布局。比如在汇编文件中可以由 .text、.data 和 .rodata 穿插排布。但在 ELF 文件中，相同名称的区域布局在一起。布局信息和具体的文件格式紧密相关，但是内容并没有变化，不再进一步介绍。

12.3 本章小结

本章主要介绍 LLVM 机器码生成过程，简单介绍了 MC 和机器码生成。读者可以通过 llvm-mc 工具研究 MC，通过 llvm-objdump 分析对应的汇编代码。读者在阅读本章时最好先自行了解可执行文件的基本格式，例如 ELF 文件格式。

Chapter 13 | 第 13 章

添加一个新后端

由于 LLVM 的结构化设计和实现，当为它添加新的后端时，一般来说只需要对后端指令集、ABI[○]（Application Binary Interface，程序二进制接口）进行处理即可。新后端只需要实现相关接口就可以把自己注册到 LLVM 代码生成的框架中。但现实情况是，一些后端会定义独有的数据类型、指令等，LLVM 框架通常不能处理，此时需要添加特殊处理功能，否则就会出错。此外，为了生成高质量的后端代码，LLVM 还会针对后端进行一些特有的优化。为了让读者能够更直观地理解，本章将首先介绍在 LLVM 代码生成的全过程中哪些阶段是添加新后端时必须进行适配的。随后，我们将以 BPF 后端为例介绍如何添加一个新的后端。

13.1 适配新后端的各个阶段

下面将根据代码生成的过程介绍哪些阶段必须进行新后端的适配，示意图如图 13-1 所示。

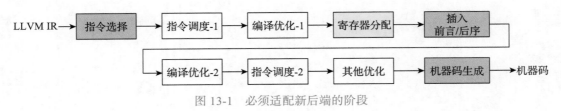

图 13-1　必须适配新后端的阶段

○　ABI 主要是指程序运行在后端需要遵守的运行约定，例如调用时参数传递、返回值处理等。

在图 13-1 中，浅蓝色框（寄存器分配）和蓝色框（指令选择、插入前言 / 后序、机器码生成）共同展示了代码生成过程必须适配的阶段。其中，蓝色框表示需要为新后端实现相关功能，和代码生成框架一起才能完成；浅蓝色框表示新后端仅需要定义描述文件，不需要实现代码；白色框内的优化步骤不是代码生成过程的必要工作，实现这些优化只会影响最后生成的代码质量，而不会影响代码生成。下面将针对每个步骤，简要介绍其基本工作过程。

13.1.1　指令选择阶段的适配

指令选择阶段的工作是将 LLVM IR 转换成目标相关的后端 IR 表达 MachineInstr。具体步骤如图 13-2 所示。

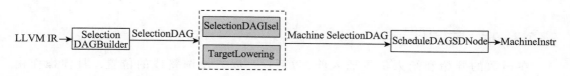

图 13-2　从 LLVM IR 到目标相关的后端 IR 的转换示意图

从 IR 结构上来区分，指令选择包含 3 个阶段：SelectionDAG 构建、Machine SelectionDAG 匹配目标相关的指令操作和 MachineInstr 生成，它们适配后端的情况分别如下。

1）SelectionDAG 构建阶段将输入的 LLVM IR 转换为 SelectionDAG，为后续的匹配过程做准备，这个过程是后端无关的，所以不需要适配。

2）SelectionDAG 匹配目标相关的操作指令过程是指令选择的核心部分，该过程将目标无关的 SelectionDAG 转换成具体目标支持的类型与操作。主要涉及两个类，如图 13-2 中的蓝色框所示。SelectionDAGIsel 类作为一个 Pass，组织管理整个指令选择过程，其中有一些方法，需要具体后端继承该类并实现其中的方法。TargetLowering 类用来处理目标机器不支持的操作和类型、当前函数的入参和返回值，以及函数调用语句的入参准备等。其中，入参准备及函数返回值处理过程涉及调用约定（calling convention）。因此，该过程都是目标相关的，所涉及的类需要具体后端继承并实现相关方法。该步骤生成的 IR 仍然是 SelectionDAG 的格式。

3）SelectionDAG 线性化过程是将 SelectionDAG 按照一定规则平铺开来，生成 MIR 形式。该过程也是后端无关的，所以也不需要适配。

13.1.2　寄存器分配相关的适配

寄存器分配阶段的输入与输出 IR 都是 MachineInstr。其中，输入的 IR 寄存器类型通常为虚拟寄存器。经过寄存器分配后，虚拟寄存器被分配到具体后端支持的物理寄存器或者栈上。寄存器分配算法的具体实现可以参考第 10 章。LLVM 高度抽象了寄存器分配算法，让算法和具体后端无关。但是在寄存器分配的过程中，需要知道后端定义了哪些寄存器、寄存器类型、个数等信息，这些信息是通过 TD 文件呈现。所以新后端只需要定义寄存器文件就可以自动适配寄存器分配，如图 13-3 所示。

图 13-3　寄存器分配阶段的适配后端示意图

13.1.3　插入前言 / 后序

在函数的开始和结束位置插入前言 / 后序，以方便调整栈的位置，具体操作由 TargetFrameLowering 类实现。TargetFrameLowering 类描述了基本的栈帧布局信息，包括栈的增长方向、栈帧对齐规则、栈帧布局状态等信息。TargetFrameLowering 类声明了一些接口，需要具体后端继承该类并实现相应的接口。

13.1.4　机器码生成相关的适配

机器码生成阶段会将 MachineInstr 输出到汇编文件或二进制文件中。文件输出涉及的相关类如图 13-4 所示。

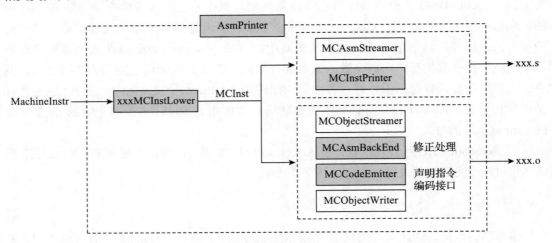

图 13-4　机器码生成阶段的适配示意图

其中，每个类的主要工作如下。

1）AsmPrinter：AsmPrinter 是一个组织、管理文件输出过程的 Pass，不同的后端通常需要定义该文件，一般需要适配。

2）xxxMCInstLower：输入的 MachineInstr 经处理后先转换为 MCInst，然后依据编译选项决定输出到汇编文件还是二进制文件。该过程和后端密切相关，一般需要适配。

3）MCAsmStreamer/MCObjectStreamer：这两个类是 MCStreamer 的子类，实现了文件输出的相关方法，分别用于输出 MCInst 到汇编文件和二进制文件，这是机器码生成的框架部分，一般不需要适配。

4）MCInstPrinter：MCStreamer 借助该类实现指令的文本格式输出，MCInstPrinter 和具体后端相关，一般需要适配。

5）MCAsmBackEnd：声明指令修正相关的接口，和具体后端相关，一般需要适配。

6）MCCodeEmitter：声明指令编码接口，和具体后端相关，一般需要适配。

7）MCObjectWriter：声明写二进制文件的接口，和具体的文件格式相关，但和后端无关，一般不需要适配。

注意，图 13-4 中的蓝色方框的内容一般都是需要适配的。

13.2　添加新后端所需要的适配

添加新后端需要的步骤可以总结如下。

1）创建 TD 文件：通过 TD 文件定义指令格式、具体指令、寄存器等基础信息。

2）添加指令选择的目标特例化处理（IselDAGToDAG）：后端定义的指令和指令使用的数据类型与 LLVM 提供的类型可能并不完全一致，此时需要在指令选择过程中将操作和数据进行合法化处理。

3）添加目标调用约定的目标特例化处理（TargetLower）：每个后端都有自己的 ABI 约定，需要根据 ABI 约定实现调用、参数传递、返回值、寄存器保存等功能。

4）添加栈帧的目标特例化处理（FrameLower）：栈空间是基于栈帧基址的中间代码，需要根据 ABI 约定转化为基于寄存器的中间代码。

5）添加后端的汇编输出（AsmPrinter）：处理后端相关的指令，将机器指令转化为 MC。

6）添加后端机器码输出（CodeEmitter）：根据后端定义的指令格式生成对应的汇编、二进制格式（例如 Linux 中 ELF 格式的目标文件），并提供反汇编支持。

7）添加后端特殊处理：如果后端对生成的机器码有特殊的要求，则需要进行实现。

8）添加后端特有优化：对机器码还可以进一步优化，例如窥孔优化，进一步提高生成的机器码指令质量。

9）添加新的目标后端结构，并将目标后端注册到 LLVM 后端框架中，添加成功后可以通过 -target 参数使用新后端；为目标后端添加 TargetMachine 类，通过 TargetMachine 类添加 SubTarget、后端自定义优化 Pass、后端指令选择处理功能等。

接下来以 BPF 后端为例，除了第 7、8 步，其他步骤在 BPF 后端中都有体现。我们将上述工作总结为 5 个方面：定义 TD 文件、指令选择处理、栈帧处理、机器码生成处理和添加新后端到 LLVM 框架中（即添加新后端）。

13.2.1 定义 TD 文件

以 BPF 后端为例，需要实现的 TD 文件如下。

1）BPF.td：描述 BPF 后端相关特性（该 TD 文件实际上仅仅描述了下面的 TD 文件）。

2）BPFTargetInstrFormats.td 与 BPFTargetInstrInfo.td：描述了指令集信息，包括指令的输入 / 输出操作数、指令汇编字符串、指令编码、指令模式等信息。通常，指令集描述文件会包含一个 TargetInstrInfo 的子类，用于一些内容的补充描述，比如 BPF 后端定义的 BPFInstrInfo 类。

3）BPFRegisterInfo.td：BPF 架构所支持的寄存器，用文件 BPFRegisterInfo.td 描述，经 TableGen 生成具体类。BPFRegisterInfo.td 描述了 Callee-Saved 寄存器、保留寄存器（即有特殊用途的寄存器，如帧指针和栈指针）等。

4）BPFCallingConv.td：为了充分利用有限的寄存器，函数调用过程需要协调好 caller 和 callee 所使用的寄存器资源。使两者之间形成一种规则，即调用约定。即 BPF 调用约定，通常包含如下几个方面。

① 传参寄存器：明确哪些寄存器是用于在函数调用过程中传递参数的，比如整型寄存器和浮点型寄存器。

② 返回值寄存器：用来存放函数返回值的寄存器，如指定返回放置浮点类型和整数类型的寄存器。

③ callee-saved 寄存器（被调用函数保存的寄存器）：寄存器的数量有限且珍贵。因此在调用过程中，调用函数和被调函数可能使用相同的寄存器资源，可能导致的问题就是跨函数调用破坏了调用函数的寄存器现场。为了解决这样的矛盾，需要在 TD 文件中约定哪些寄存器需要由被调函数进行保护，从而使得在跨函数调用中，这些寄存器的值保持不变。寄存器的保存是通过栈进行的，即进入被调函数后让 callee-Saved 寄存器入栈，在被调函数结束的位置将其出栈。

④ 参数类型晋升规则：硬件寄存器是有位数的，通常支持 32 位或 64 位的操作，这意味着小于寄存器位数的参数，需要明确其晋升规则，比如 8 位或 16 的参数需要晋升到 32 位。

⑤ 栈帧对齐规则：对于参数数量多于传参寄存器的函数，剩余的参数需要通过栈传参，这里需要明确栈的对齐要求。

13.2.2 指令选择处理

LLVM 在指令选择阶段用 SelectionDAG 表达 LLVM IR 指令。指令选择的实现在 BPFISelDAGToDAG.cpp 中，主要完成模式匹配和指令选择，具体步骤如图 13-5 所示。

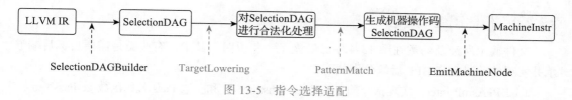

图 13-5　指令选择适配

由于不同的目标机器所支持的数据类型以及操作不同，指令选择过程需要对 SelectionDAG 的类型及操作进行合法化处理。比如 ARM32 不支持 64 位整数的操作，要求对 SelectionDAG 层面的 64 位整型数据操作进行处理。该过程需要遍历描述 SDNode 操作类型的枚举值（即 ISDOpcode），明确目标机器不支持的操作和类型，通过 TargetLowering 中的 setOperationAction 和 addResisterClass 设置相应的处理方式，这些逻辑应在目标机器的 TargetLowering 子类中实现，如 BPF 后端的实现要放在 BPFTargetLowering.cpp 文件中。对于不支持的操作类型，要在 BPFIselLowering 中添加相应的回调函数 setOperationAction。action 的类型决定了处理方式。Custom 与 LowerOperations 配合，LowerOperations 中应实现所有指定为 Custom 类型的处理。

合法化后，对 SelectionDAG 进行模式匹配。模式匹配的核心逻辑体现在指令描述文件中。比如 BPF 后端，需要编写 BPFInstrInfo.td 文件。

13.2.3　栈帧处理

栈通常用两个指针来描述：一个帧指针用于指向栈底，另一个栈指针指向栈顶。LLVM 使用 MachineFrameInfo 描述一个抽象的栈帧。TargetFrameLowering 用于处理栈帧布局，包括描述栈增长方向、栈帧对齐方式、局部变量在栈帧中的偏移等。

根据作用，栈帧空间可以划分为不同的区域，包括 CSR 区、局部变量区、寄存器分配时的溢出寄存器区、函数调用参数区等。eBPF 平台下的栈帧布局如图 13-6 所示。注意，尽管 BPF 规范支持通过栈传递超出传参寄存器（r1～r5）数量的参数，但在 LLVM 15.x 版本，BPF 后端还未支持通过栈传递参数。

栈帧的基本布局确定下来以后，其具体的偏移在寄存器分配之后才能确定下来。原因是在寄存器分配之前，函数所使用的 callee-saved 寄存器尚不能确定。在寄存器分配之后，所有信息在栈中的偏移均已确定，在插入前言和后序时，可以为 callee-saved 寄存器的入栈和恢复插入相应指令。

在实现一个新后端时，需要添加一个 xxxTargetFrameLower 类，以继承 TargetFrameLower 类，并至少实现里面声明的接口。

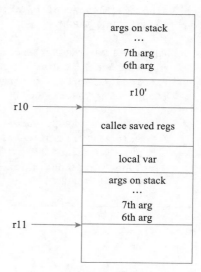

图 13-6　eBPF 栈帧布局示意图

13.2.4 机器码生成处理

文件输出所涉及的类在图 13-4 中已经做了一些说明。其中，有些类是需要目标后端继承并实现的，对应到 BPF 后端分别如下。

1）BPFAsmPrinter：实现指令输出函数 emitInstruction 和获取 Pass 名称函数 getPassName。

2）BPFMCInstLower：实现从 MachineInstr 到 MCInst 转换的相关接口。

3）BPFInstPrinter：实现输出 MCInst 到汇编文件的接口。

4）BPFAsmBackEnd：实现 BPF 指令修正的接口。在输出 MCInst 到二进制文件的过程中，用于对存在符号引用的指令进行修复。相关说明请参考 13.2.2 节。

5）BPFMCCodeEmitter：实现指令编码接口，用于在输出 MCInst 到二进制文件的过程中获取指令编码。

13.2.5 添加新后端到 LLVM 框架中

在 llvm/lib/Target 目录下，每个后端有一个对应的文件夹。添加一个新的后端需要新建一个文件夹，并将上述实现的目标相关类所在的文件添加到该文件夹中。接下来需要修改一些配置文件，以实现目标后端的注册。

此外，llvm/include/llvm-c/Target.h 定义了目标后端中一些与初始化相关的必要接口，如代码清单 13-1 所示。可参考已经实现的后端，将这些函数实现在相应的文件中。

代码清单 13-1　在 Target.h 中定义的目标后端初始化接口

```
// 声明所有有效的后端初始化函数
#define LLVM_TARGET(TargetName) \
    void LLVMInitialize##TargetName##TargetInfo(void); // 注册新后端，指定新后端的名称
#include "llvm/Config/Targets.def"
#undef LLVM_TARGET


#define LLVM_TARGET(TargetName) void LLVMInitialize##TargetName##Target(void);
    // 注册后端优化 Pass
#include "llvm/Config/Targets.def"
#undef LLVM_TARGET


#define LLVM_TARGET(TargetName) \
    void LLVMInitialize##TargetName##TargetMC(void);
    // 注册 MC 层依赖信息，如指令打印入口、输出流等信息
#include "llvm/Config/Targets.def"
#undef LLVM_TARGET
......
```

13.3　本章小结

本章主要介绍如何为 LLVM 添加一个新后端。本章以 BPF 为例介绍在添加新后端时有哪些工作是必需的。此过程通常需要定义一些基本信息，例如指令信息、寄存器信息、调用约定信息，还需要实现指令选择的适配工作，如根据调用约定生成对应的 SelectionDAG、完成 SelectionDAG 的合法化工作。另外，需要根据后端约定处理栈帧，生成相应的 MC 和机器码，并将新后端注册到 LLVM 框架中。

附　录

LLVM 的中间表示

IR 是程序的一种表示，其设计注重支持变换操作，需要保证正确性和高效性。IR 的设计一般是在各种限制条件下权衡各种利弊，然后做出的折中选择，这些选择会考虑具体问题的普遍性或者特殊性、编译器技术栈带来的组合复杂性、对各种变换的影响等。所以 IR 设计通常没有普适的设计规则，但在 IR 设计过程中还是有一些良好的设计理念值得遵守。

1）IR 中的操作要具有清晰、明确的语义。

2）IR 中的操作能够相互正交（数学中的概念，表示操作相互独立且不可替代），这有助于定义标准操作，以减少变换时需要考虑的场景。

3）IR 中的信息应避免重复，防止变换过程中对重复信息进行变换而出现不一致的情况。

4）IR 实现时应尽可能地保持高层次信息，因为在 IR 降级后想要重新找回丢失的信息很难。

这些理念听起来都非常有道理，但实际实现过程中很难完全遵守，原因非常复杂，有些是基于性能考虑，有些是基于实现复杂性的考虑。早期编译器通常只使用一种 IR，但随着编译器的演进，情况变得更加复杂，通常会有多层级的 IR。例如，在 LLVM 代码生成过程中，输入为 LLVM IR，最终输出为机器码，整个过程使用了诸多中间表示，包含狭义的 LLVM IR、DAG、MachineInstr（MIR）、通用 MIR、MC 等。在代码生成过程中，IR 的生命周期如图 A-1 所示。

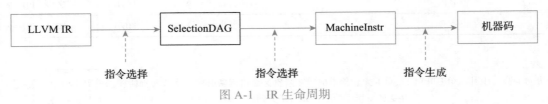

图 A-1　IR 生命周期

本节简单介绍这些 IR 的设计和实现。

A.1　狭义 LLVM IR 介绍

由于 LLVM IR 的复杂性，本书无法全面展开介绍，本节简单介绍 LLVM IR 语法，更为详细的资料读者可以参考官网学习。

A.1.1　IR 文件布局

LLVM IR 文件以模块为基础进行存储，其布局示意图如图 A-2 所示。

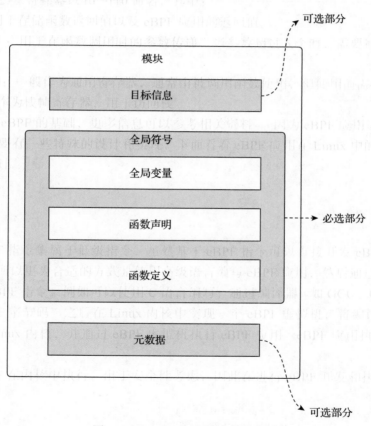

图 A-2　LLVM IR 文件布局示意图

内容可以分为 3 部分：目标信息、全局符号和元数据，每一部分包含的主要内容分别如下。

1）目标信息包含了文件的来源、数据布局等信息。

2）全局符号主要包括全局变量、函数的定义与声明。

3）元数据主要包括各种属性信息。

一个简单的文件布局示例如代码清单 A-1 所示。

代码清单 A-1 文件布局示例源码

```
int test(int a, int b) {
    int add = a+b;
    return add;
}
```

编译成 IR 文件后如代码清单 A-2 所示，编译命令为 clang -S -emit-llvm test.c。

代码清单 A-2 代码清单 A-1 对应的 IR

```
; ModuleID = 'test.c'
source_filename = "test.c"
target datalayout = "e-m:o-i64:64-i128:128-n32:64-S128"
target triple = "arm64-apple-macosx13.0.0"

; Function Attrs: noinline nounwind optnone ssp uwtable
define i32 @test(i32 %0, i32 %1) #0 {
    %3 = alloca i32, align 4
    %4 = alloca i32, align 4
    %5 = alloca i32, align 4
    store i32 %0, i32* %3, align 4
    store i32 %1, i32* %4, align 4
    %6 = load i32, i32* %3, align 4
    %7 = load i32, i32* %4, align 4
    %8 = add nsw i32 %6, %7
    store i32 %8, i32* %5, align 4
    %9 = load i32, i32* %5, align 4
    ret i32 %9
}
attributes #0 = { noinline nounwind optnone ssp uwtable "frame-pointer"="non-leaf"
"min-legal-vector-width"="0" "no-trapping-math"="true" "stack-protector-buffer-size"=
"8" "target-cpu"="apple-m1" "target-features"="+aes,+crc,+crypto,+dotprod,+fp-armv8,
+fp16fml,+fullfp16,+lse,+neon,+ras,+rcpc,+rdm,+sha2,+v8.5a,+zcm,+zcz" }

!llvm.module.flags = !{!0, !1, !2, !3, !4, !5, !6, !7}
!llvm.ident = !{!8}

!0 = !{i32 1, !"wchar_size", i32 4}
!1 = !{i32 1, !"branch-target-enforcement", i32 0}
!2 = !{i32 1, !"sign-return-address", i32 0}
!3 = !{i32 1, !"sign-return-address-all", i32 0}
!4 = !{i32 1, !"sign-return-address-with-bkey", i32 0}
!5 = !{i32 7, !"PIC Level", i32 2}
!6 = !{i32 7, !"uwtable", i32 1}
!7 = !{i32 7, !"frame-pointer", i32 1}
!8 = !{!"Homebrew clang version 15.0.1"}
```

在该中间代码文件中，目标信息包含两部分，分别是数据布局和编译三元组，它们在该例中信息如下。

1）数据布局，即 target datalayout = "e-m:o-i64:64-f80:128-n8:16:32:64-S128" 表示：

- ❏ e：小端序。
- ❏ m:o：符号表中使用 Mach-O 格式的名字改写（name mangling）。
- ❏ i64:64：将 i64 类型的变量采用 64 位对齐。
- ❏ f80:128：将 long double 类型的变量采用 128 位对齐。
- ❏ n8:16:32:64：目标 CPU 包含 8 位、16 位、32 位和 64 位的原生整型。
- ❏ S128：栈以 128 位对齐。

2）编译三元组，即 target triple = "arm64-apple-macosx13.0.0" 表示：

- ❏ arm64：目标架构为 AArch64 架构。
- ❏ apple：供应商为 Apple。
- ❏ macosx13.0.0：目标操作系统为 macOS 13.0.0。

该例中的元数据有多个，其中函数的属性使用 #0 描述，它对应的定义为：attributes #0 = { noinline nounwind optnone ssp uwtable "frame-pointer"="non-leaf" ... }。元数据中每一个属性都有其特定的含义，LLVM 的中端和后端会使用这些属性，例如 noinline 标识函数不允许被内联；optnone 属性标识不对函数进行编译优化。

全局信息比较丰富，涉及标识符、类型、函数的定义和声明、指令等，下面针对这些信息稍微展开介绍。

A.1.2　标识符

LLVM IR 标识符分为两类：全局标识符和局部标识符，分别以符号 @ 和 % 开头。例如，全局变量、函数名等都属于全局标识符，全局标识符最终可能体现在代码生成的文件中；局部变量属于局部标识符，局部变量可能在寄存器分配过程中被消除。例如，一个全局变量和局部变量的定义如代码清单 A-3 所示。

代码清单 A-3　全局变量和局部变量示例

```
; 定义一个全局变量，初始化为 0，类型为 integer 32 位
@global_var = global i32 0
; 加载全局变量 global_var 到局部变量 %local_var 中，加载使用 load 命令
%local_var = load i32, i32* @global_var
```

> 🛈 注意　上述代码是合法的 LLVM IR，其中注释使用 ";" 开头。

标识符又分为命名标识符、匿名标识符，以 % 或者 @ 开头。常量的命名格式可以通过正则表达式 [%@][-a-zA-Z$._][-a-zA-Z$._0-9] 描述，例如 %var、@gloab.123 等；匿名标识

符是以 % 或者 @ 开头，后接无符号数，例如 %12、@2 等。

A.1.3　类型

LLVM IR 提供了丰富的类型，包括整数、浮点数、数组、结构体、向量、指针等。其中：

1）整数最为灵活，以 i 开头，其后可以跟任意长度的数字（最长不超过 1<<23），例如 i1、i4、i32 等都是合法的整数类型。

2）浮点数类型主要有 f16、float、double、f128、bf16、fp80 等。

3）指针类型使用 * 定义，例如 i32 * 表示一个 i32 类型的指针。

4）数组类型使用 [] 定义，例如 [4 x i32] 表示一个包含 4 个 i32 的数组。

5）结构体使用 {} 定义，例如 {float, i32*} 表示结构体包含一个浮点数和一个 i32 类型的指针。

6）向量使用 <> 定义，例如 <4 x float> 表示一个包含 4 个浮点数的向量。

A.1.4　函数声明和定义

在源代码中函数有定义和声明，LLVM IR 中也有对应的函数定义和声明。

函数定义由 define 关键字修饰，对应的语法格式如代码清单 A-4 所示。

代码清单 A-4　函数定义的语法格式

```
define [linkage] [PreemptionSpecifier] [visibility] [DLLStorageClass]
       [cconv] [ret attrs]
       <ResultType> @<FunctionName> ([argument list])
       [(unnamed_addr|local_unnamed_addr)] [AddrSpace] [fn Attrs]
       [section "name"] [comdat [($name)]] [align N] [gc] [prefix Constant]
       [prologue Constant] [personality Constant] (!name !N)* { ... }
```

其中，[] 表示可选字段。上述语法表示每个函数都有以下可选参数：一个可选的链接标识（linkage），一个可选抢占符（PreemptionSpecifier），一个可选的可见性模式（visibility），一个可选的 DLL 存储类别（DLLStorageClass），一个可选的调用约定（cconv），一个可选的返回值参数属性（ret attrs），一个返回值类型（ResultType），一个函数名（FunctionName），一个（可能为空的）实参列表（每一个都带有可选的参数属性），一个可选的 unnamed_addr 属性（unnamed_addr 或者 local_unnamed_addr），一个可选的地址空间（AddrSpace），一个可选的函数属性（fn Attrs），一个可选的区域（section "name"），一个可选的 comdat 区（comdat），一个可选的对齐属性（align N），一个可选垃圾回收器的名字（gc），一个可选的前缀（prefix Constant），一个可选的后缀（prologue Constant），一个可选的个性化常量（personality Constant），一个左花括号，一个基本块列表和一个右花括号。

其中，参数列表（argument list）是逗号分隔的参数序列，其中每个参数的形式为：

<type> [parameter Attrs] [name]。

函数真正的功能定义包含一个基本块列表，形成该函数的 CFG（控制流图）。每个基本块可以以一个标签作为起点（为基本块赋予一个符号表入口），包含指令列表，并以终止指令（如分支或函数返回）结束。如果基本块没有显式的标签，则会被赋予一个隐含的编号标签，编号使用从计数器中返回的下一个值，就像为未命名的临时对象分配编号那样。例如，函数入口块没有明确的标签，则会给它分配标签"%0"，那么该 CFG 中第一个未命名的基本块将分配标签"%1"。

函数声明由 declare 关键字修饰，对应的语法格式如代码清单 A-5 所示。

代码清单 A-5　函数声明的语法格式

```
declare [linkage] [visibility] [DLLStorageClass]
        [cconv] [ret attrs]
        <ResultType> @<FunctionName> ([argument list])
        [(unnamed_addr|local_unnamed_addr)] [align N] [gc]
        [prefix Constant] [prologue Constant]
```

函数声明语法格式的字段和函数定义中的字段含义相同，不再展开。上面也仅仅对语法格式做了简单的介绍，每个字段还有更为具体的定义，限于篇幅，本书不再介绍。

A.1.5　指令

LLVM IR 的指令数量在 LLVM 1.0 时只有 34 个，到 LLVM 2.0 时增加至 50 个，并在 LLVM 10.0 后稳定为 67 个。

在 LLVM 1.0 中，IR 主要分为 6 类，分别是基本块终止指令、算术指令、逻辑指令、比较指令、内存管理指令和其他指令。

1）基本块终止指令：指令位于基本块的最后，是基本块的最后一条指令。典型的终止指令有 ret、br、switch、invoke、unwind 等。

2）算术指令：用于进行数学计算的二元操作指令，例如 add、sub、mul、div、rem。

3）逻辑指令：进行逻辑运算的指令，如 and、or、xor。

4）比较指令：用于比较的指令，如 eq、nw、lt、gt、le、ge。

5）内存管理指令：进行内存分配、释放、访问的指令，如 malloc、free、alloca、load、store 和 getElementPtr。

6）其他指令：不能归结到上述分类，但需要额外提供描述语言语义或者用于编译优化的指令，如 phi、cast、call、shl、shr、vaarg、userop1 和 userop2 等指令。

LLVM 2.0 中 IR 的演化主要集中在以下方面。

1）将浮点数和整数计算指令进行拆分，例如将 div 拆分为 udiv、fdiv 和 sdiv。

2）对比较指令进行整合，明确区分整数指令和浮点数指令，并且将比较结果作为条件，例如将比较指令 ne 等整合为 icmp、fcmp 指令。

3）类型转换指令的细化，引入无符号扩展、有符号扩展、浮点数和整数转换等，例如将 cast 拆分为 Truncate、ZExt 等指令。

到了 LLVM 3.0，IR 指令数为 59 个[⊖]，IR 优化的方向仍然是类型细化，以及引入操作向量、异常处理指令，例如将 add 拆分为 add 和 fadd，引入 landingpad、resume 等指令[⊜]；随后到 LLVM 4.0，IR 指令数变为 64 个[⊜]。从 LLVM 4.0 到现在，IR 优化的方向主要集中在增加异常相关指令，例如增加 catchret 等指令。

关于 IR 的含义和使用介绍可以参考 LLVM 官方文档。

需要指出的是，虽然最近几年 LLVM IR 没有大的变化，但是仍有一些细微变化。例如，getElementPtr 指令对类型的处理在 LLVM 15 发生了变化。实际上，对 IR 的演化一直都有讨论，例如 2012 年，Nickic 在他的博客[⊛]中列举了 IR 存在的问题，其中关于 getElementPtr 指令的类型处理问题近期才得到修正。

LLVM IR 是三地址码形式，指令应该包括指令类型（例如加法指令）、操作数信息。除此以外，LLVM IR 是以 SSA 形式为目标，在指令实现时需要体现 Def-Use 和 Use-Def 信息，这些信息能够加速编译优化的速度。

指令在使用过程中可以分为指令的定义和指令的使用，定义好的指令可以被其他指令使用。为了区分这两个概念，LLVM IR 在实现时使用了三个类分别表示。

1）Value：描述指令的值，Value 类或者继承自 Value 类的对象可以被别的指令使用。Value 类可以描述变量、常量、表达式、符号等，它是 IR 中最为基础的类。

2）User：描述指令的定义。User 类包含了指令的操作数（操作数用 Value 表示）。

3）Use：描述了指令的使用关系，例如一个指令使用了另一个指令作为其操作数，这个关系可通过 Use 描述。

最后，定义 Instruction 继承 User 类，同时让 User 类继承 Value，这样每个指令定义的结果可以作为其他指令的操作数。它们的继承关系如图 A-3 所示。

仍然以代码清单 A-1 为例，以 O2 级别优化得到的 IR 如代码清单 A-6 所示。

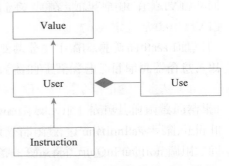

图 A-3　LLVM IR 继承关系示意图

⊖　LLVM 2.6 引入了间接调整设计，请参考 https://blog.llvm.org/2010/01/address-of-label-and-indirect-branches.html。

⊜　引入异常指令的详细设计请参考 https://blog.llvm.org/2011/11/llvm-30-exception-handling-redesign.html，类型系统优化请参考 https://blog.llvm.org/2011/12/llvm-31-vector-changes.html。

⊜　LLVM 3.1 引入了对向量指令的增强设计，请参考 https://blog.llvm.org/2011/12/llvm-31-vector-changes.html。

⊛　请参见 https://www.npopov.com/2021/06/02/Design-issues-in-LLVM-IR.html。

代码清单 A-6　代码清单 A-1 对应的 O2 级别优化下的 IR

```
define dso_local i32 @test(i32 %a, i32 %b) {
entry:
  %add = add nsw i32 %b, %a
  ret i32 %add
}
```

首先，例子中的寄存器 %b、%a 是 Value，运算结果 %add 也是 Value；基本块符号 entry 也是 Value；函数符号 test 也是 Value；甚至元数据也是 Value（示例中没有提供元数据）。

以 %add = add nsw i32 %b, %a 为例，来展示 LLVM IR 的存储结构，如图 A-4 所示。

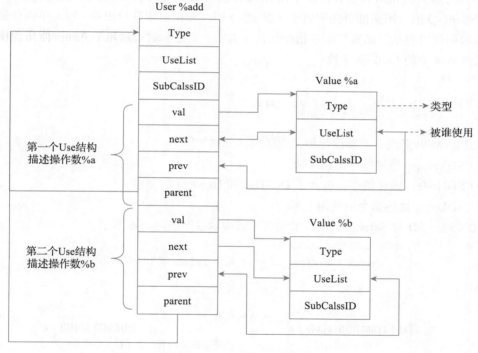

图 A-4　LLVM IR 的存储结构

从图 A-4 中可以看到，add 指令有两个操作数，并通过 Use 结构进行存储。这个结构本质上就是 Def-Use 链信息（定义的指令使用了其他指令）。例如，要获取 Def-Use 链信息，可以通过类似代码清单 A-7 所示的代码获取。

代码清单 A-7　获取 Def-Use 信息

```
Instruction *Inst = ...;
for (Use &use : Inst->operands()) {
    Value *v = use.get();
    // ……
}
```

其中 operands 就是从图 A-4 中的 Use 字段获取。

同样，可以获取指令的 Use-Def 信息（定义的指令被其他指令使用），例如要获取 Use-Def 链信息，可以通过代码清单 A-8 所示的代码获取。

代码清单 A-8　获取 Use-Def 链信息

```
Function *Fun = ...;
for (User *user : Fun->users()) {
    if (Instruction *Inst = dyn_cast<Instruction>(user)) {
        errs() << "F is used in instruction:\n";
        errs() << *Inst << "\n";
    }
}
```

该示例代码展示了函数被哪些指令使用（本质上就是函数被调用）。users 信息的获取依赖的是图 A-4 中的 UseList 字段。

A.2　指令选择 DAG 介绍

在 LLVM 的实现中重新设计相关的结构，分别如下。

1）SDValue：描述指令的操作数。

2）SDNode：描述指令，包含了 Def-Use 和 Use-Def 的信息。

3）SDUse：描述指令的使用关系。

SDNode（SD 是 SelectionDAG 的缩写）结构示意图如图 A-5 所示。

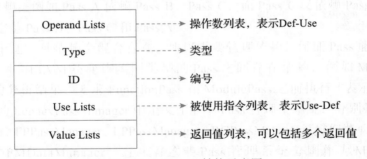

图 A-5　SDNode 结构示意图

仍然以代码清单 A-6 的 LLVM IR 为例，使用命令 llc --march=bpf -debug-only=isel test.ll 可以输出 DAG 信息，结果如代码清单 A-9 所示。

代码清单 A-9　代码清单 A-6 对应的 DAG 信息

```
SelectionDAG has 12 nodes:
    t0: ch = EntryToken
            t4: i64,ch = CopyFromReg t0, Register:i64 %1
```

```
        t6: i32 = truncate t4
          t2: i64,ch = CopyFromReg t0, Register:i64 %0
        t5: i32 = truncate t2
      t7: i32 = add nsw t6, t5
    t8: i64 = any_extend t7
  t10: ch,glue = CopyToReg t0, Register:i64 $r0, t8
  t11: ch = BPFISD::RET_FLAG t10, Register:i64 $r0, t10:1
```

可以使用图来描述上述 IR，由于整个图较大，因此这里仅仅展示从函数入口到 add 指令的 DAG，如图 A-6 所示。

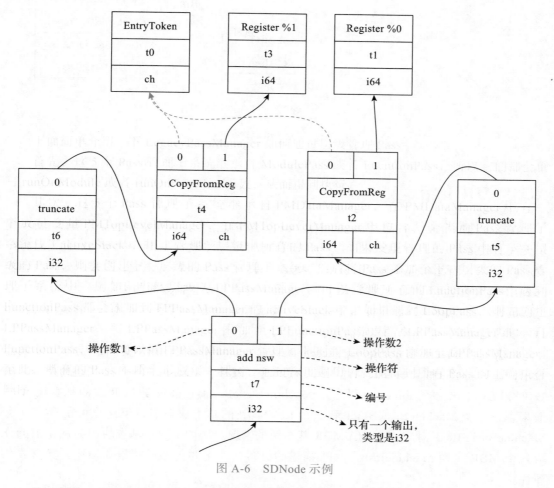

图 A-6　SDNode 示例

最后仍然以 add 指令为例来展示指令的存储结构，如图 A-7 所示。

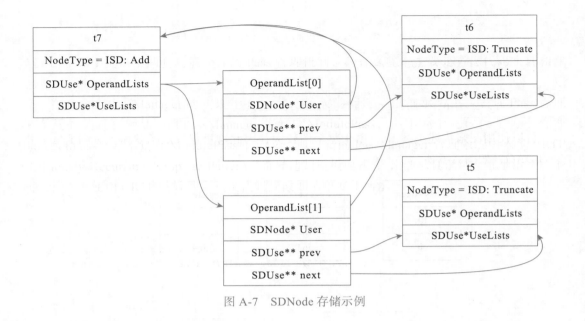

图 A-7 SDNode 存储示例

A.3 MIR 介绍

在指令选择阶段结束后，所有的 SDNode 都会匹配指令，否则指令选择会报错（例如提示无法生成指令）。因为 SDNode 的形式为图，在程序执行时还是顺序执行，因此需要将图变成线性 IR，因此在指令选择后引入了 MIR。对一个具体的后端来说，在指令选择后生成的 MIR 基本上都和具体的后端相关（例外情况：MIR 中还包括一些伪指令）。

虽然使用 MIR 描述和目标相关的指令，并且后端众多，但是必须设计一套通用的存储结构以满足所有后端指令的表示需求。

MIR 是由 MachineFunction、MachineBasicBlock 和 MachineInstr 实例组成的特定机器表示，这种表示以抽象的方式描述所有后端指令。其中，MachineFunction 描述的是一个函数（和 LLVM IR 中的 Function 对应），MachineBasicBlock 描述的是 MIR 中的基本块。（一般来说，一个 MachineBasicBlock 和一个 LLVM IR 的基本块对应，但是也可能存在几个 MachineBasicBlock 对应一个 LLVM IR 基本块的情况。例如，一个基本块因为优化被拆分成几个 MBB。）而 MachineInstr（MI）描述的机器指令主要包括后端指令描述、操作数和属性。

1）指令描述：包含了指令的操作码、操作数个数、大小等信息。其中操作码是一个简单的无符号整型数，只在特定后端下才有效。所有的指令都通过 TD 文件定义，操作码的枚举值仅仅是依据这份描述文件自动生成。MachineInstr 类没有任何指令意义的相关信息，必须依赖于其他的类（即 TargetInstrInfo）来了解。

2）操作数：操作数（Operand）描述的是 MachineInstr 中使用的操作数，它可以有多种不同的类型，如寄存器引用、立即数、基本块引用等。另外，操作数应该被标记为 Def 或 Use（Def 表示新定义一个操作数，Use 表示使用一个存在的操作数。其中只有寄存器类型的操作数可以被标记为 Def）。

3）属性：用于描述 MachineInstr 特殊作用的标记，例如标记用于栈帧形成、销毁的 MachineInstr，在真正为函数构建栈帧时会使用。在 MIR 中还有 MI Bundle 的概念，简单来说，一个 MI Bundle 就是将一些 MachineInstr 打包在一起。这样在一些体系结构中，可以支持并行执行（例如 VLIW），通过 MI Bundle 可以对无法合法分离的顺序指令序列（例如 MachineInstr 之间有数据依赖）进行模型化处理。MI Bundle 示意图如图 A-8 所示。

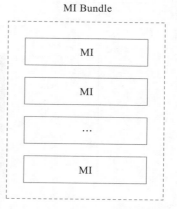

图 A-8　MI Bundle 示意图

> 注意　MI Bundle 并不会改变 MachineBasicBlock 和 MachineInstr 的表示，并且所有的 MachineInstr（包括第一条的 MachineInstr 和其他打包的 MachineInstr）是通过序列化的列表进行存储的。被打包的 MachineInstr 会被标记为 Bundled，每个 Bundle 最顶层的 MachineInstr 表示 Bundle 的开始。将已打包的 MachineInstr 和单独的 MachineInstr（未参与打包的 MachineInstr）混合是合法的操作。

图 A-9 是 MachineInstr、MachineOperand、MachineBasicBlock、MachineFunction 结构以及它们之间的关系。

MIR 本质上包含了后端相关和后端无关的内容。其中，后端相关的内容来自 TD 文件，后端无关的内容主要用于描述指令关系（操作数）。需要注意的是，MIR 中操作数的设计和 LLVM IR、SDNode 都不相同。LLVM IR、SDNode 中的操作数也是指令，而 MIR 中的操作数（MachineOperand）是独立的结构（并非继承于 MachineInstr），因为在 MIR 中操作数会以寄存器为主（虚拟寄存器或者物理寄存器），寄存器是指令的结果而不是指令（MachineInstr 的结果也是一个操作数）。

大多数情况下，一般 MachineInstr 不超过 3 个操作数（φ 函数等是例外）。为了方便后续的实现，会对 MachineInstr 中的多个操作数进行排序，让寄存器先执行 Def 再执行 Use（这种排序和具体的体系结构无关）。例如，一条加法指令为 add %i1, %i2, %i3，意思是将 %i1 和 %i2 相加并将结果放到 %i3 中，在 MIR 的表述中，操作数的顺序却是 %i3, %i1, %i2，会将目的操作数（%3）放在前边。这样的设计会给代码实现带来一些便利，例如在打印调试信息时，可以根据操作数的顺序直接输出指令：%r3 = add %i1, %i2。另外，在对操作数的使用情况进行判断时，只有第一个操作数是一个 Def 操作数，这样就可以很方便地找到 Def 的寄存器。

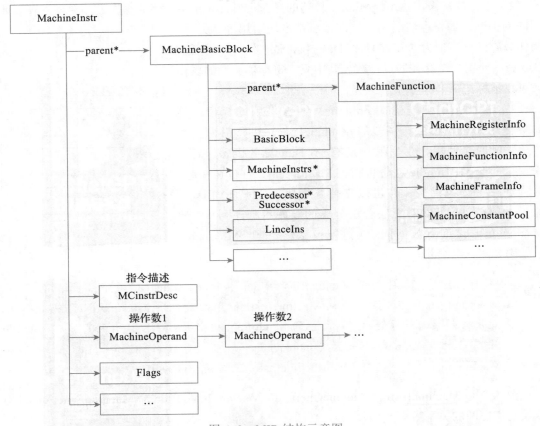

图 A-9　MIR 结构示意图

仍然以代码清单 A-6 的 LLVM IR 为例，经过指令选择后生成的 MIR 如代码清单 A-10 所示。

代码清单 A-10　代码清单 A-6 对应的 MIR

```
Function Live Ins: $r1 in %0, $r2 in %1
bb.0.entry:
    liveins: $r1, $r2
    %1:gpr = COPY $r2
    %0:gpr = COPY $r1
    %2:gpr = nsw ADD_rr %1:gpr(tied-def 0), %0:gpr
    $r0 = COPY %2:gpr
    RET implicit $r0
```

在上述代码中，加法指令 %2:gpr = nsw ADD_rr %1:gpr(tied-def 0), %0:gpr 表示 %2 是第 0 个操作数，使用了 2 号虚拟寄存器，类型为 gpr（通用寄存器 general purpose register 的英文缩写）；ADD_rr 是 BPF 的操作码（加法，两个源操作数都是寄存器），分别是 %1

和 %0，其中 %1 还有一个属性 tied-def（表示 %1 和 %2 将使用同一个寄存器）。

需要再次强调一点，MIR 中操作数都来自 TD 文件的定义，在指令选择阶段已经完全确定，所以 MIR 指令数依赖于具体的后端。具体的后端指令一般位于 **GenInstrInfo.inc 文件中。例如 BPF 后端对应的指令操作码片段如代码清单 A-11 所示。

代码清单 A-11　BPF 后端对应的指令操作码片段

```
...
    ADD_ri = 257,
      ADD_ri_32 = 258,
      ADD_rr = 259,
...
```

这里的 ADD_rr 就是 MIR 中指令描述的操作码。

注意，后端编译优化和寄存器分配主要基于 MIR 进行，由于此时 MIR 中的指令和后端相关，所以在一些优化中需要调用后端的实现，例如在优化中需要判断分支的情况，此时就需要通过后端对应的 API（后端都需要实现函数 analyzeBranch）才能确定。

A.4　MC 介绍

在机器码生成阶段，LLVM 会将 MIR 转换为 MC。MC 比 MIR 更为简单，只有 3 个字段：操作码⊖、操作数（可以是立即数、寄存器、表达式等）和属性。主要的指令描述类 MCInst 结构如图 A-10 所示。

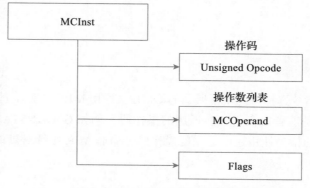

图 A-10　MCInst 结构示意图

因为执行 MC 是为了进行机器码生成，所以在机器码生成过程中需要考虑目标文件的格式。目标文件格式除了涉及指令外还需要涉及链接所需的信息，例如 MCSymbol、

⊖　由于 MC 阶段和 MIR 阶段使用的指令完全相同，可以认为它们是一一对应的关系，从 MIR 到 MC 的转换过程也比较简单。

MCSection、MCExpr 等，这些信息的定义有利于机器码的生成，同时基于 MC 还可进行汇编、反汇编处理，以及实现新的 JIT[⊖]。

以代码清单 A-10 中的 MIR 为例继续观察 MC，生成 MC 的命令为 llvm-mc --arch=bpf --show-inst A_1.s，结果如代码清单 A-12 所示。

代码清单 A-12　代码清单 A-10 对应的 MC

```
        .text
        .file   "dag.ll"
        .globl  test
        .p2align        3
        .type   test,@function
test:
.Ltest$local:
        .cfi_startproc
        r0 = r2                     # <MCInst #345 MOV_rr
                                    # <MCOperand Reg:1>
                                    # <MCOperand Reg:3>>
        r0 += r1                    # <MCInst #259 ADD_rr
                                    # <MCOperand Reg:1>
                                    # <MCOperand Reg:1>
                                    # <MCOperand Reg:2>>
        exit                        # <MCInst #358 RET>
.Lfunc_end0:
        .size   test, .Lfunc_end0-test
        .cfi_endproc
```

在代码清单 A-12 中，r0 += r1 指令对应的 MC 指令为 ADD_rr，操作码为 259（和 MIR 中的操作码是一个）。

A.5　GMIR 介绍

LLVM 在全局指令选择中使用了所谓的 GMIR（通用 MIR），实际上 GMIR 和 MIR 存储结构完全相同，但是前者定义了一些通用的操作码，例如 G_CONSTANT 等。在全局指令选择过程中，生成的指令使用这些通用的操作码，而非 MIR 中针对具体后端的操作码，所以本节不再展开介绍。

⊖　MC 的详细介绍可以参考 LLVM 官方介绍：https://blog.llvm.org/2010/04/intro-to-llvm-mc-project.html。

BPF 介绍

BPF 是类 UNIX 系统数据链路层的一种原始接口，提供原始链路层包的收发。1992 年，Steven McCanne 和 Van Jacobson 写了一篇名为"The BSD Packet Filter: A New Architecture for User-level Packet Capture"的论文，描述了如何在 UNIX 内核实现网络数据包过滤的新技术，该技术比当时最先进的数据包过滤技术快 20 倍，即 BPF 的雏形。

现在谈论的 BPF 主要是指 Linux 3.17 之后引入的 eBPF（extended BPF）。eBPF 主要是新增了指令集、支持将 C 代码编译为伪机器码，以及引入了 Map 机制等，性能、易用性得到了显著提升，且兼容传统的 BPF。有时会将传统的 BPF 称为 classical BPF（cBPF）。

eBPF 的核心是定义了一套通用的 RISC 指令集，并基于这套指令集实现了一个 eBPF 虚拟机，由该虚拟机执行 eBPF 指令。在 eBPF 虚拟机的基础上，Linux 内核进行了扩展以支持 eBPF 应用。eBPF 在 Linux 中之所以得到快速发展，主要原因是 eBPF 提供了一种新的内核可编程模式，不需要修改内核，编写或编译内核模块。同时，eBPF 程序强调安全性和稳定性，每个 eBPF 应用都可被视为一个内核模块，由 eBPF 虚拟机在内核执行 eBPF 程序，并且程序的安全与稳定，不会造成内核崩溃。由于 eBPF 的灵活、开放，它已经渗透到操作系统的方方面面，比较常见的场景有网络、系统观测、安全等场景。

下面先介绍 eBPF 基础知识，然后以 Linux 为例，介绍一个 eBPF 应用从开发到执行的整个流程。

B.1　eBPF 基础

由于 eBPF 提供了指令集，只要符合 eBPF 指令集规范，程序都可以被执行。eBPF 中的指令格式如图的 B-1 所示。

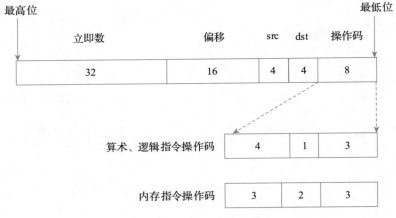

图 B-1　eBPF 指令格式

　　eBPF 指令采用固定的 64 位格式。其中，最低 8 位为操作码，可以被解析为算术逻辑操作、内存操作指令⊖。接着的 dst 和 src 是寄存器编号，分别占 4 位。再接下来的是偏移（例如地址偏移，与具体的指令进行配合）。最高 32 位表示立即数（具体含义也需要结合指令解读）。

B.1.1　指令介绍

　　eBPF 的指令比较简单，主要包含 4 类。

　　1）算术指令：包含加、减、乘、除、移位、与、或、非运算等。

　　2）逻辑跳转指令：包含跳转、调用，以及各种比较后的跳转指令等。

　　3）内存指令：包含内存读、写、原子读、原子写等。

　　4）字节序指令：大小端字节转换指令，从操作码角度看，字节序指令也属于算术指令。

　　eBPF 指令信息如表 B-1 所示。

表 B-1　eBPF 指令信息

类型	值	描述	指令分类
BPF_LD	0x00	将立即数赋值给寄存器，后续可能会被扩展	内存指令
BPF_LDX	0x01	从内存加载至寄存器	内存指令
BPF_ST	0x02	将立即数写入内存	内存指令
BPF_STX	0x03	将寄存器写入内存	内存指令
BPF_ALU	0x04	32 位算术指令	算术指令

⊖　依赖于操作码的编码，算术指令和逻辑指令又将这 8 位操作码分成 4 位、1 位和 3 位。其中，高 4 位表示不同的指令，中间 1 位表示指令中操作数的类型，最后 3 位是指令的类型。

（续）

类型	值	描述	指令分类
BPF_JMP	0x05	64 位跳转指令	逻辑跳转指令
BPF_JMP32	0x06	32 位跳转指令	逻辑跳转指令
BPF_ALU64	0x07	64 位算术指令	算术指令

B.1.2　寄存器介绍

eBPF 后端定义了 11 个 64 位寄存器和一个程序计数器（Program Counter，简称 PC，PC 对外不可见）。寄存器以 r0～r10 命名，其中：

1）r0：用于存储函数返回值以及 eBPF 应用的返回值。

2）r1～r5：用于在函数调用时的参数传递，当参数超过 5 个时，需要通过栈访问其他参数。

3）r6～r9：一般作为通用寄存器，通常由被调用函数使用，但使用前需要保存。

4）r10：作为栈帧寄存器，用于访问栈。

指令集是 eBPF 的基础，更多信息可以参考相关资料[○]。因为 eBPF 应用运行在 Linux 内核中，所以需要有一些特殊的设计和实现，下面看看 eBPF 应用在 Linux 中的运行过程，以及一些相关设计。

B.2　Linux 如何运行 eBPF

因为 eBPF 指令集属于低级指令，虽然基于 eBPF 指令可以直接开发 eBPF 应用，但是效率比较低，所以更为合适的方式是使用高级语言编写 eBPF 应用，然后通过编译器将高级语言编译成 eBPF 指令。例如可以使用 C 语言编写，通过编译器（如 GCC、Clang 等）将程序编译为 eBPF 字节码。之后在 Linux 内核中实现一个 eBPF 虚拟机，将编译后的 eBPF 字节码加载到 Linux 内核，并通过 eBPF 虚拟机执行 eBPF 应用。eBPF 应用执行的整个流程如图 B-2 所示。

由于 eBPF 在内核中执行，出于安全性考虑，因此在进行 eBPF 开发和执行时应该有一些特别的考虑。

B.2.1　eBPF 虚拟机实现

因为 eBPF 指令集简单，所以 eBPF 虚拟机也较为简洁，最简单的实现是对字节码进行解释执行，但执行效率低，所以在 eBPF 虚拟机的实现中通常都会增加一个 JIT 编译器，将

○　请参见 https://www.kernel.org/doc/html/latest/bpf/instruction-set.html。

eBPF 字节码编译成可以在目标硬件直接运行的机器码。当然因为 Linux 可以运行在不同的硬件平台上，所以 eBPF 的 JIT 编译器也需要支持不同的硬件平台。

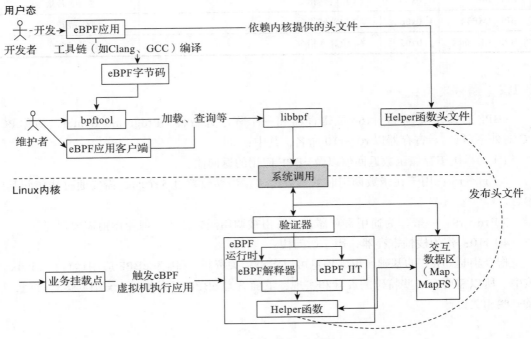

图 B-2　eBPF 执行示意图

B.2.2　验证器

验证器是 Linux 内核能够顺利执行 eBPF 应用的关键组件，以保证 eBPF 应用合法、有效，不会破坏内核，不会产生安全问题。因为 eBPF 应用所做的操作都可以通过正常的内核模块来处理，所以直接进行内核编程是一件非常危险的事情，可能会导致系统锁定、内存损坏和进程崩溃，进而导致安全漏洞和其他意外，特别是在生产环境中直接运行 eBPF 应用的风险更大。因此，通过一个安全的虚拟机来运行解释器或者 JIT 编译的代码对安全监控、沙盒隔离、网络过滤、程序跟踪、性能分析和调试等任务都是非常有价值的。这些工作都由验证器完成，简单来说验证器包含两大核心功能。

1）静态验证：由于 eBPF 应用运行在内核空间，只能使用有限资源，不能执行指令数过多的应用，因此可以对 eBPF 应用进行静态分析，确保 eBPF 应用执行前满足一些静态规则。

2）模拟执行验证：静态规则不能完全检测 eBPF 应用是否存在死循环或者非法内存访问等问题，所以需要一个模拟执行机制来检测。一般可以通过程序分析手段（例如抽象解释、模拟执行等方法）来约束程序执行的行为。

由于验证器的存在，会导致一些程序无法执行，因此可以认为 eBPF 应用是不完备的。

B.2.3　eBPF 应用交互

eBPF 应用运行在内核态，运行结果可能需要提供给用户态的应用。所以，eBPF 设计了 Map 机制用于缓存 eBPF 应用的执行结果。

B.2.4　eBPF 提供 Helper 函数

eBPF 应用开发时不能随意使用库函数，原因有两点。第一，一般的库函数在内核环境不存在（如 libc 中的函数），因此 eBPF 无法直接调用。这是因为 eBPF 应用运行在内核态，与用户态的库函数不直接兼容。第二，即便是内核存在的库函数也不能随意提供给 eBPF 应用使用，因为那些 API 可能存在不安全的行为。例如，eBPF 应用不能使用内核的 kmalloc 函数，因为 eBPF 应用随意分配内存可能会引发内核资源不足等非安全行为。所以内核为 eBPF 应用设计了 Helper 函数，只有这些函数才能被 eBPF 应用使用。常见的 Helper 函数可以参考 Linux 头文件，一般位于 bpf.h 中。

B.2.5　eBPF 应用加载

eBPF 应用通过 API 加载到内核。在加载的过程中，内核需要对 eBPF 进行解析，并为它分配资源（指 Map 资源，Map 是 eBPF 和外部交互的渠道）。这和一般的应用执行有所不同，相当于实现了简单的应用加载机制。可以这样类比，Map 资源分配和一般应用执行时的数据区初始化类似。Helper 函数是通过 ID 进行链接的，ID 被编译在字节码中（和一般应用执行时的动态链接、静态链接不完全相同）。

B.2.6　eBPF 应用执行

当 eBPF 应用完成加载后，内核将特定 Hook 点和 eBPF 应用关联起来（Hook 也称为 eBPF 应用的钩子）。当内核 Hook 点被访问时，取出对应 eBPF 应用，并通过虚拟机执行 eBPF 应用。内核 Hook 点都是提前定义的，主要根据业务定义。例如，可以在系统调用、函数进入 / 退出、内核 tracepoints、网络事件等地方挂载 eBPF 应用。再如，若在某个 kprobe 探测点的内核地址附加了一段 eBPF 应用，当内核执行到这个地址时会发生陷入，进而唤醒 kprobe 的回调函数，该回调函数又会触发并执行附加的 eBPF 应用。

B.2.7　eBPF 应用开发

开发 eBPF 应用和开发一般的 C 应用基本类似，但是有两个主要的区别点。

1）eBPF 应用只能使用 Helper 函数，不能使用库函数；Helper 函数在内核中实现，提供头文件供开发者使用，头文件中只定义了 Helper 函数的原型以及 Helper 函数 ID，编译时通过 Helper 函数 ID 访问 Helper 函数。

2）eBPF 应用一般运行在特定的 Hook 点，Hook 点有其特定的上下文，eBPF 应用只能访问上下文信息，不能随意访问其他内存。

除此以外，eBPF 应用还受到验证器的约束。例如，需要满足循环约束，eBPF 早期版本不支持循环，如果有循环必须对循环进行展开，或者通过编译器选项将其展开。现在 eBPF 的较新版本支持有界循环，但仍需满足 eBPF 字节码条数的上限约束条件。

所以经常遇到的问题是 eBPF 应用通过编译器编译生成了 eBPF 字节码，但是验证器拒绝执行 eBPF 字节码（发现潜在的不安全问题），需要应用开发者重新修改 eBPF 应用。关于应用开发的限制可以参考 BCC 的一些资料⊖。

B.2.8　eBPF 的交互工具或应用

eBPF 社区提供了 bpftool 工具，便于用户态和内核态的 eBPF 应用进行交互。例如，可以通过 bpftool 加载 eBPF 应用到内核，也可以通过 bpftool 访问 eBPF 应用创建的 Map。

除此以外，开发者或者运维工程师可以基于 libbpf 库开发用户态应用，libbpf 通过系统调用和内核态进行交互。

⊖　请参见 https://docs.cilium.io/en/latest/bpf/#llvm。

Pass 的分类与管理

Pass 是编译器中最基础的概念之一，指的是对编译对象进行一次扫描处理（可以是分析或者优化处理）。引入 Pass 概念后，可以将复杂的编译过程分解为多个 Pass。例如在 LLVM 中端优化过程中，所有的优化都是基于 LLVM IR，因此可以设计功能独立、实现简单的 Pass。根据功能和定位，通常将 Pass 分为以下几类。

1）分析 Pass：对源码进行分析（供其他 Pass 使用），例如分析源码的支配关系、循环信息。分析 Pass 仅仅收集源码信息，并不会修改源码。

2）变换 Pass：对源码进行优化变换，一般会使用分析 Pass 的信息。由于变换 Pass 会修改源码，因此变换后可能会导致以前的分析 Pass 的结果失效。例如，删除死代码后会导致很多分析信息失效。

3）功能 Pass：既不属于分析 Pass 也不属于变换 Pass，一般用于提供公共功能。例如，功能 Pass 可以将中间表达进行打印 / 输出。

因为 Pass 之间存在使用依赖，所以 LLVM 通过 PassManager 对 Pass 进行管理。目前在系统中存在两套 PassManager 管理系统——LegacyPassManager 和 New PassManager，后者是 2013 年开始逐步引入，在 LLVM 13 中正式使用 New PassManager[⊖]。下面以 LegacyPassManager 为例，对 LLVM 中的 Pass 和 Pass 管理系统进行分析。

⊖ 在 LLVM 5 到 LLVM 12 版本中，可以通过 -fno-experimental-new-pass-manager 启用 NewPassManager；在 LLVM13、14 中，可以通过 -flegacy-pass-manager 启用 LegacyPassManager；LLVM 15 以后的版本无法启用 LegacyPassManager。

C.1 LegacyPassManage 中的 Pass

针对代码处理的不同位置，LLVM 提供了 7 种 Pass。具体结构示意图如图 C-1 所示。

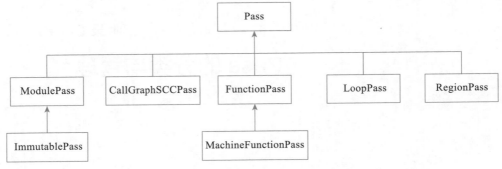

图 C-1 LLVM 中的 Pass 结构示意图

其中 Pass 类为基类，其他的 7 种 Pass 主要的工作如下。

1）ModulePass 类：最常用的一类 Pass，该类将整个程序当作一个单元，可以随意引用函数主体，添加和移除函数。由于不知道 ModulePass 子类的行为，因此不能对其进行优化。ModulePass 可以使用函数级 Pass，例如 ModulePass 可使用函数级 Pass 的 getAnalysis 接口 getAnalysis<DominatorTree>(llvm::Function *) 来获取函数的支配者 dominators 分析结果。开发者通常会重写 runOnModule() 函数实现自定义功能，如果原 IR 有修改则返回 True，如果只是分析，则返回 False。

2）ImmutablePass 类：该类为不用运行、不会改变状态、不需要更新的 Pass 而设计。虽然该类在变换和分析中不常用到，但能提供当前编译器的配置信息、目标机器信息，以及影响变换的静态信息。

3）FunctionPass：这类 Pass 可独立处理程序中每个函数，并不依赖其他函数的结果，FunctionPass 不需要函数按特定顺序执行，也不会修改外部函数。FunctionPass 只能分析和修改当前被处理的函数；不能从当前模型增减函数、全局变量多个 runOnFunction 调用之间不能保持全局变量的状态。开发者通常重写函数 runOnFunction() 实现自定义功能，如果 IR 在 Pass 运行过程中发生变化，则函数返回 true，否则返回 false。另外，FunctionPass 提供了 doInitialization、doFinalization 函数，可以基于模型信息对函数做相应处理。

4）MachineFunctionPass：这是 LLVM 后端在代码生成中用于处理 MIR 的 Pass。MachineFunctionPass 继承于 FunctionPass，所以 FunctionPass 的限制也适用于 Machine-FunctionPass。此外，MachineFunctionPass 还不能修改和创建 LLVM IR 指令、基本块、参数、函数、全局变量、模块等，只能修改当前正被处理的机器函数。开发者通常重写函数 runOnMachineFunction() 实现自定义功能，如果 MIR 在 Pass 运行过程中发生变化，函数返回 true，否则返回 false。

5）CallGraphSCCPass：在调用图上从后往前遍历程序。CallGraphSCCPass 可以帮助构建和遍历调用图。CallGraphSCCPass 只能分析和修改当前 SCC（Strong Connection CallGraph，强连通图）、SCC 的直接的调用者和被调用者均不能分析和修改其他函数。开发者通常重写函数 runOnSCC() 实现自定义功能，如果 IR 在 Pass 运行过程中发生变化，函数返回 true，否则返回 false。

6）LoopPass：这类 Pass 用于遍历并处理函数中的循环。若遍历时遇到嵌套循环，则先处理内层循环，后处理外层循环。LoopPass 可以获取函数或模型级的分析信息，使用者通常重写 runOnLoop() 函数，实现自定义功能。

7）RegionPass：和 LoopPass 类似，这类 Pass 用于遍历并处理函数的区域，其中函数的区域是由单入口 / 单出口基本块组成。图 C-2a 是一个程序的控制流图，图 C-2b 是分析该流程图后识别到的 3 个区域。

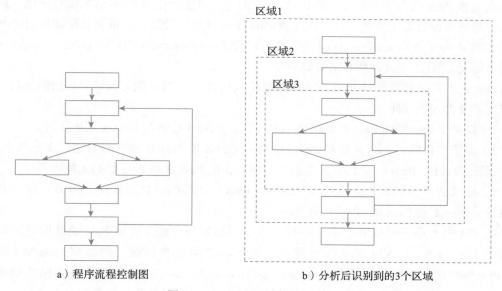

a）程序流程控制图   b）分析后识别到的3个区域

图 C-2　CFG 和区域划分示意图

通常 RegionPass 和 CFG 优化相关，针对某一区域进行局部优化。RegionPass 可以访问函数或模型级的分析信息。注意，因为图 C-2b 的 3 个区域是函数的子区域，所以可以使用全局信息。使用者通常要重写 runOnRegion() 函数，实现自定义功能。基于区域的优化并不多，LLVM 中只有几个 RegionPass，主要与 CFG 优化、多面体优化相关。

C.2　LegacyPassManager 对 Pass 的管理

由于 Pass 之间存在依赖，例如在寄存器分配前需要执行 φ 函数消除，φ 函数消除依赖活跃变量分析、指令编号、变量活跃区间分析等，其中变量活跃区间分析又依赖其他的分析。可以看出，Pass 之间存在依赖关系，所以需要使用 Pass 管理系统对 Pass 进行管理。除此以外，LLVM 中的变换 Pass 会导致程序发生变化，进而可能导致一些分析 Pass 失效，需要重新进行分析。所以，Pass 管理系统需要先管理 Pass 之间的依赖关系，确保被依赖的 Pass 总是先于依赖 Pass 执行；之后，Pass 管理系统需要管理 Pass 结果是否失效，确保在变换 Pass 执行以后只有必要的 Pass 重新运行。为此，LegacyPassManager 设计了一些 API 用于管理分析 Pass，主要有两类。

1）用于添加依赖 Pass 的 API：使用的 API 是 addRequired 和 addRequiredTransitive，两者的区别是，前者表示被依赖 Pass 的生命周期不随着依赖 Pass 变化，后者是当依赖的 Pass 消亡，被依赖 Pass 也会消亡。

2）用于管理 Pass 失效状态的 API：使用的 API 主要是 addPreserved，该 API 指定的 Pass 在变换 Pass 执行后不需要重新计算。（原因是，可能指定的 Pass 结果没有变化，或指定的分析结果没有发生变化，但是在变换 Pass 中已经通过局部、增量更新保证指定的 Pass 结果正确。）除了使用 addPreserved 外，还可以使用 setPreservesCFG 和 setPreservesAll，分别是指保证 CFG 不变或者所有结果都不变。

Pass 之间的依赖指的是 Pass 在运行过程中重用另一个 Pass 的运行结果。依赖关系一般可以简单分为如下三种。

1）简单依赖：例如 Pass A 依赖 Pass B，那么 Pass B 应该在 Pass A 之前执行。

2）多依赖：例如 Pass A 依赖 Pass B、Pass C，如果 Pass B 和 Pass C 之间无依赖关系，只要保证 Pass B、Pass C 在 Pass A 之前执行即可，而 Pass B 和 Pass C 则无顺序要求。

3）链式依赖：例如 Pass A 依赖 Pass B、Pass C，而 Pass C 又依赖 Pass B；那么 Pass 的执行顺序一定是 Pass B、Pass C 和 Pass A。

LLVM 中上述三种依赖会混合存在，所以需要管理依赖，保证 Pass 能够按照正确的顺序执行。另外，LLVM 还允许不同类型的 Pass 之间存在依赖，例如 ModulePass 依赖 FunctionPass 的分析结果，要求 FunctionPass 在 ModulePass 之前执行（表示为链式依赖）。为此，LLVM 的 LegacyPassManager 中定义了 5 个 Pass 管理子系统，分别是 PassManager、CGPassManager、FPPassManager、LPPassManager、RGPassManager，它们继承自 ModulePass、FunctionPass、PMDataManager。意味着这些 Pass 管理系统分别作为 ModulePass 或者 FunctionPass 运行，同时它们又管理所有的 Pass，如图 C-3 所示。

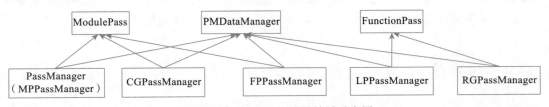

图 C-3　各种 Pass 的继承关系示意图

Pass 管理子系统通过层级关系进行依赖管理，各种 Pass 包含关系示意图如图 C-4 所示。

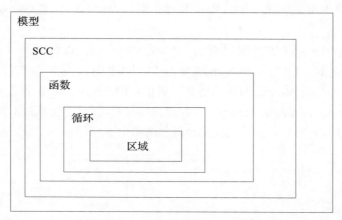

图 C-4　各种 Pass 包含关系示意图

下面简单介绍一下 LegacyPassManager 如何通过层级管理 Pass。

首先，这 5 个 Pass 管理子系统继承自 ModulePass 或者 FucntionPass，所以它们都会重写 runOnModule 或者 runOnFunction 函数，从而得到执行。

其次，这 5 个 Pass 管理子系统继承自 PMDataManager，在 PMDataManager 中有一个成员变量 PMTopLevelManager，在 PMTopLevelManager 中包含一个当前 Pass 管理子系统栈（activeStack），用于管理该层级中所有的 Pass。如果发现管理的 Pass 中有下一层级的 Pass，则会创建下一层级的 Pass 管理子系统，然后将 Pass 添加至下一层级的 Pass 管理子系统中。例如，当然层级为 FPPassManager，可以管理所有的 FunctionPass，遇到 FunctionPass 都会添加到 FPPassManager 的 activeStack 中，如果遇到 LoopPass，则先创建 LPPassManager，将 LPPassManager 添加至 FPFunctionPass（因为 LPPassManager 继承自 FunctionPass，所以可以被 FPPassManager 管理），同时将 LoopPass 添加至 LPPassManager。至此，所有的 Pass 本质上形成了一棵树，通过深度遍历树就能得到所有 Pass 的正确执行顺序。

 Pass 的层级管理是通过枚举值完成的。但是在定义 Pass 管理子系统时并不是严格按照层级定义的，例如 LPPassManager 和 RGPassManager 都是继承自 FunctionPass，即它们都归 FPPassManager 管理，只是在添加 Pass 时定义了层级。为什么不直接让 RGPassManager 直接继承 LoopPass 呢？最主要的原因是循环和区域之间并无直接的包含关系（即不符合继承的语义）。通常来说，循环可以使用区域（可能包含多个区域）表示，但是区域并不一定是循环。

C.3　New PassManager

LLVM 中提供了两套功能一样的 Pass 管理机制，为什么呢？主要是考虑代码实现和性能两方面的因素。

在 LegacyPassManager 的实现中有一个比较大的问题：以继承为主，表现 Pass 管理子系统的关系。例如，LPPassManager 继承自 ModulePass，但本质上它仅仅是为了管理 FunctionPass，并不具有 ModulePass 的语义。所以新的 PassManager 管理系统引入了 CRTP（Curiously Recurring Template Pattern，奇异递归模板模式），让继承真正符合继承语义。下面来看一下使用 CRTP 的好处，示例代码片段如清单 C-1 所示。

代码清单 C-1　示例代码

```
class Base { ... };
class Derived : public Base { ... };
template <class T> class Mixin : public T { ... };
Base b;
Derived d;
Mixin<Base> mb;
Mixin<Derived> md;
b = d // 能赋值
mb = md; // 不能赋值会报错
```

示例显示 Base 和 Derived 有继承关系，但是当它们都通过 CRTP 实例化以后，可以发现 Mixin<Derived> 和类 Mixin<Base> 之间并无任何关系。这样的代码更加符合里氏替换原则⊖。另外，通过 CRTP⊖可以将公共代码放置在模板中，可以非常容易地实现静态多态。

新 PassManager 除了使用模板对代码进行重构外，在实现上和 LegacyPassManager 有两个区别。

1）将 PassManager 和 AnalysisPassManager 进行了区分，然后由 AnalysisPassManager 统一管理分析类 Pass。

2）不再依赖调度管理 Pass 的依赖关系，而是使用懒执行的方式，直接获取分析 Pass 的结果：如果分析 Pass 结果不存在或者无效，则执行分析类 Pass；否则，直接重用分析类 Pass 的结果（通过缓存机制）。这么做的主要原因是分析类 Pass 不会修改代码，所以只需要考虑结果是否可用即可。

因为 LLVM 后端尚未完全使用新的 PassManager，所以本节不作详细介绍，关于新的 PassManager 的更多内容，读者可以参考其他资料⊜。

⊖　请参见 http://gsd.web.elte.hu/lectures/bolyai/2018/mixin_crtp/mixin_crtp.pdf。

⊜　更多关于 LLVM 为什么使用 CRTP 以及 CRTP 使用带来的各种问题可以参考其他资料，例如 https://zhuanlan.zhihu.com/p/338837812。

⊜　有人对新 PassManager 做了详细的分析，例如可参考 https://homura.live/tags/LLVM/。

现代CPU性能分析与优化

　　我们生活在充满数据的世界，每日都会生成大量数据。日益频繁的信息交换催生了人们对快速软件和快速硬件的需求。遗憾的是，现代CPU无法像以往那样在单核性能方面有很大的提高。以往40多年来，性能调优变得越来越重要，软件调优是未来提高性能的关键因素之一。作为软件开发者，我们必须能够优化自己的应用程序代码。

　　本书融合了谷歌、Facebook等多位行业专家的知识，是从事性能关键型应用程序开发和系统底层优化的技术人员必备的参考书，可以帮助开发者理解所开发的应用程序的性能表现，学会寻找并去除低效代码。

推荐阅读